2020
科学发展报告
Science Development Report

中国科学院

科学出版社

北 京

内 容 简 介

本报告是中国科学院发布的年度系列报告《科学发展报告》的第 23 部，旨在全面综述和分析 2019 年度国际科学研究前沿进展动态，研判和展望国际重要科学领域研究发展趋势，揭示和洞察科技创新突破及快速应用的重大经济社会影响，观察和综述国际主要科技领域科学研究进展及科技战略规划与研究布局，评述和介绍国内外主要科学奖项的获奖工作，报道我国科学家具有代表性的重要科学研究成果，概括我国科学研究整体发展状况，并向国家决策部门提出有关中国科学的发展战略和科技政策咨询建议，为国家促进科学发展的宏观决策提供重要依据。

本报告对国家各级科技决策部门、科研管理部门等具有连续的重要学术参考价值，可供国家各级科技决策和科研管理人员、科研院所科技研究人员、大专院校师生以及社会公众阅读和参考。

图书在版编目(CIP)数据

2020科学发展报告/中国科学院编 . —北京：科学出版社，2021.4
（中国科学院年度报告系列）
ISBN 978-7-03-067523-1

Ⅰ.①2… Ⅱ.①中… Ⅲ.①科学技术-发展战略-研究报告-中国-2020
Ⅳ.①N12②G322

中国版本图书馆 CIP 数据核字（2021）第 005197 号

责任编辑：侯俊琳　牛　玲　朱萍萍／责任校对：贾伟娟
责任印制：师艳茹／封面设计：有道文化

科学出版社 出版

北京东黄城根北街 16 号
邮政编码：100717
http://www.sciencep.com

中国科学院印刷厂 印刷
科学出版社发行　各地新华书店经销

*

2021 年 4 月第 一 版　开本：787×1092 1/16
2021 年 4 月第一次印刷　印张：27 1/4　插页：2
字数：530 000

定价：198.00 元
（如有印装质量问题，我社负责调换）

专家委员会

（按姓氏笔画排序）

丁仲礼　杨福愉　陈凯先
姚建年　郭　雷　曹效业　解思深

总 体 策 划

汪克强　潘教峰

课　题　组

组　长：张　凤
成　员：王海霞　裴瑞敏　陈　光

审 稿 专 家

（按姓氏笔画排序）

习　复　叶小梁　叶　成　吕厚远　朱　敏
刘文彬　刘国诠　李永舫　李喜先　杨茂君
吴乃琴　吴学兵　吴善超　何晖光　邹振隆
沈电洪　张正斌　张利华　张树庸　陈润生
罗德军　姚昌龙　聂玉昕　夏建白　顾兆炎
高　林　黄大昉　黄有国　龚　旭　章静波

把科技自立自强作为国家发展的战略支撑

（代序）

侯建国

党的十八大以来，习近平总书记关于科技创新发表一系列重要讲话、作出一系列战略部署，为我国科技事业发展把舵领航。在开启全面建设社会主义现代化国家新征程的关键时期，以习近平同志为核心的党中央统筹国内国际两个大局，在党的十九届五中全会上提出"把科技自立自强作为国家发展的战略支撑"，既强调立足当前的现实性、紧迫性，也体现着眼长远的前瞻性、战略性，为我国科技事业未来一个时期的发展指明了前进方向、提供了根本遵循。我们要深入学习领会、认真贯彻落实，自觉担负起科技自立自强的时代使命。

一、深刻领会科技自立自强的重大意义

习近平总书记深刻指出，"自力更生是中华民族自立于世界民族之林的奋斗基点，自主创新是我们攀登世界科技高峰的必由之路"。立足新发展阶段、贯彻新发展理念、构建新发展格局，我们比任何时候都更加需要创新这个第一动力，都更加需要把科技自立自强作为战略支撑。在全面建设社会主义现代化国家新征程中，加快实现科技自立自强，形成强大的科技实力，既是关键之举，也是决胜之要。

科技自立自强是进入新发展阶段的必然选择。经过新中国成立70余年来的不懈奋斗，我国综合国力和人民生活水平实现历史性跨越。特别是党的十八大以来，在以习近平同志为核心的党中央坚强领导下，党和国家事

业取得历史性成就、发生历史性变革。进入新发展阶段，根本任务就是要乘势而上全面建设社会主义现代化国家、向第二个百年奋斗目标进军。当前，随着我国经济由高速增长阶段转向高质量发展阶段，劳动力成本逐步上升，资源环境承载能力达到瓶颈，科技创新的重要性、紧迫性日益凸显。只有加快实现科技自立自强，推动科技创新整体能力和水平实现质的跃升，才能在新一轮科技革命和产业变革中抢占制高点，有效解决事关国家全局的现实迫切需求和长远战略需求，引领和带动经济社会更多依靠创新驱动发展。把科技自立自强作为国家发展的战略支撑，是我们党在长期理论创新和实践发展基础上，主动应对国际竞争格局新变化、新挑战，准确把握我国新发展阶段的新特征、新要求，坚持和发展中国特色自主创新道路提出的重大战略，是新时代我国创新发展的战略方向和战略任务。

科技自立自强是贯彻新发展理念的内在要求。新发展理念系统回答了关于新时代我国发展的目的、动力、方式、路径等一系列理论和实践问题，是我们必须长期坚持和全面贯彻的基本方略。贯彻新发展理念，着力解决好发展动力不足、发展不平衡不充分、人与自然不协调不和谐等问题，实现更高质量、更有效率、更加公平、更可持续、更为安全的发展，这些都需要依靠科技自立自强提供更加强有力的支撑保障。比如，建设健康中国，保障人民生命健康，迫切需要更多生命科学和生物技术等领域的创新突破；建设美丽中国，实现碳达峰、碳中和，迫切需要更多资源生态环境、清洁高效能源等绿色科技领域的创新突破。此外，科学技术特别是人工智能等新一代信息技术的推广应用，可以大大促进优质公共资源的开放共享，更好满足广大人民群众对美好生活的新期待。

科技自立自强是构建新发展格局的本质特征。加快构建以国内大循环为主体、国内国际双循环相互促进的新发展格局，最根本的是要依靠高水平科技自立自强这个战略基点，一方面通过加快突破产业技术瓶颈，打通堵点、补齐短板，保障国内产业链、供应链全面安全可控，为畅通国内大循环提供科技支撑；另一方面，通过抢占科技创新制高点，在联通国内国际双循环和开展全球竞争合作中，塑造更多新优势，掌握更大主动权。比如，在关键核心技术和装备方面，改革开放以来，我国经历了从主要依靠引进、到引进消化吸收再创新、再到自主创新的发展过程。近年来，经济

被誉为"中国天眼"的国家重大科技基础设施——500米口径球面射电望远镜（FAST）于2020年1月通过国家验收。"中国天眼"是目前世界上口径最大、灵敏度最高的单口径射电望远镜，投入运行以来已取得发现逾240颗脉冲星等一系列重大科学成果。2021年4月，"中国天眼"将对全球科学界开放使用

全球化遭遇逆流，新冠肺炎疫情加剧了逆全球化趋势，以美国为首的一些西方国家对我国产业和技术进行全方位打压，全球产业链、供应链发生局部断裂。面对这一严峻形势，我们不仅要加速"国产替代"，在关系经济社会发展和国家安全的主要领域全面实现自主国产可控；更要勇于跨越跟踪式创新，突破颠覆性技术创新，加快推进关键核心技术和装备"国产化"的去"化"进程，重塑产业链、供应链竞争格局，不断增强生存力、竞争力、发展力、持续力。

二、准确把握科技自立自强的战略要求

实现科技自立自强是事关国家全局和长远发展的系统工程。要坚持系统观念、树牢底线思维，在战略上做好前瞻性谋划，明确战略方向和路径选择，统筹确定近中远期重大科技任务部署；在战术上要坚持求真务实，充分认识我国的客观实际和发展基础，找准重点关键，制定针对性策略，

强化优势长板，狠抓基础短板，一体化推进部署。

遵循科学技术发展规律，树立质量和效率优先的科技发展理念。习近平总书记深刻指出，"理念是行动的先导"，"发展理念是否对头，从根本上决定着发展成效乃至成败"。我国科技创新目前正处于从量的积累向质的飞跃、从点的突破向系统能力提升的关键时期，大而不强、质量效率不高等问题依然突出，必须强化高质量、高效率科技创新，下决心挤掉低水平重复、低效率产出的水分和泡沫，把科技创新的规模优势更好更快地转化为质量优势。当前，科学、技术、工程各领域相互交叉渗透、深度融合发展的趋势正在加速演进。早在 20 世纪 50 年代，钱学森同志曾提出"技术科学"思想，认为不断改进生产方法"需要自然科学、技术科学和工程技术三者齐头并进，相互影响，相互提携，决不能有一面偏废"。我们要自觉遵循这一规律，破除从基础研究、应用研究到试验发展的线性思维模式，打破科技创新活动组织中的封闭与割裂，使科技创新建立在更加坚实的质量和效率基础之上，构建适应科技发展规律、能够有力支撑科技自立自强的科技创新模式。

加强基础研究和"无人区"前沿探索，强化原始创新能力。习近平总书记指出，"我国面临的很多卡脖子技术问题，根子是基础理论研究跟不上，源头和底层的东西没有搞清楚"。科技自立自强必须建立在基础研究和原始创新的深厚根基上，要把基础研究和原始创新能力建设摆在更加突出的位置，坚持"两条腿走路"，既瞄准科技前沿的重大科学问题，更要从卡脖子问题清单和国家重大需求中提炼和找准基础科学问题，以应用倒逼基础研究，以基础研究支撑应用，为关键核心技术突破提供知识和技术基础。同时，要强化原创引领导向，支持和激励科研人员增强创新自信，改变长期跟踪、追赶的科研惯性，甘坐"冷板凳"，勇闯"无人区"，挑战科学和技术难题，"宁要光荣的失败，也不要平庸的成功"，实现更多"从 0 到 1"的原创突破，努力提出新理论、开辟新方向，为我国科技自立自强和人类文明进步提供持久丰沛的创新源泉。

加快突破关键核心技术，既着力解决"燃眉之急"，也努力消除"心腹之患"。习近平总书记反复强调，"关键核心技术是要不来、买不来、讨不来的"。目前，我国很多关键领域和产业核心技术严重依赖进口，如高端芯片、操作系统、高端光刻机、高档数控机床、高端仪器装备、关键基础材料等，一旦受到管制断供，就会面临生存困境。对这些"燃眉之急"，应充分发挥新型举国体制优势，迅速集中优势力量，采取"揭榜挂帅"等方式，打好关键核心技术攻坚战，尽快打通关键领域技术的堵点、断点，努力实现技术体系自主可控，有效解决产业链供应链面临的严重威胁。同时，针对事关国家安全和长远发展的"心腹之患"，如能源安全、种业安全、生物安全等，要未雨绸缪，下好"先手棋"，加快部署实施一批前瞻性、战略性重大科技任务，积极组织开展变革性、颠覆性技术研发，努力在重大战略领域建立科技优势，在全球创新链条中做到"你中有我、我中有你"，为未来彻底解决卡脖子问题提供战略性技术储备。

转变人才观念，强化价值导向，加快建设高水平创新人才队伍。习近平总书记指出，"人才是第一资源"，"国家科技创新力的根本源泉在于人"。目前，我国已拥有世界上规模最大的创新人才队伍，研发人员全时当量达到 480 万人年以上，但高水平人才不足、结构不合理、评价制度不科学、激励机制不健全等问题依然突出。人才的本质在"能"和"绩"上，只要能作出突出贡献者都应是人才。要从根本上转变人才观念，树立人人努力成才、人人皆可成才、人人尽展其才的大人才观，让各类人才都能施展才干、脱颖而出。深化人才评价制度改革，强化质量、贡献、绩效的价值导向，在人才培养引进、发现使用、评价激励等方面下更大功夫，营造风清气正、安心致研的优良创新生态。抓住和用好当前有利窗口期，广开渠道、多措并举，加快引进和吸引一批战略科学家和"高精尖缺"关键人才，重视和加强应用研究和工程技术人才，为科技领军人才、拔尖人才、优秀青年人才搭建更大创新舞台、拓展更大发展空间。加强基础教育，注重培养中小学生科学素养和创新意识，吸引更多优秀学生投身科技创新事业，为科技自立自强不断提供高水平、可持续的人才支撑。

全面深化科技体制改革，加快构建高效能国家创新体系。习近平总书记强调，"推进自主创新，最紧迫的是要破除体制机制障碍，最大限度解放和激发科技作为第一生产力所蕴藏的巨大潜能"。当前，我国科技体制中依然存在分散、重复、低效等突出问题，影响了创新体系的整体效能。合作创新、协同创新的前提是合理有序分工。要进一步明确国家创新体系各单元的功能定位，避免同质化竞争和打乱仗。统筹科研院所、高校、企业研发机构力量，加快构建分工合理、梯次接续、协同有序的创新体系，形成优质创新力量集聚引领、重点区域辐射带动的协同创新效应。进一步深化科技体制改革，畅通创新链、产业链，大幅提高科技成果转移转化成效，充分激发各类创新主体的活力潜力，为科技自立自强提供战略支撑。

加强党的全面领导，为科技自立自强提供强大政治和组织保证。要坚持以习近平新时代中国特色社会主义思想为指导，增强"四个意识"、坚定"四个自信"、做到"两个维护"，自觉主动用习近平总书记关于科技创新的重要论述，武装科研人员头脑、指导科技创新实践、推动科技自立自强。结合庆祝建党100周年和党史学习教育，认真总结党领导我国科技事业发展的辉煌成就和宝贵经验，更好地指导和促进新时代科技创新发展，加快实现科技自立自强。充分发挥基层党组织的战斗堡垒作用和党员的先锋模范作用，将党建工作与科技创新工作同谋划、同部署、同推进、同考核，做到深度融合、同频共振，把党的组织优势转化为科技创新的巨大力量。

　　开展青藏高原科学考察研究，揭示青藏高原环境变化机理，优化生态安全屏障体系，对推动青藏高原可持续发展、推进国家生态文明建设、促进全球生态环境保护将产生十分重要的影响。图为中国科学院青藏高原综合科学考察研究队利用现代化高新技术装备开展科学考察工作

大力弘扬科学家精神，加强科研作风和学风建设，教育和激励科研人员坚守初心使命，秉持国家利益和人民利益至上，主动担负起时代和历史赋予的科技自立自强使命。

三、积极发挥国家战略科技力量的骨干引领作用

强化国家战略科技力量，是加快实现科技自立自强、推动现代化国家建设的关键途径。回顾新中国科技事业发展历程，我们之所以能够在"一穷二白"的基础上，用短短70余年的时间，就取得"两弹一星"、载人航天与探月、北斗导航、载人深潜、量子科技等一系列举世瞩目的重大成就，一个重要原因就在于我们打造了一支党领导下的国家战略科技力量，在党和国家最需要的时候能够挺身而出、迎难而上，发挥不可替代的核心骨干和引领带动作用。面对新时代科技自立自强的战略要求，国家战略科技力量必须始终牢记初心使命，更加勇于担当作为，切实发挥好体现国家意志、服务国家需求、代表国家水平的作用。

围绕国家重大战略需求攻坚克难。想国家之所想、急国家之所急，敢于担当、快速响应、冲锋在前、能打硬仗，是国家战略科技力量的使命职责所在。面对世界百年未有之大变局和我国经济社会发展转型升级的关键时期，国家战略科技力量要充分发挥建制化、体系化优势，打好关键核心技术攻坚战，着力解决一批影响和制约国家发展全局和长远利益的重大科技问题。比如，围绕中央经济工作会议提出的黑土地保护重大战略任务，近期中国科学院与相关部门和地方政府合作，紧急动员、迅速整合全院农业科技创新和相关高新技术研发力量，组织开展"黑土粮仓"科技会战，努力为黑土地农业现代化发展提供科技支撑。

面向国家长远发展筑牢科技根基。从近代历史看，德国、法国、美国、日本等发达国家都以高水平国家科研机构和研究型大学作为战略科技力量的核心骨干，为科技创新和国家发展提供强大基石和关键支柱。我国要建设世界科技强国和现代化国家，必须强化国家战略科技力量，加快推进国家实验室建设和国家重点实验室体系重组，加快打造一批高水平国家科研机构、研究型大学和创新型企业。强化目标导向和问题导向，以建制化、

中国科学院正在发挥建制化、体系化优势，联合有关部门和地方政府组织开展"黑土粮仓"科技会战，以科技支撑实施国家黑土地保护工程。图为 2021 年 3 月 9 日，中国科学院计算技术研究所智能农机团队在吉林省四平市梨树县为四平东风农机公司免耕播种机提供智能化升级技术支持，指导开展春耕备耕

定向性基础研究和前沿技术研发为主，在原始创新和学科体系建设中填补空白、开疆拓土。合理布局、统筹建设一批集聚集约、开放共享的重大科技基础设施、科学数据中心等国际一流创新平台，加快打造一批国之重器，为科技自立自强提供强大的物质技术基础和条件支撑。

在深化科技体制改革中持续引领带动。国家战略科技力量在科技体制改革中起着龙头带动和引领示范作用。改革开放初期，我国科技体制改革主要依靠政策驱动，激发和释放科研人员的创新活力；在深化改革和建设国家创新体系阶段，主要依靠增量资源驱动，改善科研条件，提升创新能力。当前，科技体制改革进入深水区，国家战略科技力量要更多强化责任和使命驱动，坚持刀刃向内，聚焦主责主业，敢于涉险滩、啃硬骨头，将改革的重心放在聚焦重点、内涵发展、做强长板上来，紧扣制约科技创新发展的重点领域、难点问题、关键环节，大胆改革、积极探索，持续激发科技创新活力，巩固和强化核心竞争力，引领带动科技体制改革全面深化。

中国科学院作为国家战略科技力量的重要组成部分，在 70 余年的发展历程中，始终与祖国同行、与科学共进，为我国科技事业发展作出了重大贡献。面向未来，中国科学院将深入贯彻落实习近平总书记提出的"四个率先"和"两加快一努力"要求，恪守国家战略科技力量的使命定位，知重负重、勇于担当，作为科技"国家队"，始终心系"国家事"，肩扛"国家责"，把精锐力量整合集结到原始创新和关键核心技术攻关上来，勇立改革潮头，勇攀科技高峰，努力在科技自立自强和科技强国建设中作出更大创新贡献。

（本文刊发于 2021 年 3 月 16 日出版的《求是》杂志）

前　言

2019 年是中华人民共和国成立 70 周年，也是全面建成小康社会、实现第一个百年奋斗目标的关键之年。2019 年，我国创新型国家建设取得新的进展，"嫦娥四号"实现人类探测器首次在月球背面软着陆并进行巡视探测、发现银河系迄今最大恒星级黑洞、首次观测到三维量子霍尔效应、破解藻类水下光合作用的蛋白结构和功能、发现 16 万年前丹尼索瓦人下颌骨化石等重大创新成果竞相涌现，若干领域方向跻身世界前沿。

中国科学院作为我国科学技术方面的最高学术机构和国家高端科技智库，有责任也有义务向国家最高决策层和社会全面系统地报告世界和中国科学的发展情况，这将有助于把握世界科学技术的整体竞争发展态势和趋势，对科学技术与经济社会的未来发展进行前瞻性思考和布局，促进和提高国家发展决策的科学化水平。同时，也有助于先进科学文化的传播和提高全民族的科学素养。

1997 年 9 月，中国科学院决定发布年度系列报告《科学发展报告》，按年度连续全景式综述分析国际科学研究进展与发展趋势，评述科学前沿动态与重大科学问题，报道介绍我国科学家取得的代表性突破性科研成果，系统介绍科学发展和应用在我国实施"科教兴国"与"可持续发展"战略中所起的关键作用，并向国家提出有关中国科学的发展战略和政策建议，特别是向全国人大和全国政协会议提供科学发展的背景材料，供国家制定促进科学发展的宏观决策参考。随着国家全面建设创新型国家和推进科技强国建设，《科学发展报告》将致力于连续系统揭示国际科学发展态势和我国科学发展状况，服务国家促进科学发展的宏观决策。

《2020 科学发展报告》是该系列报告的第 23 部，主要包括科学展望、科学前沿、2019 年中国科研代表性成果、科技领域与科技政策发展观察、国内外重要科学奖项巡礼、中国科学发展概况和中国科学发展建议等七大部分。受篇幅所限，报告所呈现的内容不一定能体现科学发展的全貌，重点是从当年受关注度最高的科学前沿领域和中外科学家所取得的重大成果中，择要进行介绍与评述。

　　本报告的撰写与出版是在中国科学院侯建国院长的关心和指导及众多院士专家的参与下完成的，得到了中国科学院发展规划局、中国科学院学部工作局的直接指导和支持。中国科学院科技战略咨询研究院承担本报告的组织与研究工作。丁仲礼、杨福愉、解思深、陈凯先、姚建年、郭雷、曹效业、汪克强、潘教峰、夏建白、李永舫、陈润生、邹振隆、聂玉昕、沈电洪、吴学兵、习复、叶成、刘国诠、李喜先、吴善超、龚旭、张利华、叶小梁、黄大昉、黄有国、章静波、张树庸、杨茂君、张正斌、吕厚远、吴乃琴、顾兆炎、刘文彬、朱敏、何晖光、高林、罗德军、姚昌龙等专家参与了本年度报告的咨询与审稿工作，在此一并致以衷心感谢。

中国科学院《科学发展报告》课题组

2020 年 11 月 20 日

目　　录

CONTENTS

第一章

科学展望

An Outlook on Science

1.1 我国分子科学的发展展望

朱道本

（中国科学院化学研究所，有机固体院重点实验室）

一、前 言

　　化学是研究物质的组成与结构、反应与机制、性质与功能的科学，是创造新分子和新物质的根本途径，也是人类认识和改造物质世界的中心科学。分子科学是化学的基础和核心，着重研究分子的结构、性质、功能和应用，利用化学键和分子相互作用来创造新物质，实现物质的高效转化与精准功能调控，驱动物质的创新性应用，与材料、生命、信息、环境、能源等领域密切交叉和相互渗透。分子科学打破了传统化学二级学科间的壁垒，更加强调在功能导向的分子源头进行跨学科交叉融合，充分体现化学学科发展的新特征与新境界。

　　分子科学在人类认识自然、改造世界、提高人类生活质量和健康水平、促进其他学科发展和推动社会进步等方面已经发挥并将持续发挥巨大的、不可替代的作用。合成氨技术（1918 年、1931 年和 2007 年获诺贝尔化学奖）、高分子聚合（1953 年、1963 年、1974 年、2000 年和 2005 年获诺贝尔化学奖）、纳米碳材料（1996 年获诺贝尔化学奖、2010 年获诺贝尔物理学奖）、药物相关材料（我国的青蒿素，2015 年获诺贝尔生理学或医学奖）等就是其中典型代表。此外，分子科学的发展还将为材料科学、绿色能源、资源高效开发与利用、环境保护与治理、人口与健康、探索生命起源与进化等带来重大变革，为解决人类社会可持续发展中的难题提供解决方案[1,2]。以共轭 pi-分子材料为例。这类材料通过弱相互作用聚集，在信息、能源和健康三大主题领域不断孕育重大市场机遇[3,4]。在信息领域，分子材料的发展催生了有机电致发光产业体系；在能源领域，有机太阳能电池和有机热电器件的性能指标持续突破；在生命健康领域，分子材料被广泛用作荧光探针、光敏剂等，有助于重大恶性疾病的诊断及治疗向着早期、高效的方向快速迈进。总体而言，分子材料正在撬动万亿元规模的有机电子工业，推动柔性显示、能源转换、仿生智能和健康监测等产业的变革式发展。

进入新的发展时期,分子科学高度交叉的基本属性与发展趋势越发显著,学科发展充满机遇也面临挑战:一是实现分子合成、反应过程及功能的精准控制和规律认知;二是发展变革性和颠覆性技术,实现创造物质过程的绿色无污染;三是为新材料、健康、环境、能源等领域提供高性能的分子及相关方法和技术。本文围绕我国分子科学的基本特征和发展现状,概述面向2035年的我国分子科学发展机遇与挑战,选择代表性研究方向阐述发展展望,提出促进我国分子科学跨越式发展的建议。

二、我国分子科学发展的基本现状与挑战

经历了改革开放40多年的奋斗,我国拥有了世界上最为庞大的分子科学研究队伍,相关的基础研究逐渐与国际接轨,做出了许多具有重要国际影响的工作,如聚集诱导发光、新型碳材料石墨炔、高效手性催化剂、最高分辨率的单分子拉曼成像、世界上最亮的可调极紫外光源等[1]。近5年来,中国分子科学领域的论文数量已位居世界第一,论文被引用量位列世界第二。以分子科学为核心的化学也是中国第一个在论文总数上成为世界第一的学科。我国的分子科学不仅在论文数量上具有明显优势,在质量上也迅速崛起,在化学领域两个传统的、最重要的期刊《美国化学会志》(*Journal of the American Chemical Society*,*JACS*)和《德国应用化学》(*Angewandte Chemie*)上发表论文占比持续增高,目前仅次于美国。

中国分子科学的发展正步入巅峰时期,但同时也面临巨大挑战。一是现在仍不能实现对任意化学键的精准操控,我国的科学家仍需与国际同行一起攻坚克难,实现分子的结构、过程及功能的精准控制和规律认知。二是无论是在基础研究的原始创新和重大成果产出方面,还是与其他领域的交叉融合,以及由此而催生的新方向、新领域等方面,中国与国际顶级的研究机构/大学都还有一定的差距,还不具备引领整个学科发展的实力。三是中国分子科学领域的基础研究成果对国民经济的发展尚未产生重大的推动作用,缺乏能够孕育颠覆性技术的重大科学发现,并且在关键试剂、仪器等方面自主研制能力薄弱,没有形成完整、可靠的产业链。以石化行业为例,2017年中国石化行业总收入超过13万亿元,但大多基于传统的生产工艺,无论是先进的技术还是高端的化学品都大部分依赖进口,2017年行业贸易逆差达到1974.2亿美元①,不少高端化学品的制造技术成为"卡脖子"问题。四是传统落后的化学品生产过程不符合我国可持续发展的战略目标,污染严重、浪费严重、安全问题突出。要解决这些

---

① 中华人民共和国工业和信息化部,2017年石化化工行业经济运行情况,https://www.miit.gov.cn/jgsj/ycls/shhg/art/2020/art _ 49cddf0c74c4473d946ed940e8fa2488. html.

问题，亟须从分子科学源头上进行创新，推动绿色、精准创造物质的新方法和新技术的产生。

新的世界科技革命发展的势头日趋迅猛，分子科学也在持续孕育着新的重大突破。首先，分子结构研究已从聚焦稳态结构的表征研究发展到对瞬态结构的认知研究，这一发展趋势将大大加速新物质结构的发现，开创分子科学的"绿色"研究模式，实现重要功能物质的精准、简洁合成，可大大节省资源、减少环境负荷。其次，分子科学的发展将推动前沿材料的发现，颠覆性地发掘各类功能器件的核心特质。当前，前沿材料的发现与发展主要聚焦于材料功能的操控，正经历着从宏观到介观乃至微观的转变，将进入材料微观结构-宏观性能-器件功能三位一体的理性创制新时代，继而引发信息技术与重大工程等领域中核心材料与器件发生变革。最后尤其需要指出的是，分子科学的发展正在加速推动生命科学交叉领域的重大变革，为生物医学提供强大的分子基础和研究工具，发展高效的反应、试剂和方法，实现对生命体系高时空分辨的、原位的测量和干预，发现和创制精准治疗的药物。

从我国分子科学的基本特征与现状思考，抓住发展机遇是关键。当前是中国分子科学发展的重大机遇期，国家对基础研究高度重视且迫切需要，投入的研发经费、教育经费逐年增长，人才队伍和科研水平迅速提升，我国已具备了必要的人力和物力去解决科学难题和制约基础研究成果应用的瓶颈问题。同时，关键研究工具与方法的出现，为分子科学重大突破创造了条件。例如：依赖于已建成、在建和规划的国家科学大装置，如同步辐射光源、散裂中子源、强磁场等，有望实现对原子、分子和化学键的时空分辨精准测量，从全新的角度来认识物质及其性质；借助机器学习、人工智能等手段，化学家能快速预测、设计、模拟各种各样的化学反应，开发出高效的、规模化的化工生产技术和过程。此外，生命科学、医学的发展亦对分子科学提出了新的挑战，面对极其复杂的生命体系和生命过程，亟待化学家提供更强有力的分子体系与调控方法。

三、我国分子科学未来发展的重点方向

未来5～15年，我国分子科学将聚焦于发展分子结构与物性操控新范式，在原子/分子尺度上解决领域和产业变革的重大科学问题，注重发展原创性与标志性分子体系，形成通用性理论认知和催生战略性新兴产业。重点结合智能化学和大数据的发展，精准创制分子并调控分子结构与功能；围绕多学科的交叉，利用多种表征技术，深入探究材料体系的分子基础、原理和规律，孕育新的领域前沿；强化师法自然，将宏观世界和微观分子体系"融为一体"，发展物质功能调控新方向；瞄准国家重大需求，注重解决"卡脖子"问题，甚至催生可对外"卡脖子"的关键科学与技术体系。

分子科学应重点发展的研究方向包括但不限于智能化学与过程、分子材料与器件、绿色碳科学、激发态化学、表界面与软物质、生命过程相关的分子基础，以及其他与信息、材料、能源、环境交叉的前沿领域。

本部分将概述智能化学、分子材料与器件、绿色碳科学三个代表性方向的发展展望。

1. 智能化学

在不计人力、物力等的前提下，合成化学家可以合成种类庞大和结构各异的分子体系。但传统的研究范式和技术在成本控制、研究效率，甚至安全、环保等方面仍存在诸多问题，这也促使合成化学家朝着"智能合成"的方向推动分子创制的进化[5]。从反应优化的角度看，机器学习对反应数据具有强大的解读能力，能够帮助合成化学家探寻基本规律，或者发现新型反应特性。从合成路线设计的角度看，在一定复杂度的目标分子创制中，机器学习已经取得了令人鼓舞的结果。如何解决复杂分子合成设计中的立体化学控制，是机器学习面临的一大瓶颈。可以预期，一旦机器学习突破上述瓶颈，将直接对分子设计与制备工艺产生变革性的影响。自动合成技术的进步是合成化学迈向"智能合成"的另一驱动力。过去20年，流动化学技术展现出优于批次化学技术的诸多优点。流动化学基本技术加上模块化工程设计即构成了自动合成体系的雏型。总体而言，人工智能与自动合成技术开始呈现加速融合的态势，分子的"智能合成"时代已经悄然而至。

智能化学的发展应致力于以下方向：①提出新的机器学习方法论，将化学反应的"策略"和"综合效率"等相对模糊的对象纳入机器学习的内容；②建立完备的合成化学数据体系，涵盖"失败的反应"和"不佳的收率"，为机器学习提供全面的数据；③强化机器学习在功能分子设计、合成路线设计以及有机反应优化等方面的能力，使智能合成实现真正的"专家化"，重点解决立体选择性反应和复杂环系等瓶颈问题；④建立微体系和流动体系中的化学反应规律和化学工艺标准，广泛实现化学品的本质安全和连续制造；⑤提升自动合成体系的模块性、集成性和用户友好性，从工程角度升级自动合成体系，使之成为便于执行各种不同合成路线的灵活载体；⑥基于传感器技术、物联网技术等信息技术，实现从化学品传统制造向化学品数字制造的升级；⑦结合自动化技术和人工智能技术，实现从化学品数字制造向化学品智能制造的升级；⑧将有机化合物智能合成的范式推广至高分子和无机化合物，建立相应的机器学习方法论和自动合成体系。

2. 分子材料与器件

分子材料与器件研究是分子科学与物理学、材料科学、生命科学、信息科学等多学科交叉的前沿领域。分子材料的独特结构特征和聚集方式赋予其丰富的电学、光学、表界面和生物等功能，可以实现光电转换、电光转换、热电转换、光子学调控、化学与生物响应等，可应用于有机场效应管、有机光伏器件、有机热电器件、有机发光二极管和激光显示、生物传感、仿生神经计算系统等领域，是构建变革性电子器件的重要物质基础[3,4,6]。有机共轭分子材料以其质轻、价廉、柔韧性好、种类多，并适用于打印、印刷等低成本加工方法制造大面积的柔性器件等优点而受到科技界和产业界的广泛关注，在下一代电子器件、能源、信息、人口健康等领域展现出重要的应用前景。美国《科学》(Science) 期刊将分子材料与器件的最新进展列为 21 世纪世界十大科技成果之一。

经历近半个世纪的发展，分子材料与器件仍需解决诸多基本科学问题：如何利用分子设计与组装等手段精确调控从单个分子到凝聚态材料的形成过程；如何融合电子、质子和能量转移等现象进行分子器件的设计；如何明晰分子材料中微尺寸效应、维度效应和边界效应；如何创新分子器件研究中的新概念、新思想和新技术；如何深化分子材料与器件的理论研究。结合领域的研究现状与发展趋势，分子材料与器件研究应重视以下方面的研究：①赋予"老体系"以"新内涵"，研究有机拓扑绝缘体、有机热电、有机超导、有机自旋、有机生物电子、单分子电子器件等新方向；②面向领域发展新需求，创新技术，赋予材料和器件新特征，重点研究高柔性、可穿戴、可植入、可拉伸、自修复材料与器件；③深入剖析分子电子相关的基本过程，涵盖电子的输运、激子的产生与分离、自旋的产生与输运、离子-电子耦合、生命体系的电子过程，为材料性能的突破和新概念材料的创制奠定理论基础；④持续推动分子材料与器件向产业化方向迈进，促进有机电子工业的形成与发展。

3. 绿色碳科学

碳资源对于人类的生存和社会的发展具有不可替代的作用。随着化石碳资源的不断消耗，不可再生碳资源的储量越来越少。另外，大部分化学品的最终归宿通常是通过焚烧或填埋处理，引发碳排放和碳损失，导致一系列环境和社会问题。因此，实现碳资源的高效转化及循环利用是社会可持续发展的重大需求。绿色碳科学研究具有多学科交叉融合的特点，提高碳资源利用经济性和效率，以可再生碳资源如生物质和二氧化碳替代不可再生化石碳资源，以光能、电能促进碳资源循环，是当前发展的大势所趋[7]。美国、欧洲、日本等发达国家和地区对煤炭、天然气、石油、生物质、二氧化碳等碳资源的高效绿色化利用高度重视，纷纷加大研究投入抢占科技与产业发展的制高点，先后启动了一系列高达数十亿美元的研究计划[8]。国际上对废塑料降解资源化利用也十分重视。2019年1月，近30家跨国公司组成的"终结塑料垃圾"全球联盟（Alliance to End Plastic Waste）正式宣告成立，致力于减少和管控塑料垃圾，并推广塑料制品回收方案，促进循环经济，实现可持续发展。

从分子科学的角度考虑，绿色碳科学应强化研究泛在资源小分子和生物质的利用、废塑料降解、高能分子与材料的合成，重点进行以下方面的研究：①结合光、电等强化手段，发展通过化学/生物催化体系调控化学键的断裂与重组新模式，将二氧化碳、甲烷等泛在资源小分子转化与能量储存和新物质创制有机融合，实现化石资源的全方位综合利用的同时，力求转化过程绿色化、智能化、价值最大化；②发展价格低廉的高效金属和非金属催化剂，突破生物质平台分子中枢转化路线的关键技术瓶颈，推动下游改性高分子和衍生物开发产业链的发展进程；③发展绿色溶剂和催化体系，解决木质素等复杂大分子化学键选择性断裂的科学问题；④发展催化转化技术，将废塑料温和、可控、高效降解为清洁燃油或高附加值化学品，实现碳资源循环利用；⑤研究新型高能分子的设计、构效关系与绿色合成。

四、推动学科发展的政策建议

1. 重视剖析分子科学发展的内在规律与历史趋势

分子科学不是应用学科，而是交叉学科，跨学科融合是分子科学最突出的特征和发展趋势。分子科学即将全面进入"协奏"创新时代，单个学科、单个团队、单个个体的"独奏式"科研无法满足领域突破的重大需求。这一趋势在过去几十年中已经开始显现。以分子科学与生命科学的交叉为例，近20年的诺贝尔化学奖中有13次都与生命科学相关。因此，研究人员具有多学科交叉研究背景尤为重要，但是我国化学家在生命科学方面的教育背景和研究能力相较于欧美存在一定差距，这制约了我国分子科学与生命科学的深度交叉融合。要想突破上述限制，迫切需要建立多学科交叉的研究生培养和科研创新模式，鼓励多学科、多领域的人员协同攻关。但我国很多现行科研政策并未有效促进交叉合作。例如，在科研评价体制方面，现在通行的只看第一作者、单独通讯作者等评价方式不利于交叉合作，使得很多研究难以深入，难以解决重大科学问题。对交叉性的研究成果，特别是重大的原创成果，要从制度上采取可行的办法，充分尊重每一位参与者的贡献。

当代分子科学研究的另一特点是信息技术带来的正负效应。传统研究因信息技术发展滞后，研究者虽能潜心工作，不受外界太多干扰，但不能及时获得同行的建议和帮助，难以及时了解相关领域的发展情况。而现代信息化给基础研究带来了巨大冲击，科学家能迅速掌握各种资源，为自己的思想转化成具体成果助力；但是想要系统、全面地掌握海量的信息非常困难，而且还会潜意识影响自己的研究思路，使创新性大为降低。另外，一项原创性成果形成后，若无系统性地跟进和完善，就有可能被大量的相似工作淹没，继而被遗忘。因此，建议加强基础研究大数据库的建设，充分发挥人工智能等技术手段，提高基础研究选题时新颖性、重要性等的判断能力。

2. 科学引导，建立有利于原始创新的科研环境

过去 20 年，我国在基础研究领域取得的巨大成就主要源于国家长期和不断增长的投入，并主要由高水平研究机构实现。这些机构通常可从国家和各部委获得固定的经费支持，但与较发达国家同类型机构相比，有较大差距。例如，中国科学院化学研究所近几年的科研经费中，固定支持只占 30% 左右，其余 70% 的经费需要通过竞争性项目来获得。大多数的优秀科学家每年需要投入大量的时间撰写各类项目申请书、完成项目的检查和验收，难以潜心研究，不利于系统的、重大的、原创性的成果产出。建议国家统筹基础类研究机构的支持方式，对具有国际竞争力的单位加强稳定支持的力度，制定科学的评价方式，提高生活待遇，让科研人员敢于挑战重大的科学问题、敢于独辟蹊径、敢于开拓新方向和新领域。稳定支持的方式可以包括增加基本科研业务费，加强基础设施建设力度。对于领域的共性问题，可委托国家研究中心、国家重点实验室定向承担重大科技任务。

我国分子科学领域的优秀人才在数量上和质量上都很突出，因此论文数量才能在世界上迅速领先。但由于在一段时期内过于重视论文等成果的数量，强调"人才帽子"，导致很多研究人员盲目追求热点、短平快的工作和高影响因子的论文。这种利益驱动的科研模式与基础研究"深"和"新"的特点相违背。要实现真正的高水平创新，除了稳定的支持外，还应有良好的科研环境和机制；在社会上要大力提倡实事求是的科学精神，倡导真理面前人人平等的风气；要破除传统思想的束缚，敢于挑战未知领域；要鼓励交叉研究，协同集成创新。

3. 重视支撑条件的自主化能力建设

现代基础科学的发展离不开关键技术的突破，分子科学亦是如此。核磁共振、晶体衍射等技术揭开了分子世界的面纱，计算机和互联网促进了信息和成果的快速分享，人工智能更有可能彻底改变分子科学的研究范式。而这些技术基本都源自发达国家，相关产品的核心技术和知识产权并未掌握在我们手上。例如，我国分子科学研究

中所使用的绝大多数生化试剂、软件、数据库等都需要进口，受国际环境变化的影响极大，风险极高，给国家安全带来威胁。分子科学的突破也越来越依赖大科学装置，美国、欧洲和日本的同步辐射等大科学装置在 20 世纪已经建设得比较完善，在蛋白质晶体结构、材料的表征等方面发挥了革命性的作用，而我国能够有效服务基础研究的大科学装置屈指可数。此外，我国基础研究领域发表论文常常要看国外编辑和出版集团的"脸色"，缺少话语权。总体而言，在分子科学持续突破的关键时期，若无利器，难成高手，关键科研条件的自主研发能力建设迫在眉睫。这些问题的解决需要国家的大力政策支持，在仪器、试剂等方面尽快形成从基础到产品的生态链。

4. 培养国际顶尖的战略科学家

国家需要具有国际视野的战略科学顾问。在基础研究经费不能完全满足要求的情况下，更加需要依靠战略科学家、依靠数据分析、依靠深入调研，寻找关键突破点，精准布局。但科学发展有其规律性，任何一个学科都有萌芽、成长、成熟、衰退（转型）的过程。随着知识水平的积累或技术、工具的变革，即使衰退的学科也会出现爆发点，集中涌现出一批领军科学家，催生一批在世界科技史上影响深远的成果。这需要对最源头、最基础的研究长期稳定支持。2000 年之前，美国、德国、英国、法国等国家分子科学研究水平长期居世界前列，获得了诺贝尔化学奖的绝大多数。而日本在第二次世界大战之后开始了自己特色的研究，并在 20 世纪七八十年代实现了研究和人才体系的系统建设，在近 20 年有 6 人获诺贝尔化学奖。我国在分子科学领域现在已拥有一支整体水平居世界前列的高水平研究队伍，但要出现一批在世界上有引领能力的顶尖学者，还需要有耐心和信心。加强对基础研究的投入，创造有利于创新的文化环境和激励机制，特别是要关注青年科学家的健康成长，中国在分子科学领域一定能培育出伟大的科学家。

五、结 束 语

化学是高度交叉的中心科学，而分子科学是化学的基础和核心，与其他学科的融合也日益密切，正向分子的智能精准创制方向快速迈进，进而形成对功能物质创制的颠覆性认知，带动功能材料突破传统性能极限，催生新型前沿研究方向，孕育变革性产业。分子科学是我国的优势学科，发展极其迅猛。本文难以涵盖分子科学的所有研究方向，只是结合学科内涵和外延概述基本发展趋势与挑战，重点围绕智能化学、分子材料与器件、绿色碳科学三方面阐述观点，提出推动分子科学快速发展的建议。总体而言，中国的分子科学研究应抓住学科发展转型的战略机遇，营造有利于科研"协奏"的学术创新氛围，越来越有自信地面对领域的重大机遇与挑战，自信能培养出世界顶尖的科学家，自信能开创新的研究领域和方向、引领世界，自信能为国家的经济建设做出重大贡献，自信能服务国家战略，确保国家安全。

参考文献

[1] 郑企雨. 2018年化学热点回眸. 科技导报,2019,37(1):16-24.

[2] Aspuru-Guzik A,Baik M H,Balasubramanian S, et al. Charting a course for chemistry. Nature Chemistry,2019,11(4):286-294.

[3] Someya T,Bao Z N,Malliaras G G. The rise of plastic bioelectronics. Nature,2016,540(7633):379-385.

[4] Facchetti A. Polymers make charge flow easy. Nature,2016,539(7630):499-500.

[5] Service R F. A moonshot for chemistry. Science,2017,356(6335):231-232.

[6] Savage N. Electronics:Organic growth. Nature,2011,479(7374):557-559.

[7] 何鸣元,孙予罕,韩布兴. 绿色碳科学发展. 科学通报,2015,60(16):1421-1423.

[8] 谢曼,干勇,王慧. 面向2035的新材料强国战略研究. 中国工程科学,2020,22:1-9.

Prospect for the Development of Molecular Science in China

Zhu Daoben

As the basis and core of chemistry,molecular science is developing rapidly to create new materials in an intelligent way and to enable transformational industries. Molecular science is a dominant discipline in China that experienced a rapid development in the past decades. In this article,we first summarize the development trends,future opportunities and challenges of molecular science. Secondly, we offer the perspectives of three representative fields in molecular science, including intelligent chemistry,molecular materials and devices,and green carbon science. Finally,we put forward policy suggestions to promote the rapid development of molecular science in China towards a bright future.

1.2　微纳光子学研究进展与展望

余　鹏[1]　魏　红[2]　王志明[1]　徐红星[3]

（1. 电子科技大学，基础与前沿研究院；2. 中国科学院物理研究所；
3. 武汉大学，物理科学与技术学院）

一、前　言

对光性质的研究和利用极大地影响了人类社会的生产和生活。当代科学的发展也与光学研究密切相关。例如，对黑体辐射、光电效应等的深刻理解促进了量子力学和相对论的诞生，与光学直接或间接相关的诺贝尔奖成果达 40 余项。激光的出现是光子学发展的里程碑，对科学发展和实际应用都产生了深远的影响。同电子相类似，光子也可作为信息和能量的载体，光纤通信成为信息社会的重要支撑。

微型化和智能化始终代表着先进科技和工业的发展方向。随着微纳加工技术的突飞猛进，微纳光子学应运而生。微纳光子学是微米和纳米尺度下的光学研究，它促进了光学系统向微型化、集成化方向的发展。在微纳尺度上，材料与光的相互作用会表现出与宏观体系不同的特殊效应，这促使光信息的产生、传播、获取和处理方式发生变革，为下一代信息技术提供了无限可能[1]。微纳光子学研究极小空间尺度光场的产生及其与物质的相互作用，是新物理、新应用的重要平台，对光场调控、光电集成、量子信息等具有深远影响；结合微纳结构的尺寸效应和材料的特征光学属性，人们可以实现对不同光场维度（偏振、相位、时域响应、空域分布等）的精确控制，从而制备微型化、集成化、智能化的光学元器件；研究微纳结构的光学特性以及光子与激子、电子、声子等的相互作用，可为光能转换、片上光源、传感检测等领域提供新的方案；微纳结构与光场相互作用所产生的非线性效应、量子效应等将为微纳尺度新型极端光场的构建和操控带来新的机遇。

随着近年来研究的深入，微纳光子学已经发展成为一个多学科交叉的前沿学科，在生命科学、传感、通信、数据存储、信息处理、能源、环境和国防安全等领域显示出巨大的应用价值和市场潜力。例如，等离激元突破了传统光学衍射极限的限制，能够实现比光波长小的纳米光子器件；微纳光子学可与微电子学结合，解决微电子技术在底层互连系统和器件带宽、容量、成本及功耗方面所面临的困境；利用微纳结构小尺寸、可集成的特点，可实现光量子芯片；光学微腔和纳腔将光束缚在微小的区域内，极大地增强了光与物质的相互作用，可用于实现极高灵敏度的光学传感；微纳光子学缩减了光学系统的质量和体积，对微纳卫星光学载荷技术的发展具有重要意义。

近年来，世界主要地区和国家非常重视微纳光子学研究，在光子技术领域的布局犹如千帆竞发。2013 年，美国国家科学院和国家科学研究委员会发布了《光学与光子学：美国不可或缺的关键技术》报告，其中指出：光学和光子学技术的发展和应用在过去的几年里从本质上推动了全球的发展，应努力巩固和加强美国在光学和光子学领域的领先地位[2]。2014 年，美国建立了"国家光子计划"产业联盟，时任美国总统奥巴马在"美国制造日"上宣布光子集成技术国家战略；2015 年，美国最大的制造研究所（包含超过 124 家研究制造单位）——"美国制造集成光子研究所"成立，旨在重振美国集成光子制造业的领导地位；英特尔、IBM、谷歌等科技公司对集成光子技术进行了巨额投入，并取得了不错的成绩。日本在 1980 年就成立了光产业技术振兴协会，并在 2010 年开始实施尖端研究开发资助计划，其中一项就是以实现"片上数据中心"为目标的光电子融合系统基础技术开发。2013 年，欧盟启动了针对硅光子技术的 PLAT4M 项目；欧盟在"地平线 2020"（*Horizon 2020*）计划里更是集中部署了光子集成研究项目；法国在 2018 年发表了光学产业白皮书《法国光电发展计划》（*Photonics France*），并在第一要务中指出，微纳光子技术将应用于机器视觉、激光、光机械、光量子和光子集成等领域。2019 年，我国华为公司在"创新 2.0 规划"中把光计算作为未来 5 年以上的重点研发技术。上述光子、集成光子项目都与微纳光子学的发展有直接或间接的关系。由此可见，微纳光子学代表了未来信息技术发展的战略方向，尤其是集成光子学，是世界各国展开激烈竞争的下一代信息技术的焦点，极有可能对人类社会的政治、经济和文化发展产生不可估量的影响。

二、微纳光子学的研究进展

由于跨学科、学科间深度交叉的特性，微纳光子学的研究范畴已经被极大地拓展，相关进展极其繁多。限于篇幅，本文很难概括全面。本部分将简要介绍微纳光子学领域几个典型方向：等离激元光子学、超材料与超表面、集成光子学和微纳光源。除此之外，拓扑光子学、非互易光子学、微纳尺度光热效应、微纳尺度光机械效应、光学传感和成像、光化学反应、强耦合效应、光子晶体、非线性与超快光学等也是微纳光子学的重要研究方向。

1. 等离激元光子学

常规光学成像的分辨率和光子器件的尺寸受限于光的衍射极限，使人们对光的操控和利用被制约在光波长水平，而金属微纳结构的等离激元可以突破衍射极限，将光束缚在结构表面，使纳米尺度的光操控成为可能。表面等离激元独特的光学性质使其可以增强和调控纳米尺度上光与物质的相互作用，相关的研究发展为一门前沿交叉学科——等离激元光子学（plasmonics），包含众多研究方向，如增强拉曼散射、生物传感、光催化、光学力、非线性光学、纳米光子器件和光子回路、超材料和超表面等，有望为生物、医学、信息、能源等领域带来革命性的突破，具有巨大的应用潜力[3]。

等离激元是金属纳米结构中的自由电子在入射光的激发下产生的集体振荡现象，包括局域等离激元和传播的等离激元，如图 1（a）所示。在等离激元光子学的研究中，人们围绕材料、工作波长、加工制备、基本物性和应用等方面开展了大量研究，取得了众多成果。在等离激元材料探索方面，早期研究主要基于贵金属材料，之后发现掺杂半导体、部分二维材料和导电氧化物等也可以用作等离激元材料。大部分基于等离激元的研究都集中在可见到红外波段，通过人工结构设计可以实现人工等离激元（spoof plasmons），可将等离激元的工作波长扩展至太赫兹与微波波段。在加工制备方面，通过化学合成、电子束曝光、聚焦离子束刻蚀、纳米球刻蚀、纳米压印、浸蘸笔纳米加工刻蚀、激光干涉光刻、AAO 模板制备等方法能够制备各种等离激元微纳结构。在基本物性上，人们对等离激元的产生、传播、损耗、调制、探测、非线性光学效应、超快光学效应、等离激元与激子的耦合、量子等离激元、近场光学、复杂结构等离激元杂化等进行了大量的探索。

等离激元展示了众多潜在应用［图 1（b）］。利用等离激元效应，光刻机在原理上不受光学衍射极限的限制。2019 年，中国科学院光电技术研究所报道了等离激元光刻机，在 365 nm 波长光源下，单次曝光最高线宽分辨率达到 22 nm。虽然它只是原理机，与主流 ArF 浸没式光刻机在视场、对准以及产率等方面相比还有所欠缺，但是它提供了一条全新的、我国具有完全自主知识产权的纳米光刻技术路线。等离激元光开关器件、光逻辑器件、光调制器等是构建片上纳米光子回路的基本元件。2020 年，苏黎世联邦理工学院 J. Leuthold 课题组及其合作者开发出等离激元芯片，将电子和光子元件（等离激元调制器）集成到同一块芯片上，并实现了 100 Gbps 的数据传输[4]。由于等离激元纳米光学腔突破光学衍射极限的特性和等离激元放大的受激光辐射（SPASER），等离激元纳米激光器的三维物理尺度可同时远小于发射光的波长，为获得更小体积和更低功耗的片上激光器提供了可能。热辅助磁记录技术可以将存储密度提高至 5 Tb/in²，是目前垂直记录技术的存储极限的 10 倍左右[3]。热辅助磁记录技术的关键器件——近场转换器通常由等离激元结构组成，因此利用等离激元有望实现高密度存储。纳米光学腔通常由等离激元金属纳米结构组成，体积小、响应快，在传感、集成光子学等方面有非常广阔的应用空间。特别是，两个金属纳米结构之间的纳米间隙形成的纳米光学腔可以对局域光场产生强烈的束缚和增强，是单分子灵敏度的超灵敏光谱传感的基础，也是其他基于纳米间隙效应研究的物理基础[5,6]。武汉大学徐红星课题组在 2018 年报道了利用纳腔等离激元模式实现对纳米结构间距变化亚皮米精度的测量[7]。

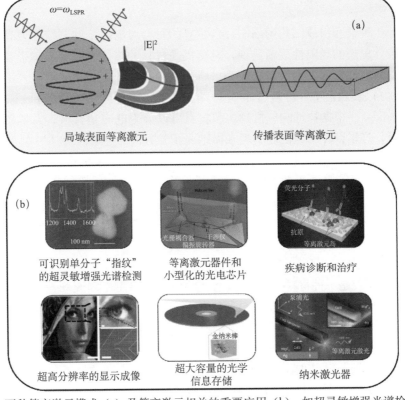

图1 两种等离激元模式（a）及等离激元相关的重要应用（b），如超灵敏增强光谱检测[5]、小型化的光芯片[8]、疾病的诊断和治疗[9]、超高分辨的显示成像[10]、超大容量的光学信息存储[11]、纳米激光器[12]

实际上等离激元光子学已经商业化应用于传感（等离激元共振传感和表面增强拉曼散射）[13]。等离激元光子学实现在信息领域大规模应用的主要阻碍之一是损耗，包括来源于辐射的损耗和非辐射的损耗。可以通过在金属系统里引入增益介质以部分补偿或克服损耗，也可以通过制备高质量的等离激元材料降低损耗。单晶贵金属薄膜可显著减少等离激元的传输损耗；南京大学及其合作单位报道了金属钠基高性能等离激元器件，在近红外实现了钠-二氧化硅界面等离激元传播长度＞200 μm[14]。此外，还可以通过调控等离激元的共振模式降低损耗，如晶格共振、法诺共振、多极子共振和塔姆共振等。将等离激元结构与电介质结构联合使用，也是减小损耗的可行途径。值得一提的是，等离激元的损耗也可以被利用起来，用于光电探测、光催化和基于光热效应的各种应用。

2. 超材料与超表面

由于原子种类和组成结构的限制，自然界的材料对电磁波的调控能力有限。随着传统材料设计思想的局限性逐渐显现，显著提高材料的整体性能变得越来越困难，设计超出常规材料性能极限的新材料成为材料研发的重要任务。一些具有人工设计的特殊结构的材料表现出自然材料所不具备的超常物理性质，这类材料被称为超材料（metamaterials）。根据物理响应机制，超材料可以分为电磁超材料、力学超材料、声学超材料等，这里仅介绍电磁超材料在微纳光子学方面的进展。

电磁超材料的主要功能是调控电磁波在空间中的传输特性。自 2001 年 D. R. Smith 等人通过实验验证了双负材料的负折射率后[15]，研究超材料的序幕被全面拉开，此后人们实验展示了完美透镜、完美吸收和电磁隐身等。经过 20 年的发展，超材料已经不再局限于负折射的范畴，在物理、材料和电子信息等领域也得到了长足的发展。2010 年，《科学》期刊将超材料列为 21 世纪自然科学领域的十项重要突破之一；2017 年，我国发布了《"十三五"材料领域科技创新专项规划》，对超材料做了重点规划。超材料不仅是一种材料的新形态，它带给人们的更是一种材料设计的新理念——结合自然材料原子的空间点阵排布方式和光、电、磁、力、声等响应的微观机制，构造人工微纳结构单元来实现自然材料很难或无法实现的新奇物理特性。超材料的发展将对新一代信息技术、国防工业技术、新能源技术等领域产生深远的影响。

超材料的发展与微纳加工技术的发展息息相关，随着微纳加工技术的进步，超材料的工作频率范围从最开始的 GHz 到之后的 THz，发展到红外波段和可见光波段。工作在可见光和近红外波段的超材料需要非常小的组件尺寸，加工难度大，阻碍了超材料的实际应用。超表面（metasurfaces）从超材料衍生而来，可被视为二维的超材料。它能克服三维超材料结构加工难度大的问题，为微纳光子器件的小型化和集成化提供了新的可能[16]。F. Capasso 课题组在 2011 年展示了亚波长结构的超表面，通过类似于惠更斯原理的方式在表面引入相位不连续性来操纵光[17]。这种在面内引入相位梯度的方法可以进一步用于超透镜、光束转向、构造波阵面的形状等。同年，张翔团队开发出"隐形毯",使物体在整个可见光波段无法被侦测[18]。东南大学崔铁军院士团队近年来在数字编码超材料、"三维隐身衣"和"电磁黑洞"等领域取得了一批创新性成果。超表面可用于广泛的光学功能设计——1/4 和 1/2 波片、人工超薄透镜、全息成像、光束偏转、涡旋光束产生、光束偏折器、隐身斗篷、结构色打印、计算成像、飞秒脉冲整形、量子纠缠、高次谐波产生和混频、连续体中的束缚态等[16,19,20](图 2)。此外,动态可调超表面、可重构超表面、数字编码和可编程超表面、高转化效率非线性超表面、硅基光子学超表面等使电磁超表面沿着信息化、实用化、自适应、智能化和多功能化的方向发展。

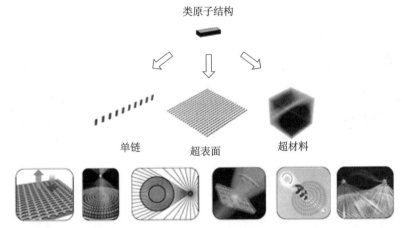

图 2 类原子结构排列的超材料和超表面及其典型应用,如谐波产生/混频[21]、超透镜[22]、光学隐身[23]、全息成像[24]、涡旋光束产生[25]、量子纠缠[26]

3. 集成光子学

英特尔在 20 世纪 70 年代发布的第一个微处理器只有 2000 多个晶体管,而今天 iPhone 处理器的晶体管数量已经高达数十亿。一方面,随着芯片特征尺寸的减小,电子输运阻塞、过热和量子效应等将导致摩尔定律的预言越来越难实现。另一方面,随着物联网、大数据、虚拟现实、人工智能和矩阵乘法运算等新兴应用的出现,人们对信息技术的速度和功耗等提出了更高的要求。光子将用于信息的传播和处理,具有可并行处理、高带宽、低功耗等优点。因此,用光子代替电子构建集成光路(photonic integrated circuits)是一个自然且实际的想法。集成光子学的核心思路是采用集成电路中的光刻手段,在单衬底上加工制作出具有各种功能的光子器件(如激光器、探测器、波导、调制器等),并集成到一块芯片上。集成光子芯片可用于下一代的信息技术，如图3所示。实际上，由于经济效益和技术代价的考虑，短期内集成光路并不能完全取代集成电路。目前所指的集成光子学概念融合了集成光路和集成电路的概念——通过器件之间的连接来控制光子和电子的传输、处理及调制，从而快速、稳定和高效地处理光电信号，如硅基光子学（silicon photonics）。

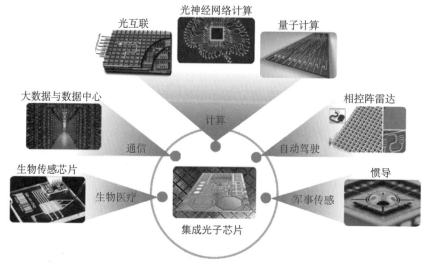

图3 集成光子芯片的应用[30]

集成光子学的材料平台主要有：铌酸锂（LiNbO$_3$，LN）、硅（Si）和磷化铟（InP）等。LN晶体具有宽透明窗口、高非线性光学系数和高折射率等优点，在高速电光调制、全息存储和非线性频率转换等方面有着广泛的应用。由于具有很强的二阶非线性效应，LN可以用于实现高效的倍频、频率下转换和光频梳等光子器件，其光波导在非线性集成光路中具有独特的优势。绝缘体上LN薄膜（LNOI）可类比绝缘体上硅晶片（SOI），为集成LN光子器件提供了可能。LNOI可通过智能切片工艺实现，其厚度可以达到几百纳米，并能够在较大尺寸（3 in）下保持良好的均匀性。基于LNOI的片上微纳光子学结构可由光刻、飞秒激光加工等技术制备。由于低损耗的LN光波导制备技术和LNOI的突破，LN光子集成器件的潜力得到大力挖掘。例如，2014年，南京大学祝世宁团队报道了LN量子光学芯片用于片上纠缠光子对的生成[27]；2018年，哈佛大学M. Loncar课题组报道了集成LN电光调制器，表面积仅为传统调制器的1/100，但是数据带宽从35 GHz提升至100 GHz[28]；2020年，苏黎世联邦理工学院R. Grange课题组报道了薄膜LN上的集成宽带傅里叶变换光谱仪，在短波红外的工作带宽为500 nm，器件面积小于10 mm^2[29]。

硅基光（电）子可与互补金属氧化物半导体（CMOS）兼容，并可借助成熟的微电子工艺大规模批量生产，从而实现微电子与光电子的融合。当前的研究主要集中在硅基光（电）子大规模集成和能耗的降低，具体包括集成工艺平台的探索、稳定可靠的片上光源研究、利用等离激元缩小器件的尺寸、能耗管理等方面[31]。通常的集成工艺平台包括 CMOS 体硅集成平台和不改变 CMOS 下的单片集成。在光源方面，硅基片上光源有掺铒硅光源、锗硅Ⅳ族光源和硅基Ⅲ-Ⅴ族光源。因为单晶硅为间接带隙半导体材料，发光效率低，通常需要考虑异质集成。2020 年，荷兰埃因霍温理工大学 E. Bakkers 课题组报道了一种直接带隙的 Ge 和 SiGe，发光产率可与直接带隙Ⅲ-Ⅴ族半导体相媲美[32]。等离激元的光场束缚和操控能力可克服传统介质材料的局限，使设计更紧凑的光子回路成为可能。片上能耗主要来源于温控管理和调制器的调制能耗，可以通过设计温度不敏感的器件、设计低能耗调制器等方法降低能耗。与硅相比，InP 发光效率高，其四元化合物的能带结构可以随组分变化，为各种光子器件的实现提供了极大的灵活性。InP 的核心优势在于它可以为单片集成提供最全面的光子功能，包括高能效量子阱激光器、调制器、光放大器、探测器和干涉器等。

充分考虑到各个材料平台的优势和缺点，目前的技术主要以混合集成为主。总体来说，集成光子学目前对应于集成电路的"单个晶体管时代"，国内外大多数工作尚处于工艺开发和光电器件初步集成的阶段。下一阶段需开发与集成电路类似的信号回路技术。同时，应逐步扩大光子器件的集成规模，在工艺、光路设计、仿真技术、技术标准和软件生态等方面协同发展，形成可持续发展的产业链和生态链。

4. 微纳尺度光源

微纳尺度的光源主要指尺寸或模式尺寸接近或小于发射光波长的光源，如激光器、发光二极管（LED）和单光子源，如图 4 所示。光源尺寸的缩小主要是通过新材料的应用和新型光学腔的设计[33-35]。激光器的小型化具有广阔的应用前景，有利于微纳光电子集成。第一款小型化激光器是垂直腔面发射激光器（VCSEL）。之后，微盘激光器、光子晶体激光器、自组装纳米线激光器、二维材料激光器等展示了激光器进一步小型化的可能性[35]。大多数激光器都使用电介质的折射率差异来将光限制在腔中，这些激光器的整体尺寸大于发射光的波长。等离激元激光器的整体尺寸可缩小至小于发射光的波长，而其光学模式尺寸小于衍射极限。等离激元金属结构还提供了良好的散热和电泵浦的途径。此外，光子晶体也可用于电泵浦激光器。但是，较短的工作寿命是等离激元的微纳激光器需要解决的关键问题。

LED 是一种固态光源，常用于显示器、通信、医疗、标牌和普通照明等。目前大多数 LED 发光体尺寸大约在毫米级别，Micro LED 为微米级尺寸，相比于有机发光二极管（OLED），具有更高的发光效率、更长的发光寿命和更低的能耗，有望成为

OLED 之后的下一代显示技术。利用纳米结构可以提高 LED 的性能，所采用的纳米结构通常包括半导体纳米线、胶体量子点、人工纳米天线等。半导体纳米线可降低常规薄膜生长的晶格匹配要求，并且具有波导性质，有利于发光器件的光提取。胶体量子点具有光量子产率高、带隙窄、发光峰可调、易于合成等优点，是制作高性能 LED 的重要材料。利用人工纳米天线结构（包括等离激元和电介质纳米结构）可以实现对 LED 发光的控制，如调控 LED 的发光强度、自发辐射速率、颜色和发射方向等。最近的研究表明，利用等离激元纳米结构可以显著提高 OLED 的稳定性[36]。

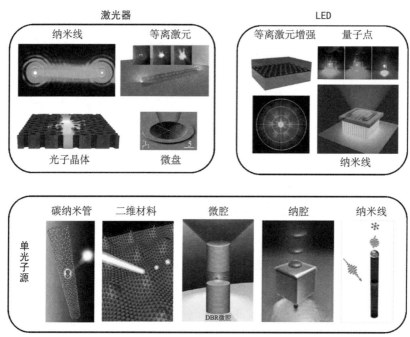

图 4　三种微纳光源（激光器、LED 和单光子源）的发光材料或增强方式

激光器包含：纳米线激光器[37]、等离激元激光器[38]、光子晶体激光器[39]、微盘激光器[40]；LED 包含：等离激元增强 LED[41]、量子点 LED[42]、纳米线 LED[43]；单光子源包含：碳纳米管[44]、二维材料[45]、微腔[46]、纳腔[47]、纳米线[34]

单光子源是一种典型的量子光源，在自发辐射寿命期间只能发射出一个光子，是量子通信和量子计算的关键器件之一。多种微纳结构或材料可用于产生单光子，如自组装量子点和胶体量子点、碳纳米管及二维材料，包括以 WSe_2 为代表的单层过渡金属硫族化合物半导体和宽带隙的层状六方氮化硼（hBN）等。其中，层状 hBN 具有很高的激子束缚能，可以在室温下发射单光子。单光子源的性能可以从多个方面进行提

升。首先，可以通过材料结构本身对发光进行优化。例如，利用纳米线结构可以调控量子点发光——纳米线可以作为单光子的波导、提高收集效率等[34]。其次，可以通过微腔和纳腔增强材料的发光，提高光子提取效率。例如，杜克大学 M. H. Mikkelsen 课题组把单个量子点置于金薄膜与银纳米立方中间的纳腔中，实现了量子点荧光 1900 倍的增强[47]。此外，还可以通过电泵浦的方式克服光激发所引入的高体系复杂程度和低效率。虽然取得了很多进展，但是量子光源的性能需要进一步提高，包括亮度、单光子纯度、不可分辨性等；此外，还需要提高量子光源与其他器件耦合的效率并简化耦合方法，以及开发高温下稳定工作的量子光源。

三、微纳光子学的发展展望

1. 微纳光子学基础科学研究

目前，人们对微纳光子学的许多现象认识得还不够全面和深入。例如，对量子等离激元和热电子参与的相关物理化学现象的理解还颇为肤浅，光子拓扑态、宇称-时间对称、光的马约拉纳准粒子和外尔态等前沿问题也有待进一步探索。等离激元纳米光腔为实现光场纳米尺度的限域提供了新途径，可以提供极高的空间分辨率和显著增强光场强度，有望发现纳米尺度光与物质相互作用的新现象和新机理，开拓新的科学前沿。微纳光子学与精密光谱技术的前沿交叉研究还有待深入开展，例如结合超快激光技术，实现纳米尺度的极端光聚焦、表征与操控，探索微纳结构中光子与电子、声子、激子等相互作用的新物理与新机制。

在理论研究上，应从经典的电磁理论和量子理论两个层面，研究光子与微纳结构的相互作用、光子与其他准粒子（声子、激子、磁振子等）的相互作用，以及能量转换（机、电、热、磁等）的基本效应和规律。经典的电磁理论可以很好地描述微结构与光的相互作用，然而在纳米或者亚纳米尺度上，纳米光子学器件触及了分子和原子尺度，此时传统的连续介质模型描述材料的电磁响应不够精确，通常需要用量子理论对其进行修正。对于微纳结构中多物理场之间的复杂耦合，需要考虑各物理场的方程组和其中产生的耦合效应，发展相应的理论和算法。

2. 微纳光子器件结构的设计和制备

微纳光子器件的仿真设计通常基于解麦克斯韦方程组，有多种不同的数值计算方法，如时域有限差分方法、有限元方法等。然而，这些电磁仿真方法耗时耗力。随着人工智能的兴起与成熟，机器学习、深度学习、人工神经网络等方法可用来辅助微纳光子学的设计，快速准确地获得光学响应和结构参数。通过选取研究结构和研究内容，准备数据集，建立并训练模型，可以实现快速精准地预测出结果。相反，逆向设计是从所需的结果出发，通过相关方法和理论对多个参数同时优化，最后反求出所需的光学结构或者参数[48]。

由于与光的相互作用受到结构有效尺寸的限制，单元结构的小型化导致微纳光子器件效率有限。由于共振使微纳结构与光相互作用的有效尺寸大于结构本身，可以使用共振结构来提高器件效率。此外，可以通过结构阵列产生更大的表面积来提高效率。这所引出的第一个问题就是在大尺寸表面上，如何制造出大量纳米精度的元件。电子束曝光技术可达到纳米级精度，但是其效率低，成本高。第二个问题是共振单元的损耗引起器件效率的降低。解决方案通常是采用几乎无损的电介质材料，但是这加大了制备的复杂性，尤其是高深宽比的电介质微纳结构。更先进的微纳加工技术的开发对于微纳光子器件结构的制备和应用具有非常重要的作用。

3. 微纳光子学的应用

在不久的将来，微纳光子学可能将对以下领域产生深远的影响：量子光学、光通信和光信息、医学诊断和治疗、超灵敏传感、高分辨成像、纳米标签、光刻新工艺等。微纳光子学在许多新兴领域已开始崭露头角，如数据存储、眼科学、脑成像、增强/虚拟现实、图像引导外科手术等。微纳光子学与人工神经网络的结合显示出了巨大的应用前景，如自动光学显微成像、光子器件的逆向设计、自动光学传感等。具有PB（2^{50}B）级甚至EB（2^{60}B）级容量的大数据中心已经成为云计算和存储的关键支持技术，被认为是下一代大数据存储的主要技术解决方案[49]。然而，当前的存储技术存在容量有限、能耗高、寿命短的缺点，因此迫切需要开发超大容量存储技术。可通过光存储阵列实现高密度光学存储，能在恶劣的条件（如强辐射、高湿度）下工作，满足太空和军事应用的需求；能避免恶意数据修改，可在银行、政府和国防等领域应用。基于微纳光子学的超灵敏检测技术具有巨大的发展潜力和广阔的应用前景。今后应发展适用于不同场景的极高精度、极高灵敏度的微纳光学检测技术，实现微纳光子学在精密传感、医疗与生命健康、环境污染监测等领域中的重要应用。充分开发利用等离激元的特性，特别是等离激元纳米腔结构敏感的共振特性，发展对纳米材料和结构体系中极其微弱的物理和化学过程进行超灵敏探测的技术。

四、结　语

随着材料科学与微纳加工技术的不断进步，微纳光子学近年来获得了蓬勃的发展，本文难以涵盖领域的全面进展，仅从四个代表性的研究方向展示了其部分研究进展，并从基础科学研究、器件设计和制备以及应用三个方面对微纳光子学进行了展望。基于微纳光子学将带来的颠覆性科技创新，各国政府和科技公司对其进行了大量的投入，很多技术处于应用或取得重大突破的前夕。微纳光子学将带来生产力的提升和生产关系的变化，为下一步的新工业革命贡献一份力量。美国、欧洲、日本等发达国家和地区已经把硅基光子学（微纳光子学研究热点之一）上升到国家战略高度，并投入了巨资进行相关研究。尽管我国的华为等公司把光子技术上升到了公司的发展战略高度，但我国政府还未从国家战略层面上制定微纳光子学发展路线图。总体而言，美国、日本、欧盟和中国等国家和组织在微纳光子学领域处于全球第一梯队。加强微纳光子学的成果转化和产业发展将有助于我国在微纳光子学研究和应用方面取得领先地位。

在此，对我国微纳光子学的发展提出如下建议。

（1）以问题和需求为导向，在某些光电子企业集中的地区，依托在微纳光子学领域有研究实力的单位，建立微纳光子学国家级实验基地，并对高校、研究所和企业开放。

（2）加强微纳光子学人才的培养，使其不仅要具备微纳光子学的背景，还要掌握扎实的交叉学科知识，并且具有很强的动手能力和针对性地解决微纳光子学应用与产业化中具体问题的能力。

（3）加大对微纳光子学基础研究的投入，促进微纳尺度上新现象和新物理的发现和深入研究，为微纳光子学的应用奠定坚实的基础，并推动凝聚态物理、信息科学、材料、化学、生物等学科的发展。

参考文献

[1] 袁小聪,廖良生,肖云峰,等. 微纳光子学基础与应用研究：第 115 期"双清论坛"学术综述. 中国基础科学,2015,(3)：12-19.

[2] 美国国家科学院,美国国家科学研究委员会. 光学与光子学：美国不可或缺的关键技术. 曹健林等译. 北京：科学出版社,2015.

[3] Stockman M I,Kneipp K,Bozhevolnyi S I,et al. Roadmap on plasmonics. Journal of Optics,2018,20(4)：043001.

[4] Koch U,Uhl C,Hettrich H,et al. A monolithic bipolar CMOS electronic-plasmonic high-speed transmitter. Nature Electronics,2020,3(6)：338-345.

[5] Xu H,Bjerneld E J,Käll M,et al. Spectroscopy of single hemoglobin molecules by surface enhanced raman scattering. Physical Review Letters,1999,83(21)：4357-4360.

[6] Xu H,Aizpurua J,Käll M,et al. Electromagnetic contributions to single-molecule sensitivity in sur-

face-enhanced Raman scattering. Physical Review E, 2000, 62(3): 4318-4324.

[7] Chen W, Zhang S, Deng Q, et al. Probing of sub-picometer vertical differential resolutions using cavity plasmons. Nature Communications, 2018, 9(1): 801.

[8] Ayata M, Fedoryshyn Y, Heni W, et al. High-speed plasmonic modulator in a single metal layer. Science, 2017, 358(6363): 630-632.

[9] Li X, Kuznetsova T, Cauwenberghs N, et al. Autoantibody profiling on a plasmonic nano-gold chip for the early detection of hypertensive heart disease. Proceedings of the National Academy of Sciences, 2017, 114(27): 7089-7094.

[10] Kumar K, Duan H, Hegde R S, et al. Printing colour at the optical diffraction limit. Nature Nanotechnology, 2012, 7(9): 557-561.

[11] Zhang Q, Xia Z, Cheng Y-B, et al. High-capacity optical long data memory based on enhanced Young's modulus in nanoplasmonic hybrid glass composites. Nature Communications, 2018, 9(1): 1183.

[12] Oulton R F, Sorger V J, Zentgraf T, et al. Plasmon lasers at deep subwavelength scale. Nature, 2009, 461(7264): 629-632.

[13] Nature Photonics. Commercializing plasmonics. Nature Photonics, 2015, 9(8): 477.

[14] Wang Y, Yu J, Mao YF, et al. Stable, high-performance sodium-based plasmonic devices in the near infrared. Nature, 2020, 581(7809): 401-405.

[15] Shelby R A, Smith D R, Schultz S. Experimental verification of a negative index of refraction. Science, 2001, 292(5514): 77-79.

[16] Li C, Yu P, Huang Y, et al. Dielectric metasurfaces: From wavefront shaping to quantum platforms. Progress in Surface Science, 2020, 95(2): 100584.

[17] Yu N, Genevet P, Kats M A, et al. Light propagation with phase discontinuities: generalized laws of reflection and refraction. Science, 2011, 334(6054): 333-337.

[18] Gharghi M, Gladden C, Zentgraf T, et al. A carpet cloak for visible light. Nano Letters, 2011, 11(7): 2825-2828.

[19] Jahani S, Jacob Z. All-dielectric metamaterials. Nature Nanotechnology, 2016, 11(1): 23-36.

[20] Meinzer N, Barnes W L, Hooper I R. Plasmonic meta-atoms and metasurfaces. Nature Photonics, 2014, 8(12): 889-898.

[21] Lee J, Nookala N, Gomez-Diaz J S, et al. Ultrathin second-harmonic metasurfaces with record-high nonlinear optical response. Advanced Optical Materials, 2016, 4(5): 664-670.

[22] Wang S, Wu P C, Su V-C, et al. Broadband achromatic optical metasurface devices. Nature Communications, 2017, 8(1): 187.

[23] Pendry J B, Schurig D, Smith D R. Controlling electromagnetic fields. Science, 2006, 312(5781): 1780-1782.

[24] Almeida E, Bitton O, Prior Y. Nonlinear metamaterials for holography. Nature Communications,

2016,7(1):12533.

[25] Lu B R,Deng J,Li Q,et al. Reconstructing a plasmonic metasurface for a broadband high-efficiency optical vortex in the visible frequency. Nanoscale,2018,10(26):12378-12385.

[26] Jha P K,Shitrit N,Kim J,et al. Metasurface-mediated quantum entanglement. ACS Photonics, 2018,5(3):971-976.

[27] Jin H,Liu F M,Xu P,et al. On-chip generation and manipulation of entangled photons based on reconfigurable lithium-niobate waveguide circuits. Physical Review Letters, 2014, 113 (10): 103601.

[28] Wang C,Zhang M,Chen X,et al. Integrated lithium niobate electro-optic modulators operating at CMOS-compatible voltages. Nature,2018,562(7725):101-104.

[29] Pohl D,Reig Escalé M,Madi M,et al. An integrated broadband spectrometer on thin-film lithium niobate. Nature Photonics,2020,14(1):24-29.

[30] 中国科学院院刊编辑部. 大规模光子集成芯片. 中国科学院院刊,2016,31(Z2):192-194.

[31] 周治平,杨丰赫,陈睿轩,等. 硅基光电子:微电子与光电子的交融点. 微纳电子与智能制造,2019, 1(3):4-15.

[32] Fadaly E M T,Dijkstra A,Suckert J R,et al. Direct-bandgap emission from hexagonal Ge and SiGe alloys. Nature,2020,580(7802):205-209.

[33] Xia F,Wang H,Xiao D,et al. Two-dimensional material nanophotonics. Nature Photonics,2014,8 (12):899-907.

[34] Yu P,Li Z,Wu T,et al. Nanowire quantum dot surface engineering for high temperature single photon emission. ACS Nano,2019,13(11):13492-13500.

[35] Hill M T,Gather M C. Advances in small lasers. Nature Photonics,2014,8(12):908-918.

[36] Fusella M A,Saramak R,Bushati R,et al. Plasmonic enhancement of stability and brightness in organic light-emitting devices. Nature,2020,585(7825):379-382.

[37] Eaton S W,Lai M,Gibson N A,et al. Lasing in robust cesium lead halide perovskite nanowires. Proceedings of the National Academy of Sciences,2016,113(8):1993-1998.

[38] Ho J,Tatebayashi J,Sergent S,et al. A nanowire-based plasmonic quantum dot laser. Nano Letters,2016,16(4):2845-2850.

[39] Liu J,Garcia P D,Ek S,et al. Random nanolasing in the Anderson localized regime. Nature Nanotechnology,2014,9(4):285-289.

[40] Noh W,Dupré M,Ndao A,et al. Self-suspended microdisk lasers with mode selectivity by manipulating the spatial symmetry of whispering gallery modes. ACS Photonics,2019,6(2):389-394.

[41] Lozano G,Grzela G,Verschuuren M A,et al. Tailor-made directional emission in nanoimprinted plasmonic-based light-emitting devices. Nanoscale,2014,6(15):9223-9229.

[42] Zhang H,Chen S,Sun X W. Efficient red/green/blue tandem quantum-dot light-emitting diodes with external quantum efficiency exceeding 21%. ACS Nano,2018,12(1):697-704.

[43] Janjua B,Ng T K,Zhao C,et al. True yellow light-emitting diodes as phosphor for tunable color-rendering index laser-based white light. ACS Photonics,2016,3(11):2089-2095.

[44] Tripathi L N,Iff O,Betzold S,et al. Spontaneous emission enhancement in strain-induced WSe2 monolayer-based quantum light sources on metallic surfaces. ACS Photonics, 2018,5(5):1919-1926.

[45] Albert F,Sivalertporn K,Kasprzak J,et al. Microcavity controlled coupling of excitonic qubits. Nature Communications,2013,4(1):1747.

[46] Hoang T B,Akselrod G M,Mikkelsen M H. Ultrafast room-temperature single photon emission from quantum dots coupled to plasmonic nanocavities. Nano Letters,2016,16(1):270-275.

[47] Molesky S,Lin Z,Piggott A Y,et al. Inverse design in nanophotonics. Nature Photonics,2018,12 (11):659-670.

[48] Gu M,Li X,Cao Y. Optical storage arrays:a perspective for future big data storage. Light:Science & Applications,2014,3(5):e177-e177.

Recent Progress and Prospects of Micro-and Nano-Photonics

Yu Peng ,Wei Hong ,Wang Zhiming ,Xu Hongxing

Micro-and nano-photonics is the research of optics and photonics at the micro-and nano-scale. The micro-/nano-photonic structures,devices,and technologies can enable new functions and applications that cannot be realized by macroscopic structures and bulk materials. In this article,we first give a brief introduction to micro-and nano-photonics. Then,we highlight some recent advances in four topics in micro-and nano-photonics,including plasmonics,metamaterials and metasurfaces, integrated photonics,and micro-/nano-scale light sources. Finally,we discuss the prospects of micro-and nano-photonics, and provide some suggestions on promoting the development of this field in China.

第二章

科学前沿

Frontiers in Sciences

2.1 "嫦娥四号"的最新研究进展

王 赤[1,2] 徐 琳[1,3] 邹永廖[1,3]

(1. 中国科学院国家空间科学中心空间天气学国家重点实验室;
2. 中国科学院大学地球与行星科学学院;
3. 中国科学院月球与深空探测总体部)

一、背 景

2019年1月3日,"嫦娥四号"成功着陆在月球背面南极-艾特肯盆地(South Pole-Aitken Basin,SPA)区域内的冯·卡门撞击坑(Von Kaman Crater,东经177.6°、南纬45.5°,图1)。这次是人类的探测器首次在月球背面进行软着陆,并开展着陆和巡视探测,为整个探月历史翻开了新的一页。

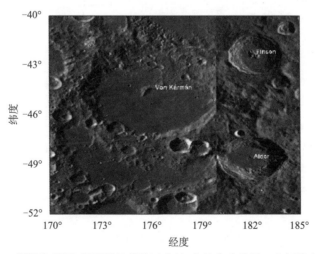

图1 "嫦娥四号"探测器的着陆区南极-艾特肯盆地冯·卡门撞击坑

1. 月球背面和南极-艾特肯盆地的重要科学意义

由于潮汐锁定，月球总是以一面（正面）面对地球。在此之前，人类对月球的探测都是针对于月球正面开展的探测活动，且只占月球正面很小的区域，极大地制约了对全月球的认识。"嫦娥四号"任务是人类首次对月球背面进行探测，着陆和巡视区位于月球南极-艾特肯盆地内。该盆地属于月球三大地体之一，是月球上最古老、最大的撞击坑，对认识月球早期的撞击历史具有重要意义。该盆地直径约 2500 km，深约 13 km，宛如一个天然的深度剖面，有助于获取月球深部物质的信息。

月表的高能粒子辐射来源主要是太阳宇宙线和银河宇宙线。由于缺少磁场的屏蔽，银河宇宙线和太阳高能粒子可以直接进入月球表面，因此月球附近的粒子辐射环境与地球空间存在较大区别。月表等离子体环境、月面带电粒子的时空分布及演化机制，及其与月表相互作用导致的月表带电分布状态，都是有待研究的科学问题。月球基本上没有电离层，而且月球背面由于月球本身可有效遮挡来自地球上无线电波等的干扰，因此月球背面成为开展低频射电天文观测的最佳场所。

2. 存在的技术挑战

由于月球背面和地球之间无法直接进行信号传输，2018 年 5 月，"嫦娥四号"任务先期发射了一颗名为"鹊桥"的中继星，并将其送入地月拉格朗日 L2 点的 Halo 轨道上，用于实现地月之间的信号传输（图 2）。

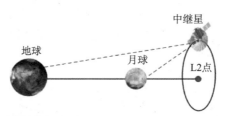

图 2 绕地月 L2 点运行的中继星和地球之间的可视性[1]

二、取得的主要科学成果

截至 2020 年 8 月底，"嫦娥四号"着陆器和巡视器（"玉兔二号"）在月球背面连续工作 21 月昼。在地形地貌、浅层结构、物质成分以及辐射环境等方面获取了大量的探测数据，并取得丰硕的研究成果。

1. 获取了着陆区的高分辨率形貌与浅层结构

月球表面布满了大大小小的撞击坑，年龄越古老的区域，遭受小天体撞击的概率就越高。巨大的撞击会把坑底的物质挖掘出来并抛射到四周，着陆区这种线性溅射物的地形特征被"玉兔二号"携带的全景立体相机识别出来（图3），溅射沉积物厚约70米，先后叠加了来自旁边阿尔德（Alder）和芬森（Finsen）撞击坑的溅射[2]。此外，基于多源遥感数据，还制作了米级至厘米级分辨率的数字高程模型和数字正射影像图[3]，以及"嫦娥四号"着陆区的地质图[4]，并分析了着陆区的地质特征[5]。

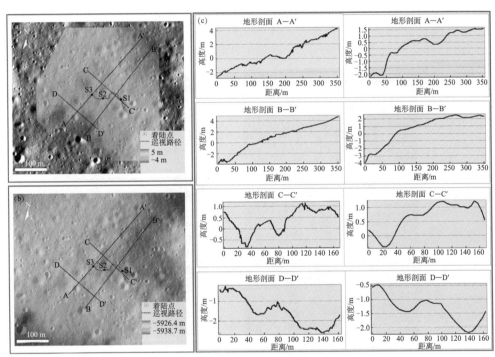

图3 "嫦娥四号"着陆区的数字高程模型和地形剖面图[2]

(a) 利用"玉兔二号"全景相机获取的立体影像制作的着陆区高分辨率数字高程模型（5 cm/像素）；(b) 公开发布的着陆区中分辨率数字高程模型（5 m/像素）；(c) 着陆区的地形剖面图。不同剖面线的位置标注于 (a) 和 (b)

测月雷达和相机影像的数据揭示了着陆区的月壤厚度和浅表层结构[6-11]。"玉兔二号"携带的测月雷达共发射了2束电磁波，高频通道探测到着陆区月表以下超过40 m的不同的分层结构（图4）[6,10]，并识别出月壤厚达12 m，月壤以下是厚约22 m的角砾岩，由旁边的撞击坑溅射过来的堆积物形成[10]。低频通道探测到450 m以内的分层结构（图5），揭示了南极-艾特肯盆地的撞击历史和玄武岩岩浆喷发活动[9,10]。

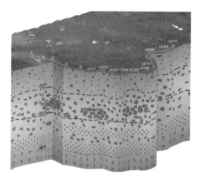

图 4　高频测月雷达数据解译的着陆区 40 m 深度的分层结构图[6]

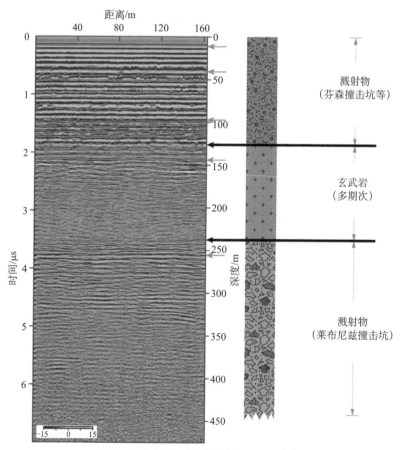

图 5　低频测月雷达成像剖面及解译[10]

2. 首次直接探测了月球深部物质组成

南极-艾特肯盆地深约 13 km，可能会挖掘出下月壳，甚至月幔的物质。数字高程模型（DEM）数据、撞击坑模拟、雷达数据等显示，"玉兔二号"所探测的月表物质不是月幔部分熔融溢出的玄武岩，而是芬森撞击坑的溅射物[2,10,12]，但也有研究认为，"玉兔二号"分析的石块可能来自织女（Zhinyu）坑[13]。可见和近红外光谱的数据显示，着陆区月壤的矿物组分主要为橄榄石、长石和辉石。但由于月壤的光谱会受到太空风化作用的影响，解译结果差异较大。有的结果橄榄石含量较高（约 40%），由此认为着陆区的月壤可能来源于月幔[14,15]；但更多的解译给出了较低的橄榄石含量，不支持其月幔来源[15-18]。"玉兔二号"还分析了一个典型石块，其光谱受太空风化的影响较小，因此可以解译出准确的矿物组成，属于含橄榄石的苏长石[19]。更进一步的高清图像显示，该石块的矿物颗粒较细小，不同于月幔岩石应有的粗粒结构，很可能是南极-艾特肯盆地形成时，从撞击产生的岩浆湖中结晶出来的（图 6）[19]。

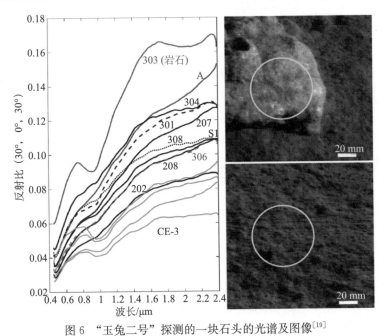

图 6　"玉兔二号"探测的一块石头的光谱及图像[19]

3. 首次探测了碎石坑，揭示了月壤形成的过程

"玉兔二号"还发现了很多小的碎石坑（图 7）。雷达探测信号显示，这些碎石坑

下并没有更多的石块，因此它们不是从月壤下被挖掘出来的[20]。光谱的数据显示，它们和周围的月壤相似[21,22]，尤其和"阿波罗计划"带回的火山玻璃和撞击熔融角砾岩相似[22]。月壤形成虽然是一个不断破碎的过程，但由于撞击作用，包括成岩作用，形成了月表大量的月壤角砾岩和撞击熔融角砾岩，是一个破碎—成岩—再破碎的反复过程[22]。此外，着陆区月壤的光谱还表明，该地区月壤具有很好的成熟度[22,23]。

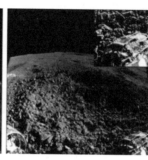

图 7 "玉兔二号"探测未知矿物过程中获取的避障相机影像[21]

4. 月壤光谱原位实验有助于准确解译数据

月壤的光谱不仅受到太空风化作用的影响，也会受到观测几何角度的影响[24]。为了消除观测几何角度对光谱的影响，通过利用光度函数将光谱校正到标准观测角度（即光度校正），获得了更准确的月壤氧化铁（FeO）含量和成熟度[25]。进一步对光谱数据进行地形校正，推导出着陆区风化层的光度参数，为矿物定量化反演提供了模型真值[26]。研究还发现，光谱数据的噪声也对光谱解译有一定影响，因此在太阳高度角较大时，更适合进行光谱探测[27]。

5. 首次获得了月球背面空间环境数据

"嫦娥四号"着陆器上搭载了中国和德国联合研制的"月表中子与辐射剂量探测仪"（LND），首次在月表实地进行粒子辐射环境测量（图 8、图 9）。探测结果显示，月表的粒子辐射剂量率为 13.2 μGy/h（水），其中中性粒子（中子和伽马射线）的辐射剂量率为 3.1 μGy/h（水），约占总比例的 23%，剂量当量约为 60 μSv/h。月球背面空间环境特征和变化规律的认识，可对未来载人登月的空间环境保障提供实测环境数据的支持[28]。

"玉兔二号"搭载了中国-瑞典联合研制的中性原子探测仪（ASAN），首次在月表开展了能量中性原子（energetic neutral atom，ENA）就位探测（图 10），可用于揭示太阳风与月表的微观相互作用机制、月表溅射在月球逃逸层形成和维持中的作用。

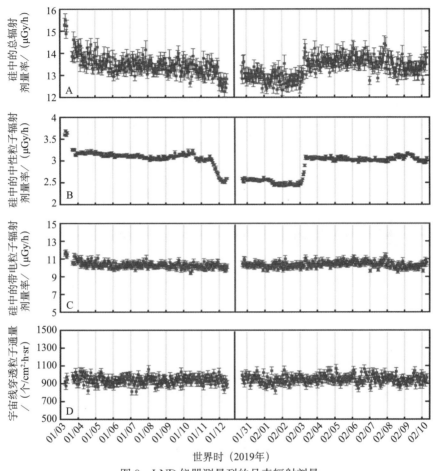

图 8 LND 仪器测量到的月表辐射剂量

探测数据表明，能量大于 30 eV 的能量中性原子高于过去的遥测结果，主要为太阳风质子直接反向散射的氢原子；而能量小于 30 eV 的能量中性原子通量和反照率明显高于卫星观测结果，可能是因为"嫦娥四号"着陆区特殊的月壤特性（微孔多少、颗粒大小及成分等），导致产生了较多能量较低的溅射能量中性原子[29]。

6. 首次获得空间低频射电频谱信号数据

中继星上搭载了中国-荷兰联合研制的低频射电探测仪，首次在月球背面开展超宽带甚低频（10 kHz～40 MHz）射电天文观测，获得了高分辨率低频射电三分量时变波形数据，对于研究太阳低频射电特征和月表低频辐射环境具有重要的科学意义[30,31]。

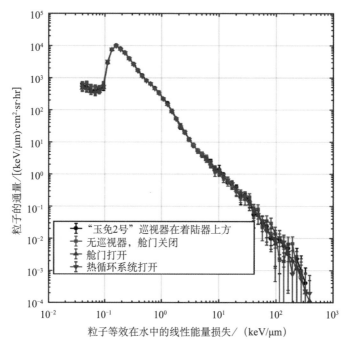

图9　LND测量到的月表的粒子辐射LET谱（水）

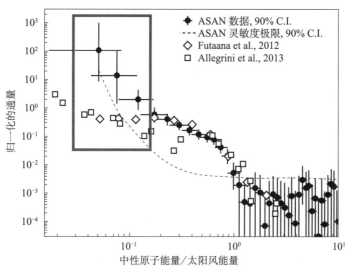

图10　"嫦娥四号"（●）与印度的"月船1号"（Chandrayaan-1，◇）和
美国的"星际边界探测器"（IBEX，□）ENA能谱结构对比

三、未来展望

2020 年 11 月 24 日，"嫦娥五号"探测器在海南文昌顺利发射升空。这是探月工程"绕""落""回"三步走的收官之战。"嫦娥五号"探测器对着陆区的形貌和地质背景进行了勘查，并采集了 1731 g 月球土壤和岩石样品，于 2020 年 12 月 17 日安全返回地球，科学家们即将对其开展精细研究。"嫦娥五号"探测器是我国首个实施月面采样返回的航天器，也是人类 40 多年后，在月球的一个全新的区域采集样品返回地球。"嫦娥五号"的采样区位于月球正面最大的月海风暴洋北部"吕姆克山脉"附近，是比较"年轻"的区域，对这些"年轻"月球样品开展对比研究，将有助于我们了解月球完整的演化历史。

未来 10 年左右，中国拟通过几次任务的实施，在月球南极地区初步构建实验型科研站，即月球探测工程四期。通过下一阶段探月工程四期的实施，我们对月球的认识将从表面，深入到月球的内部组成和结构；从纯科学探索，向科学与应用并重转变。

中国在探月工程中一直高度重视国际合作，从"嫦娥一号"到"嫦娥四号"，分别与俄罗斯、欧洲空间局、荷兰、德国、瑞典、沙特等国（机构），围绕工程技术、科学研究开展了多层次、多维度，深入而务实的密切合作，已形成日趋成熟的工作交流机制和技术平台。

中国还在推进国际月球科研站的长远建设计划。国际月球科研站既是一个月面的基础设施，也是一个共享的平台，希望能够吸引欧洲、俄罗斯等更多国家共同参与。国际月球科研站计划将集中全球优势力量，从科学、技术、工程任务等方面开展全面合作，共同探索月球、开发和利用月球。

参考文献

［1］Wu W, Wang Q, Tang Y, et al. Design of Chang'e-4 lunar farside soft-landing mission(in Chinese). Journal of Deep Space Exploration, 2017, 4(2):111-117.

［2］Di K, Zhu M H, Yue Z, et al. Topographic evolution of Von Karman Crater revealed by the lunar rover Yutu-2. Geophysical Research Letters, 2019, 46(22):12764-12770.

［3］Liu Z, Di K, Li J, et al. Landing site topographic mapping and rover localization for Chang'e-4 mission. Science China-Information Sciences, 2020, 63(4):140901.

［4］Ling Z, Qiao L, Liu C, et al. Composition, mineralogy and chronology of mare basalts and non-mare materials in Von Kármán Crater: Landing site of the Chang'e-4 mission. Planetary and Space Science, 2019, 179:104741.

[5] Qiao L, Ling Z, Fu X, et al. Geological characterization of the Chang'e-4 landing area on the lunar farside. Icarus, 2019, 333: 37-51.

[6] Li C, Su Y, Pettinelli E, et al. The Moon's farside shallow subsurface structure unveiled by Chang'e-4 Lunar Penetrating Radar. Science Advances, 2020, 6(9): 6898.

[7] Lai J, Xu Y, Zhang X, et al. Comparison of dielectric properties and structure of lunar regolith at Chang'e-3 and Chang'e-4 landing sites revealed by Ground-Penetrating Radar. Geophysical Research Letters, 2019, 46(22): 12783-12793.

[8] Lai J, Xu Y, Bugiolacchi R, et al. First look by the Yutu-2 rover at the deep subsurface structure at the lunar farside. Nature Communications, 2020, 11: 3426.

[9] Zhang L, Li J, Zeng Z, et al. Stratigraphy of the Von Kármán Crater based on Chang'E-4 lunar penetrating radar data. Geophysical Research Letters, 2020, DOI: 10. 1029/2020GL088680.

[10] Zhang J, Zhou B, Lin Y, et al. Lunar regolith and substructure at Chang'E-4 landing site in South Pole-Aitken basin. Nature Astronomy, 2020, https://doi. org/10. 1038/s41550-020-1197-x.

[11] Dong Z, Feng X, Zhou H, et al. Properties analysis of lunar regolith at Chang'E-4 landing site based on 3D velocity spectrum of lunar penetrating Radar. Remote Sensing, 2020, 12(4): 269.

[12] Gou S, Di K, Yue Z, et al. Forsteritic olivine and magnesium-rich orthopyroxene materials measured by Chang'e-4 rover. Icarus, 2020, 345: 113776.

[13] Ma P, Sun Y, Zhu M H, et al. A plagioclase-rich rock measured by Yutu-2 rover in Von Kármán crater on the far side of the Moon. Icarus, 2020, 350: 113901.

[14] Li C, Liu D, Liu B, et al. Chang'e-4 initial spectroscopic identification of lunar far-side mantle-derived materials. Nature, 2019, 569(7756): 378-382.

[15] Gou S, Di K, Yue Z, et al. Lunar deep materials observed by Chang'e-4 rover. Earth And Planetary Science Letters, 2019, 528: 115829.

[16] Hu X, Ma P, Yang Y, et al. Mineral abundances inferred from *in situ* reflectance measurements of Chang'e-4 landing site in South Pole-Aitken basin. Geophysical Research Letters, 2019, 46(16): 9439-9447.

[17] Chen J, Ling Z, Qiao L, et al. Mineralogy of Chang'e-4 landing site: preliminary results of visible and near-infrared imaging spectrometer. Science China, 2020, 63(4): 109-120.

[18] Huang J, Xiao Z, Xiao L, et al. Diverse rock types detected in the lunar South Pole-Aitken Basin by the Chang'e-4 lunar mission. Geology, 2020, 48(7): 723-727.

[19] Lin H, He Z, Yang W, et al. Olivine-norite rock detected by the lunar rover Yutu-2 likely crystallized from the SPA-impact melt pool. National Science Review, 2019, 7(5): 913-920.

[20] Ding C, Xiao Z, Wu B, et al. Fragments delivered by secondary craters at the Chang'e-4 Landing Site. Geophysical Research Letters, 2020, 47(7): e2020GL087361.

[21] Gou S, Yue Z, Di K, et al. Impact melt breccia and surrounding regolith measured by Chang'e-4 rover. Earth and Planetary Science Letters, 2020, 544: 116378.

[22] Lin H,Lin Y,Yang W,et al. New insight into lunar regolith-forming processes by the lunar rover Yutu-2. Geophysical Research Letters,2020,47(14):e2020GL087949.

[23] Gou S,Yue Z,Di K,et al. In situ spectral measurements of space weathering by Chang'e-4 rover. Earth and Planetary Science Letters,2020,535:116-117.

[24] Yang Y,Lin H,Liu Y,et al. The effects of viewing geometry on the spectral analysis of lunar regolith as inferred by in situ spectrophotometric measurements of Chang'e-4. Geophysical Research Letters,2020,47(8):e2020GL087080.

[25] Lin H,Xu R,Yang W,et al. In situ photometric experiment of lunar regolith with visible and near-infrared imaging spectrometer on board the Yutu-2 lunar rover. Journal of Geophysical Research: Planets,2020.

[26] Lin H,Yang Y,Lin Y,et al. Photometric properties of lunar regolith revealed by the Yutu-2 rover. Astronomy and Astrophysics,2020,638:A35.

[27] Lin H,Lin Y,Wei Y,et al. Estimation of noise in the in situ hyperspectral data acquired by Chang'e-4 and its effects on spectral analysis of regolith. Remote Sens,2020,12(10):1603.

[28] Zhang S,Wimmer-Schweingruber R F,Yu J,et al. First measurements of the radiation dose on the lunar surface. Science Advances,2020,6:eaaz1334.

[29] Zhang A,Wieser M,Wang C,et al. Emission of energetic neutral atoms measured on the lunar surface by Chang'e-4. Planetary and Space Science,2020,189 104970.

[30] Ji Y,Zhao B,Fang G Y,et al. Key technologies of very low frequency radio observations on the lunar far side. Journal of Deep Space Exploration(in Chinese),2017,4(2):150-157.

[31] Xu H,Xue C,Liu P,et al. Payload task design and verification of Chang'e-4 lander (in Chinese). Spacecraft Engineering,2019,28(4):101-108.

The Latest Scientific Results from Chang'e-4 Mission

Wang Chi,Xu Lin,Zou Yongliao

Chang'e-4 spacecraft made the first ever soft-landing on the far side of the moon. The probe consists of a lander,rover and relay satellites and is equipped with thirteen payloads,including four international payloads. This mission's science goals include analyzing the topography and shallow structure,rock and mineral compositions,near-lunar space environment,and low-frequency radio astronomy. A series of scientific results have been made. This article presents a brief introduction of the main scientific results of the Chang'e-4 mission achieved so far.

2.2 太阳探测的中国视角：从帕克太阳探测器谈起

邓元勇[1,2] 杨尚斌[1,2] 白先勇[1,2]

（1. 中国科学院国家天文台，太阳活动重点实验室；2. 中国科学院大学）

帕克太阳探测器（Parker Solar Probe，PSP）于 2018 年 8 月 12 日北京时间 3 点 31 分从美国佛罗里达州卡纳维拉尔角空军基地发射升空，并于 2018 年 11 月 1 日第一次进入近日点，成为有史以来以最近距离和最快速度飞掠太阳的人造天体。到 2020 年 12 月 10 日，PSP 已经完成了 24 次掠日飞行计划中的 6 次，实现了航天器穿越太阳大气、实地探测日冕的壮举[1]。PSP 是美国国家航空航天局（NASA）"与星共存"（Living With a Star，LWS）计划中部署的一颗近距离探测太阳的空间探测器。LWS 计划的重点是获取太阳-地球空间环境的全方位科学知识，为影响太空生命活动和高科技系统的日地空间天气事件提供预警预报服务。

一、帕克太阳探测器的科学背景

PSP 的科学目标包括两个方面：探寻日冕大气加热之谜和揭示太阳风的起源。

太阳的结构从内到外分为日核（约 1500 万℃）[①]—辐射区（约 700 万℃）—对流区（约 200 万℃）—光球（约数千℃）—色球（数千至数万℃）—日冕（百万℃）。可以看到与地球大气相比，太阳大气最外层的日冕（图 1）呈现反常高温态，这违背了热力学第二定律，如何解释其加热机制是天体物理的重大科学难题，被《科学》期刊称为"八大未解天文之谜"之一。

人类对太阳风的最早认识源于彗星的彗尾总是背向太阳这一观测现象，德国天体物理学家比尔曼（L. Biermann）提出了存在源自太阳的连续粒子流的假说。美国天体物理学家尤金·帕克（E. Parker）1958 年在忽略太阳自转和磁场的情况下，仅考虑日冕的等温膨胀得到了日冕等离子体在行星际空间不断加速向外运动的解，第一次从理论上提出了"太阳风"的存在。虽然该理论在提出时遭到了巨大的质疑和反对，但却

---

① 括号中给出的是各层大致的温度。

图1　日全食时拍到的高温日冕大尺度结构

资料来源：NASA，https://apod.nasa.gov/apod/ap180430.html.

被随后发射的一系列行星际探测卫星（"水手2号"等）所证实（图2），整个过程充满了戏剧性。基于尤金·帕克在太阳风发现过程中的重要贡献，美国将用于近日太阳风和日冕探测的"Solar Probe Plus"项目正式命名为"Parker Solar Probe"，即帕克太阳探测器，这也是美国首次以在世科学家命名空间探测器。但是，太阳风加速的真正机制和日冕大气加热一样，仍然没有明确的答案，因此探究太阳风加速机制也是PSP的一个重要科学目标。

二、帕克太阳探测器的载荷

根据科学目标的需求，PSP搭载了4个载荷（图3）：WISPR广角相机（Wide-Field Imager for Solar Probe）、FIELDS电磁力计、SWEAP（Solar Wind Electrons Alphas and Protons）太阳风粒子探测仪和ISʘIS集成探测仪（Integrated Science Investigation of the Sun）。WISPR广角相机用于对日冕和太阳风的大尺度结构直接拍照成像。它的一个特色是利用PSP自身的防热盾挡住了绝大部分太阳光这一特点，形成"人造日全食"，能够直接拍摄大尺度日冕结构（图4），与其他仪器探测到的具体物理细节联合，可分析日冕的动态演化特征。WISPR广角相机配有两个望远镜成像系统，能在PSP所处的极端环境中满足探测需要，这部分用的技术和材料完全是常规设计。FIELDS电磁力计用于测量太阳风和日冕中的局地电磁场分布，由4根2 m长的抗高温材料铌合金天线和1根处于防热盾保护下的磁力计天线组成。SWEAP太阳风粒子探测仪用于测量和分析太阳风中各种粒子（电子、质子、氦离子等）的数量、速度、密度、温度等性质，分析太阳风和日冕等离子体的成分及其状态分布。ISʘIS集成探测

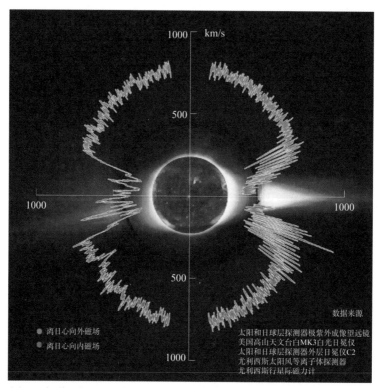

图 2   尤利西斯行星际探测卫星得到的不同太阳纬度的太阳风速度分布

资料来源：ESA，https://sci.esa.int/s/8YrYl4A.

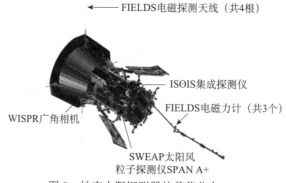

图 3   帕克太阳探测器的载荷分布

资料来源：NASA，http://parkersolarprobe.jhuapl.edu/Spacecraft/index.php♯Instruments.

仪用于来探明日冕和太阳风中各种粒子（电子、质子和氦离子等）的生命周期，研究这些粒子的源头，加速机制和从太阳到行星际空间的传播路径。它包含了 EPI-Lo 低能探测器和 EPI-Hi 高能探测器，扫描太阳风中不同能量段的粒子，包括 SWEAP 太阳风粒子探测仪没有覆盖到的粒子。

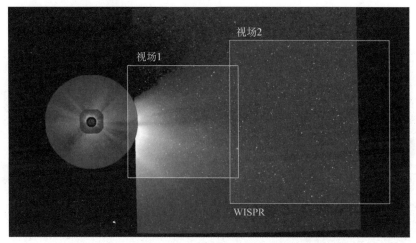

图 4   WISPR 广角相机的两台望远镜看到的日冕区域

资料来源：NASA，https://svs.gsfc.nasa.gov/12927.

三、帕克太阳探测器的技术挑战

PSP 是一个对于人类工程学的巨大挑战。首先，它将以人类有史以来最接近太阳的距离对太阳进行探测，发射和轨道设计是第一个"拦路虎"，在 24 次近日任务的最后 3 次，PSP 最接近太阳时距太阳表面将只有约 600 万 km（图 5），是地球到太阳平均距离（约 1.5 亿 km）的 1/25，水星到太阳平均距离（约 5800 万 km）的 1/10。而在此之前，最接近太阳的探测器是 NASA 1976 年发射的"太阳神 2 号"探测器，最近时距离太阳 4300 多万 km。为了实现如此近距离地"接触"太阳，PSP 采用了当年项目立项时美国运载能力最强的"德尔塔 4"重型火箭（其后"猎鹰"重型火箭打破了该纪录）。但这仍然不能让 PSP 直接进入轨道，还需要 7 次飞掠金星，借助金星的"引力弹弓"效应实现降轨操作。而距离太阳如此之近，PSP 也将成为有史以来速度最快的人造物体，其最高速度将达 200 km/s，以此速度从北京到上海只要 5 s。此前的纪录保持者是 NASA 的"太阳神 2 号探测器"，但也仅有 70 km/s。另一个挑战是该探测器工作于上百万℃的日冕环境中，虽然由于日冕中的粒子分布非常稀疏，探测器遇到高温粒子的频次并不高，但也仍然需要能够抵御最高可达1400℃的高温并正常工作。为此，探测器的前端最外层采用白色陶瓷涂层，里面是碳碳复合材料夹着11.4 cm厚的碳泡沫隔热材料构成的护盾（图6），以极轻的重量达到高度耐热和坚固的保护效果。PSP的实现从概念提出以来，依赖于材料科学、航天工程等诸多高科技领域的进步，经过10余次方案修改、近60年时间的锤炼才从近乎科幻般的设想成为科学现实。

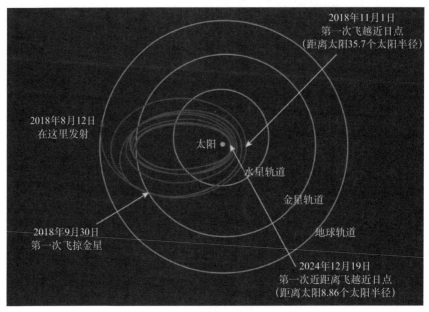

图5　帕克太阳探测器的轨道

资料来源：NASA，http://parkersolarprobe.jhuapl.edu/The-Mission/index.php#Science-Objectives.

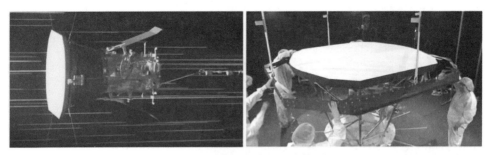

图6　护盾作用示意图和实物图

资料来源：NASA，https://www.nasa.gov/content/goddard/parker-solar-probe-videos.

四、帕克太阳探测器的科学成果

　　PSP 到 2020 年 12 月 10 日已经有 6 次经过近日点，取得了大量科学数据。自 2019 年 11 月 12 日发布科学数据以来，引起了学术界的广泛关注和应用，不到一年时间内发表科学文章高达百余篇，科学产出迎来了开门红。2019 年《自然》期刊刊登了基于 PSP 科学数据的研究文章[2-5]，报道了在原初太阳风、太阳无尘区、近日太阳风中的超常电磁场起伏和小尺度日冕物质抛射中的精细结构方面的重要进展。

　　研究发现，原初太阳风中存在 S 形反转的磁场结构和团块等离子体，这在以往的理论和观测上都没有预计到（图 7）。这种 S 形的磁场反转持续约数分钟，磁场的反转对应着局地等离子体的径向速度场的增强。并且垂直于太阳半径方向存在比预期强的速度场（像链球投掷器从手中释放弹出链球一样），其起源机制仍然不清楚。一种解释认为其是太阳风膨胀的持续结果，另一种解释认为其是来自于小尺度爆发的间歇结构，两种解释都得到了数值模拟的支持，但目前仍然没有定论。究其原因，PSP 是局地观测，不能从太阳风整体上对其结构进行研究，"不识庐山真面目，只缘身在此山中"。没有匹配的对日直接成像和高分辨率、高精度的磁场测量，仅仅借助于地面设备，仍然难以区分以上两种解释。此外，近日太阳风中的磁场和电场起伏也比预计的要大很多，反映了原初太阳风中较强的湍流状态（图 8）。

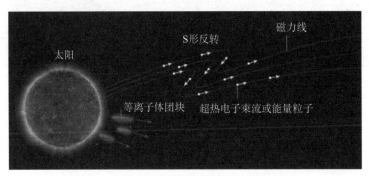

图 7　新生太阳风中磁场的 S 形反转结构

资料来源：Nature，A step closer to the Sun's secrets. https://www. nature. com/articles/d41586-019-03665-3

　　太阳系和地外行星系统的观测中都能看到广泛分布的尘埃，在靠近太阳的地方由于高温和太阳风的存在，理论上预计会存在完全没有尘埃的区域，称作无尘区。PSP 的成像仪首次看到宇宙尘埃在距太阳 700 多万 mi① 的地方开始变薄，而在距太阳 400

---

①　1 mi≈1.609 km。

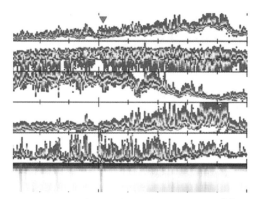

图8　近日太阳风中的磁场和电场起伏[3]

多万 mi 的地方，尘埃持续减少，甚至低至 WISPR 广角相机测量极限。对于无尘区猜想的最后证实，《自然》期刊文章给出了乐观的估计。

太阳风中的高能粒子来源包括耀斑中的电场加速和日冕物质抛射中的激波加速。在 PSP 中看到快慢带电粒子的时间差可以用来估计加速粒子的路径，发现路径远高于之前的估计，这与近日太阳风中的磁场的反转现象有直接的关联（图9）。

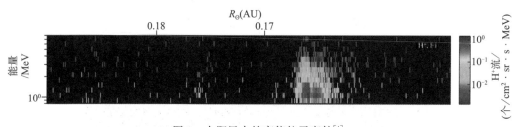

图9　太阳风中的高能粒子事件[4]

日冕物质抛射中的磁重联结构模型被很多理论和数值模拟所预计和使用，WISPR广角相机对于近日日冕结构的高时间分辨率和高灵敏度的观测，看到了小尺度日冕物质抛射中磁重联结构模型预计的磁岛结构，并证实了冕流是由很多小尺度密度起伏的亚尺度冕流通道组成（图10）。

值得一提的是，中国目前也拥有优良的地面太阳观测设备，包括北京怀柔太阳观测基地的多通道磁场望远镜和全日面磁场望远镜、云南抚仙湖太阳观测基地的米级真空太阳望远镜等，在 PSP 进行科学观测期间也一直参与国际联测。2020 年欧洲发射了 Solar Orbitor 卫星，提供的是在不同波段的成像观测，和 PSP 形成联测也会非常有助于理解太阳和太阳风之前的联系。中国也正在准备发射第一颗太阳观测卫星"ASO-S 先进天基太阳天文台"和在中国西部建设地基米级的太阳中红外磁场测量望远镜，有望

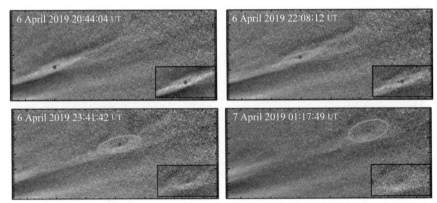

图 10 小尺度日冕物质抛射中的精细结构[5]

助力揭示太阳风和日冕大气加热的未解之谜。

五、帕克太阳探测器的启示

PSP 的发射成功对于中国的太阳探测具有很多借鉴意义，其发展历程讲了一个非常好的从观测上的矛盾、理论验证、观测验证、长期论证、技术攻关到项目实施的故事。为什么在中国未能出现这类人类里程碑式的基础科学研究工程？就太阳物理观测研究而言，我们已可以在某些局部方向上形成前沿、取得领先地位；但在这种系统工程上却总是落后一步。其实，在太阳物理中，我国科学家并不缺乏超前的科学意识，从 20 世纪 90 年代我国建议的空间太阳望远镜 SST 计划[6]，到现在我们希望推动的太阳极轨探测器计划，无一不是同时代的领先者。但超前和领先是需要代价的，也是需要决策魄力的。遗憾的是，从实践来看，我国的决策机制缺乏长期的持续投入，以及敢为人先的科学冒险精神。NASA 通过"与星共存"这种国家战略级的顶层设计，集合从"阿波罗"登月计划以来形成的传统和优势力量，调动各个部门的积极性形成合力，长期稳定地投入，尤其是在项目的初始规划和调研阶段以超出我们几十倍的预研经费支持力度做好准备，保留队伍，在关键技术问题上形成突破。总之，笔者认为：就科学研究而言，我们不仅仅需要像"载人航天""空间站计划"这样的重大工程项目，也同样需要以基础科学研究为目的的大型系统工程的实施和战略设计。

最后，我们也想强调，PSP 虽然先进，但中国并不是没有赶超之机，就学术界而言，目前对于 PSP 科学成果尚存争论，而这些恰恰来自其缺乏成像、缺乏光谱观测、缺乏偏振观测的现实，这对于未来我国的空间太阳探测提出了有益的启示。太阳极轨成像和偏振观测、近日成像探测、空间紫外偏振探测都能成为我国引领空间太阳探测潮流的契机[7]。

参考文献

[1] Fox N J, Velli M C, Bale S D, et al. The Solar Probe Plus Mission: humanity's first visit to our star. Space Science Reviews, 2016, 204:7-48.

[2] Bale S D, Badman S T, Bonnell J W, et al. Highly structured slow solar wind emerging from an equatorial coronal hole. Nature, 2019, 576:237-242.

[3] Kasper J C, Bale S D, Belcher J W. Alfvénic velocity spikes and rotational flows in the near-Sun solar wind. Nature, 2019, 576l:228-231.

[4] McComas D J, Christian E R, Cohen C M S, et al. Probing the energetic particle environment near the Sun. Nature, 2019, 576:223-227.

[5] Howard R A, Vourlidas A, Bothmer V, et al. Near-Sun observations of an F-corona decrease and K-corona fine structure. Nature, 2019, 576:232-236.

[6] Ai G X. Space solar telescope. Advance Space Research, 1996, 17(4-5):343-354.

[7] 邓元勇, 甘为群, 颜毅华, 等. 太阳磁场探测现状与展望. 红外与激光工程, 2020, 49(11):20200278.

Space Solar Adventure of Parker Solar Probe from the Point View of China

Deng Yuanyong, Yang Shangbin, Bai Xianyong

As the nearest star of the planet earth, the scientific investigation of the sun is extremely important to the innovation of basic research and space technology. In this paper, we will introduce the scientific background, technical challenge, current scientific discovery, deficiency of Parker Solar Probe, the man-made spacecraft which is the most fast and nearest to the sun in the solar system, especially from the point view of China. We also discuss the enlightenment of Parker Solar Probe to the Chinese space solar exploration strategy in the space race of 21st century.

2.3　人工光合成太阳燃料

王集杰　姚婷婷　李仁贵　李　灿

（中国科学院大连化学物理研究所，催化基础国家重点实验室）

化石资源作为能源利用不可避免地会排放二氧化碳（CO_2），CO_2作为温室气体导致全球气候变化已引起国际社会的高度关注，世界多数均已开展碳减排行动。2020 年 9 月 22 日，习近平主席在第七十五届联合国大会一般性辩论上宣布，"中国将提高国家自主贡献力度，采取更加有力的政策和措施，二氧化碳排放力争于 2030 年前达到峰值，努力争取 2060 年前实现碳中和。"[①]

CO_2是一种温室气体，同时也是一种碳资源，解决 CO_2 问题最佳的途径是"道法自然"，向自然光合作用学习。利用太阳能等可再生能源，以 CO_2、水为基本原料合成甲醇等太阳燃料，为实施能源革命提供了切实可行的方案。甲醇可在动力、交通、化工等领域替代煤炭、石油等传统化石能源，也是良好的载氢分子，还可作为基础原料生产烯烃、芳烃等化学品[1,2]。大规模发展人工光合成太阳燃料技术，是保障国家能源安全和践行生态文明建设的重要途径。

一、人工光合成太阳燃料进展

光合作用，通常是指绿色植物（包括藻类）吸收光能，把 CO_2 和水转化为碳水化合物（如葡萄糖等），同时释放氧气的过程，该过程把太阳能转变并储存为化学能。光合作用主要包括光反应、暗反应两个阶段，光反应阶段主要捕获太阳能进行水分子氧化释放电子和质子，并把太阳能转化为还原力分子，如还原型烟酰胺腺嘌呤二核苷酸磷酸（NADPH）、三磷酸腺苷（ATP）等；暗反应阶段是利用光反应生成的还原力进行 CO_2 的同化作用，将 CO_2 还原为糖类。人工光合成太阳燃料过程上也可分两步进行：太阳能分解水制氢，然后氢与 CO_2 反应，CO_2 加氢还原可生成甲醇、甲酸、乙醇、烯烃、芳烃等（本文主要指 CO_2 加氢制甲醇）。人工光合成过程的重要挑战是太阳能

---

① 新华社．习近平在第七十五届联合国大会一般性辩论上发表重要讲话．2020-09-22. http://www.gov.cn/xinwen/2020-09/22/content_5546168.htm?gov.

分解水制氢。

（一）太阳能分解水制氢

太阳能分解水制氢目前主要有三种途径：光催化分解水制氢、光电催化分解水制氢和光伏-电解水制氢技术。

1. 光催化分解水制氢

太阳能光催化分解水制氢是非常理想的生产绿色氢能的过程。把光催化剂做成纳米颗粒分散到水相里，经太阳光照射，在光催化剂的作用下水分解为氢气和氧气。这种途径具有工艺相对简单、投资成本相对较低等优势，但目前绝大部分光催化剂的光生电荷分离效率低，因此太阳能转化为氢能的效率很低，光催化剂中光生电荷分离动力学是基础科学研究领域的难题。尽管目前纳米颗粒光催化剂的水分解效率尚低，研究人员已开始尝试进行未来可规模化应用的探索。Domen 等[3] 提出了光催化完全分解水规模化应用的密封平板反应器模型，采用金属 Al 掺杂的 $SrTiO_3$ 作为吸光半导体材料（$SrTiO_3$：Al），表观量子效率在 365 nm 处达到 56%，在 331 K 温度条件下，太阳能到氢能（STH）转化效率达到 0.6%。利用晶面间光生电荷分离策略，在不同暴露晶面上同时沉积氧化和还原双助催化剂，该体系的量子效率有了进一步提升[4]。在模拟太阳光照射测试下，该光催化剂经过 1300 h 的持续照射后，平均 STH 转化效率可以保持在 0.3% 以上。此平板反应池产生的氢气和氧气混合共存，需要额外增加氢气和氧气分离装置，氢气和氧气的分离仍然存在一定的技术挑战和成本问题。此外，所采用的 $SrTiO_3$ 基光催化剂仅能吸收紫外光，限制了其太阳能转化利用效率。Domen 等[5] 又构建了 $BiVO_4/Au/SrTiO_3$：La,Rh 固体 Z 机制分解水体系，在 419 nm 处的表观量子效率达到了 30% 以上，STH 转化效率为 1.1%。虽然距离规模化应用要求的效率还有差距，但是与以往绝大多数半导体光催化剂相比已经有了数量级的飞跃。此外，在实际应用方面，面临氢气和氧气共存而导致逆反应的问题，难以实现规模化应用。在对光生电荷分离问题进行深入认识的基础上，本研究团队从自然光合作用原理获得启发，借鉴农场大规模种植庄稼的思路，在国际上率先提出了太阳能规模化分解水制氢的"氢农场"策略[6,7]（图 1）。该策略借鉴自然界绿色植物光合作用中光系统 I 和光系统 II 在空间上隔离，以及光反应和暗反应在空间上分离的原理，将分解水反应中的水氧化反应与质子还原反应在空间上分离，避免了产物氢气和氧气的逆反应，从原理上突破了大规模应用的技术瓶颈。

本研究团队基于基础研究中发现的晶面间光生电荷分离原理[8-10]，通过精确调控半导体光催化剂氧化和还原反应晶面的暴露比例，实现了高效的光催化水氧化过程，

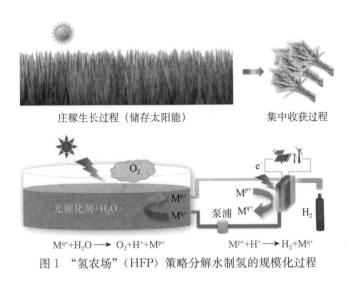

庄稼生长过程（储存太阳能） 　　　　集中收获过程

$M^{q+}+H_2O \longrightarrow O_2+H^++M^{p+}$ 　　　　$M^{p+}+H^+ \longrightarrow H_2+M^{q+}$

图1 "氢农场"（HFP）策略分解水制氢的规模化过程

在可见光下水氧化量子效率达到 60% 以上，体系的太阳能到氢能的转化效率超过 1.8%，创造了国际上光催化分解水体系太阳能制氢效率的最高纪录。同时，本研究团队还利用半导体光催化剂不同暴露晶面之间的光生电荷分离特性，使储能离子对之间的逆反应得到完全抑制，成功解决了氢农场策略中的逆反应问题。户外太阳光照射条件下的可规模化试验也充分验证了氢农场策略的可行性，为未来利用氢农场策略实现大规模太阳能分解水制氢的工业化应用奠定了基础。

2. 光电催化分解水制氢

光电催化技术是指在光催化的基础上，将催化材料制备成有催化活性的电极，通过外加电场对光催化反应的速率和效率等产生促进作用，且能够直接在空间上实现产物氢气和氧气的分离。光电催化分解水在过去几年内发展迅速，目前已在 $BiVO_4$、Ta_3N_5 和 Si 等典型光阳极体系上获得超过 2.0% 的 STH 转化效率[11,12]。

3. 光伏-电解水制氢

光伏-电解水制氢技术，是指利用太阳能光伏发电，再用电解技术把水分解成氢气和氧气，是近中期实现规模化太阳燃料制备的途径。本研究团队研发了新型高效碱性电解水制氢催化剂，可将规模化碱性电解水制氢效率提高到 80% 以上。此外，该技术还可适应光伏发电间歇性、波动性的特点，成为解决可再生能源弃电的储能技术。

（二）CO₂加氢制甲醇

人工光合成太阳燃料中一个重要的环节是 CO_2 加氢合成甲醇。传统工业中，合成气制甲醇所用的 $CuZnOAl_2O_3$ 催化剂用于 CO_2 加氢制甲醇同时发生以下两个反应：

$$CO_2 + 3H_2 \longrightarrow CH_3OH + H_2O$$
$$CO_2 + H_2 \longrightarrow CO + H_2O$$

凸显的问题有两个：一是副反应逆水煤气变换反应难以抑制；二是反应生成的水加速了催化剂失活。近年来，许多研究人员把研究重点转移到了新型催化剂的开发上，如 Pd/ZnO[13]、Cu/CeO_x[14]、$NiGa$[15]、In_2O_3[16,17] 催化剂，以及全新的催化剂体系如 $Pt@MIL$[18]，$Co@SiO_2$[19]。但这几类催化剂的 CO_2 转化率、甲醇选择性和催化剂稳定性都很难满足实用的要求。本研究团队发明了一种 $ZnO\text{-}ZrO_2$ 固溶体催化剂，CO_2 转化率超过 10% 时，甲醇选择性仍可达到 86%；且此催化剂稳定性极好，连续运行 $500\ h$ 无任何失活现象；此外它还具有耐热性强、抗硫等优点，是目前综合性能最佳的 CO_2 加氢制甲醇催化剂[20]。2019 年 10 月，本研究团队又将固溶体体系拓展到了 $CdO\text{-}ZrO_2$、$Ga_2O_3\text{-}ZrO_2$[21]，表明固溶体组分之间的协同作用对 CO_2 加氢制甲醇活性和选择性有非常重要的影响（图 2）。

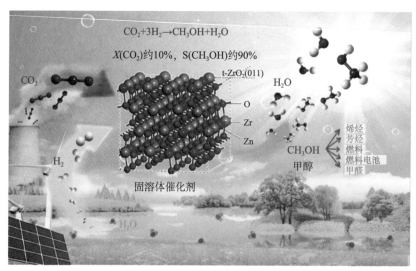

图 2　固溶体催化 CO_2 加氢制甲醇示意图

二、人工光合成太阳燃料的规模化示范

　　人工光合成太阳燃料本质上是利用太阳能等可再生能源合成液体燃料甲醇，故在应用时又被形象地称为"液态阳光"，液态阳光是利用可再生能源（如太阳能、风能、水能）等发电，进而电解水制氢，用可再生能源产生的氢气与CO_2反应生成甲醇，从而把可再生能源的能量存储在液体燃料甲醇中。这提供了减排CO_2、储存可再生能源的切实可行的技术。

　　2018年8月，本研究团队以双金属固溶体氧化物催化剂高选择性、高稳定性催化CO_2加氢合成甲醇为基础，在兰州新区启动了全球首套规模化太阳燃料合成项目。该项目由太阳能光伏发电、电解水制氢、CO_2加氢合成甲醇三个基本单元构成，华陆工程科技有限责任公司主持完成了项目设计，项目总占地约289亩，其中光伏发电占地259亩，总投资约1.4亿元，项目配套建设总功率为10MW光伏发电站，经逆变-整流后，为2台1000 Nm^3/h电解水制氢设备提供电力。2020年10月，该项目通过了中国石油和化学工业联合会的技术鉴定，鉴定专家一致认为该项目及关键技术处于国际领先水平。其中，电催化分解水制氢技术在单套工业电解槽上实现大于1000 Nm^3/h规模化产氢，单位氢能耗降低至4.3 kW·h/m^3以内，是目前全球规模化碱性电解水制氢的最高效率。高稳定性CO_2加氢制甲醇催化技术工业化装置上实现千吨级/年绿色甲醇合成，甲醇选择性达到98%，甲醇在有机相中含量达到99.5%，催化剂抗中毒且抗烧结。

图3　千吨级液态阳光：CO_2加氢制甲醇示范项目

液态阳光技术应用可体现在以下三个方面。

（1）"弃光、弃风、弃水"等廉价可再生能源的利用，把电能存储在液态燃料甲醇中，不仅解决电能或氢能运输和安全的难题，且可提高能量密度。

（2）利用石化工业园区乙烯环氧化制乙二醇、合成氨/甲醇变换后低温甲醇洗排放的 CO_2，及低碳烷烃/苯乙烷脱氢、氯碱工业副产氢气等，利用排放的 CO_2 与副产氢合成甲醇。

（3）利用人工光合成太阳燃料技术可把火电、炼钢排放的 CO_2 与大规模可再生能源制氢产业（包括太阳能、风能、水能等发电电解水制氢及核能制氢等）耦合，从而合成绿色甲醇。

三、总结与展望

人工光合成太阳燃料是一种规模化化学储能的技术，也是一种可以规模化减排 CO_2 的途径，特别是可以解决太阳能、风能、水能等可再生能源的波动性问题，将间歇、波动的可再生能源转化为可长期储存、运输的液体化学能，可成为特高压输电之外的另一种能源输运方式。另外，将绿色电能转化为绿色液体燃料，可缓减我国液体燃料短缺的国家能源安全问题。

人工光合成太阳燃料的应用前景广阔。这一方面取决于可再生能源发电成本，目前光伏发电成本已低于火力发电成本且呈现继续下降趋势，这为人工光合成太阳燃料奠定了坚实的基础。另一方面，人工光合成太阳燃料需要继续攻克关键技术进一步提高效率，主要有：①低能耗、大规模、高稳定性新一代电解水催化剂设计及系统优化；②高活性、高选择性、高稳定性 CO_2 加氢制甲醇成套技术开发。

参考文献

［1］Olah G A，Goeppert A，Surya Prakash G K. Beyond oil and gas：The methanol economy. Weinheim：Wiley-VCH，2011.

［2］Shih C F，Zhang T，Bai C，et al. Powering the future with liquid sunshine. Joule，2018，2：1925-1949.

［3］Goto Y，Hisatomi T，Domen K，et al. A particulate photocatalyst water-splitting panel for large-scale solar hydrogen generation. Joule，2018，2(3)：509-520.

［4］Takata T，Jiang J，Domen K，et al. Photocatalytic water splitting with a quantum efficiency of almost unity. Nature，2020，581：411-414.

［5］Wang Q，Hisatomi T，Domen K，et al. Scalable water splitting on particulate photocatalyst sheets with a solar-to-hydrogen energy conversion efficiency exceeding 1%. Nature Materials，2016，15(6)：611-615.

［6］ Zhao Y，Ding C，Zhu J，et al. A hydrogen farm strategy for scalable solar hydrogen production with particulate photocatalysts. Angewandte Chemie，2020，59：9653-9658.

［7］ 李灿，李仁贵，赵越，等．一种规模化太阳能光催化-光电催化分解水制氢的方法，ZL 2016 1 00655 43.0，2016.

［8］ Li R，Zhang F，Li C，et al. Spatial separation of photogenerated electrons and holes among ｛010｝ and ｛110｝ crystal facets of $BiVO_4$. Nature Communications，2013，4：1432.

［9］ Li R，Han H，Li C，et al. Highly efficient photocatalysts constructed by rational assembly of dual-cocatalysts separately on different facets of $BiVO_4$. Energy & Environmental Science，2014，7：1369-1376.

［10］ Mu L，Zhao Y，Li C，et al. Enhancing charge separation on high symmetry $SrTiO_3$ exposed with anisotropic facets for photocatalytic water splitting. Energy & Environmental Science，2016，9：2463-2469.

［11］ Kim T W，Choi K S. Nanoporous $BiVO_4$ photoanodes with dual-layer oxygen evolution catalysts for solar water splitting. Science，2014，343(6174)：990-994.

［12］ Pihosh Y，Minegishi T，Domen K，et al. Ta_3N_5-nanorods enabling highly efficient water oxidation via advantageous light harvesting and charge collection. Energy & Environmental Science，2020，13：1519-1530.

［13］ Liang X，Dong X，Zhang H，et al. Carbon nanotube-supported Pd-ZnO catalyst for hydrogenation of CO_2 to methanol. Applied Catalysis B：Environmental，2009，88：315-322.

［14］ Graciani J，Mudiyanselage K，Rodriguez J A，et al. Highly active copper-ceria and copper-ceria-titania catalysts for methanol synthesis from CO_2. Science，2014，345：546-550.

［15］ Studt F，Sharafutdinov I，Chorkendorff I，et al. Discovery of a Ni-Ga catalyst for carbon dioxide reduction to methanol. Nature Chemistry. 2014，6：320-324.

［16］ Martin O，Martin A J，Ramrez J P，et al. Indium oxide as a superior catalyst for methanol synthesis by CO_2 hydrogenation. Angewandte Chemie-International Edition，2016，55：1-6.

［17］ Sun K，Fan Z，Liu C，et al. Hydrogenation of CO_2 to methanol over In_2O_3 catalyst. Journal of CO_2 Utilization，2015，12：1-6.

［18］ Chen Y，Li H，Zeng J，et al. Optimizing reaction paths for methanol synthesis from CO_2 Hydrogenation via metal-ligand cooperativity. Nature Communications，2019，10：1885.

［19］ Wang L，Guan，Xiao F，et al. Silica accelerates the selective hydrogenation of CO_2 to methanol on cobalt catalysts. Nature Communications，2020，11：1033.

［20］ Wang J，Li G，Li C，et al. A highly selective and stable $ZnO-ZrO_2$ solid solution catalyst for CO_2 hydrogenation to methanol. Science Advances，2017，3：e1701290.

［21］ Wang J，Tang C，Li C，et al. High-performance M_aZrO_x (M_a＝Cd，Ga) solid-solution catalysts for CO_2 hydrogenation to methanol. ACS Catalysis，2019，9：10253-10259.

Artificial Photosynthesis of Solar Fuels Production

Wang Jijie, Yao Tingting, Li Rengui, Li Can

The use of fossil resources as energy inevitably emits carbon dioxide(CO_2), which, as a greenhouse gas, leads to global climate change and has attracted the attention of the international community. The best way to solve the CO_2 problem is to "follow the natural path" and learn from the natural photosynthesis. Using solar energy and other renewable energy sources and using carbon dioxide and water as basic raw materials to produce solar fuels, for example methanol, provides a new solution for the energy revolution. There are two steps to realize the artificial photosynthesis process: hydrogenation production from water splitting using solar energy and CO_2 reduction. This report introduces the research progress of hydrogen production using solar energy and carbon dioxide hydrogenation to methanol, and the first kiloton "liquid sunshine" demonstration project in the world. We also look ahead into the future and figure out the key technologies in the field of artificial photosynthesis of solar fuels production.

2.4 DNA 计算现状与展望

杨 洋 左小磊

（上海交通大学医学院分子医学研究院，上海交通大学医学院附属仁济医院，上海市核酸化学与纳米医学重点实验室，上海交通大学分子医学研究中心）

随着科学边界的不断拓展和学科之间的不断融合，生命科学、系统科学与计算科学所面临的前沿问题逐渐指向同一些终极思考：生命系统是如何从分子的混合体系中产生的；功能的分化是如何从简单的细胞层面开始的；意识是如何从大量简单神经元的联结中涌现的。这些问题的提出实际上隐含了一个重要假设，即自然界存在着一类底层算法，这些基本算法可以以生物大分子作为模块和运算平台，指导复杂的结构构建、流程反应、反馈迭代，最终在环境压力下繁衍演化产生出复杂的生命世界。对这一假设的系统证明有待科学界多学科协作的共同进步，但支持这一假设的证据自 20世纪 50 年代末克里克提出"中心法则"（The Central Dogma）[1]以来已不断出现，核酸分子显然在其中占据着核心位置。

回顾"中心法则"，生命体系的基本运转方式可以阐释为：以蛋白为基础的表观功能是由以脱氧核糖核酸（DNA）为载体的基因信息所规定的，并通过核糖核酸（RNA）这一中间媒介实现其合成、修饰与调节，而大量催化蛋白（酶）也反向参与和影响转录与翻译。在这里，基因就好像计算机中的输入指令，在相关酶为基础的计算程序作用下转化为可执行的应用程序 RNA，该程序的运行（仍需利用相应的计算程序）进一步生成了蛋白质这一具有最终功能的输出信息。将上述过程简化为信息输入（基因）—信息处理/运算（RNA/酶）—信息输出（功能）即实现了对生物体系自然计算的基本描述，而这一简化描述与现代电子计算机的逻辑基础具有显而易见的相似性，因此它启发着人们开发基于生物分子的新型计算器件。相比于其他生物大分子，DNA 更加具备胜任这一工作的优势：首先，DNA 是天然的信息存储材料，可以以四进制［四类碱基——腺嘌呤（A）、鸟嘌呤（G）、胞嘧啶（C）和胸腺嘧啶（T）］在纳米级别的空间里存储巨大的信息量，不仅生物自身的 RNA 与蛋白质序列信息、修饰与结构信息以及发育调控信息都存储于 DNA 当中，人们已经可以利用合成 DNA片段将超过 2G 字节的计算机文件以 1.57 bit/nt 的存储密度实现无损的存储与读取[2]，而针对日益增长的人类社会数据，利用 DNA 进行广泛存储的技术也在近年来成为研究焦点。其次，精确的碱基互补配对能力为信息读取和调控提供了操作可行性；再次，稳定的双链互补形式为信息简并、结构编辑和信息具象化与可视化提供了基础。最后，人工固相核酸合成与修饰技术的不断成熟大大降低了寡核苷酸链的合成与使用成本，分子生物学工具包（基因操作相关的酶类）的增效和丰富为 DNA 计算体系与生物体系的接轨做好了充分的技术储备。基于这些优势，DNA 计算这一相对小众、但颇具颠覆性的领域在过去的 30 年间经历了不断的探索，实现了一定的发展，在动态 DNA 纳米技术（dynamic DNA nanotechnology）[3]领域取得了丰硕的成果，并与结构 DNA 纳米技术（structural DNA nanotechnology）[4]相结合展现出广阔的发展前景。

一、DNA 计算的提出与发展

1. 并行计算与复杂问题

DNA 计算这一概念最初展现出的巨大吸引力在于其并行计算的潜力。1994 年，南加州大学的 Adleman 教授在《科学》期刊发表其工作成果[5]，利用若干条 20 个碱基的寡核苷酸链解决了汉密尔顿路径问题，这类 NP 完全问题（NP-complete）需要在多项式时间内实现计算，这意味着这类问题的时间成本随复杂度增大呈指数级增加，电子计算机无法给出一个有效算法，因此是一类极具挑战的复杂问题。而并行运算的优势在于可以将大量的猜测与验证同时进行，最终只输出验证为真的结果，相当于在单位时间成本内遍历（穷举）所有的可能结果。DNA 以其信息编码能力保证了 n 个碱基长度即可提供 4^n 种序列（$n=20$ 为例，4^{20} 种序列包含了大于 10 万亿种可能性），而在 1 μL 的微小反应体系中同时混合几万至几百万种序列（每种序列上万个拷贝）殊无困难，这为与汉密尔顿路径问题类似的其他 NP 完全问题提供了不依赖于电子计算机的全新的解决方案。值得注意的是，Adleman 的体系中需要引入 DNA 连接酶和合成酶以完成反应，而且输出结果还需要测序鉴定，使得其效率大打折扣。同时，随着问题复杂度的增加，序列间的串扰（crosstalk）现象造成的副反应概率和错误概率上升问题将愈发严重，这进一步限制了这一策略的应用。尽管如此，DNA 计算以其在并行反应与复杂问题解决方面的巨大优势拓展了科技发展的前沿，全新的计算形式与策略，广泛的应用场景亟待发展。

2. 逻辑门与逻辑线路

布尔运算（Boolean operation）即"与""或""非"的判断构成了电子计算机体

系中的基本运算规则。将这类运算规则利用生物或化学分子的反应予以展现，为生化类分子为基础的简单计算提供了依据。从 21 世纪初，人们已经开始利用合成的生物分子（DNA、RNA 和多肽）进行简单的逻辑门构建[6,7]。这类逻辑门的信息载体可以是小分子的种类、浓度或分子本身的物理化学性质，其运算依赖于分子二级结构的变化或酶促反应的发生，虽然可以实现布尔操作，但可拓展性不强，应用场景有限。随着动态 DNA 纳米技术的发展，人们逐渐认识到 DNA 链置换反应（DNA strand displacement)[3,8]可以为 DNA 逻辑门的构建提供一种通用策略。相比于酶促反应介导的共价键的改变，DNA 链间的杂交依赖于多价弱相互作用（氢键和碱基堆积力），因此具有动态的、速率与时序可调的、可纠错的特性。基于这些特性，DNA 链置换反应利用互补能力更强的序列竞争取代部分互补的序列即可实现信息的输入与输出（图 1），而荧光基团与猝灭基团的修饰使得反应可以被方便地示踪与读出。

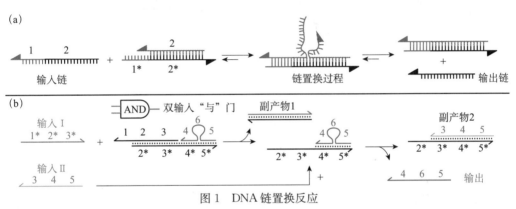

图 1　DNA 链置换反应

（a）经典 DNA 链置换反应示意图；（b）基于 DNA 链置换反应的一种双输入"与"门及其运算过程示例

　　2009~2011 年，加州理工学院的钱璐璐和 Winfree 开发了一套称为交互式 DNA 门控模块（seesaw DNA gate motif）的基于 DNA 链置换反应的通用标准策略[9]，不但可以构建基本的布尔逻辑门和逻辑线路，还可以通过构建阈值和扩增等操作调控信号输出，系统性地设计诸如前馈数字线路和继电器控制线路等复杂逻辑线路。如图 2 所示，（a）图以模式化的图形展示了一组在阈值序列（th）调控下的与门-或门组合系统；该系统的所有参与模块均展示在（b）图中，通过不同颜色代表的序列间部分互补配对关系可以清晰的看出输入序列是如何通过与门控及阈值体系间进行链交换反应，最终导致在计算结果为 1 时报告体系中 ROX 荧光分子远离猝灭集团实现荧光释放；而与门和或门反应时表现为不同的荧光释放的动态曲线［图 2（c）］。利用类似的工作原理，该工作中构建了更为复杂的四位二进制数开平方根的计算体系，该体系由三与门和三或门组合而成［图 2（d）］，其计算结果（共计 16 种，input＝0000~

1111）对应于16对荧光动态变化曲线，展示于图2（e）。2020年，上海交通大学樊春海教授团队设计开发了一类全新的DNA开关电路（DNA switching circuits）系统，在保证准确度的基础上，将诸如上述开方运算所需的DNA序列数量降低了75%，大大降低了体系成本和复杂度，提高了运算效率[9]。过去10年中，更多的门控策略和降噪排扰技巧被相继开发和使用，为DNA逻辑线路的可拓展性和可靠性提供了保障。

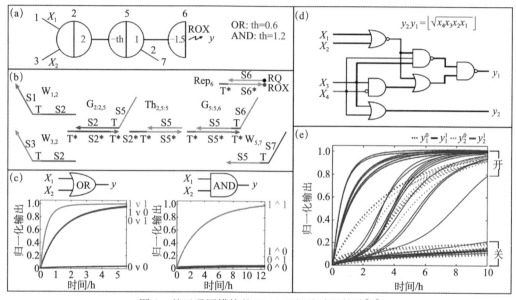

图2　基于通用模块的DNA逻辑线路的构建[10]

（a）逻辑图示，由阈值水平控制的"或"门和"与"门；（b）对应于图（a）的DNA模块及其内部互补关系；（c）双输入条件下"或"门和"与"门工作时荧光释放的实验数据；（d）利用上述两种逻辑门构建的对4 bit二进制数字进行开方运算的逻辑线路；（e）16种4 bit数字利用该线路运算的荧光输出结果

值得注意的是，本文中的"线路"也称作"电路"，是英文"circuits"的直接意译，与电子计算设备的电路表示着一致的线程式运作方式。这一描述从逻辑形式的比较上是恰当的，因为这里的DNA链承载的"与/或/非"的布尔判断及其顺序关系与电子电路是一致的。然而，这种描述从理化反应角度进行类比则是不准确的，因为在溶液中并不存在金属导线和半导体元器件所组成的固定空间排布，而是大量DNA分子随机均匀分布的状态，其所谓的"运算结果"或"输出信号"实际上是百万条至上亿条反应流程先后完成的结果以可检测的荧光信号集合输出的现象。正因为如此，这一类DNA计算的方式虽然一定程度上仍然体现着并行运算的特点，但这里的"并行"是同一任务的大量拷贝之间的并行，而每一条实际的DNA链交换反应流程仍然是按照一个个逻辑门的线性顺序完成的，可以看作是对电子计算的分子化模拟，所以其计

算速度和效率远达不到电子计算的水平。当然，经过十数年的研究与发展，DNA 计算领域早已将计算效率比拟或超过电子计算这一不切实际的目标放下，而是更多的向发展稳定成熟的体系、解决复杂特殊的问题以及与生物体系相结合的方向做努力。

3. 结构化与图案化

在更为广义的层面，DNA 作为高分子材料物质，通过序列信息的编辑实现精准的分子组装并输出特定的图案或结构信息，也可以被理解为一类编程与计算。这一思路最早由纽约大学的 Nadrian Seeman 教授于 20 世纪 80 年代提出，经过不懈的努力在 90 年代早期实现了多面体结构的组装并阐述了拓扑学上利用若干条合成 DNA 链组装平面模块的基本形式及其原理[11]。自 20 世纪 90 年代末开始，利用 DNA 模块（DNA tile）生长一维的线性、管状结构，二维的片层、网状结构的目标已逐步实现，结构表面的图案化以及结构的可控形变也得到了一定程度的发展。2006 年，加州理工大学的 Rothemund 博士开创了 DNA 折纸技术[12]，将 DNA 结构编程推向了一个新的阶段。他使用一条长单链 DNA 进行折叠，预先设计其折叠路径，通过大量短链 DNA 将这一路径绑定，实现结构组装。这一通用策略经过进一步的发展，实现了自一维至三维任意纳米结构的编辑和制备，甚至可以进一步组装成为亚微米和微米级别的结构。2020 年 9 月，上海交通大学的樊春海教授和亚利桑那州立大学的颜颢教授合作在《自然-化学》（*Nature Chemistry*）期刊上发表了最新的进展，开创了"元 DNA"（Meta-DNA，或简写为 M-DNA）的构建技术。他们利用 DNA 折纸技术构建了一维棒状 DNA 作为高维度的单链 M-DNA，通过侧向序列模拟碱基，进一步生长高维度双链 M-DNA 以及进一步编织了尺度与刚性远超双链 DNA 的高级结构[13]。

上述结构 DNA 纳米技术不但在指导其他纳米材料的组装以及功能化方面发挥了巨大作用[14]，在 DNA 计算领域也为信息输出提供了具象的方案。有赖于显微成像技术（包括电子显微镜、原子力显微镜和超高分辨荧光显微镜）的发展，DNA 自组装的结构与图样可以被直观地观察到。当 DNA 模块间的组装行为被逻辑运算法则（赋予序列信息）所规定的时候，其运算结果将以图案的形式予以展现。在过去几年中，钱璐璐团队通过正方形 DNA 折纸模块的边界信息编辑，实现了随机迷宫、蒙娜丽莎、公鸡、电子线路等图样的组装[15,16]，并利用"模块置换反应"（tile displacement）通过一个 3×3 的拼图实现了井字游戏（tic-tac-toe game）的自动结果生成[17]；利用"赢者通吃"的神经网络策略实现了基于 DNA 逻辑线路的图案识别[18]。2019 年，Winfree 和哈佛大学的尹鹏合作利用 355 条单链 DNA 模块实现了连续逻辑线路的生长和图案化，这些逻辑线路可以携载 6 个 bit 的算法，进行随机游走、乘法、排序、选举等操作，并将数字化的结果直接以组装出的条带在原子力显微镜下呈现出来[19]（图 3）。

这些进步展示了抽象算法与具象分子组装之间的完美契合，体现了 DNA 计算乃至分子计算的广阔发展空间。

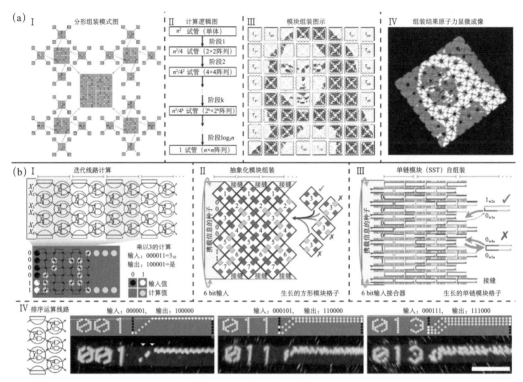

图 3　图形化 DNA 计算实例

（a）利用分形几何算法（Ⅰ、Ⅱ）实现 DNA 折纸方块的高级组装，构建蒙娜丽莎图像（Ⅲ）并在原子力显微镜下实现直观观察（Ⅳ）[15]；（b）由 6 位初始位置编码的单链 DNA 模块生长分子线路原理（Ⅰ、Ⅱ、Ⅲ）以及排序算法的分子运算和输出成像（Ⅳ）[18]

二、DNA 计算的应用与展望

现阶段的 DNA 计算一方面可以应用于信息处理，另一方面可以参与构建可控器件用于调控生命体系。第一，在信息处理层面，上文中提到的自运行游戏和逻辑线路生长与图形化都展现了 DNA 计算的应用价值，而在动态 DNA 纳米技术领域，基于 DNA 链置换反应构建可控的 DNA "步行器"，DNA 轮轴等分子机器也是重要的突破方向。最近几年中，樊春海教授团队开发了基于 DNA 折纸结构的信息数显系统[20]、迷宫自检系统[21]和信息加密系统[22]等全新的体系，极大地丰富了 DNA 计算的应用场景和外延，展现出其在信息的存储、编译、转换、传递以及展示方面巨大的潜力。第二，在接洽生命体系方面，相比于硅基的电子器件，DNA 作为一种生物材料体现出极好的兼容性，可以依据需要对其进行浓度调节，并且因其易被代谢清除而降低了安全风险。合理设计的 DNA 器件往往由实体部和计算部两部分组成：实体部一般是 DNA 折纸结构及其负载的荧光、药物等功能分子；计算部则由具有构象或互补状态变化能力的寡核苷酸链构成，用于对输入信号进行响应，对器件实体进行操控以及对输出信号进行调节。最简单的计算部一般是 DNA 开关，它们对环境中的温度、pH、离子或分子敏感，可以在上述刺激下由一种状态转变为另一种状态从而实现器件运转；如果将两种针对不同因素的 DNA 开关结合使用，就构建了一个"与"门，它必须在双因素同时存在的条件下才可以开启。类似的，将更多逻辑门体系引入一个 DNA 器件，就可以使其适应更为复杂的生物体系，对环境做出综合的判断和反应。2012 年，哈佛大学的 Church 团队开发了首个利用逻辑门控制的 DNA 载药机器[23]；2018 年，国家纳米科学中心的赵宇亮、丁保全、聂广军等与亚利桑那州立大学颜颢团队合作设计了全新的 DNA 机器人，用以在小鼠内实现针对肿瘤的靶向投递和药物释放[24]；2020 年，丁宝全和聂广军等进一步发展了这一系统，用于构建肿瘤疫苗[25]；同年，上海交通大学的韩达和杨洋等利用添加阈值系统的逻辑线路装配起 DNA 机器人实现了对环境中凝血酶浓度的响应和对凝血反应的反馈调节[26]。

　　虽然 DNA 装置作用于生物体液环境还面临着稳定性低、有效浓度不足、抗原毒性尚不明确等多重挑战，但 DNA 结构与算法的可编程性为 DNA 器件的发展提供了可靠的平台，使得人们可以针对不同的体系定向设计并不断优化改善。这一领域的进步将为分子医学装备全新的工具体系，有望实现诊疗体系的变革。将上述信息学和生物医学领域进一步结合，DNA 计算还可以进一步发挥其高通量并行计算的能力，对复杂体系多因素进行模拟，为免疫学、神经生物学、菌群生态学等涉及多重反馈网络的科学提供分子形式的建模工具，促进多学科共同发展。

参考文献

[1] Crick F H. On protein synthesis. Symp Soc Exp Biol,1958,12:138-163.

[2] Erlich Y, Zielinski D. DNA fountain enables a robust and efficient storage architecture. Science, 2017,355(6328):950-954.

[3] Zhang D Y, Seelig G. Dynamic DNA nanotechnology using strand-displacement reactions. Nature Chemistry,2011,3(2):103-113.

[4] Ye D, Zuo X, Fan C. DNA nanotechnology-enabled interfacial engineering for biosensor development. Annual Review Of Analytical Chemistry(Palo Alto Calif),2018,11(1):171-195.

[5] Adleman L M. Molecular computation of solutions to combinatorial problems. Science,1994,266

(5187):1021-1024.

[6] Benenson Y,Paz-Elizur T,Adar R,et al. Programmable and autonomous computing machine made of biomolecules. Nature,2001,414(6862):430-434.

[7] Stojanovic M N,Mitchell T E,Stefanovic D. Deoxyribozyme-based logic gates. Journal of the American Chemical Society,2002,124(14):3555-3561.

[8] CardelliL. Strand algebras for DNA computing. Natural Computing,2011,10(1):407-428.

[9] Wang F,Lv H,Li Q,et al. Implementing digital computing with DNA-based switching circuits. Nature Communications,2020,12:121.

[10] Qian L,Winfree E. A simple DNA gate motif for synthesizing large-scale circuits. Journal of The Royal Society Interface,2011,8(62):1281-1297.

[11] Seeman N C,Sleiman H F. DNA nanotechnology. Nature Reviews Materials,2017,3(1):17068.

[12] Rothemund P W. Folding DNA to create nanoscale shapes and patterns. Nature,2006,440(7082):297-302.

[13] Yao G,Zhang F,Wang F,et al. Meta-DNA structures. Nature Chemistry,2020,12:1067-1075.

[14] Yang Y,Zhang R,Fan C. Shaping functional materials with DNA frameworks. Trends in Chemistry,2020,2(2):137-147.

[15] Tikhomirov G,Petersen P,Qian L. Programmable disorder in random DNA tilings. Nature Nanotechnology,2017,12(3):251-259.

[16] Tikhomirov G,Petersen P,Qian L. Fractal assembly of micrometre-scale DNA origami arrays with arbitrary patterns. Nature,2017,552(7683):67-71.

[17] Petersen P,Tikhomirov G,Qian L. Information-based autonomous reconfiguration in systems of interacting DNA nanostructures. Nature Communications,2018,9(1):5362.

[18] Cherry KM,Qian L. Scaling up molecular pattern recognition with DNA-based winner-take-all neural networks. Nature,2018,559(7714):370-376.

[19] Woods D,Doty D,Myhrvold C,et al. Diverse and robust molecular algorithms using reprogrammable DNA self-assembly. Nature,2019,567(7748):366-372.

[20] Liu H,Wang J,Song S,,et al. A DNA-based system for selecting and displaying the combined result of two input variables. Nature Communications,2015,6(1):10089.

[21] Chao J,Wang J,Wang F,et al. Solving mazes with single-molecule DNA navigators. Nature Materials,2019,18(3):273-279.

[22] Zhang Y,Wang F,Chao J,et al. DNA origami cryptography for secure communication. Nature Communications,2019,10(1):5469.

[23] Douglas S M,Bachelet I,Church G M. A logic-gated nanorobot for targeted transport of molecular payloads. Science,2012,335(6070):831-834.

[24] Li S,Jiang Q,Liu S,et al. A DNA nanorobot functions as a cancer therapeutic in response to a molecular trigger *in vivo*. Nature Biotechnology,2018,36(3):258-264.

[25] Liu S, Jiang Q, Zhao X, et al. A DNA nanodevice-based vaccine for cancer immunotherapy. Nature Materials, 2020. https://doi. org/10. 1038/s41563-020-0793-6.

[26] Han D, Yang L, Zhao Y, et al. An intelligent DNA nanorobot for autonomous anticoagulation. Angewandte Chemie International Edition, 2020, 59(40): 17697-17704.

DNA Computing: Progress and Perspectives

Yang Yang, Zuo Xiaolei

Thanks to the molecular features of the polymerized nucleotides with recognizable bases, nucleic acids (both DNA and RNA), as the essential bio-components, carry the duties of coding, processing and preserving the entire information of life. These properties promise synthesized DNA oligos as the competent material to be programmed and organized into efficient system to execute algorisms, which is termed DNA computing in analogous to silicon based electronic computing. In this review, we summarize the origins of DNA computing concept, the remarkable practical attempts and the latest progresses. We also discuss the pros and cons of this soft and wet system and its promising applications in the future.

2.5 生态系统微生物组和人类健康

朱永官[1,2,3] 杨 凯[1,3] 李弘哲[1,3] Josep Peñuelas[4,5]

（1. 中国科学院城市环境研究所，中国科学院城市环境与健康重点实验室；

2. 中国科学院生态环境研究中心，城市与区域生态国家重点实验室；

3. 中国科学院大学；4. Global Ecology Unit CREAF-CSIC-UAB；

5. CREAF，Cerdanyola del Valles）

一、人类活动对地球微生物组的改变

微生物在地球上无处不在，居于几乎所有的生态系统。据估计，每克土壤中可能含有数以亿计的微生物细胞[1]；大陆和海底沉积物中的微生物占到整个生物圈约60%[2]；空气中甚至在对流层以外的高空中也有微生物存在[3]。微生物不仅驱动地球生物圈的元素循环、调节全球气候变化，在人类健康中也发挥着重要作用。例如，病原微生物可导致感染性疾病的发生与流行。

20世纪中叶以来，科技的进步促进了全球工业化、城市化进程加速。人口数量急剧增加，人与人的交往联系日益紧密。此外，人们对于自然衍生商品的需求增加，改变了原有土地利用类型，野生动物栖息地被扰动。同时，工业化过程产生大量化学污染物，对环境微生物施加额外的选择压力。这些人类活动引起微生物世界的巨大变化，深刻影响人类的生存健康与可持续发展。但是，人们目前对这些变化的了解却很少。

二、细菌抗生素耐药性

微生物的抗生素耐药性是一个威胁人类健康的全球性问题。自青霉素发现以来，抗生素在控制人类感染疾病和集约化动物养殖中被广泛滥用。近几十年的研究表明，抗生素耐药性在临床和自然环境中持续增加，细菌抗生素耐药基因（下文简称耐药基因）目前已经成为一种新型污染物[4]。通过分析1940~2008年收集的荷兰土壤样品，研究人员发现土壤中细菌耐药基因的丰度大大增加，其中一些细菌耐药基因增加了 15 倍以上[5]。城市化进程也促进细菌耐药基因的发生与传播，甚至在城市环境中形成微生物耐药的传播热区。例如，城市污水携带了大量微生物及基因，同时污水中含有抗生素、重金属及消毒剂等污染物[6]，这些化合物的选择压力，促进微生物通过基因突变和水平基因转移等方式，获得抗生素耐药基因[7]。对中国全国范围的 32 个污水处理厂进行调查，共检测出 381 种耐药基因，其中有 128 个耐药基因存在于超过 80% 的样品中[8]。更严重的是，经过污水处理厂处理的外排水中依旧有大量的耐药基因被检出。由于水资源的紧张和城市化进程的需求，利用污水处理后的再生水进行城市绿化灌溉已经十分普遍。然而研究表明，再生水灌溉的城市绿化用地中检出 147 种耐药基因[9]。其中多种耐药基因被富集，包括可移动遗传元件，其可以介导部分耐药基因转移至病原菌中，对城市居民产生健康威胁。此外，对中国长达 4000 km 的重要河口湿地的研究显示，湿地土壤中含有超过 200 种耐药基因，这些耐药基因的丰度和组成受到人类活动（如人口数量、污水排放量和畜禽养殖强度）的直接影响[10]。人类活动甚至对高纬度北极偏远地区的微生物世界也产生了显著影响。2019 年发表的一项研究在北极高纬地区土壤中发现了耐药基因，并且受到人类活动较强的地区积累更多[11]。这些案例均说明人类活动导致了耐药基因的传播，进而威胁到人类自身的健康和安全。

三、微生物的全球化传播

亿万年来，微生物及其所携带的基因主要借助空气和水流等物理外力进行迁徙，形成了微生物的生物地理格局。但最近一个世纪以来，人类活动（如污染物排放、国际旅行和全球货物运输）将大量的微生物细胞输运到新的地点，所造成的外部环境的选择压力对当地微生物群落造成扰动，极大地改变着微生物的生物地理格局[9]。人类通过大量物质的输运促进微生物细胞的扩散传播，例如商业航运的压舱水、塑料、土壤、砂石以及间接的侵蚀等[12,13]。目前每年 12 亿次国际游客的旅行也极大地提高了微生物的传播效率。许多新发传染病的病原菌经国际旅行迅速传播，形成世界范围的大流行。这些病原菌可以借助环境介质在全球尺度上循环，当前人类所面临的新冠肺炎的大流行就是一个鲜活的例子。

微生物可以获取外源 DNA 的能力使微生物的生物地理学进一步复杂化，因为基因在生态系统中的移动也可以独立于生物本身的移动而发生。从微生物体释放的 DNA 可以通过紧密接触转移到无关物种；或者当 DNA 在环境中可以存活更长时间时，便能够进行更远距离的传输[14]。因此，将环境基因组学大数据整合到生态系统健康风险模型当中，有望加强对新发传染性疾病的预警。

四、加强系统性监控病原微生物的传播

自工业革命以来，人类利用和改造自然的能力不断提高，但过度开发也导致野生动物栖息地受到干扰，迫使野生动物迁徙，增加野生动物体内病原体的扩散传播的可能[15]。狩猎和野生动物交易也是人畜共患病病原体出现和传播的主要驱动因素。2000年以来，从严重急性呼吸综合征（SARS）到禽流感、中东呼吸综合征、埃博拉出血热，再到这次新冠肺炎疫情，全球新发传染病出现和传播的频率明显升高。历史数据和模型已经证实，森林采伐、粮食生产和气候变化推动着新发传染性疾病发病率的增加[15,16]。预计到2050年，全球人口将再增加20亿，其中全球人口的近70%将居住在城市。快速的城市化和密集的人口密度为新的病原体在人群中迅速传播提供了肥沃的土壤，可能会进一步加剧新发传染病的全球大流行。因此，在地球经历前所未有的人为活动干扰时，很有必要对生态系统微生物组的变化进行监控。

历次抗击重大传染病疫情的实践表明，必须加快形成生态系统微生物组的管控体系，努力把风险控制在萌芽状态。从源头预防疾病暴发需要根本性的方法创新。目前DNA测序分析的成本正在迅速下降，快速的监测和预警系统已经可以做到。应有效地筛选野生动物种群，以便在动物病原体对人类构成威胁之前了解其组成、进化和动态。并且，应该加强疾控部门、医院、科研单位间的信息共享，尽快增强对各类已知和新发传染病的预警能力。

五、总结与展望

人类与微生物世界等组成地球生命共同体。为了保障人类健康，我们必须和看不见的微生物世界和平相处。因此，必须在全新的视角下研究生态系统微生物组。未来我们需要加强监测环境中微生物和基因的扩散和传播，特别是与人类和动物健康直接相关的微生物及其携带的功能基因；需要特别关注人类活动对微生物入侵、微生物灭绝和微生物扰动的相关研究，特别是人类对各种微生物和病毒的免疫系统变化与保护研究。为此，我们需要组建新的跨学科研究团队来产出和管理生态系统微生物组的巨量数据；然后，将这些数据集服务于对全球人类健康相关的模型和预测。

微生物通常在我们看不见的情况下行使其重要的生态系统服务功能，但如果忽视它们，人类就会有意想不到危险。地球的可持续性在很大程度上取决于微生物和所有高级营养水平生命之间的相互作用。如上所述，目前，人类活动在微生物世界正留下史无前例的印迹，这将对环境、全球生物和人类健康造成前所未有的扰动。因此，微生物过程同时作为人类活动干扰的起因和后果，将其纳入地球系统科学和全球变化生物学以及人类健康中，对于理解和管理星球健康至关重要。

参考文献

[1] Bardgett R D, Putten W H. Belowground biodiversity and ecosystem functioning. Nature, 2014, 515 (7528):505-511.

[2] Flemming H C, & Wuertz S. Bacteria and archaea on Earth and their abundance in biofilms. Nature Reviews Microbiology, 2019, 17(4):247-260.

[3] Burrows S M, Elbert W, Lawrence M G. Bacteria in the global atmosphere. 2009, Atmospheric Chemistry and Physics, 1987:9263-9280.

[4] Pruden A, Pei R, Storteboom H, et al. Antibiotic resistance genes as emerging contaminants: studies in Northern Colorado. Environmental Science & Technology, 2006, 40:7445-7450.

[5] Knapp C W, Dolfing J, Ehlert P A I, et al. Evidence of increasing antibiotic resistance gene abundances in archived soils since 1940. Environmental Science & Technology, 2010, 44(2):580-587.

[6] Tousova Z, Oswald P, Slobodnik J, et al. European demonstration program on the effect-based and chemical identification and monitoring of organic pollutants in European surface waters. Science of The Total Environment, 2017, 601-602:1849-1868.

[7] Andersson D I, Hughes D. Microbiological effects of sublethal levels of antibiotics. Nature Reviews Microbiology, 2014, 12:465-478.

[8] Su J Q, An X L, Li B, et al. Metagenomics of urban sewage identifies an extensively shared antibiotic resistome in China. Microbiome, 2017, 5:84.

[9] Wang F H, Qiao M, Su J Q, et al. High throughput profiling of antibiotic resistance genes in urban park soils with reclaimed water irrigation. Environmental Science & Technology, 2014, 48:9079-9085.

[10] Zhu Y G, Zhao Y, Li B, et al. Continental-scale pollution of estuaries with antibiotic resistance genes. Nature Microbiology, 2017, 2:16270.

[11] McCann C M, Christgen B, Roberts J A, et al. Understanding drivers of antibiotic resistance genes in high Arctic soil ecosystems. Environment International, 2019, 125:497-504.

[12] Zhu Y G, Gillings M, Simonet P, et al. Microbial mass movements. Science, 2017, 357(6356):1099-1100.

[13] Yang K, Chen Q L, Chen M L, et al. Temporal dynamics of antibiotic resistome in the plastisphere during microbial colonization. Environmental Science & Technology, 2020, 54:11322-11332.

[14] Gillings M R. Lateral gene transfer, bacterial genome evolution, and the Anthropocene. 2017, Annals of the New York Academy of Sciences, 1389(1):20-36.

[15] Jones K E, Patel N G, Levy M A, et al. Global trends in emerging infectious diseases. Nature, 2008, 451:990-993.

[16] Rohr J R, Barrett C B, Civitello D J, et al. Emerging human infectious diseases and the links to global food production. Nature Sustainability, 2019, 2:445-456.

Ecosystem Microbiome and Human Health

Zhu Yongguan, Yang Kai, Li Hongzhe, Josep Peñuelas

Human and microorganisms share the same Earth ecosystem. With increasing human population and industrialization, anthropogenic activity has greatly disturbed the microbial communities of the Earth ecosystem, thus changed the host and transmission pathways of pathogens leading to higher risks of emerging infectious diseases. We therefore propose to establish a global surveillance system for Earth microbiome, and thereby to develop predictive models of health risk assessment for future global pandemics. These new advances will ensure the control of emerging infectious diseases (EIDs) at their infancy, thus to protect world population from EIDs.

第三章

2019年中国科研代表性成果

Representative Achievements of Chinese Scientific Research in 2019

3.1　LAMOST 利用新方法发现银河系最大恒星级黑洞

刘继峰

（中国科学院国家天文台）

迄今，天文学家在银河系内发现的约 20 个恒星级黑洞都是通过黑洞吸积伴星气体所发出的 X 射线来识别的，质量均在 3～20 倍太阳质量范围内。然而，恒星演化理论预言，银河系中存在着上亿个恒星级黑洞。找到新的方法，发现数量巨大、没有 X 射线辐射的黑洞，成为天文学界近年来研究的热点和难点。

依托我国自主研制的国家重大科技基础设施郭守敬望远镜（LAMOST），本研究团队提供了一种利用 LAMOST 巡天优势寻找黑洞的新方法。该方法通过监测伴星径向速度的变化搜寻黑洞，不再受限于传统方法中对 X 射线的需求，对于发现 X 射线辐射宁静的黑洞具有重要意义。

2016 年秋季开始，本研究团队利用 LAMOST 开展双星课题研究，历时两年，监测了一个小天区内 3000 多颗恒星。结果发现，在一个双星系统（LB-1）中，一颗蓝色的 B 型星，围绕着一个"看不见的天体"做着周期性运动。不同寻常的光谱特征表明，那个"看不见的天体"极有可能是一个黑洞。我们随即进行了"确认"：通过西班牙 10.4 m 口径加纳利大型望远镜（Gran Telescopio Canarias，GTC）和美国 10 m 口径凯克望远镜（the Keck telescope，Keck），进一步确认了 LB-1 的光谱性质，计算出该黑洞的质量大约是太阳的 70 倍。而目前恒星演化理论预言，在太阳金属丰度下只能形成最大为 25 倍太阳质量的黑洞。因此这颗新发现黑洞的质量可能已经进入了现有恒星演化理论的"禁区"。相关结果发表在 2019 年 11 月 28 日出版的《自然》期刊上[1]。

文章发表后引起了众多国际团队的高度关注，掀起了一场激烈的学术辩论。有研究者认为，该系统只包含一个 5～20 倍太阳质量的普通恒星级黑洞[2]；也有研究者认为，LB-1 并不包含黑洞，而是由一颗 Be 星和一颗氢壳层被剥离的热亚 B 型矮星组成的较为罕见的双星系统[3]。我们利用西班牙口径 3.5 m 的 CAHA 望远镜的 CARMENES 高分辨率光谱仪进行了持续 3 个月的后续监测，确认该不可见天体的质量是

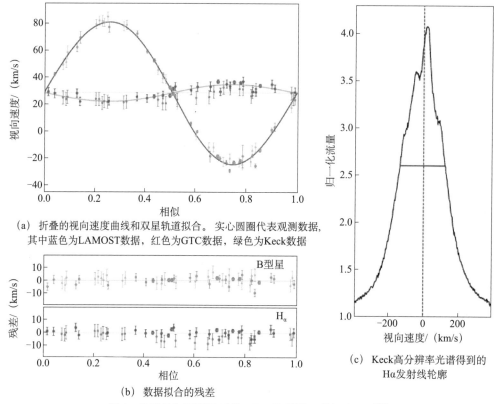

（a）折叠的视向速度曲线和双星轨道拟合。实心圆圈代表观测数据，其中蓝色为LAMOST数据，红色为GTC数据，绿色为Keck数据

（b）数据拟合的残差

（c）Keck高分辨率光谱得到的Hα发射线轮廓

图1　B型星与不可见天体（Hα发射线）的视向运动[1]

其伴星质量的4～8倍。如果光学伴星的确是B型星（3～6倍太阳质量），则主星质量在12～50倍太阳质量范围，仍然极有可能是银河系内最大质量的恒星级黑洞[4]。受此观测的激发，一些理论专家开始探究恒星演化形成更大质量黑洞的可能途径[5]。

　　LB-1中的黑洞是一个X射线微弱的"平静态"黑洞。针对这种类型的黑洞，径向速度监测方法是一种有效的探测新方法。接下来，随着新方法的广泛应用，天文学家有望利用其发现一大批"深藏不露"的黑洞，开创批量发现黑洞的新纪元，并推动恒星演化和黑洞形成理论的革新。值得一提的是，在两年之久的监测时间里，LAMOST共为这项研究做了26次观测，累积曝光时间约40个小时。如果利用一架普通4 m口径望远镜来寻找这样一个黑洞，同样的概率下，则需要40年的时间——这充分体现出LAMOST超高的观测效率。

参考文献

[1] Liu J F,Zhang H T,Howard A W,et al. A wide star-black-hole binary system from radial-velocity measurements. Nature,2019,575:618-621.

[2] El-Badry K,Quataert,E. Not so fast:LB-1 is unlikely to contain a 70 $M_\odot$ black hole. Monthly Notices of The Royal Astronomical Society,2020,493:22-27.

[3] Shenar T,Bodensteiner J,& Abdul-Masih M. The 'hidden' companion in LB-1 unveiled by spectral disentangling. Astronomy & Astrophysics,2020,639:L6.

[4] Liu J F,Zheng Z,Soria R,et al. Phase-dependent study of near-infrared disk emission lines in LB-1. Astrophysical Journal,2020,900:42.

[5] Belczynski K,Hirschi R,Kaiser E A,et al. The formation of a 70 $M_\odot$ black hole at high metallicity. Astrophysical Journal,2020,890:113.

Discovery of the Most Massive Stellar-Mass Black Hole in the Milky Way Galaxy by LAMOST

Liu Jifeng

All stellar-mass black holes in the Milky Way galaxy have hitherto been identified by X-rays emitted from gas that is accreting onto the black hole from a companion star. When the black hole is not accreting gas,it can be found through radial-velocity measurements of the motion of the companion star. We performed radial-velocity measurements of the Galactic B-type star LB-1, by using the LAMOST telescope. We find that the motion of the B star and the spectral features require the presence of a dark companion with a mass of about 70 solar masses. This is the first black hole discovered with this new method. Although gravitational-wave experiments have detected black holes of similar mass,but the formation of such massive ones in a high-metallicity environment would be extremely challenging within current stellar evolution theories.

3.2 我国科学家利用"墨子号"卫星率先开展引力诱导量子纠缠退相干实验检验

徐　凭　任继刚　彭承志　潘建伟

（1. 中国科学技术大学合肥微尺度物质科学国家研究中心；
2. 中国科学院量子信息与量子科技创新研究院）

量子力学和相对论是现代物理学的两大支柱。然而任何试图将这两种理论进行融合的理论工作都遇到了极大困难。在目前已知的四种基本相互作用中，唯有关于引力作用的量子化问题一直悬而未决。解决这一问题将有助于建立关于四种基本相互作用的大统一理论。

为了探索这两种理论的协调性，其中一类工作将引力理论推向微小尺度的极限——普朗克尺度（Planck scale），即发展量子化的引力理论，这在实验上所要求的能量尺度远远超过了当前技术能力。另一类工作则是研究量子态在经典时空中的演化现象是否偏离标准理论的预测[1,2]，探讨现实条件下可能进行实验验证的一些新机制。

近年来，物理学家拉尔夫（Ralph）等人提出了被称为"事件形式化"（event formalism）的理论模型[3]，探讨了引力可能导致的量子退相干效应，并提出一个现实可行的试验方案。该方案预言，纠缠光子对在地球引力场中的传播，其关联性会概率性地损失。

"墨子号"量子科学实验卫星（简称"墨子号"卫星）正是检验这一理论的理想平台。得益于前期实验工作和技术积累[4-7]，本研究团队在国际上率先在太空开展引力诱导量子纠缠退相干实验检验（图1），对穿越地球引力场的量子纠缠光子退相干情况展开测试[8]。相关研究成果于2019年10月4日发表在《科学》期刊上。

在该项工作中，本研究团队在地面站制备纠缠光子对，并将两个光子中的一个发送至"墨子号"卫星，使得该光子在传送路径中能够经历地球表面所不具备的引力梯度；并通过比对地星双方的偏振测量结果和光子到达探测器的时间信息，检验纠缠退相干情况。依据理论模型的预言，因为光子所经历的引力梯度和传播距离的改变，卫星轨道高度越高，地星之间纠缠退相干效应将越强。

此外，本研究团队还采取了一系列措施来评估其他因素引起的纠缠退相干现象，

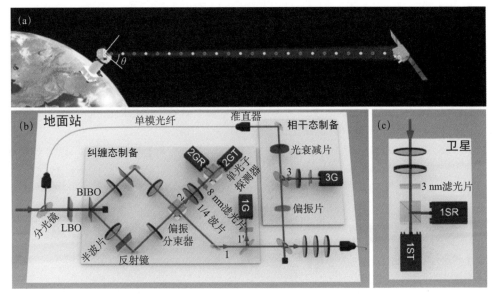

图 1　在地球引力场中，开展引力诱导纠缠退相干效应的实验检验

（a）位于西藏阿里地区的地面站向"墨子号"卫星发射了纠缠光子对中的一个光子和用作辅助的弱相干光光子。
（b）地面站中光路的示意图。包括纠缠光子对（光子 1 和 2）以及弱相干光（光子 3）的制备。其中，纠缠光子 2 在地面站的平直时空中传播后直接被探测器（2GT 和 2GR）所测量，并记录探测信号时间。光子 1 和 3 则在合束后一同被发射至卫星，并在发射前通过分束器分出少部分光子，用于地面站中实时监测（探测器 1G 和 3G）。
（c）卫星光路示意图，对接收到的光子 1 和 3 进行量子态测量，并记录光子到达探测器（1ST 和 1SR）的时间。
LBO：三硼酸锂晶体（LiB$_3$O$_5$），用于激光倍频；BIBO：硼酸铋晶体（BiB$_3$O$_6$），用于产生和制备纠缠光子对

包括：引入弱相干光子作为对照光，有效排除大气扰动和衰减的影响，提高观测结果可靠性；通过对地面和卫星中设备器件所引起的信号时间抖动进行全面评估，确认系统的时间分辨精度；发展高精度时间同步技术和新数据处理方式，修正地星双方采集信号的时间差异；同时针对地星链路高信号衰减带来的信噪比问题，分析并消减噪声计数的影响，降低地面杂散光和卫星探测器件噪声带来的干扰。

最终，本研究团队在观测精度范围内排除了"事件形式化"理论所预言的引力导致纠缠退相干现象；并且在实验观测结果基础上，对之前的理论模型进行了修正和完善。

该项工作是国际上首次利用空间量子光学研究平台，完成探索引力场中量子态演化规律的实验，对相关的理论模型作出了限制，具有重要的开拓性意义。研究引力理论与量子理论交叉的物理现象，探索这两种理论在这些现象中可能的修正，对理解物理学的基本规律具有极为重要的价值。

参考文献

[1] Deutsch D. Quantum mechanics near closed timelike lines. Physical Review D,1991,44(10):3197.

[2] Politzer H D. Simple quantum systems in spacetimes with closed timelike curves. Physical Review D,1992,46(10):4470.

[3] Joshi S K,Pienaar J,Ralph T C,et al. Space QUEST mission proposal:experimentally testing decoherence due to gravity. New Journal of Physics,2018,20(6):063016.

[4] Liao S K,Cai W Q,Handsteiner J,et al. Satellite-relayed intercontinental quantum network. Physical review letters,2018,120(3):030501.

[5] Liao S K,Cai W Q,Liu W Y,et al. Satellite-to-ground quantum key distribution. Nature,2017,549 (7670):43-47.

[6] Ren J G,Xu P,Yong H L, et al. Ground-to-satellite quantum teleportation. Nature, 2017, 549 (7670):70-73.

[7] Yin J,Cao Y,Li Y H,et al. Satellite-based entanglement distribution over 1200 kilometers. Science, 2017,356(6343):1140-1144.

[8] Xu P,Ma Y,Ren J-G,et al. Satellite testing of a gravitationally induced quantum decoherence model. Science,2019,366(6461):132-135.

Satellite Testing of a Gravitationally Induced Quantum Decoherence Model

Xu Ping ,Ren Jigang ,Peng Chengzhi ,Pan Jianwei

Quantum mechanics and the general theory of relativity are two pillars of modern physics. However,a coherent unified framework of the two theories still remains an open problem. Attempts to quantize general relativity have led to many rival models of quantum gravity, which, however, generally lack experimental foundations. We implement a quantum optical experimental test of event formalism of quantum fields, a theory which attempts to present a coherent description of quantum fields in exotic spacetimes containing closed timelike curves and ordinary spacetime. We experimentally test a prediction of the theory with the quantum satellite Micius that a pair of entangled particles probabilistically decorrelate passing through different regions of the gravitational potential of Earth. Our measurement results are consistent with the standard quantum theory and hence do not support the prediction of event formalism.

3.3 科学家实现原子级精准的石墨烯可控折叠

陈　辉　杜世萱　高鸿钧

（中国科学院物理研究所）

探索新型低维碳纳米材料及其新奇物性一直是当今科技领域的前沿科学问题之一。相关研究曾两次获得诺贝尔奖（富勒烯，1996 年诺贝尔化学奖；石墨烯，2010年诺贝尔物理奖）。二维的石墨烯晶格结构被认为是其他众多的碳纳米结构的母体材料。例如，将石墨烯结构沿着某一方向卷曲可以形成一维的碳纳米管；将具有五元环和七元环的石墨烯结构弯曲成球形结构即可形成富勒烯。若将石墨烯应用于纳米级电子器件中，需要构筑具有三维形貌与精确复杂的新型功能化石墨烯纳米结构。目前，在单原子层次上精准构筑和调控基于石墨烯的低维碳纳米结构仍存在巨大挑战。

受折纸艺术的启发，折叠操纵经常被巧妙地用在很多科学技术前沿领域，用来构筑形状与功能各异的结构、器件甚至机器。例如，生物学领域可以将 DNA 单链折叠成复杂的二维形状。在宏观尺度下，科学家已经能够构建出石墨烯功能器件甚至机器模型；而理论研究发现，在原子尺度，通过对石墨烯的弯曲折叠，可以构筑出具有新奇电子学特性的纳米结构。由于石墨烯弯曲结构的电子学性质容易受到局域的缺陷结构以及弯曲方向等的影响，在单原子尺度精确地折叠高质量的石墨烯，特别是根据特殊需要沿特定方向对石墨烯进行折叠，具有极大的挑战性。

自 2007 年起，本科研团队开始对大面积、高质量的石墨烯等新型二维原子晶体材料的制备[1-6]及其纳米结构的可控构筑与精准操纵[7,8]展开长期探索与深入研究，并于 2019 年首次实现了对石墨烯纳米结构的原子级精准的可控折叠，构筑出一种新型的准三维石墨烯纳米结构[9]。该结构由二维旋转堆垛双层石墨烯纳米结构与准一维碳纳米管结构组成。

首先，我们通过扫描探针操控技术实现了石墨烯纳米结构的原子级精准折叠与解折叠，折叠前后石墨烯保持高质量。从图 1 可以看出，折叠可以反复进行。大范围的扫描隧道显微镜图像显示，折叠前后石墨烯纳米结构形态完整。原子分辨图像表明，折叠过程没有引入缺陷。

接着，我们构筑出了堆叠角度精确可调的旋转堆垛的双层石墨烯纳米结构。图 2 展示的是我们对同一个石墨烯纳米结构沿不同方向反复折叠后的扫描隧道显微镜图像。通过对旋转角度进行统计,我们发现对于石墨烯纳米结构可进行任意方向的折叠,折叠前后的原子分辨图像进一步验证了折叠过程不会对石墨烯纳米结构造成破坏。进一步研究发现,折叠后双层石墨烯部分的旋转堆叠角度的控制精度可达到 $0.1°$。

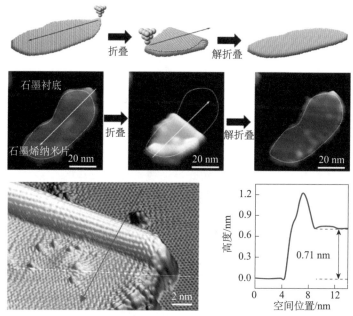

图 1　扫描探针操控技术实现石墨烯纳米结构的原子级精准折叠与解折叠[9]

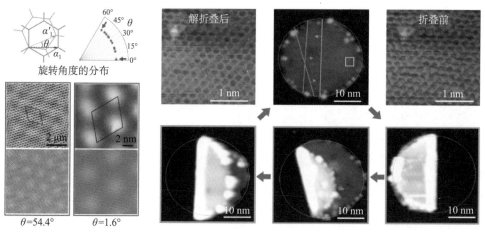

图 2　折叠方向精确控制以及角度连续可调的旋转堆垛双层石墨烯的构筑[9]

最后，通过对单晶石墨烯纳米结构的可控折叠，构筑出准一维碳纳米管结构（图2）。如图3所示，通过对双晶石墨烯纳米结构的可控折叠，我们构筑出了由两个特定指数的、原子尺度精确连接的准一维碳纳米管组成的异质结。利用扫描隧道谱与第一性原理计算确定了该准一维碳纳米管异质结的原子构型与局域电子态结构，发现通过原子级石墨烯可控折叠技术得到的准一维纳米管异质结具有不同的能带排列方式。

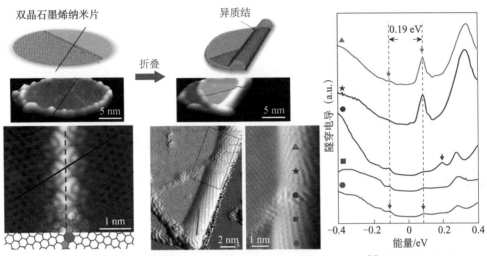

图 3　折叠双晶石墨烯纳米片精确构筑异质结结构[9]

该工作在国际上首次实现了原子级精准控制、按需定制的石墨烯折叠，并构筑出目前世界上最小尺寸的石墨烯折叠结构，论文发表在《科学》期刊上[9]。基于这种原子级精准的折叠技术，还可以折叠其他新型二维原子晶体材料和复杂的叠层结构，进而制备出功能纳米结构及其量子器件，研究其新奇物理现象。例如，探索魔角旋转堆垛双层二维原子晶体材料的超导电性、拓扑特性和磁性，以及研究一维异质结的输运性质及其应用等。该研究工作对构筑量子材料和量子器件（机器）具有重要的科学与技术上的意义。

参考文献

[1] Pan Y, Shi D, Gao H J. Formation of graphene on Ru(0001) surface. Chinese Physics, 2007, 16: 3151.

[2] Pan Y, Zhang H, Shi D, et al. , Highly ordered, millimeter-scale, continuous, single-crystalline graphene monolayer formed on Ru(0001). Advanced Matereials, 2009, 21: 2777.

[3] Mao J, Huang L, Pan Y, et al. , Silicon layer intercalation of centimeter-scale, epitaxially grown monolayer graphene on Ru(0001). Applied Physics Letters, 2012, 100: 093101.

［4］Lin X,Lu J C,Shao Y,et al. Intrinsically patterned two-dimensional materials for selective adsorption of molecules and nanoclusters. Nature Materials,2017,16:717.

［5］Chen H,Bao D L,Wang D,et al. Fabrication of millimeter-scale,single-crystal one-third-hydrogenated graphene with anisotropic electronic properties. Advanced Matereials,2018,30:1801838.

［6］Li G,Zhang L Z,Xu W Y,et al. Stable silicene in graphene/silicene van der Waals heterostructures. Advanced Matereials,2018,30.

［7］Ren J D,Guo H M,Pan J B,et al. Kondo effect of cobalt adatoms on a graphene monolayer controlled by substrate-induced ripples. Nano Letters,2014,14:4011.

［8］Ren J,Guo H,Pan J,et al. Interatomic spin coupling in manganese clusters registered on graphene. Physical Review Letters,2017,119:176806.

［9］Chen H,Zhang X,Zhang Y,et al. Atomically precise,custom-design origami graphene nanostructures. Science,2019,365:1036.

The Atomically Precise Graphene Origami

Chen Hui,Du Shixuan,Gao Hong-jun

The construction of atomically precise carbon nanostructures holds promise for developing materials for scientific study and nanotechnology applications. We demonstrate that graphene origami is an efficient way to convert graphene into atomically precise,complex nanostructures. By scanning tunneling microscope manipulation at low temperature,we repeatedly fold and unfold graphene nanoislands along an arbitrarily chosen direction. A bilayer graphene stack featuring a tunable twist angle and a tubular edge connection between the layers is formed. Folding single-crystal GNIs creates tubular edges with specified chirality and one-dimensional electronic features similar to those of carbon nanotubes, whereas folding bicrystal graphene nanoislands creates well-defined intramolecular junctions. Both origami structural models and electronic band structures are computed to complement analysis of the experimental results. The present atomically precise graphene origami provides a platform for constructing carbon nanostructures with engineered quantum properties and,ultimately,quantum machines.

3.4　基于铜调控自由基摞氢的烯丙位碳氢键精准转化

李家园[1]　林振阳[2]　刘国生[1]

（1. 中国科学院上海有机化学研究所，金属有机国家重点实验室；
2. 香港科技大学化学系）

　　烯烃是廉价易得的石油化工原料，也是合成众多精细化学品（如醇、醛、羧酸等）的基础化工原料，因此烯烃的高效、高选择性转化一直都是有机合成化学的重要研究内容和前沿领域。由于烯烃双键的特性，以往报道的烯烃转化反应绝大多数都发生在双键上（如烯烃的氢甲酰化、乙烯直接氧化制乙醛法、双氧化及双胺化等）；相对而言，由于烯丙位的碳氢键较其他 sp^3 碳氢键反应活性高，如果能够选择性地实现其官能团化，尤其是不对称转化，那么就能够在保留双键的同时引入手性官能团，实现从简单烯烃到复杂手性烯烃的直接转化，并可进一步发生双键转化，大大简化由简单烯烃到高附加值精细化工品的合成路线[1]。然而，该领域的研究进展非常缓慢。另外，由于烯烃分子中往往含有多个烯丙位的碳氢键，如何实现有机分子中特定烯丙位碳氢键的活化及其不对称转化，是这个领域极富挑战性的科学问题，针对结构相似的碳氢键选择性转化的研究也非常罕见[2]。

　　基于"铜催化自由基接力"的新策略，中国科学院上海有机化学研究所刘国生课题组发展了苄位碳氢键的不对称氰化反应（图1）[3]。在此基础上对烯丙位碳氢键的选择性摞氢及不对称氰化展开研究，通过发展新的催化体系实现了烯丙位碳氢键的不对称氰化反应[4]。值得一提的是，对于含有多个烯丙位碳氢键的复杂烯烃，该催化体系表现出非常高的自由基摞氢的位点选择性、自由基成键的区域和对映体选择性，实现了复杂烯烃的精准转化。更重要的是，该催化体系可以用于天然产物及药物分子的后期修饰，在烯丙位上高选择性地引入手性氰基片段，为药物分子的改造提供了新的途径[5]。

　　自由基不对称关环实验和电子顺磁共振实验表明，一价铜催化剂和N-F亲电试剂发生单电子反应产生二价铜物种和氮自由基中间体存在相互作用，并由此提高了自由基摞氢的位点选择性。刘国生课题组与香港科技大学林振阳课题组合作，通过理论计算首次揭示了二价的金属铜物种通过与含磺酰胺的氮自由基中的氧原子配位来稳定该自由基，并据以提高氮自由基对烯丙位碳氢键的攫氢选择性。本研究所揭示的全新自由基攫氢机制为今后碳氢键的精准转化提供了新的理论基础和指导方向。

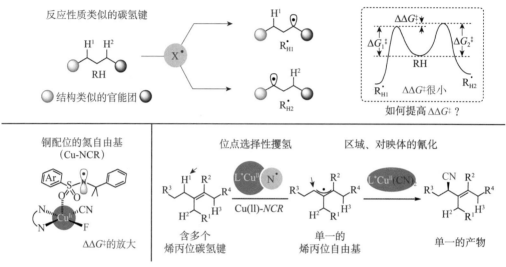

图 1　烯丙位碳氢键的位点选择性及不对称氰化

参考文献

[1] Bayeh L, Le P Q, Tambar U K. Catalytic allylic oxidation of internal alkenes to a multifunctional chiral building block. Nature, 2017, 547: 196-200.

[2] Davies H M L, Morton D. Guiding principles for site-selective and stereoselective intermolecular C—H functionalization by donor/acceptor rhodium carbenes. Chemical Society Reviews, 2011, 40: 1857-1869.

[3] Zhang W, Wang F, McCann S D, et al. Enantioselective cyanation of benzylic C—H bonds via copper-catalyzed radical relay. Science, 2016, 353: 1014-1018.

[4] Li J, Zhang Z, Wu L, et al. Site-specific allylic C—H bond functionalization with a copper-bound N-centered radical. Nature, 2019, 574: 516-521.

[5] Cernak T, Dykstra K D, Tyagarajan S, et al. The medicinal chemist's toolbox for late stage functionalization of drug-like molecules. Chemical Society Reviews, 2016, 45: 546-576.

Site-Specific and Enantioselective Allylic C—H Bond Cyanantion with a Copper-Bound N-Centered Radical

Li Jiayuan , Lin Zhenyang , Liu Guosheng

Methods for selective C—H bond functionalization have provided chemists with versatile and powerful toolboxes for synthesis, such as the late-stage modification of a lead compound without the need for tedious *de novo* synthesis. Organic molecules often contain multiple sp^3 C—H bonds with comparable properties, and therefore exhibit undistinguishable reactivity. Site-selectivity by differentiating diverse aliphatic C—H bonds, however, remains a formidable challenge. Here, we show that a Cu(II)-bound *N*-centered radical, with a modular sulfonamide moiety and bidentate ligand, acts as a tunable HAT reagent capable of amplifying the site-selectivity among similar allylic C—H bonds in complex molecules. Subsequent regio-, stereo- and enantio-selective capture of the allylic radical by chiral copper(Ⅱ)-cyanide species leads to highly selective allylic C—H cyanation. This method is shown to be effective with a diverse collection of alkene-containing molecules, including sterically demanding structures and complex natural products and pharmaceuticals.

3.5 超微孔材料协同分离制备乙烯

陈凯杰

（西北工业大学化学与化工学院）

　　随着国际社会工业化进程的快速发展，人类对化学品的依赖日益加深。而初级化工原料生产则是支撑这些化学品需求最重要的一步。在石化行业中，分离提纯这些化工原料单体需要消耗大量的能源。数据显示，目前这些分离提纯工业流程每年的耗能要占到全球工业总能耗的45%～55%，大约相当于全球总能耗的10%～15%[1]。面对着日益严峻的能源危机，如何降低这些工业分离流程的能耗就变得非常重要。作为各国石化行业发展的一个重要指标，乙烯的年产量起着举足轻重的作用。其中，2014年乙烯全球产量在1.4亿t左右。仅乙烯的分离提纯能耗就占到全球总能耗的0.3%，相当于新加坡整个国家一年的总能耗。目前传统的乙烯纯化分离技术主要分为两步：①高温加氢还原乙炔为乙烯或乙烷（乙炔去除）；②低温精馏分离乙烷（乙烷去除），从而实现乙烯的高纯制备。然而，这样的分离工艺在步骤繁琐的同时，也需要物理体积庞大的分离装置和巨大的能量消耗。在这样的大背景下，物理吸附分离技术以其能耗低和快速吸-脱附等特性越来越受到人们的关注。

　　然而，之前的乙烯分离材料多只侧重于双组分气体分离[2,3]，要实现乙烯在多组分混合气体（乙炔/乙烯/乙烷/二氧化碳）中的一步分离制备则非常困难，因为乙烯分子的四极矩和分子大小都在这四种气体中处于居中的位置。2019年，陈凯杰教授领衔的国际合作团队利用单一吸附柱内多组分微孔材料的串联排布，实现了乙烯在四组分混合体系下的一步分离制备。该研究成果于2019年10月11日发表在《科学》期刊上[4]。此项研究在国际上首次利用多种微孔材料的各自优势，协同吸附分离，最终实现单一吸附柱单元内多种乙烯伴生杂质（乙炔、乙烷和二氧化碳）的同步去除（图1）。这项研究有望将目前工业乙烯制备工艺中三个耗能巨大的独立分离步骤，合而为一。更为重要的是，这项研究中的多种微孔材料均能在50℃下1个小时内完成活化。从而为未来乙烯高效分离制备提供了重要的理论基础和潜在的工业分离材料。而这些乙烯分离突破的关键是定制化设计与合成的高性能微孔材料。

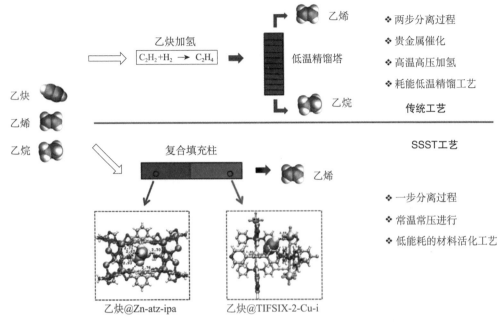

图 1　串联超微孔材料从多组分混合气体中一步分离制备乙烯示意图

此项研究在国际上首次利用三种金属有机框架材料（MOFs）协同吸附，实现了在四组分混合气体条件下，一步分离制备高纯度乙烯。这项研究成果将为复杂工业分离体系下绿色低能耗工艺的研发提供一种全新的设计思路。

参考文献

［1］Sholl D S, Lively R P. Seven chemical separations to change the world. Nature, 2016, 532: 435-437.

［2］Cui X. , Chen K J, Xing H, et al. Pore chemistry and size control in hybrid porous materials for acetylene capture from ethylene. Science, 2016, 353: 141-144.

［3］Liao P Q, Zhang W X, Zhang J P, et al. Efficient purification of ethene by an ethane-trapping metal-organic framework. Nature Communications. , 2015, 6: 8697.

［4］Chen K J, Madden D G, Mukherjee S, et al. Zaworotko, Synergistic sorbent separation for one-step ethylene purification from a four-component mixture. Science, 2019, 366: 241-246.

Synergistic Sorption Separation of Ultramicroporous Materials for Ethylene Production

Chen Kaijie

Currently, around 15% of global energy production is used for the separation and purification of industrial commodities. For instance, 0.3% of global energy is consumed on the separation of ethylene and propylene. Physisorbents hold the promise for improving the energy efficiency of gas separations compared to traditional cryogenic distillation technology, because they are much easier to regenerate. This has attracted the intensive attention from the global scientists. In this work, three benchmark ultramicroporous materials were tandem-packed into one separation column to produce ethylene with high purity ($>$99.9%) in one-step, in which every porous material is responsible for efficient removal of one impurity (C_2H_2, C_2H_6 and CO_2). The framework-gas interaction mechanism for these three gases were studied by molecular simulations. This work will provide the important guiding line for future design of advanced porous materials for multi-component gas separation.

3.6　破解藻类水下光合作用的蛋白结构和功能

王文达　韩广业　匡廷云　沈建仁

（中国科学院植物研究所光生物学重点实验室）

光合生物利用太阳能从二氧化碳和水合成有机物，释放出氧气，为地球上几乎所有生物的生存提供物质和能量基础。光合放氧生物中最为人们所熟悉的是陆地上各种各样的绿色植物，它们是海洋绿藻登陆进化而来。海洋光合生物贡献了地球上每年初级生产力的近一半左右，其中硅藻可贡献每年全球初级生产力的 20%。硅藻生长在独特的水下光环境里，并会经历从水下到海面快速且剧烈的光强度变化，因此其光系统和捕光天线具有独特的组成与功能。

硅藻的捕光天线结合了独特的岩藻黄素和叶绿素 c，被称为岩藻黄素叶绿素 a/c 结合蛋白（fucoxanthin chlorophyll a/c proteins，FCPs）。这些捕光天线蛋白结合在光系统Ⅰ（photosystem Ⅰ，PSⅠ）和光系统Ⅱ（photosystem Ⅱ，PSⅡ）周围，具有出色的蓝绿光捕获能力和极强的光保护能力，是硅藻能够在海洋中繁盛的重要原因之一。此前硅藻的光合机理研究一直进展缓慢，重要原因是缺乏直接的光合膜蛋白结构信息，难以准确理解其高效利用光能和适应环境的分子机理。2019 年，本研究团队在国际上率先突破了硅藻主要捕光天线——FCP 的结构解析，1.8Å 分辨率的晶体结构显示，每个 FCP 单体中结合 7 个叶绿素 a，2 个叶绿素 c，7 个岩藻黄素和 1 个硅甲藻黄素分子（图 1）。该结构首次描绘了叶绿素 c 和岩藻黄素在光合膜蛋白中的结合细节，揭示了 FCP 二聚体的结合方式，破解了硅藻高效吸收蓝绿光、高效传递和转化光能以及光保护的机理之谜，该成果于 2019 年 2 月以长文发表于《科学》期刊[1]，并入选了中国两院院士评选的"2019 年中国十大科技进展新闻"。

同时，本研究团队与清华大学合作，利用单颗粒冷冻电镜技术解析了中心纲硅藻的 PSⅡ-FCPⅡ超级复合体的 3.0Å 分辨率的三维结构[2]，这也是国际上首次报道的硅藻光合系统超级复合体结构。硅藻 PSⅡ-FCPⅡ的每个单体由 24 个核心亚基和 11 个外围的 FCP 天线亚基组成，二聚体的总分子量超过 1.4 MDa。结构揭示了硅藻 PSⅡ核心 3 个新蛋白亚基的结构，以及与已知的植物捕光复合体Ⅱ（light harvesting complex Ⅱ，LHCⅡ）明显不同的 FCP 天线独特的四聚体排列方式。PSⅡ-FCPⅡ复合体包含 230 个叶绿素 a 分子、58 个叶绿素 c 分子、146 个类胡萝卜素分子等（图 2），形成复杂的色素网络和多条能量传递途径。该项成果为研究硅藻光系统捕光天线复合体拓展捕光截面、高效传递激发能和光保护的分子机制提供了坚实基础。

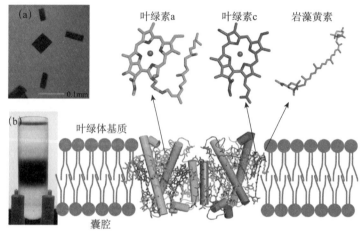

图1 硅藻捕光天线蛋白 FCP 的高分辨率晶体（a）和 FCP 二聚体结构示意图（b）[1]

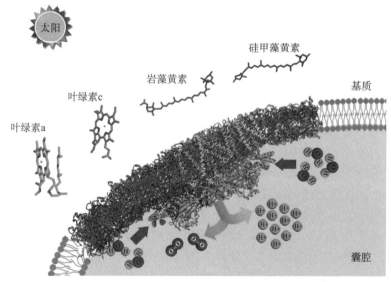

图2 硅藻 PSⅡ-FCPⅡ冷冻电镜结构与功能示意图[2]

绿藻是高等植物的祖先，具有水下绿色植物的独特光合膜蛋白特征。本研究团队与浙江大学合作解析了绿藻 $C_2S_2M_2N_2$ 型（C 代表 PSⅡ核心，S、M、N 分别代表与 PSⅡ核心结合力较强、较弱和独立的捕光天线 LHCⅡ）PSⅡ-LHCⅡ超级复合体的冷冻电镜结构，这是目前为止解析得最完整的PSⅡ-LHCⅡ复合体结构。通过整个超级复合体，研究人员发现了多条光能捕获和传递途径以及更高效的光能利用机制[3]。本研究团队还与济南大学、清华大学合作解析了我国黄渤海海域潮间带的大型单细胞绿藻（假根羽藻）PSⅠ-LHCⅠ的冷冻电镜结构，首次解析了绿藻PSⅠ外围10个LHCⅠ天线的组装排布[4]，完善了对光合生物进化过程中光系统和捕光天线结构变化趋势的理解。

　　硅藻和绿藻FCP捕光天线、光系统Ⅰ和光系统Ⅱ及天线超级复合物的结构解析和功能研究不仅为揭示光合作用研究的终极目标——"彻底揭示光合作用高效转能机理"提供了坚实的结构基础，为探索光合系统进化过程中的演化机制提供了重要线索，也为人工模拟光合作用、指导设计新型作物、打造智能化植物工厂提供了新思路和新策略。其中硅藻的两项进展在《科学》期刊发表后，被专题评价为"光合作用领域里程碑性质的工作"[5]，并以"破解了硅藻光合膜蛋白超分子结构和功能之谜"为入选理由，入选了"2019年度中国生命科学十大进展"和"2019年度中国海洋十大科技进展"，与绿藻的两项成果共同以"破解藻类水下光合作用的蛋白结构和功能"为题入选由科技部评选的"2019年度中国科学十大进展"。

参考文献

[1] Wang W, Yu LJ, Xu C, et al. Structural basis for blue-green light harvesting and energy dissipation in diatoms. Science, 2019, 363: eaav0365.

[2] Pi X, Zhao S, Wang W, et al. The pigment-protein network of a diatom photosystem Ⅱ-light-harvesting antenna supercomplex. Science, 2019, 365: eaax4406.

[3] Shen L, Huang Z, Chang S, et al. Structure of a $C_2 S_2 M_2 N_2$-type PSⅡ-LHCⅡ supercomplex from the green alga *Chlamydomonas reinhardtii*. Proceedings Of The National Academy of Sciences, 2019, 116: 21246-21255.

[4] Qin X, Pi X, Wang W, et al. Structure of a green algal PSⅠ in complex with a large number of light-harvesting complex I subunits. Nature Plants, 2019, 5: 263-272.

[5] Büchel C. How diatoms harvest light. Science, 2019, 365: 447-448.

Structures and Functions of Algal Photosynthetic Membrane Protein Supercomplexes

Wang Wenda , Han Guangye , Kuang Tingyun , Shen Jianren

Algae and plants utilize light energy from the sun to synthesize carbohydrates and release oxygen through photosynthesis, which provide the basis for survival of human and other organisms. Scientists from Institute of Botany, CAS and their collaborators used advanced structure biological approaches to tackle the mechanisms of photosynthetic light reactions in algae grown under water. They solved the crystal structure of a fucoxanthin chlorophyll a/c protein (FCP) dimer and the cryo-electron microscopic (cryo-EM) structure of photosystem II (PS II)-FCP II supercomplex from diatoms, providing the basis for the mechanisms of blue-green light harvesting, efficient energy transfer and dissipation in diatoms. They also solved the cryo-EM structures of PS I -LHC I and PS II -LHC II supercomplexes from two green algae, which revealed multiple energy harvesting and transfer pathways. These studies provide solid structural basis for efficient energy harvesting, conversion and utilization in photosynthesis, and greatly advanced our understanding on the evolution of photosystems and light-harvesting complexes.

3.7　提高中晚期鼻咽癌疗效的新方案

马　骏

（中山大学肿瘤防治中心）

鼻咽癌是一种头颈部恶性肿瘤，高发于我国，尤其是华南地区，我国每年的新发病例数占到全球的 48%[1]。放射治疗（简称放疗）是鼻咽癌的主要治疗手段[2]。由于早期症状不明显，超过 70% 的鼻咽癌患者在确诊时已是中晚期，需在放疗的基础上联用化学药物治疗（简称化疗）[2]。

按照使用时机的不同，化疗可分为诱导化疗（放疗前）、同期化疗（放疗中）和辅助化疗（放疗后），但在鼻咽癌治疗中哪种模式最优国际上尚无定论。本研究团队先后通过 3 项纳入共计 1500 例中晚期鼻咽癌病例的前瞻性随机对照临床试验发现：①同期化疗能够提高生存率[3]；②同期化疗后再行"5-氟尿嘧啶＋顺铂"辅助化疗不能提高疗效，徒增治疗毒性[4,5]；③同期化疗前使用"多西他赛-顺铂-氟尿嘧啶"诱导化疗可进一步提高总生存率[6,7]。

然而，"多西他赛-顺铂-氟尿嘧啶"三药诱导化疗方案毒性相对较大，严重毒副反应发生率达 42%[6]，许多患者无法耐受治疗，不利于该方案在基层医院推广。因此，亟须寻找一种高效低毒的诱导化疗方案，使广大患者获益。

利用吉西他滨抑制负性免疫分子、协同增强顺铂抗癌作用的优势，并通过临床探索，本研究团队发现，吉西他滨＋顺铂（GP）诱导化疗方案肿瘤缓解率高，并且毒副作用低。因此，本团队于 2013 年开展了一项前瞻性随机对照临床研究，探索 GP 方案诱导化疗在鼻咽癌中的价值。结果显示，对于局部晚期鼻咽癌患者，于同期放化疗前增加 GP 方案诱导化疗，可将 3 年无瘤生存率从 76.5% 提高到 85.3%，并将死亡风险降低一半（图 1）。同时，GP 诱导化疗方案十分安全，超过 95% 的患者可以顺利完成 3 程诱导化疗；GP 诱导化疗期间，仅 5% 的患者出现严重毒副作用；而且患者治疗后患合并症的风险也没有增加。

该研究于 2019 年发表于《新英格兰医学杂志》（*The New England Journal of Medicine*）[8]。该研究在局部区域晚期鼻咽癌的综合治疗方面，具有里程碑意义。研究成果改写了鼻咽癌的治疗规范——国际通用的美国国立综合癌症网络（National Comprehensive Cancer Network，NCCN）发布的恶性肿瘤临床实践指南将其作为证据级别最高的诱导化疗方案（Category 1），向全世界推广应用。美国斯坦福大学 Dimitrios Colevas 教授评论："中山大学马骏教授团队发表的这一研究，是鼻咽癌治疗领域的里程碑。基于该研究，我认为吉西他滨和顺铂诱导化疗可作为局部晚期鼻咽癌的标准治疗。"美国哈佛大学 Robert Haddad 教授评论："哈佛大学 Dana Farber 中心已经使用这种新型的吉西他滨联合顺铂方案来治疗大部分需要诱导化疗的病人……总之，马骏教授的这一研究代表了鼻咽癌治疗的新标准，我们认为关于诱导化疗在鼻咽癌中获益的争论可以画上句号。"

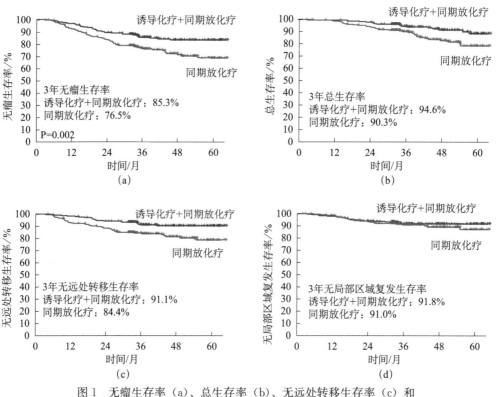

图 1　无瘤生存率（a）、总生存率（b）、无远处转移生存率（c）和无局部区域复发生存率（d）的生存分析（意向治疗人群）

参考文献

［1］Bray F,Ferlay J,Soerjomataram I,et al. Global cancer statistics 2018:GLOBOCAN estimates of incidence and mortality worldwide for 36 cancers in 185 countries. A Cancer Journal for Clinicians, 2018,68:394-424.

［2］Chen Y P,Chan A T C,Le Q T,et al. Nasopharyngeal carcinoma. Lancet,2019,394:64-80.

[3] Chen Y,Liu M Z,Liang S B,et al. Preliminary results of a prospective randomized trial comparing concurrent chemoradiotherapy plus adjuvant chemotherapy with radiotherapy alone in patients with locoregionally advanced nasopharyngeal carcinoma in endemic regions of china. International Journal of Radiation Oncology,Biology,Physics,2008,71:1356-1364.

[4] Chen L,Hu C S,Chen X Z,et al. Concurrent chemoradiotherapy plus adjuvant chemotherapy versus concurrent chemoradiotherapy alone in patients with locoregionally advanced nasopharyngeal carcinoma:a phase 3 multicentre randomised controlled trial. Lancet Oncology,2012,13:163-171.

[5] Chen L,Hu C S,Chen X Z,et al. Adjuvant chemotherapy in patients with locoregionally advanced nasopharyngeal carcinoma:Long-term results of a phase 3 multicentre randomised controlled trial. The European Journal of Cancer,2017,75:150-158.

[6] Sun Y,Li W F,Chen N Y,et al. Induction chemotherapy plus concurrent chemoradiotherapy versus concurrent chemoradiotherapy alone in locoregionally advanced nasopharyngeal carcinoma:a phase 3,multicentre,randomised controlled trial. Lancet Oncology,2016,17:1509-1520.

[7] Li W F,Chen N Y,Zhang N,et al. Concurrent chemoradiotherapy with/without induction chemotherapy in locoregionally advanced nasopharyngeal carcinoma:Long-term results of phase 3 randomized controlled trial. International Journal of Cancer 2019,145:295-305.

[8] Zhang Y,Chen L,Hu G Q et al. Gemcitabine and Cisplatin Induction Chemotherapy in Nasopharyngeal Carcinoma. The New England Journal of Medicine,2019,381:1124-1135.

New Standard of Care in Nasopharyngeal Carcinoma: Gemcitabine and Cisplatin Induction Chemotherapy

Ma Jun

Platinum-based concurrent chemoradiotherapy is the standard of care for patients with locoregionally advanced nasopharyngeal carcinoma. Additional gemcitabine and cisplatin induction chemotherapy has shown promising efficacy in phase 2 trials. In this multicenter, randomized, phase 3 trial, we compared gemcitabine and cisplatin induction chemotherapy plus concurrent chemoradiotherapy with concurrent chemoradiotherapy alone. The primary end point was recurrence-free survival. A total of 480 patients were included. At a median follow-up of 42. 7 months,the 3-year recurrence-free survival was 85. 3% in the induction chemotherapy group and 76. 5% in the standard-therapy group(stratified hazard ratio, 0. 51; $p = 0.001$). 3-year overall survival was 94. 6% and 90. 3%, respectively (stratified hazard ratio, 0. 43). A total of 96. 7% of the patients completed three cycles of induction chemotherapy. The incidence of grade 3 or 4 complications was comparable in the two groups. In conclusion, additional induction chemotherapy before chemoradiotherapy significantly improved survival among patients with locoregionally advanced nasopharyngeal carcinoma.

3.8　揭示抗结核新药的靶点和作用机制及潜在新药的发现

张　兵[1]　李　俊[1]　杨海涛[1]　饶子和[1,2]

（1. 上海科技大学免疫化学研究所抗结核结构研究中心；

2. 清华大学结构生物学实验室）

结核病（tuberculosis）是由病原体结核分枝杆菌（*Mycobacterium tuberculosis*，简称结核杆菌，由德国科学家罗伯特·科赫于 1882 年发现）引发的一种慢性感染性疾病[1]。自从 20 世纪中叶链霉素作为第一个抗结核药物被应用于临床治疗以来，人类与结核病抗争的历史已逾 150 年[1]。尽管在此期间科学家们又开发了异烟肼、利福平等有效药物，然而全世界目前仍有约 1/4 的人口被结核杆菌感染[1,2]。世界卫生组织 2019 年发布的《全球结核病报告》显示，结核病已超越艾滋病，成为感染性疾病中的"头号杀手"[2]。据该报告统计，2018 年全球新发结核病患者约 1000 万，死亡人数约为 130 万，并且在包括中国在内的发展中国家中情况尤为严重[2]。更为严重的是，艾滋病与结核病的交叉感染以及药物的不合理使用，已经导致出现了严重的耐药结核病，造成了全球公共卫生危机，这给结核病的治疗带来了更为严峻的挑战[2]。因此，针对结核杆菌的新药靶点的研究以及新药研发迫在眉睫。

科学家们发现分枝杆菌（包括结核杆菌）中有一种被称作"MmpL3"的膜蛋白在病原体的细胞壁核心成分分枝菌酸的合成过程中起关键作用[3]。它负责把细菌在细胞内合成的分枝菌酸前体转运到细胞膜外，这些前体物质会被进一步加工合成为分枝菌酸[3]。由于 MmpL3 对分枝杆菌至关重要，因此成为抗结核新药研发的一个关键靶标。令人振奋的是，据报道，国际制药公司利用高通量技术筛选获得的抗结核新药 SQ109（已完成临床 II-III 期试验）可能靶向 MmpL3[2]。

运用 X-射线晶体衍射技术，本研究团队成功解析了 MmpL3 在原子分辨率水平的三维空间结构（图 1）。研究发现，MmpL3 可分为膜外、跨膜和细胞内三个部分。同时，我们还捕捉到 MmpL3 识别底物（分枝菌酸合成前体类似物）时的状态，首次描绘了其在工作状态的三维图像。不仅如此，我们还分别解析了 MmpL3 与三种抑制剂（SQ109、AU1235 和 ICA38）复合物三维空间结构，揭开了 SQ109 如何进攻 MmpL3

使其失活，杀死细菌之谜。研究发现，SQ109 等抑制剂小分子靶向 MmpL3 的跨膜区，直接"封闭"该蛋白的质子内流通道，破坏 MmpL3 工作时的能量供给，阻断了分枝菌酸的合成转运通路（图2）。

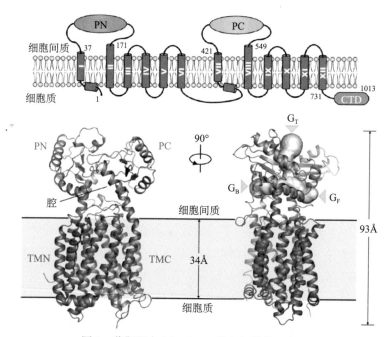

图 1　药靶蛋白 MmpL3 三维空间结构示意图

(CTD，cytoplasmic C-terminal domain，细胞质 C-末端结构域；PN，periplasmic N-domain，细胞间质 N-结构域；PC，periplasmic C-domain，细胞间质 C-结构域；TMN，transmembrane N-domain，跨膜 N-结构域；TMC，transmembrane C-domain，跨膜 C-结构域)

　　为发现具有抗菌活性的新化合物，本研究团队运用计算机"虚拟筛选"技术，对成药库的药物分子进行了筛选，发现一种曾经在市场上销售的减肥药利莫那班（Rimonabant）竟有可能是 MmpL3 的抑制剂。由于利莫那班是全球首个针对人源大麻素受体 CB1 的拮抗剂[4]，很难想象靶向人类蛋白受体的药物竟然也可以杀死结核杆菌。随后，我们解析了利莫那班与 MmpL3 复合物的三维结构，从而证实了这一结论。该结构显示（图2），利莫那班也能与 MmpL3 的质子内流通道靶向结合，但是这种结合模式既不同于上述 SQ109 等抑制剂的结合方式，更与"利莫那班-CB1 受体"的结合模式大相径庭。这一发现为后期针对利莫那班骨架进行抗结核新药的研发奠定了坚实的基础。

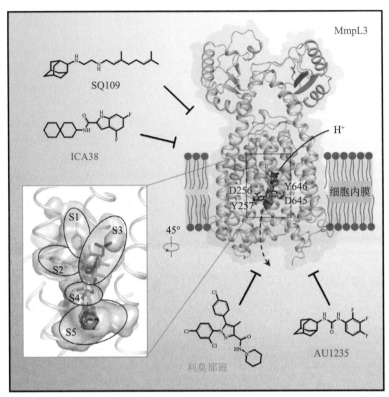

图 2　候选药物精确靶向 MmpL3 的分子机制

D：Asp，天冬氨酸；Y：Tyr，酪氨酸

MmpL3 蛋白隶属于 RND（resistance，nodulation and division）蛋白质超家族，而这类蛋白质广泛存在于各种病原菌中，它们主要的功能是充当"药泵"的角色。当细菌摄入抗生素以后，这类蛋白质家族就开始工作，把细菌胞内的抗生素排出胞外，因此这类蛋白质也往往是病原体对抗生素耐药的"罪魁祸首"。尽管 RND 蛋白质超家族的成员众多，但是它们都利用质子内流获取能量来行使功能。本研究首次勾画了小分子抑制剂如何精确靶向 RND 超家族成员质子内流通道的三维图像，不仅为结核病、麻风病等由分枝杆菌引起的疾病的药物研发奠定了重要的理论基础，更为新型抗生素的研发、解决全球日趋严重的细菌耐药问题开辟了一条全新途径。同时，该工作也为我国研发具有自主知识产权的抗结核新药奠定了重要的基础。该研究成果于 2019 年 1 月 24 日刊登在国际顶尖生命科学期刊《细胞》（Cell）上[5]。该成果一经发表，就在学术界和产业界引起了轰动并受到广泛关注。该研究成果入选了 2019 年度"中国高等学校十大科技进展"和"中国生命科学十大进展"。

参考文献

[1] Schito M, Migliori G B, Fletcher H A, et al. Perspectives onadvances in tuberculosis diagnostics, drugs, and vaccines. Clinical Infectious Diseases, 2015, 61(Suppl 3): S102-118.

[2] World Health Organization. Global Tuberculosis Report 2019(WHO). 2019. https://apps.who.int/iris/handle/10665/329368.

[3] Grzegorzewicz A E, Pham H, et al. Inhibition of mycolic acid transport across the *Mycobacterium tuberculosis* plasma membrane. Nature Chemical Biology, 2012, 8: 334-341.

[4] Rinaldi-Carmona M, Barth F, Heaulme M, et al. SR141716A, a potent and selective antagonist of the brain cannabinoid receptor. FEBS Letters, 1994, 350: 240-244.

[5] Zhang B, Li J, Yang X, et al. Crystal structures of membrane transporter MmpL3, an anti-TB drug target. Cell. 2019, 176: 636-48e13.

Crystal Structures of Membrane Transporter MmpL3, an Anti-TB Drug Target

Zhang Bing, Li Lun, Yang Haitao, Rao Zihe

Despite intensive efforts to discover highly effective treatments to eradicate tuberculosis(TB), it remains as a major threat to global human health. For this reason, new TB drugs directed towards new targets are highly coveted. MmpLs (Mycobacterial membrane proteins Large) which play crucial roles in transporting lipids, polymers and immunomodulators, and that also extrude therapeutic drugs, are amongst the most important therapeutic drug targets to emerge in recent times. Here, crystal structures of Mycobacterial MmpL3 alone and in complex with four TB drug candidates including SQ109(in Phase 2b-3 clinical trials) are reported. MmpL3 consists of a periplasmic pore domain and a twelve-helix transmembrane domain. Two Asp-Tyr pairs centrally located in this domain appear to be key facilitators of proton-translocation. SQ109, AU1235, ICA38 and rimonabant bind inside the transmembrane region and disrupt these Asp-Tyr pairs. This structural data will greatly advance the development of MmpL3 inhibitors as new TB drugs.

3.9　*LincGET* 不对称表达引发小鼠 2-细胞期胚胎细胞的命运选择

王加强[1,4]　李　伟[1,2,3]　周　琪[1,2,3]

（1. 中国科学院动物研究所干细胞与生殖生物学国家重点实验室；
2. 中国科学院大学；3. 中国科学院干细胞与再生医学创新研究院；
4. 东北农业大学生命科学学院）

生物分为单细胞生物和多细胞生物两大类。为什么多细胞生物可以由一个细胞（受精卵）发育而来，而单细胞生物不断增殖却只产生"一堆单细胞生物"呢？答案是"分工"。当子代细胞发生了"分工"，彼此之间就需要相互合作，这是多细胞生物形成的基础（图 1）。

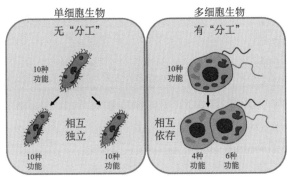

图 1　"分工"是多细胞生物形成的基础[1]

哺乳动物第一次"分工"导致胎儿和胎盘分离（图 2），但是第一次"分工"的指令是什么时候下达的呢？

1967 年，塔尔科夫斯基（Andrzej Tarkowski）等[2]提出"内外模型"，认为囊胚期需要产生一圈外侧的细胞（滋养层）来保护内部的细胞（内细胞团，inner cell mass，ICM），因此出现第一次"分工"。1981 年，约翰逊（Martin Johnson）等[3,4]提出"极化模型"，认为在 8-细胞时期由于分裂方向不同，少数子代细胞挤到胚内部，产生第一次"分工"。2007 年，扎尼卡-戈茨（Magdalena Zernicka-Goetz）等[5-7]提出

"分子异质性模型"，认为是由量变到质变的过程，早在 4-细胞期就已经出现"分工"（图 3）。

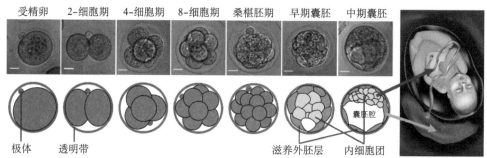

极体　　透明带　　　　　　　　　　　　　　滋养外胚层　内细胞团

图 2　哺乳动物第一次"分工"导致胎儿和胎盘分离（修改自 [1]。胎儿图片来自网络）

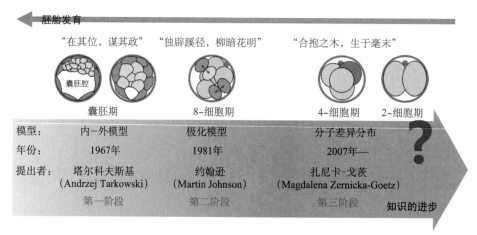

图 3　对小鼠第一次"分工"的认知

那么在更早的 2-细胞时期是否已经启动了"分工"呢？

为了回答这一问题，本研究团队筛选获得了一个在小鼠 2-细胞期即出现差异表达的长链非编码 RNA——*LincGET*[8,9]（图 4）。通过显微注射的方法在 2-细胞期的一个细胞中过表达 *LincGET*，能使该细胞选择 ICM 命运，表明 *LincGET* 能够调控第一次命运"分工"。

长链非编码 RNA 一般通过"指挥"蛋白来完成自己的使命。那么 *LincGET*"指挥"谁呢？本研究团队发现 *LincGET*"指挥"的是 CARM1——一种可以给基因"开锁"的表观调控因子。进一步的研究表明，*LincGET*"指挥" CARM1 给两类基因"开锁"：一类是使染色质变得更加松散的基因，如 *LINE1* 等重复序列相关的基因；

另一类是与多能性相关的基因，如 *NANOG*、*SOX2* 等。这两类基因被"开锁"后激活表达，使细胞逐渐走向多能性水平更高的内细胞团命运，完成第一次"分工"（图 5）[9]。

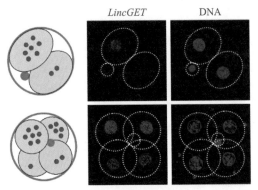

图 4　*LincGET* 在小鼠 2-细胞期即出现差异表达

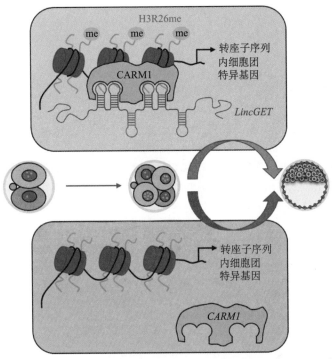

图 5　*LincGET* 与 CARM1 形成的复合体促进内细胞团命运的机制[9]

本成果在国际上首次将小鼠第一次命运"分工"推到了2-细胞期，对于进一步了解多细胞生物形成的基础具有深刻的理论意义。该工作为早期胚胎发育研究，开辟了新的研究思路和方法，将会引领该领域的进一步发展。此外，对第一次命运"分工"机理的探索，将会加深人们对早期胚胎全能性本质的认识，为更高多能性甚至全能性干细胞的建立提供新的理论参考，驱动干细胞相关技术的发展，推动干细胞治疗走向临床。

参考文献

[1] Saiz N,Plusa B. Early cell fate decisions in the mouse embryo. Reproduction,2013,145(3):R65-80.

[2] Tarkowski A K,Wroblewska J. Development of blastomeres of mouse eggs isolated at the 4-and 8-cell stage. International Journal of Insect Morphology and Embryology,1967,18(1):155-180.

[3] Rossant J,Tam P P. Blastocyst lineage formation,early embryonic asymmetries and axis patterning in the mouse. Development,2009,136(5):701-13.

[4] Johnson M H,Ziomek C A. The foundation of two distinct cell lineages within the mouse morula. Cell,1981,24(1):71-80.

[5] White M D,Angiolini J F,Alvarez Y D,et al. Long-lived binding of Sox2 to DNA predicts cell fate in the four-cell mouse embryo. Cell,2016,165(1):75-87.

[6] Plachta N,Bollenbach T,Pease S,et al. Oct4 kinetics predict cell lineage patterning in the early mammalian embryo. Nature Cell Biology,2011,13(2):117-123.

[7] Torres-Padilla M E,Parfitt D E,Kouzarides T,et al. Histone arginine methylation regulates pluripotency in the early mouse embryo. Nature,2007,445(7124):214-218.

[8] Wang J,Li X,Wang L,et al. A novel long intergenic noncoding RNA indispensable for the cleavage of mouse two-cell embryos. EMBO Reports,2016,17(10):1452-1470.

[9] Wang J,Wang L,Feng G,et al. Asymmetric expression of lincget biases cell fate in two-cell mouse embryos. Cell,2018,175(7):1887-901 e18.

Asymmetric *LincGET* Expression Triggers the Fate Bias of Mouse 2-Cell Embryos

Wang Jiaqiang , Li Wei , Zhou Qi

The basis of multicellular organism formation is "fate bias". When the first "fate bias" happen in mammals is one of the core scientific problems. Our work, for the first time, pulls the first "fate bias" in mouse embryos to as early as 2-cell stage, and discovers that a long non-coding RNA, named *LincGET*, is the key molecule responsible for that. *LincGET* binds to CARM1 and then activates pluripotent-associated gene expression, putting the cell into the fate of inner cell mass. The findings not only shed light on understanding the mechanisms of multicellular formation and the nature of totipotency of early embryos, but also provides a new theoretical reference for stem cell therapy.

3.10 小鼠早期胚胎发育过程中全胚层谱系发生的时空转录组图谱

陈　俊[1]　崔桂忠[2]　彭广敦[2,3]　景乃禾[1,2,3]

（1. 中国科学院分子细胞科学卓越创新中心/生物化学与细胞生物学研究所；
2. 生物岛实验室；3. 中国科学院广州生物医药与健康研究院）

哺乳动物早期胚胎发育最重要的生物学事件是外胚层（ectoderm）、中胚层（mesoderm）、内胚层（endoderm）三个胚层的形成，这为后续的器官发生及模式建成提供了蓝图。但目前这三个胚层的来源及其分子调控机制尚不清楚。中国科学院分子细胞科学卓越创新中心景乃禾研究组与中国科学院-马普学会计算生物学伙伴研究所韩敬东研究组及中国科学院广州生物医药与健康研究院/生物岛实验室彭广敦研究组合作，通过构建小鼠早期胚胎的高分辨率时空转录组图谱，揭示了三胚层分化的细胞谱系和多能性在时间和空间上的动态变化及其调控网络；首次从分子层面揭示了内胚层谱系发生的新来源，提出了外胚层和中胚层具有共同前体的新观点（图1）。这项工作是对经典发育生物学层级谱系理论的重大修正和补充，将有望极大推动早期胚胎发育和干细胞再生医学相关领域的发展。基于这些新的谱系发生知识提供了可能的途径实现功能性干细胞的获得。例如，在体外高效获得位置与功能特异的运动神经元与肌肉细胞等，应用于损伤修复与器官重建。该成果发表于《自然》[1]期刊。

空间转录组学是当前研究的前沿，有望成为生物医药领域内的颠覆性的技术。景乃禾研究员主导的研究团队在国际上较早从事空间转录组学研究，致力于开发和应用可以保留细胞空间信息的转录组测序分析技术。该研究团队建立了一种全新的空间转录组技术方案 Geo-seq。Geo-seq 利用激光显微切割技术选取不同位置的少量特定细胞，结合单细胞转录组测序可以得到包含特定位置信息的转录组数据，是一种灵活、高分辨率的空间转录组分析方案，既可用于转录图谱的三维重建，也可用于研究具有特殊组织结构、少量细胞的转录组信息[2]。利用 Geo-seq 技术，景乃禾、韩敬东、彭广敦等合作绘制了小鼠原肠运动中期精细的三维分子图谱[3]，并进一步完善了小鼠着床后早期至胚胎原肠运动完成时的高精度动态空间转录组图谱[1]，揭示了小鼠细胞谱

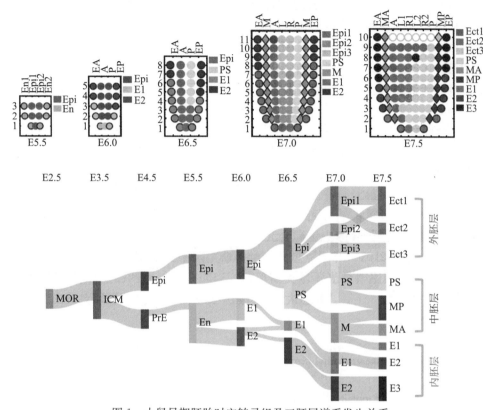

图 1 小鼠早期胚胎时空转录组及三胚层谱系发生关系

不同的颜色代表不同的基因表达结构域，MOR：桑椹胚；ICM：内细胞团；Epi：上胚层；PrE：原始内胚层；En：内胚层；E1：内胚层基因表达结构域 1；Ect：外胚层；PS：原条；M：中胚层；MA：前端中胚层；MP：后端中胚层。连接线的粗细表示结构域之间的相关性大小，连接线前后顺序代表发育分化路径

系蓝图建立过程中的空间转录组特征、转录因子和信号通路调控网络，建立了百科全书式全基因组的时空表达谱数据库（http://egastrulation. sibcb. ac. cn/）。此数据库实现了小鼠早期胚胎所有表达基因高分辨率的数字化原位杂交图谱，具有供其他研究者查询和分析基因的三维表达模式、共表达关系，以及根据特征表达模式检索基因等功能。这是目前国际上关于小鼠早期胚胎原肠运动期间最全面、最完整的交互性时空转录组数据库。同时从发育时间和胚胎组织三维空间共四个维度阐述了胚层分化过程中细胞谱系的分子调控规律及多能性转变过程，例如不同的转录因子形成共表达模块次序调控整个细胞命运建立的过程。深度分析提示，原始内胚层（primitive endoderm）细胞可通过内脏内胚层（visceral endoderm）细胞直接参与胚胎内胚层的形成，同时发现 Hippo/Yap 信号通路参与调控了胚层发育。该研究成果入选"2019 年度中

国生命科学十大进展"。这项工作基于前沿的新技术方法与生物信息学分析，大大促进了胚层谱系建立及多能干细胞的命运调控机制等基础理论的理解。

参考文献

［1］Peng G,Suo S,Cui G,et al. Molecular architecture of lineage allocation and tissue organization in early mouse embryo. Nature,2019,572(7770):528-532.

［2］Chen J,Suo S,Tam P P,et al. Spatial transcriptomic analysis of cryosectioned tissue samples with Geo-seq. Nature Protocols,2017,12(3):566-580.

［3］Peng G,Suo S,Chen J,et al. Spatial transcriptome for the molecular annotation of lineage fates and cell identity in mid-gastrula mouse embryo. Developmental Cell,2016,36(6):681-697.

Spatiotemporal Transcriptome Reveals Lineage Specification and Molecular Architecture of Early Mouse Embryo

Chen Jun,Cui Guizhong，Peng Guangdun，Jing Naihe

During post-implantation development of the mouse embryo,germ layers are formed and cell lineages are specified,leading to the establishment of the blueprint for embryogenesis. Fate-mapping and lineage-analysis studies have revealed that cells in different regions of the germ layers acquire location-specific cell fates during gastrulation. However, a genome-wide molecular annotation of lineage segregation and tissue architecture of the post-implantation embryo has yet to be undertaken. Here we report a spatially resolved transcriptome of cell populations at defined positions in the germ layers during development from pre-to late-gastrulation stages. This spatiotemporal transcriptome provides high-resolution digitized in situ gene expression profiles,reveals the molecular genealogy of tissue lineages and defines the continuum of pluripotency states in time and space. The transcriptome further identifies the networks of molecular determinants that drive lineage specification and tissue patterning,and reveals the contribution of visceral endoderm to the endoderm in the early mouse embryo.

3.11　通过驾驭自噬选择性降解"不可成药"致病蛋白的药物研发新路径

鲁伯埙　费义艳　丁　澦

（复旦大学）

支架蛋白、转录因子和其他非酶蛋白，几乎占到总蛋白质比例 80%，相关蛋白突变或表达量改变与疾病的发生发展密切相关。这些蛋白质的显著特点是缺乏明显的活性位点，它们的功能不能通过传统的小分子化合物进行抑制，因此传统观点认为此类蛋白都是"不可成药"的靶点（undruggable targets）。如果能选择性降低这类致病蛋白的水平，即可将这些"不可成药"的靶点变为可成药靶点，从根本上干预或治疗这些疾病，将有可能产生重要的科学及临床价值。亨廷顿病（Huntington disease, HD）是一种典型的由特定突变蛋白引起的神经退行性疾病，亨廷顿病患者的 *HTT* 基因产生突变，表达的突变型 HTT 蛋白（mHTT）含有过长的多聚谷氨酰胺（polyQ）。mHTT 具有神经毒性，其生化活性未知，是个典型的"不可成药"的靶点。一方面，如果能通过小分子化合物降解 mHTT，有可能从源头上阻止疾病的发生，达到根本性治疗疾病的效果；另一方面，正常的 HTT 蛋白（wtHTT）有重要的生理功能，因此能够选择性降解 mHTT 而不影响 wtHTT，这样的治疗方法最为理想。

为实现上述目标，复旦大学生命科学学院鲁伯埙、丁澦课题组和信息科学与工程学院光科学与工程系费义艳课题组等多学科团队通力合作，开创性地提出基于自噬小体绑定化合物（ATTEC）的药物研发原创概念（图 1），通过驾驭细胞自噬这一细胞内蛋白降解途径以有效降低 mHTT 水平。虽然自噬的降解功能强大，但通过自噬的降解过程本身不具选择性，项目团队巧妙地基于小分子芯片（small molecule microarray, SMM）和无标记斜入射光反射差（oblique-incidence reflectivity difference, OI-RD）技术的新型高通量药物筛选技术，在排除 wtHTT 等正常蛋白的情况下，特异性地绑定致病蛋白 mHTT 和自噬特征蛋白 LC3，将 mHTT 特异性地送入自噬小体进行降解（图 2）。

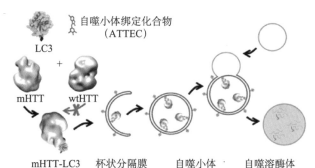

图1　ATTEC 选择性降解 mHTT 蛋白的原理示意图

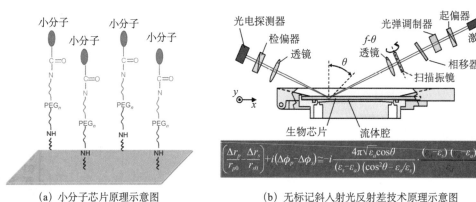

（a）小分子芯片原理示意图　　　　　（b）无标记斜入射光反射差技术原理示意图

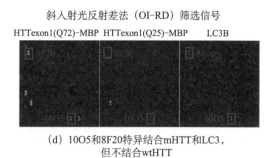

（c）本研究筛选使用的由3375种化合物组成的高通量芯片

（d）10O5和8F20特异结合mHTT和LC3，但不结合wtHTT

图2　基于小分子芯片和无标记斜入射光反射差技术筛选到 4 个 ATTEC 化合物

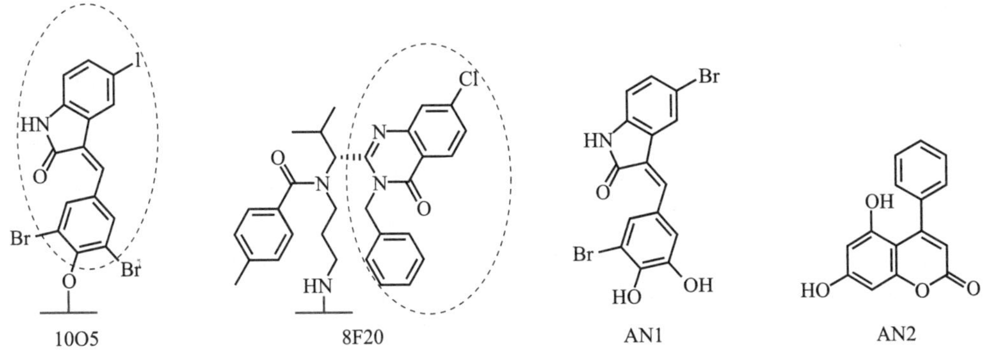

10O5 8F20 AN1 AN2

(e) 4种筛选到的ATTEC化合物分子式

图 2（续）

　　经过筛选、纯化及其他相关细胞实验，团队共获四个符合要求的理想化合物。这些化合物在亨廷顿病模型小鼠神经元、亨廷顿病患者细胞以及亨廷顿病果蝇模型中，均可显著降低 mHTT 蛋白水平，但对 wtHTT 蛋白水平几乎没有影响，且起效浓度在纳摩尔级别（约 10 nmol），其中至少两种化合物可以跨过血脑屏障，并通过低剂量腹腔给药，直接降低亨廷顿病小鼠的大脑皮层及纹状体的 mHTT 水平，而不影响脑组织中的 wtHTT 水平，并改善了疾病相关的表型，为亨廷顿病口服或注射药物的研发提供了切入点。后续实验证实这些化合物不仅可能对亨廷顿病的治疗有效，也可能运用于脊髓-小脑共济失调 3 型等其他多种多聚谷氨酰胺疾病。

　　ATTEC 这一药物研发新概念，也有望应用于其他无法靶向的致病蛋白，甚至非蛋白的致病物质。本研究团队已经针对其他重要疾病的致病蛋白开展了新的筛选，以期将 ATTEC 拓展为生物医药研发的一个新兴领域。相关工作已在《自然》期刊上发表[1]。神经退行性疾病领域著名科学家 Huda Zoghbi（美国国家科学院院士、科学突破奖获得者）在同期《自然》期刊上发表专文评论推荐[2]。《自然评论-分子与细胞生物学》（*Nature Reviews Molecular and Cell Biology*）、《自然评论-神经科学》（*Nature Reviews Neuroscience*）、《自然评论-药物发现》（*Nature Reviews Drug Discovery*）等著名期刊也撰专文评述推荐了该论文，该文也入选了《自然》期刊评选的"2019 年度十大杰出论文"[3]。研究团队随后受邀在《药物学趋势》（*Trends in Pharmacological Sciences*）撰写关于溶酶体降解新技术的综述[4]。

参考文献

[1] Li Z,Wang C,Wang Z,et al. Allele-selective lowering of mutant HTT protein by HTT-LC3 linker compounds. Nature,2019,575(7781):203-209.

[2] Zoghbi H Y. Strategy to selectively remove mutant proteins could combat neurodegeneration. Nature,2019,575(7781):57-58.

[3] Robots,hominins and superconductors:10 remarkable papers from 2019. Nature,2019,576(7787): 394-396.

[4] Ding Y,Fei Y,Lu B. Emerging new concepts of degrader technologies. Trends in Pharmacological Sciences,2020,41(7):464-474.

Selective Degradation of "Undruggable" Pathogenic Proteins Through Harnessing the Autophagy Pathway

Lu Boxun ,Fei Yiyan ,Ding Yu

Almost 80% of the disease-related proteins could not be targeted pharmacologically thus called "undruggable" targets. Huntington's disease is caused by the mutant HTT protein (mHTT), a typical "undruggable" target. While wild type HTT protein(wtHTT)has an important physiological function, it is important to allele selectively lowering mHTT without affecting wtHTT. Harnessing the power of autophagy to degrade certain disease-related proteins may have potential for drug discovery. Through small-molecule-microarray-based screening,Lu,Fei & Ding's research group identified four AuTophagy TEthering Compounds(ATTECs)that interact with both autophagy specific protein LC3 and mHTT, but not with wtHTT. These compounds targeted mHTT to autophagosomes,reduced mHTT levels in an allele-selective manner,and rescued disease-relevant phenotypes in cells and in vivo in fly and mouse models of Huntington's disease. This strategy may be also applicable to other "undruggable" targets,demonstrating the concept of lowering levels of disease-causing proteins using ATTECs.

3.12　科学家首次揭示非洲猪瘟病毒的组装机制

王祥喜[1]　步志高[2]　饶子和[1]

（1. 中国科学院生物物理研究所；2. 中国农业科学院哈尔滨兽医研究所）

非洲猪瘟是一种古老的畜类传染病，早在 1921 年被肯尼亚首次报道，正式定名为非洲猪瘟。20 世纪 60 年代，非洲猪瘟传播到欧洲和中南美洲国家，2007 年后在阿塞拜疆、格鲁吉亚、亚美尼亚、俄罗斯、乌克兰、白俄罗斯、立陶宛、拉脱维亚、爱沙尼亚、波兰、摩尔多瓦、俄罗斯伊尔库兹克等国家和地区相继爆发，并于 2018 年传入我国。2018～2019 年，我国共计捕杀约 3000 万头家猪，经济损失约 20 亿美元，严重影响了国民的生活质量。非洲猪瘟被国际兽疫局（OIE）列为法定报告动物疫病，被国务院列为一类重点防范的外来动物疫病，其疫情防控成为社会重要任务。

非洲猪瘟病毒（African swine fever virus，ASFV）是引起非洲猪瘟的病原体，主要引起宿主出现急性出血和高热，发病过程短，急性感染死亡率高达 100%。病毒主要存在于病猪的细胞胞浆中，尤其是内皮细胞和单核巨噬细胞。一般认为非洲猪瘟病毒的传播与蜱虫有关，来自非洲、西班牙半岛和美洲等地的软蜱均可以作为该病毒的传播媒介，也有相关报道指出该病毒也可以在钝缘蜱中进行增殖[1]。家猪和野猪都是非洲猪瘟病毒的易感群体。

非洲猪瘟病毒属于非洲猪瘟病毒属，病毒颗粒的直径为 260 nm，有囊膜，基因组为双链线性 DNA，基因组大小为 170～190 kb，其中 40% 的基因组没有研究透彻，整个基因组编码约 160 种蛋白，目前被解析的病毒蛋白质结构极少，大多数蛋白质的结构功能尚不清晰。

中国科学院生物物理研究所饶子和/王祥喜团队和中国农业科学院哈尔滨兽医研究所步志高团队联合上海科技大学、清华大学、中国科学院微生物研究所、中国科学院武汉病毒研究所、南开大学等单位，于 2018 年 12 月开始对非洲猪瘟病毒颗粒和相关抗原分子进行从基础科研到临床检测以及高效疫苗多方面的联合攻关研究。2019 年 10 月 17 日，饶子和/王祥喜团队和步志高团队合作在《科学》期刊上发表了题为"非洲猪瘟病毒结构及装配机制"的学术论文[2]。

　　该研究成功分离出非洲猪瘟病毒流行株，由于该病毒的尺度巨大，数据收集是一个特别巨大的挑战。我们在上海科技大学电镜平台上连续进行了 4 个月高质量的数据收集，获得了超过 100T 的海量数据，采用单颗粒三维重构的方法首次解析了非洲猪瘟病毒全颗粒的三维结构（图 1），阐明了非洲猪瘟病毒独有的 5 层（外膜、衣壳、双层内膜、核心壳层和基因组）结构特征（图 2），病毒颗粒包含 3 万余个蛋白亚基，组装成直径约为 260 nm 的球形颗粒，是目前解析至 4 埃左右分辨率结构的最大病毒颗粒。该研究新鉴定出非洲猪瘟病毒多种结构蛋白，搭建了主要衣壳蛋白 p72 等原子模型，揭示了非洲猪瘟病毒多种潜在的保护性抗原和关键抗原表位信息，阐述了结构蛋白复杂的排列方式和相互作用模式，提出了非洲猪瘟病毒通过次要结构蛋白 p49、

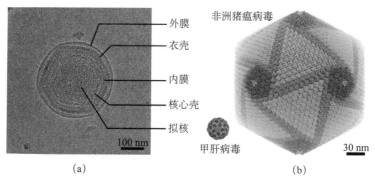

图 1　非洲猪瘟病毒的透射电镜图片（a）及非洲猪瘟病毒与甲肝病毒的大小比较（b）

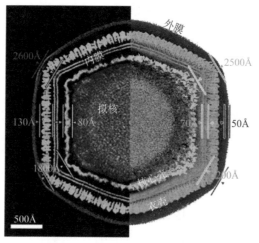

图 2　非洲猪瘟壳粒的 5 层结构，左侧为截面图，右侧为剖面图

H240R、M1249L、p17 等介导 p72 三聚体形成正二十面体框架，进而组装成完整颗粒的动态过程（图 3），为揭示非洲猪瘟病毒入侵宿主细胞以及逃避和对抗宿主抗病毒免疫的机制提供了重要线索，为开发效果佳、安全性高的新型非洲猪瘟疫苗奠定了坚实基础。此外，中国科学院微生物研究所高福院士领衔的多个研究团队合作也解析了非洲猪瘟病毒颗粒的整体结构，获得与本文相似的结论，于 2019 年 12 月 11 日在《细胞-宿主与微生物》（*Cell Host & Microbe*）上发表学术论文[3]。

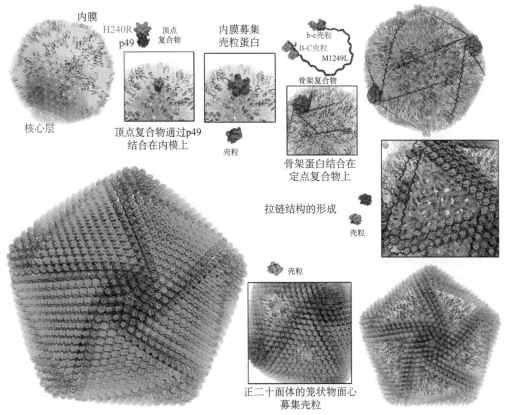

图 3　非洲猪瘟病毒的组装过程

参考文献

[1] 吴绍强,邓俊花,吕继洲,等. 钝缘蜱传播非洲猪瘟病毒的研究进展及防控建议. 中国预防兽医学报,2020,04:418-421.

[2] Wang N,Zhao D M,Wang J L,et al. Architecture of African swine fever virus and implications for viral assembly. Science,2019,366(6465):640-644.

[3] Liu S,Luo Y,Wang Y J,et al. Cryo-EM structure of the african swine fever virus. Cell Host & Microbe,2019,26(6):836-843.

Architecture of African Swine Fever Virus and Implications for Viral Assembly

Wang Xiangxi,Bu Zhigao,Rao Zihe

African swine fever virus(ASFV)is a giant and complex DNA virus that causes a highly contagious and often lethal swine disease for which no vaccine is available. Using an optimized image reconstruction strategy,we solved the ASFV capsid structure up to 4. 1 angstroms,which is built from 17,280 proteins, including one major(p72)and four minor(M1249L,p17,p49,and H240R)capsid proteins organized into pentasymmetrons and trisymmetrons. The atomic structure of the p72 protein informs putative conformational epitopes,distinguishing ASFV from other nucleocytoplasmic large DNA viruses. The minor capsid proteins form a complicated network below the outer capsid shell,stabilizing the capsid by holding adjacent capsomers together. Acting as core organizers,100-nanometer-long M1249L proteins run along each edge of the trisymmetrons that bridge two neighboring pentasymmetrons and form extensive intermolecular networks with other capsid proteins,driving the formation of the capsid framework. These structural details unveil the basis of capsid stability and assembly,opening up new avenues for African swine fever vaccine development.

3.13　植物抗病小体的发现和结构与功能解读

王继纵[1,3]　王宏伟[1]　周俭民[2]　柴继杰[1]

（1. 清华大学生命科学学院，北京市结构生物学高精尖创新中心；
2. 中国科学院遗传与发育生物学研究所，植物基因组学国家重点实验室；
3. 北京大学现代农学院，蛋白质与植物基因研究国家重点实验室）

植物为整个生物圈提供最初的能量来源，提高产量和加强抗病是植物研究的重点。在产量方面，我国以袁隆平先生为代表的科学家取得的突出贡献举世瞩目。在植物抗病方面，广大的育种学家发现了许多植物抗病基因，它们是植物赖以抵御各种病虫害的"哨兵"，也是农作物抗病虫育种的"利器"；但是，植物抗病基因寻找需要耗费大量的人力物力，且有许多植物疾病无法找到相应的抗病基因。因此，快速培育抗病品种的方案还需要从植物抗病基因功能的具体机制中寻找对策。抗病基因研究的两个公认的里程碑事件是 20 世纪 40 年代美国遗传学家提出的基因对基因假说[1]和 1994 年欧美科学家克隆出抗病基因[2]，但直至 2019 年，抗病蛋白发挥功能的核心机制一直不清楚。

本联合研究团队以一个典型的植物抗病基因为模板，在国际上首次发现：抗病蛋白受到病原菌蛋白激活后，组装成含 3 个亚基的环状五聚体蛋白机器（共 15 个蛋白），并将其正式命名为植物抗病小体（图 1）。这项系统的研究成果通过对植物抗病蛋白 3 种复合物状态的结构和功能解析，阐明了该抗病蛋白由静息状态—经过识别-启动状态—最终激活并形成抗病小体的全部过程；同时，基于分子结构的提示和生化数据，揭示了抗病小体功能的分子机制[3,4]。总之，这项工作填补了 25 年来对抗病蛋白认知的空白，包括：①抗病蛋白如何在正常情况下维持抑制，保障植物生长发育；②病菌来袭时植物如何识别病菌，激活抗病蛋白；③更重要的，我们首次发现抗病蛋白被激活后，形成了抗病小体的蛋白机器，并在细胞膜上发出自杀指令来消灭病菌，保护植物。我们的工作为研究其他抗病蛋白提供了范本，为人类更好地利用抗病基因提供了新的可能。

农作物病虫害给我国农业生产带来巨大损失。长期以来，对病虫害的防控大量依赖化学农药，严重影响环境与人类健康。尽管如此，每年仍有大约 40% 作物产量因为病虫害和杂草的危害而损失，因此培育抗病虫品种作物是实现绿色农业的主要手段。

但是，抗病虫育种面临若干重大挑战，例如：①许多病虫害缺乏抗病基因，使得抗病育种无从开展；②大多数抗病基因抗谱窄，且容易因为病原变异而丧失作用。植物抗病小体的发现和结构解析，为人类设计抗谱广、抗性强、持久的新型抗病虫基因，发展绿色农业，提供了第一张精细的"图纸"。

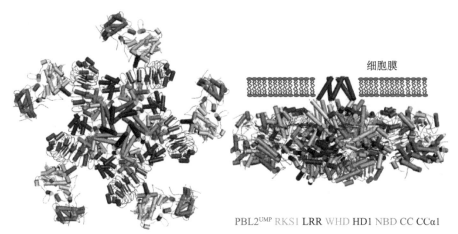

图 1　植物抗病小体的分子结构，分别显示顶部（左）和侧面（右）视图

PBL2^{UMP}：病原菌修饰蛋白；RKS1：植物抗病蛋白的识别介导蛋白；LRR：抗病蛋白的 C 端识别结构域；NBD-HD1-WHD：抗病蛋白中间的核酸结合-寡聚化结构域模块；CC：抗病蛋白的 N 端信号传递/效应结构域；CCα1：抗病蛋白 N 端起始的第一个 α 螺旋

以上研究成果于 2019 年 4 月 5 日以连续两篇研究长文的形式发表在国际著名学术期刊《科学》上，同期《科学》[5]和多个学术期刊均推出了国际权威科学家撰写的专文评述，高度赞扬此工作。该成果荣获了中国科协生命科学学会联合体评选的"2019 年中国生命科学十大进展"。

参考文献

[1] Jones J D,Dangl J L. The plant immune system. Nature,2006,444:323-329.

[2] Jones J D,Vance R E,Dangl J L. Intracellular innate immune surveillance devices in plants and animals. Science,2016,354,aaf6395.

[3] Wang J Z,Wang J,Hu M,et al. Ligand-triggered allosteric ADP release primes a plant NLR complex. Science,2019,364,eaav5868.

[4] Wang J Z,Hu M,Wang J,et al. Reconstitution and structure of a plant NLR resistosome conferring immunity. Science,2019,364,eaav5870.

[5] Dangl J L,Jones J D. A pentangular plant inflammasome. Science,2019,364:31-32.

Mechanistic Study of Plant ZAR1 Resistosome

Wang Jizong ,Wang Hongwei ,Zhou Jianmin ,Chai Jijie

Plants and animals have hit upon similar immune strategies to protect themselves against pathogens. One important mechanism is defined by immune receptors called NLRs. Host recognition of pathogens by NLRs results in cell death and immune responses to confine microbes. However, a detailed understanding of the mechanisms of plant NLRs has been lacking. In our studies, we focused our attentions on a plant NLR called ZAR1 and pieced together the sequence of molecular events that convert inactive NLR into active complex, which we termed 'resistosome' that provides disease resistance. One striking feature of plant resistosome is its similarity with animal NLRs, which also assemble into wheel-like structures called 'inflammasomes' that act as signaling platforms for cell death execution and immune signaling. However, one important difference between the structures offers a tantalizing clue as to how ZAR1 induces cell death. Thus, our findings have important general implications for understanding plant immunity.

3.14 中国急需安全的氮素管理

——区域氮排放安全阈值研究取得重要进展

喻朝庆

（清华海峡研究院）

地球环境中氮元素的生物地球化学过程十分复杂，至今学界对人类氮排放的安全阈值未建立起有效的评估方法。因此，量化评估全球和区域环境氮容量的安全阈值成了当前国内外前沿研究的难点。中国活性氮的生产和管理对粮食安全和环境质量变化产生了深刻影响。在总播种面积未增加的条件下，中国粮食的自给水平从 1960 年的人均日占有量不足 1700 kcal 的饥荒水平增长到目前 3500 kcal 以上的富裕水平[1]。化肥氮对当前粮食产量的贡献至少占了 45%[2]。但现代农业的集约生产方式和传统养分循环链条的断裂也带来了严峻的发展不可持续问题。由于对农业生产、氮循环过程和水环境质量间的定量演化关系认识不足，国家宏观可持续发展政策和部门间的协作机制建设长期缺乏有效科学支撑。

该研究基于国产超算神威-太湖之光对全国主要粮食作物及相应 11 个主要轮作系统的碳、氮、水过程在县级尺度进行了 60 年逐日模拟。在考虑蔬菜水果和其他作物氮平衡的基础上，还结合中国的饮食结构、养殖发展、城乡有机质去向、厕所技术、工业氮排放、污水处理等，计算了全国各区域人类氮排放的时空变化。基于代表性水体总氮浓度的历史观测数据，首次重建了全国水体近 60 年的质量演变与氮排放的时空关系。根据地表水总氮水质标准（低于Ⅳ类水 1.0 mg/L）量化评估了省级和全国尺度的水环境氮排放安全阈值。

结果表明全国绝大多数区域水环境的总氮浓度在 20 世纪 80 年代中期就超过Ⅳ类水质，由此得到的全国氮排放安全阈值为 520 万 t/a，而当前每年排放量约 1420 万 t，超排约 930 万 t。水资源稀缺的北方面临更大的氮污染压力。提高农田氮利用效率仅可减少超排量的 1/4 左右，2014 年全国污水处理系统的除氮量仅约为 70 万 t。研究指出中国只有在提高农田氮管理水平的基础上全面重构城乡养分循环体系，将全国城乡养分还田率从目前的 40% 以下提高到 86% 以上（其中九省需大于 95%）才可能在保持粮食产量不降低的条件下将氮排放减少到水环境的安全阈值水平（图 1）。这一措施还可将化肥氮的年需求量从当前的约 3000 万 t 减小到 1080 万～1360 万 t，实现从源头限制氮的过度利用。而目前无论是化肥施用零增长、城镇污水处理全覆盖，还是不同区域禁止养殖等政策都无法达到这样的氮管理目标，无法扭转氮污染恶化的态势。

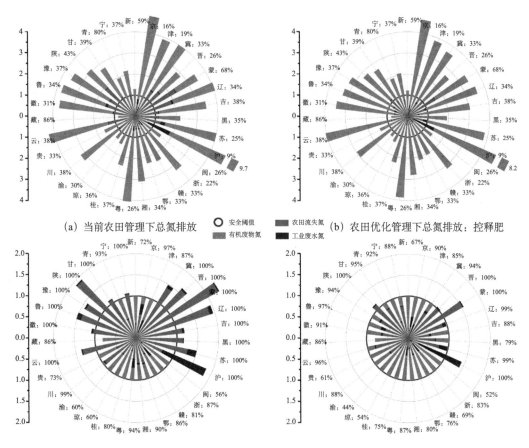

图 1　我国省级氮管理面临的挑战与解决方案[3]

(a) 当前农田管理水平下省级氮流失总量超安全阈值的倍数，外围的百分数为当前有机废物还田率；(b) 在优化农田管理的控释肥方式下省级氮流失总量超安全阈值的倍数，外围的百分数为当前有机废物还田率；(c) 在当前农田管理水平下，欲将氮流失减至阈值内所需达到的有机废物还田率（外围百分数）；(d) 在优化农田管理的控释肥方式下，将氮流失减至阈值内所需达到的有机废物还田率（外围百分数）

以 2010 年价格计，重构城乡养分还田体系的基础设施建设费用约需 6800 亿元，有机废物还田所需年运行费 1200 亿～1900 亿元。而中国 2010 年全部污水处理成本应支出 3500 亿元左右，实际治理支出约 1300 亿元，水污染导致的环境退化成本达 4600 亿元[4]。因此，建立城乡养分循环体系从经济效益角度考虑也是合算和可行的。

建立中国安全的氮素管理体系需要农业、环境、水利、国土资源、城乡建设等部门打破行业壁垒，在统一的科学框架下制定相互协作的可持续发展目标，建立符合当前国情的养分循环管理与运行机制。

该研究成果 2019 年 3 月以 "*Managing Nitrogen to Restore Water Quality in China*" 为题在《自然》主刊发表[3]。

参考文献

[1] Yu C Q, Huang X, Chen H, et al. Assessing the impacts of extreme agricultural droughts in china under climate and socioeconomic changes. Earth's Future, 2018, DOI: 10. 1002/2017EF000768.

[2] 喻朝庆. 水-氮耦合机制下的中国粮食与环境安全. 中国科学: 地球科学, 2019. 49(12): 2018-2036.

[3] Yu C Q, Huang X, Chen H, et al. Managing nitrogen to restore water quality in China. Nature, 2019. 567(7749): 516-520.

[4] 环境保护部环境规划院. 中国环境经济核算研究报告 (2010). 2013-04-03. http://www. caep. org. cn/yclm/hjjjhs_lsgdp/yth/201304/t20130403_627795. shtml.

China Needs a Safe Nitrogen Management: A Progress Made to Quantify Regional Safe Boundaries of Nitrogen Discharge to Local Water Environment

Yu Chaoqing

The complex biogeochemical processes of nitrogen make it difficult to quantify the safe environmental boundaries, and hinder our understanding the relations between agricultural production and environmental safety. China consumes nearly 1/3 of the world's nitrogen fertilizers. Although synthetic nitrogen fertilizer has contributed about 45% of the current grain production, the excessive use of nitrogen has resulted in pervasive water pollution. The current research has modelled 60-year crop growth and nitrogen balance from crop fields, livestock, demotic waste and industrial water. Combining the changes of nitrogen discharges and water-quality observations across China is applied to define safe nitrogen discharge thresholds according to the surface water-quality standard (Class Ⅳ 1.0mgN • L^{-1}). The results show that the critical surface-water quality standard was exceeded in most provinces by the mid-1980s, and improved cropland nitrogen management could remove about 25% of the excess discharge to freshwaters. Building such a safe nitrogen-management system in China needs a holistic plan to coordinate the sectors of agriculture, environmental protection, land and water resources, and urban-rural construction to act concertedly under a same scientific framework.

3.15　森林群落物种多样性维持机制

陈　磊　马克平

（中国科学院植物研究所，植被与环境变化国家重点实验室）

森林是地球生物多样性最高的陆地自然生态系统。在生物多样性丰富的热带和亚热带森林群落中，每公顷森林共存着数百种木本植物。如此众多的物种如何共存于同一个群落，哪些生态过程起到了关键作用，是当前生态学研究前沿领域之一。经典的物种共存理论认为专一性的病原菌能够通过降低群落优势种的更新和存活，形成同种负密度制约，为其他物种的生存提供空间，进而促进群落物种多样性维持[1,2]。然而，除病原菌外，自然界还广泛分布着能够为植物提供养分和保护的共生真菌。迄今，科学家仍不清楚不同功能型真菌调控森林群落物种共存的协同互作机制。

真菌是地球上生物多样性最高的真核生物类群之一。据估计，目前全球大约有220万~380万种真菌物种，它们可以作为病原体、共生者和分解者与植物发生相互作用，是调控土壤碳氮磷等元素循环、植物营养和生存不可或缺的生物因子[3]。绝大部分维管植物都能与共生真菌形成某种共生关系，仅有约8%的植物物种不与真菌共生[4]。丛枝菌根植物和外生菌根植物占地球森林地上生物量的98.5%以上，在热带、亚热带以及温带森林中广泛分布[5]。因此，理解植物-土壤反馈过程，特别是共生真菌与病原菌协同互作及其与植物同种负密度制约的关系，对理解森林群落物种多样性形成和维持机理具有至关重要的作用。

近年来，本研究团队利用浙江省开化县古田山 24 hm² 亚热带森林大型动态监测样地内超过 100 个物种 25 000 多株木本植物幼苗 10 年动态监测数据，借助高通量测序技术和邻居效应模型，发现植物累积病原真菌和外生菌根真菌的速度在物种间存在显著差异，并呈显著负相关。植物菌根类型能够显著影响同种植物个体间的相互作用强度，易被病原真菌侵染的物种往往受到较强的同种负密度制约的影响，而能够较快与外生菌根真菌形成共生关系的物种却能够保护周围异种个体免受负密度制约的影响[6]（图 1）。

本研究首次实验证明了植物种内相互作用强度是由有害的病原真菌和有益的菌根真菌相互作用共同决定的，拓展了基于病原菌-植物种内相互作用的经典群落物种共存理论，为正确认识全球变化情境下的森林群落重构过程以及全球木本植物生物多样性分布格局提供了新思路。相关结果于 2019 年 10 月 4 日发表在《科学》期刊上[6]，在群落生态学领域引起强烈反响。*Faculty of* 1000 分别以"exceptional"和"very good"发表了评述，认为该研究丰富了经典的物种共存理论，在物种共存框架中考虑不同功能型真菌介导的物种正、负相互作用具有重要意义[7,8]。

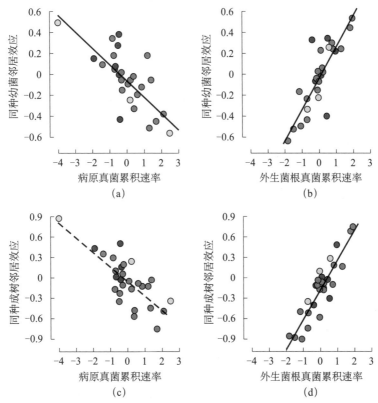

图 1　植物真菌累积速率差异与同种个体相互作用强度的关系
（a）和（c）是病原真菌累积速率对同种幼苗和成树邻居效应的影响；
（b）和（d）是外生菌根真菌累积速率对同种幼苗和成树邻居效应的影响

参考文献

［1］Connell J H. On the role of natural enemies in preventing competitive exclusion in some marine animals and in rain forest trees. In: Boer P J, Gradwell G R. Dynamics of Populations. The Netherlands: Centre for Agricultural Publishing and Documentation Wageningen: 298-312.

［2］Janzen D H. Herbivores and the number of tree species in tropical forests. American Naturalist, 1970, 104: 501-528.

[3] Blackwell M. The Fungi:1,2,3···5.1 million species? American Journal of Botany,2011,98:426-438.

[4] Brundret M C,Tedersoo L. Evolutionary history of mycorrhizal symbioses and global host plant diversity. New Phytologist,2018,220:1108-1115.

[5] Steidinger B S,Crowther T W,Liang J,et al. Climatic controls of decomposition drive the global biogeography of forest-tree symbioses. Nature,2019,569:404-408.

[6] Chen L,Swenson N G,Ji N,et al. Differential soil fungus accumulation and density dependence of trees in a subtropical forest. Science,2019,366:124-128.

[7] Schmid B. Faculty Opinions Recommendation of [Chen L et al. Science 2019 366(6461):124-128]. In Faculty Opinions, 19 Feb 2020; 10. 3410/f. 736741660. 793571001.

[8] Niu S. Faculty Opinions Recommendation of [Chen L et al. Science 2019 366(6461):124-128]. In Faculty Opinions, 07 Feb 2020; 10. 3410/f. 736741660. 793570517.

Diversity Maintenance in Forest Communities

Chen Lei ,Ma Keping

How species with similar niches coexist in forest communities with extremely high species richness has always been an unsolved mystery in ecological research. Using a multilevel modeling approach, we combined long-term seedling demographic data from a subtropical forestdynamics plot with soil fungal community data by means of DNA sequencing to address the feedback of various guilds of soil fungi on the density dependence of trees. We show that mycorrhizal fungi mediates tree neighborhood interactions at the community level, and much of the interspecific variation in conspecific negative density dependence is explained by how tree species differ in their fungal density accumulation rates as they grow. This study offers an extra dimension to the Janzen-Connell hypothesis and adds to a mechanistic understanding of the latitudinal gradients in tree interaction and global biodiversity patterns in natural forests.

3.16　青藏高原夏河丹尼索瓦人

陈发虎[1,2]　张东菊[3]　夏　欢[3]

（1. 中国科学院青藏高原研究所高寒生态重点实验室；

2. 中国科学院青藏高原地球科学卓越创新中心；

3. 兰州大学资源环境学院西部环境教育部重点实验室）

2010 年，英国《自然》期刊先后报道了来自阿尔泰山北麓丹尼索瓦洞中一节人类指骨化石的线粒体和核基因组结果，确定了一支遗传学上明显不同于尼安德特人和现代人的新的古人类，命名为"丹尼索瓦人"[1,2]（简称"丹人"[3]）。遗传学研究显示它与尼安德特人是姐妹群关系（在距今 47 万～38 万年前分离），两者的共同祖先与现代人祖先在距今 77 万～55 万年前分离[2]。此后，考古学家又陆续在丹尼索瓦洞内发现 3 件丹人化石[3]。洞穴沉积学与年代学研究揭示丹人化石的埋藏年代为距今 19.5 万～5.2 万年，且丹人在洞穴内最早的占据历史可能早至距今 30 万年[3-5]。然而，零星的骨骼碎片并不能完全展现这一人群的体貌特征，也很难将其与其他未知遗传信息的古老型人类进行体质形态比较。丹人从何而来？又是如何演化？它与除尼安德特人外的同期古老型人类之间又有怎样的演化关系？旧石器考古学家、古人类学家和遗传学家都在试图解答这一系列问题。

2012 年，丹人高覆盖度全基因组信息进一步促进了我们对这支神秘古人类的了解[5]。通过与现代人群的基因组对比分析[2,6-8]，发现丹人对大洋洲新几内亚人有 3%～6% 的基因贡献，对东亚和南亚部分群体中分别有约 0.2% 和 0.3%～0.6% 的基因贡献，并推测现代人基因组中至少存在三种彼此分化的丹人群体的基因渗入。这一系列遗存学证据均显示，丹人可能不应只存在于西伯利亚，科学家猜测其可能曾广泛分布于东亚地区，并曾与现代人发生多次基因交流[3]。然而，在东亚地区却始终未发现丹人的考古学证据。同时，有研究显示在青藏高原藏族人群中普遍出现的 EPAS1 和 TMEM247 等突变型基因也是丹人的重要基因[9,10]，这些帮助了现代藏族人群成功适应了高海拔环境的突变型基因很有可能来源于丹人。然而生存在海拔仅为 700 m 的丹尼索瓦洞的丹人基因组中为何存在这些高海拔环境适应基因？丹人又是如何与青藏高原现代人产生联系的？

2019 年 5 月 2 日，本研究团队在英国《自然》期刊在线发表了题为 "*A late Middle Pleistocene Denisovan mandible from the Tibetan Plateau*" 的研究论文[11]，报道了在青藏高原东北部夏河县甘加盆地白石崖溶洞（35°26′N，102°34′E，海拔约 3280 m）中发现的一件人类右侧下颌骨化石。通过围绕化石开展的年代学、体质形态学，尤其是首次在东亚古人类化石研究中使用古蛋白这一新的分析手段等研究发现，化石属于丹人或丹人近亲种，年代至少为距今 16 万年，我们称其为"夏河丹尼索瓦人"（简称"夏河人"）。这是青藏高原迄今已知最早的人类活动证据，将青藏高原最早人类活动历史从距今 4 万年推早至距今 16 万前；同时作为目前在丹尼索瓦洞外发现的首件且是唯一一件丹人化石，不仅验证了丹人曾分布于东亚的猜测，更为现代藏族人群中高海拔环境适应基因找到了可能的本地来源。

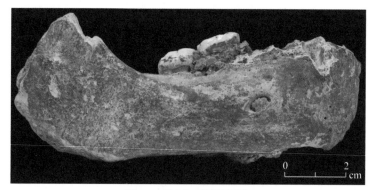

图 1　夏河人下颌骨照片

夏河人文章发表后，引发了学术界和公众界的强烈反响，国际媒体报道多达 200 多次，国内媒体报道次数超过 400 次。其中，在《自然》和《科学》期刊对文章进行的深度解读和专门报道中[12,13]，被采访的国际权威古人类学家和考古学家均对此项研究予以称赞，并强调夏河人化石发现的重要性，认为该研究是一项杰出的工作，不仅为丹尼索瓦人体质形态研究提供了重要信息，而且为进一步揭示复杂的东亚古老人群之间的关系提供了关键材料。该研究入选《科学》期刊评选的"国际十大科学突破"，也入选了"中国十大科技进展"。

参考文献

[1] Krause J,Fu Q M,Good J M,et al. The complete mitochondrial DNA genome of an unknown hominin from southern Siberia. Nature,2010,464(7290):894-897.

[2] Reich D,Green R E,Kircher M,et al. Genetic history of an archaic hominin group from Denisova Cave in Siberia. Nature,2010,468(7327):1053-1060.

［3］夏欢,张东菊,陈发虎. 丹尼索瓦人及其研究进展. 科学通报,2020. https://doi. org/10. 1360/TB-2020-0280.

［4］Douka K,Slon V,Jacobs Z,et al. Age estimates for hominin fossils and the onset of the Upper Palaeolithic at Denisova Cave. Nature,2019,565(7741):640-644.

［5］Jacobs G S,Hudjashov G,Saag L,et al. Multiple deeply divergent Denisovan ancestries in Papuans. Cell,2019,177(4):1010-1021.

［6］Meyer M,Kircher M,Gansauge M T,et al. A High-Coverage Genome Sequence from an Archaic Denisovan Individual. Science,2012,338(6104):222-226.

［7］Prüfer K,Racimo F,Patterson N,et al. The complete genome sequence of a Neanderthal from the Altai Mountains. Nature,2014,505(7481):43-49.

［8］Jacobs G S,Hudjashov G,Saag L,et al. Multiple deeply divergent Denisovan ancestries in Papuans. Cell,2019,177(4):1010-1021.

［9］Huerta-Sánchez E,Jin X,Asan,et al. Altitude adaptation in Tibetans caused by introgression of Denisovan-like DNA. Nature,2014,512(7513):194-197.

［10］Deng L,Zhang C,Yuan K,et al. Prioritizing natural selection signals from the deep-sequencing genomic data suggests multi-variant adaptation in Tibetan highlanders. National Science Review,2019,6(6):1201-1222.

［11］Chen F H,Welker F,Shen C C,Bailey S E,et al. A late Middle Pleistocene Denisovan mandible from the Tibetan Plateau. Nature,2019,569(7756):409-412.

［12］Warren M. 2019. Biggest Denisovan fossil yet spills ancient human's secrets. Nature,569(7754):16-17.

［13］Gibbons,A. ,2019. Ancient jaw gives elusive denisovans a face. Science,364(6439):418-419.

The Denisovans on the Tibetan Plateau

Chen Fahu,Zhang Dongju,Xia Huan

Denisovans are one of the two archaic hominins whose genetic sequence has been reconstructed at present. Therefore,thorough study of Denisovans is key to clarify the complicate history of human sapiens evolution. In May, 2019, we published a paper in Nature on the mandible fossil found in northeastern Tibetan Plateau,which turns out to be Denisovans or Denisovan-related hominin dated to at least 160 ka(thousand years) ago. Our study not only provides so far the earliest evidence of human activity on the Tibetan Plateau, but also deepens our understanding of how prehistoric human adapted to high-altitude environments. In addition, as the first Denisovan fossil found outside the Denisova Cave, our study expands the geographical distribution of Denisovans and greatly enriches the physical anthropological morphological characteristics of Denisovans, and also provides key evidence and new perspective for the in-depth understanding of the complex evolution history of ancient humans in East Asia.

第四章

科技领域与科技战略发展观察

Observations on Development of Science and Technology

4.1　基础前沿领域发展观察

黄龙光　边文越　张超星　冷伏海

（中国科学院科技战略咨询研究院）

2019 年基础前沿领域取得多项突破，粒子物理、凝聚态物理、量子技术等领域取得重大突破，自动合成＋人工智能正在改变传统有机合成，纳米科学领域不断推陈出新，助力多领域获得突破性进展。美国持续布局量子科技与其他学科的交叉研究，欧洲聚焦光子学和可持续化学，以更好地取得基础研究的重大突破和解决未来的经济社会挑战。

一、重要研究进展

1. 粒子物理、凝聚态物理、量子技术等领域取得重大突破

粒子物理的持续突破发现微观世界的更多奥秘。欧洲核子研究中心（European Organization for Nuclear Research，CERN）的大型强子对撞机底夸克（LHCb）实验发现第三种五夸克粒子[1]，并指出 2015 年发现的首个五夸克粒子实际是两个，有望进一步发现夸克理论的诸多奥秘。LHCb 实验首次观测到粲粒子衰变中的电荷-宇称破坏[2]，有助于理解宇宙正反物质不对称的起源。德国卡尔斯鲁厄氚中微子（KATRIN）实验确定了中微子质量的上限为 1.1eV[3]，新结果是以前质量限定值 2eV 的一半左右。意大利 XENON 研究团队在暗物质探测器 XENON1T 中观察到氙-124 的放射性衰变[4]，并测得其半衰期为宇宙年龄的 1 万亿倍。美国杜克大学等借助一种电子散射新方法，对质子半径进行了极精确的测量[5]，得到新值 0.831fm，有助于解决质子半径不一样的难题。意大利国家核物理研究所等利用正电子和激光的量子干涉和引力协作（QUPLAS）项目组对反物质进行了第一次双狭缝实验[6]，有助于发现宇宙中物质和反物质的不对称性的新线索。

凝聚态物理的新进展加速了新材料和新物态的发现。德国马克斯·普朗克科学促进学会（简称马普学会）等发现氢化镧在 250 K（约为 -23℃）的温度和超过 100 万倍地球大气压下会变成超导物质[7]，这是当前已知的最接近室温的超导体，为超导材

料研究提供了新的思路。我国的中国科学院物理研究所[8]、南京大学[9]和美国普林斯顿大学[10]等分别报道了对所有拓扑材料进行分类的新算法和依此建立的拓扑材料数据库，推动了拓扑材料发现范式的革新。中国科学技术大学等首次在碲化锆（$ZrTe_5$）块体单晶体材料中观测到三维量子霍尔效应的明确证据[11]，提供了一个进一步探索三维电子体系中奇异量子相及其相变的很有前景的平台。德国马普学会[12]、普林斯顿大学[13]、以色列魏茨曼研究所[14]等三项平行研究首次在铁磁性半金属中观测到了外尔费米子，拉开了磁性和拓扑相结合的量子物态新序幕。英国曼彻斯特大学[15]、美国加利福尼亚大学伯克利分校[16]等分别独立报道了在石墨烯中发现量子流体，其可能会产生新的量子材料和电子学。日本名古屋大学在世界上首次制备得到铅基二维材料铅烯[17]，使铅烯由理论存在变为现实。

量子科技的里程碑事件不断涌现。谷歌公司推出可实现"量子优越性"的 54 量子比特计算机[18]，构建起世界上第一个超越传统架构超级计算机能力的量子系统。中国科学技术大学等利用"墨子号"量子科学实验卫星开展引力诱导量子纠缠退相干实验检验[19]，将极大地推动相关物理学基础理论和实验研究。中国科学技术大学等在国际上首次成功实现高维度量子体系的隐形传态[20]，为复杂量子系统的完整态传输以及发展高效量子网络奠定了坚实的科学基础。加拿大 D-Wave 公司宣布研制出具有 5000 个量子比特的量子退火计算系统[21]，并将噪声降至当前最低水平。澳大利亚新南威尔士大学首次揭示量子计算硅基路线的可行性[22]，向实用量子芯片的商业化更近了一步。澳大利亚新南威尔士大学创建出首个硅中双原子量子比特门[23]，比当前其他基于自旋的双量子比特门快 200 倍。

2. 自动合成＋人工智能正在改变传统有机合成

自动合成技术和人工智能技术的进步正在改变传统有机合成化学的面貌。英国格拉斯哥大学的研究人员设计了一套计算机程序，可以自动执行化学合成操作。研究人员用该程序操控反应平台合成了 3 种药物，合成过程近乎全自动，产物收率和纯度达到人工合成水平，并且大幅节省了时间[24]。美国犹他大学的研究人员利用已经发表的对映选择性催化反应数据建立统计模型，通过机器学习算法准确预测了新反应的对映选择性[25]。

新有机合成策略层出不穷。南开大学的研究人员报道了基于两种催化剂协同催化的卡宾高对映选择性插入脂肪胺 N—H 键合成手性氨基酸的策略，不仅解决了对映选择性卡宾插入反应的长期挑战，为手性氨基酸的合成提供了高效方法，而且为涉及强配位底物的过渡金属催化的不对称转化提供了潜在的通用策略[26]。美国斯克里普斯研究所的科学家报道了脂肪酸直接 β 内酯化反应，β 内酯产物可以被一系列亲核试剂开环,从而实现脂肪酸 β 位官能团化[27]。中国科学院上海有机化学研究所的研究团队开发了一种新的高效叠氮化试剂 FSO_2N_3。其可以在温和条件下,按照 1：1 比例,快速地将伯胺官能团转化为叠氮官能团,无须分离纯化就可以和端炔化合物进行点击化学反应[28]。德国科学家报道了一条利用甲烷和三氧化硫高效合成甲磺酸的途径,有用于工业生产的潜力[29]。

新催化设计助力节能环保。日本东京大学的研究人员设计了一个新的合成氨过程,利用碘化钐弱化水或醇的氢氧键,为随后的钼配合物催化的合成氨过程提供氢源。实验结果显示,在室温条件下,新过程的转化频率高达 117/min,接近固氮酶的120/min[30]。中国科学技术大学的研究人员提出了基于可见光激发的分子间电荷转移用于光氧化还原催化的新概念,发现了一种简单易得、高效环保的非金属阴离子复合物光催化体系(碘化钠、三苯基膦),成功地实现了温和条件下的脂肪酸衍生物脱羧偶联反应,突破了传统光催化剂(贵金属、有机染料)成本高的限制[31]。

对化学基础理论的认识不断深入。美国加利福尼亚大学洛杉矶分校的研究人员发现,铁铂纳米合金粒子成核初期的变化过程与经典成核理论并不一致。这说明,需要开发新的模型来描述成核初期过程[32]。中国科学院化学研究所和中国科学院大学的研究人员首次证实"临界冰核"存在。临界冰核的直径在 10 nm 左右。这是水分子聚集形成冰结构并快速形成大冰晶所需的最小临界尺寸[33]。瑞士、美国、西班牙的研究人员首次拍摄到分子[偶氮苯、并五苯、7,7,8,8-四氰基对苯二醌二甲烷(TCNQ)、卟吩]在不同电荷状态时(带一个正电荷、电中性、带一个负电荷、带两个负电荷)的图像[34]。德国马普研究所的科学家发现了一种新型含水碳酸钙晶相——半水碳酸钙($CaCO_3 \cdot 1/2H_2O$)[35]。英国牛津大学和瑞士苏黎世 IBM 研究实验室的研究人员成功合成了由 18 个碳原子组成的纯碳环,并证明其成键形式是单键、三键交替形式[36]。瑞典和美国的科学家报道了协同质子耦合电子转移反应存在 Marcus 反转区的实验证据[37]。

3. 纳米材料领域不断推陈出新,助力多领域获得突破性进展

石墨烯研究遍地开花。中国科学院物理研究所制备出原子级精确的石墨烯折纸复杂纳米结构[38]。复旦大学、加利福尼亚大学伯克利分校及斯坦福大学发现,通过调控垂直位移场,三层石墨烯/六方氮化硼(hBN)异质结可以实现超导体-莫特绝缘体-金属相的转变[39]。美国斯坦福大学发现,扭转双层石墨烯中接近 3/4 填充态处突现铁磁性[40]。西班牙巴塞罗那科学技术学院制备出高度均一扭角的魔角扭转双层石墨烯器件,揭示了四重自旋/谷简并的所有整数占据下的绝缘态[41]。武汉大学和湖南大学采用气相沉积的方法,利用介孔 SiO_2 作为模板,制备了易于实现石墨烯纳滤膜的规模化

生产的厘米级纳米多孔石墨烯[42]。中国科学院金属研究所利用高温金属在液体碳源中淬火的方法实现了数秒内石墨烯薄膜的超快速制备[43]。

新的框架和原理层出不穷。美国麻省理工学院利用微扰理论和大量非经典效应的实验观察，为纳米尺度电磁学现象的研究和建模提供了理论实验框架[44]。澳大利亚新南威尔士大学提出了纳米合金形成的基本原理，为制备双金属和多金属纳米合金提供了新思路[45]。美国西北大学利用钯锡合金形成的混合相建立了复杂的热稳定多元素纳米颗粒异质结构的合成设计规则[46]。

纳米结构助力材料性能极限的不断提升。加利福尼亚大学洛杉矶分校、苏州大学和中国石油大学以核壳 $ZnO@SnO_2$ 纳米粒子为电子输运层，使 $CsPbI_2Br$ 太阳能电池的转换效率达到 14.35%[47]。苏州大学在没有引入长链有机配体的情况下，采用一步法直接制备出碘化物包裹的 PbS 纳米晶墨水，其成本仅为国内传统方法制备成本的 1/7[48]。北京大学利用退火工业铜箔制备了 100 cm^2 单层单晶六方氮化硼（hBN）[49]。日本大阪大学发现，将 WuS_2 从单层（非极性非中心对称结构）转变成纳米管（极性非中心对称结构）后，其体光伏效应（BPVE）的强度发生了至少一个数量级的变化[50]。南京大学和东南大学开发出一种厚度约为 1.5 nm 原子层厚的单晶 $InVO_4$ 纳米片[51]。

纳米材料在医学治疗和成像领域继续发挥重要作用。中国科学院北京纳米能源与纳米系统所、华东师范大学、山东大学研制出自组装铜-氨基酸硫醇盐纳米颗粒（Cu-Cys NPs），可以按照"AND"逻辑门对肿瘤微环境中的谷胱甘肽和 H_2O_2 依次做出响应[52]，美国国立卫生研究院制备出自身可以提供 H_2O_2 以增强化学动力疗法治疗效果的芬顿（Fenton）型金属过氧化物纳米材料[53]。美国斯坦福大学与佐治亚理工学院制备出在第二近红外窗口中产生吸收的微型金纳米棒，其热稳定性、光声信号强度均是常规金纳米棒的 3 倍多[54]。国家纳米科学中心将光激活型分子信标与上转换发光纳米技术相结合，实现了近红外光控制的活细胞和动物中 miRNA "时-空"可控的精准成像[55]。新加坡南洋理工大学和武汉大学中南医院制备出一种用于肿瘤光声成像且能对外部刺激产生响应的有机半导体聚合物纳米颗粒造影剂[56]。中国科学院化学研究所基于能自发光和自供氧、与血红蛋白共价结合的共轭聚合物纳米颗粒构建了用于高效的光动力疗法的新体系[57]。南京工业大学与新加坡国立大学利用可生物降解的二氧化硅纳米体系成功实现了天然蛋白质的细胞内线粒体靶向递送[58]。

二、重要战略规划

1. 美国空军重视基础研究

美国空军科学研究办公室（Air Force Office of Scientific Research，AFOSR）将

投入约 3 亿美元资助四大方向的 34 个研究主题开展基础研究[59]，以全面提升美国的作战能力和维和能力。这四大方向包括物理学、化学与生物学、工程与复杂系统、信息技术与网络。其中，物理学的研究重点是提升对物理世界的基本认识，研究主题包括具有极端属性的材料、原子与分子物理学、电磁学、激光和光物理、光电子学和光子学、等离子体和电能物理学、量子信息科学、遥感、空间科学及超短脉冲激光物质相互作用。化学与生物学将支持基础化学、生物学、力学和生物物理学等学科领域的研究，研究主题包括生物物理学、多功能材料力学和微系统、分子动力学和理论化学、天然材料和极端环境微生物、有机材料化学等。

2. 美国持续布局量子科技与其他学科的交叉研究

美国能源部持续资助化学与材料、粒子物理、聚变能等领域的量子信息科学研究，为下一代计算与信息处理，以及传感和相关应用领域的一系列其他创新技术奠定基础。在化学与材料领域，美国能源部资助 4500 万美元聚焦两大方向的研究[60]，一是化学和材料科学研究，旨在设计和发现与量子信息科学发展相关的创新系统及材料，二是利用量子计算解决化学和材料科学研究中的问题。在粒子物理领域[61]，资助的研究内容包括从开发用于检测稀有粒子的高灵敏量子传感器，到使用量子计算来分析粒子物理数据的工作，乃至将宇宙连接到量子系统的量子仿真实验。在聚变能领域，主要资助两大方向的研究，一是量子计算在聚变能和等离子科学中的应用，二是等离子科学技术在量子传感中的应用以及在高能量密度条件下物质的量子行为。

3. 欧洲将光子学作为增长和创新的抓手

欧盟建立的由覆盖欧洲整个经济价值链的光子学产业和研发利益相关者组成的欧洲光子学技术平台 Photonics21，发布了 2021～2027 年欧洲光子研发的战略路线图《欧洲的光时代：光子学将如何推动增长和创新》[62]，确定了信息与通信，工业制造与质量管理，生命科学与健康，新兴照明、电子与显示，安全、计量与传感器，零部件和系统的设计与制造，光子学科研与培训，农业与食品，汽车与运输业等 9 个领域的优先事项，以实现 2030 年前欧洲光子产业的八大愿景：活得更久、感觉更好（生命科学和医疗保健中的光子技术）；养活世界（提供安全、营养和负担得起的食物的光子技术）；保持交通畅通（互联移动光子技术）；零排放，减少浪费（实现可持续发展和清洁环境的光子技术）；赋能工业 4.0（制造和生产中的光子技术）；城市生活的新品质（智能家居和宜居城市的光子技术）；建立数字社会（光子技术可确保安全和弹性的 IT 基础架构）；促进大创意的形成（光子学作为知识社会的驱动力）。

4. 欧洲聚焦可持续化学

2019 年 11 月 27 日，欧洲可持续化学技术平台（SusChem ETP）发布《战略创新和研究议程：解决欧盟和全球挑战的创新优先领域》报告，聚焦欧洲面临的循环经济与资源效率、低碳经济、环境与人类健康三大挑战，确定了先进材料、先进过程、使能数字技术三个领域的 30 个优先发展方向[63]。在先进材料领域，优先发展方向包括复合材料和多孔材料，3D 打印材料，生物基化学品和材料，添加剂，生物相容材料和智能材料，电子材料，膜，储能材料，涂层材料和气凝胶；在先进过程领域，优先发展方向包括新型反应器和装备设计，模块化生产，分离过程技术，适用非传统能源的新型反应器和过程设计，电化学、电催化和光电催化过程，电能转化为热能，低碳制氢，电能转化为化学品，催化，工业生物技术，废弃物增值处理，水资源管理；在使能数字技术领域，优先发展方向包括实验室 4.0，过程分析技术，过程模拟、监测、控制和优化，数据分析和人工智能，预防性维护，数字支持操作者和人机界面，数据共享平台和数据安全，不同阶段过程的协调和管理，分布式记账技术。

三、发展启示建议

1. 重视新兴技术与基础前沿领域的相互促进作用

量子技术等新兴技术发展迅猛，取得了诸多里程碑式的突破，在抢占这些新兴技术发展的领先地位的同时，应该重视其与基础前沿领域的相互促进作用。美国对量子技术的部署，既关注化学与材料、粒子物理、聚变能等领域的研究对量子信息科学的促进，也关注量子信息科学对这些领域的变革性影响，是这种相互促进作用的一个典型案例。新兴技术与基础前沿领域的相互促进，将有助于基础研究和应用研究的有机统一和同步发展。

2. 利用新兴技术，改变传统化学实验室面貌

今天，化学实验室的面貌与百年前并没有本质上的变化。然而，随着新一轮科技革命的兴起，可以预见未来的化学实验室将大大不同：基于数据挖掘的人工智能算法将大部分替代科研人员的反复试错，自动实验机器人将代替科研人员完成大部分实验，VR/AR 技术将增强科研人员对化学现象的认知能力。鉴于新技术的应用可能带来颠覆性效应，因此建议试点建设数字时代下的化学实验室，选取若干国家重点实验室，探索引入人工智能、自动合成等先进技术，研究适应科技变革的化学实验室组织

模式和科研模式。

致谢：中国科学院化学研究所张建玲研究员对本文初稿进行了审阅并提出了宝贵的修改意见，特致感谢！

参考文献

[1] LHCb Collaboration. Observation of a narrow pentaquark state, $P_c(4312)^+$, and of two-peak structure of the $P_c(4450)^+$. Physical Review Letters, 2019, 122：222001.

[2] LHCb Collaboration. Observation of CP violation in charm decays. Physical Review Letters, 2019, 122：211803.

[3] KATRIN Collaboration. Improved upper limit on the neutrino mass from a direct kinematic method by KATRIN. Physical Review Letters, 2019, 123：221802.

[4] XENON Collaboration. Observation of two-neutrino double electron capture in ^{124}Xe with XENON1T. Nature, 2019, 568：532-535.

[5] Xiong W, Gasparian A, Gao H, et al. A small proton charge radius from an electron-proton scattering experiment. Nature, 2019, 575：147-150.

[6] Sala S, Ariga A, Ereditato A, et al. First demonstration of antimatter wave interferometry. Science Advances, 2019, 5(5)：eaav7610.

[7] Drozdov A P, Kong P P, Minkov V S, et al. Superconductivity at 250 K in lanthanum hydride under high pressures. Nature, 2019, 569：528-531.

[8] Zhang T T, Jiang Y, Song Z D, et al. Catalogue of topological electronic materials. Nature, 2019, 566：475-479.

[9] Tang F, Po H C, Vishwanath A, et al. Comprehensive search for topological materials using symmetry indicators. Nature, 2019, 566：486-489.

[10] Vergniory M G, Elcoro L, Felser C, et al. A complete catalogue of high-quality topological materials. Nature, 2019, 566：480-485.

[11] Tang F D, Ren Y F, Wang P P, et al. Three-dimensional quantum Hall effect and metal-insulator transition in ZrTe$_5$. Nature, 2019, 569：537-541.

[12] Liu D F, Liang A J, Li E K, et al. Magnetic Weyl semimetal phase in a Kagomé crystal. Science, 2019, 365：1282-1285.

[13] Belopolski I, Manna K, Sanchez D S, et al. Discovery of topological Weyl fermion lines and drumhead surface states in a room temperature magnet. Science, 2019, 365：1278-1281.

[14] Morali N, Batabyal R, Nag P K, et al. Fermi-arc diversity on surface terminations of the magnetic Weyl semimetal Co$_3$Sn$_2$S$_2$. Science, 2019, 365：1286-1291.

[15] Gallagher P, Yang C S, Lyu T, et al. Quantum-critical conductivity of the Dirac fluid in graphene. Science, 2019, 364：158-162.

[16] Berdyugin A I, Xu S G, Pellegrino F M D, et al. Measuring Hall viscosity of graphene's electron fluid. Science, 2019, 364: 162-165.

[17] Yuhara J, He B J, Matsunami N, et al. Graphene's latest cousin: plumbene epitaxial growth on a "Nano WaterCube". Advanced Materials, 2019, 31: 1901017.

[18] Arute F, Arya K, Babbush R, et al. Quantum supremacy using a programmable superconducting processor. Nature, 2019, 574: 505-510.

[19] Xu P, Ma Y Q, Ren J G, et al. Satellite testing of a gravitationally induced quantum decoherence model. Science, 2019, 366: 132-135.

[20] Luo Y H, Zhong H S, Erhard M, et al. Quantum Teleportation in high dimensions. Physical Review Letters, 2019, 123: 070505.

[21] Russell J. D-wave's path to 5000 qubits; Google's quantum supremacy claim. https://www.hpcwire.com/2019/09/24/d-waves-path-to-5000-qubits-googles-quantum-supremacy-claim[2019-09-24].

[22] Huang W, Yang C H, Chan K W, et al. Fidelity benchmarks for two-qubit gates in silicon. Nature, 2019, 569: 532-536.

[23] He Y, Gorman S K, Keith D, et al. A two-qubit gate between phosphorus donor electrons in silicon. Nature, 2019, 571: 371-375.

[24] Steiner S, Wolf J, Glatzel S, et al. Organic synthesis in a modular robotic system driven by a chemical programming language. Science, 2019, 363(6423): eaav2211.

[25] Reid J P, Sigman M S. Holistic prediction of enantioselectivity in asymmetric catalysis. Nature, 2019, 571(7765): 343-348.

[26] Li M L, Yu J H, Li Y H, et al. Highly enantioselective carbene insertion into N—H bonds of aliphatic amines. Science, 2019, 366(6468): 990-994.

[27] Zhuang Z, Yu J Q. Lactonization as a general route to β-C(sp^3)—H functionalization. Nature, 2020, 577(7792): 656-659.

[28] Meng G, Guo T, Ma T, et al. Modular click chemistry libraries for functional screens using a diazotizing reagent. Nature, 2019, 574(7776): 86-89.

[29] Díaz-Urrutia C, Ott T. Activation of methane to CH$_3^+$: a selective industrial route to methanesulfonic acid. Science, 2019, 363(6433): 1326-1329.

[30] Ashida Y, Arashiba K, Nakajima K, et al. Molybdenum-catalysed ammonia production with samarium diiodide and alcohols or water. Nature, 2019, 568(7753): 536-540.

[31] Fu M C, Shang R, Zhao B, et al. Photocatalytic decarboxylative alkylations mediated by triphenylphosphine and sodium iodide. Science, 2019, 363(6434): 1429-1434.

[32] Zhou J, Yang Y, Yang Y, et al. Observing crystal nucleation in four dimensions using atomic electron tomography. Nature, 2019, 570(7762): 500-503.

[33] Bai G, Gao D, Liu Z, et al. Probing the critical nucleus size for ice formation with graphene oxide nanosheets. Nature, 2019, 576(7787): 437-441.

［34］Fatayer S,Albrecht F,Zhang Y,et al. Molecular structure elucidation with charge-state control. Science,2019,365(6449):142-145.

［35］Zou Z,Habraken W J E M,Matveeva G,et al. A hydrated crystalline calcium carbonate phase:Calcium carbonate hemihydrates. Science,2019,363(6425):396-400.

［36］Kaiser K,Scriven L M,Schulz F,et al. An sp-hybridized molecular carbon allotrope,cyclo 18 carbon. Science,2019,365(6459):1299-1301.

［37］Parada G A,Goldsmith Z K,Kolmar S,et al. Concerted proton-electron transfer reactions in the Marcus inverted region. Science,2019,364(6439):471-475.

［38］Chen H,Zhang X L,Zhang Y Y,et al. Atomically precise,custom-design origami graphene nanostructures. Science,2019,365(6457):1036-1040.

［39］Chen G R,Sharpe A L,Gallagher P,et al. Signatures of tunable superconductivity in a trilayer graphene moiré superlattice. Nature,2019,572:215-219.

［40］Sharpe A L,Fox E J,Barnard A W,et al. Emergent ferromagnetism near three-quarters filling in twisted bilayer grapheme. Science,2019,365(6453):605-608.

［41］Lu X B,Stepanov P,Yang W,et al. Superconductors,orbital magnets,and correlated states in magic angle bilayer graphene. Nature,2019,574:653-657.

［42］Yang Y B,Yang X D,Liang L,et al. Large-area graphene-nanomesh/carbon-nanotube hybrid membranes for ionic and molecular nanofiltration. Science,2019,364(6445):1057-1062.

［43］Zhao T,Xu C,Ma W,et al. Ultrafast growth of nanocrystalline graphene films by quenching and grain-size-dependent strength and bandgap opening. Nature Communications,2019,10(1):4854.

［44］Yang Y,Zhu D,Yan W,et al. A general theoretical and experimental framework for nano scale electro magnetism. Nature,2019,576(7786):248-252.

［45］Tang J B,Daiyan R,Ghasemian M B,et al. Advantages of eutectic alloys for creating catalysts in the realm of nanotechnology-enabled metallurgy. Nature Communications,2019,10:4645.

［46］Chen P C,Liu M H,Du J S,et al. Interface and heterostructure design in polyelemental nanoparticles. Science,2019,363(6430):959-964.

［47］Li Z X,Wang R,Xue J J,et al. Core-shell zno@sno$_2$ nanoparticles for efficient inorganic perovskite solar cells. Journal of the American Chemical Society,2019,141(44):17610-17616.

［48］Wang Y J,Liu Z K,Huo N J,et al. Room-temperature direct synthesis of semi-conductive Pb-Snanocrystal inks for optoelectronic applications. Nature Communications,2019,10:5136.

［49］Ji D X,Cai S H,Paudel T R,et al. Freestanding crystalline oxide perovskites down to the monolayer limit. Nature,2019,570:87-90.

［50］Zhang Y J,Ideue T,Onga M,et al. Enhanced intrinsic photovoltaic effect in tungsten disulfide nanotubes. Nature,2019,570:349-353.

［51］Han Q T,Bai X W,Man Z Q,et al. Convincing synthesis of atomically-thin,single-crystaline InVO$_4$ sheets toward promoting highly selective and efficient solar conversion of CO$_2$ into CO.

Journal of the American Chemical Society,2019,141(10):4209-4213.

[52] Ma B J,Wang S,Liu F,et al. Self-assembled copper-amino acid nanoparticles for in situ glutathione "AND"H₂O₂ sequentially triggered chemodynamic therapy. Journal of the American Chemical Society,2019,141(2):849-857.

[53] Lin L S,Huang T,Song J B,et al. Synthesis of copper peroxide nanodots for H₂O₂ self-supplying chemodynamic therapy. Journal of the American Chemical Society,2019,141(25):9937-9945.

[54] Chen Y S,Zhao Y,Yoon S J,et al. Miniature gold nanorods for photoacoustic molecular imaging in the second near-infrared optical window. Nature Nanotechnology,2019,14:465-472.

[55] Zhao J,Chu H Q,Zhao Y,et al. A NIR light gated DNA nanodevice for spatiotemporally controlled imaging of microRNA in cells and animals. Journal of the American Chemical Society, 2019,141(17):7056-7062.

[56] Cui D,Li P C,Zhen X,et al. Thermoresponsive semiconducting polymer nanoparticles for contrast-enhanced photoacoustic imaging. Advanced Functional Materials,2019,29:1903461.

[57] Jiang L Y,Bai H T,Liu L B,et al. Hemoglobin-linked conjugated polymer nanoparticles for self-luminescing and oxygen self-supplying phototherapy. Angew Chem Int Edit, 2019, 58: 10660-10665.

[58] Yuan P Y,Mao X,Wu X F,et al. Mitochondria-targeting,intracellular delivery of native proteins using biodegradable silica nanoparticles. Angew Chem Int Edit,2019,58:7657-7661.

[59] Department of defense air force office of scientific research. Air force office of scientific research broad agency announcement. https://www. grants. gov/web/grants/view-opportunity. html? oppId=314753[2019-04-10].

[60] Department of Energy. Department of energy to provide $45 million for chemical and materials research in quantum information science. https://www. energy. gov/articles/department-energy-provide-45-million-chemical-and-materials-research-quantum-information[2019-01-16].

[61] Department of Energy. Department of energy announces $21. 4 million for quantum information science research. https://www. energy. gov/articles/department-energy-announces-214-million-quantum-information-science-research[2019-08-26].

[62] Photonics21. Europe's age of light! How photonics will power growth and innovation: Strategic Roadmap 2021-2027. https://www. photonics21. org/download/ppp-services/photonics-downloads/Europes-age-of-light-Photonics-Roadmap-C1. pdf[2019-03-27].

[63] SusChem ETP. Strategic innovation and research agenda. http://www. suschem. org/newsroom/suschem-identifies-key-technology-priorities-to-address-eu-and-global-challenges-in-its-new-strategic-research-and-innovation-agenda[2019-11-27].

Basic Sciences and Frontiers

Huang Longguang, BianWenyue, Zhang Chaoxing, Leng Fuhai

A number of breakthroughs have been made in basic and frontier science in 2019. Major breakthroughs have been achieved in particle physics, condensed matter physics and quantum technology. In chemistry, the convergence of automatic synthesis and artificial intelligence is changing traditional approaches of organic synthesis. Novel nanomaterials continue to emerge, boosting the development of many fields. Interdisciplinary research of quantum technology is continuously deployed in the United States. And Europe concentrates on the development of photonics and sustainable chemistry. These strategies aim to seize opportunities in achieving major breakthroughs in basic research and solving economic and social challenges in the future.

4.2 人口健康与医药领域发展观察

许 丽 王 玥 苏 燕 施慧琳
李祯祺 杨若南 李 伟 徐 萍

（中国科学院上海营养与健康研究所/中国科学院上海生命科学信息中心）

生命科学与生物技术持续发展，取得一系列重要进展和重大突破，并正在加速向应用领域渗透，在医药、工业和农业等领域展现出广阔的应用前景。技术发展和学科融合的推进促使人们对生命科学的解析与疾病的认识更全面、系统；改造、仿生、再生、创生能力持续跃迁，临床转化进程持续加快；前沿科技引领疗法/药物变革，疾病治疗手段多样化发展；多组学联合分析、细胞制造、人工智能医疗、营养科学、现实世界数据成为关注热点。

一、重要研究进展

1. 多组学联合分析和单细胞技术的发展加深人们对生命和疾病的认识

多组学联合分析能够更全面、完整地阐明疾病致病机制，为疾病精准治疗提供研究基础。美国约翰斯·霍普金斯大学等对肾透明细胞癌样本进行全面的多组学表征，深度揭示肾透明细胞癌病理特征，识别受基因组改变影响的细胞蛋白质失调机制[1]。单细胞组学研究能够更精确地解析组织的分化、再生、衰老及病变[2]，已经被用于破译肿瘤[3]、发育[4]、细胞命运转变[5]等过程中的异质性和动态变化。单细胞多组学分析技术入选 2019 年《自然-方法》（*Nature Methods*）年度技术[6]。

单细胞技术的持续优化推动人类细胞图谱计划稳步实施，德国马普免疫生物学研究所和表观遗传学研究所及英国威康信托桑格研究所等机构的研究人员分别构建了精细的人类肝脏[7]和肺部[8]的细胞图谱，鉴定获得多种新的细胞亚型，例如具有循环记忆细胞和组织驻留记忆细胞特征的组织驻留 CD4 T 细胞，为肝脏和肺部疾病研究提供参考。英国剑桥大学等机构的研究人员绘制出不同生长发育阶段、肾脏特定区域的免疫细胞图谱[9]。瑞典皇家理工学院等机构的研究人员构建了人类心脏发育细胞图谱[10]。

2. 脑科学与人工智能研究持续推进，神经退行性疾病药物重迎发展生机

脑科学研究在分子、细胞、环路等方面取得多项突破，在理解大脑网络结构的形成与功能方面的研究增多。在技术层面上，美国麻省理工学院、瑞士苏黎世大学先后开发了纳米级全脑光学成像技术[11]、MesoSPIMs 显微技术[12]，标志着成像技术迈向高清晰度、高分辨率。在技术推动下，美国哥伦比亚大学、麻省理工学院、得克萨斯大学先后实现了利用光遗传学技术精准控制视觉[13]、用视觉神经网络模型控制动物大脑活动[14]，以及将记忆植入鸟类大脑[15]；另外，美国耶鲁大学开发 BrainEx 体外灌注系统[16]，是体外长期维持大脑活性的首次尝试。同时，人类大脑细胞类型"百科全书"[17]、秀丽隐杆线虫神经联结图谱[18]、大脑 mPFC 远程投射图谱[19] 等脑图谱绘制成果层出不穷。在脑疾病研发层面上，肠道微生物可通过分泌烟酰胺阻碍肌萎缩侧索硬化症进程[20]、病理蛋白可从肠道传到大脑而导致帕金森病[21]、在阿尔茨海默病（Alzheimer disease，AD）中 tau 蛋白比传统认为的淀粉样蛋白发挥更为关键的驱动作用[22] 等研究，颠覆了传统认知。

在良好数据训练集的支撑下，人工智能在辅助疾病研究、预测和诊疗领域快速应用，准确性不断提高。人工智能的引入促进了阿尔茨海默病[23]、自闭症[24]和精神分裂症[25]的研究，并实现了在流行性感冒[26]、鼻咽癌[27]、甲状腺癌[28]、上消化道癌[29]等疾病及小肠疾病[30]和危重患儿[31]的辅助诊断或预测，且在肺癌[32]、严重急性肾损伤[33]、早期糖尿病眼疾[34]等疾病的诊断准确率均高于90%。同时，相关产品开发活跃，针对颈椎骨折、肺栓塞、气胸的人工智能（artificial intelligence，AI）辅助诊断产品相继获批，首例人工智能癌症诊断平台也获"突破性设备"认证。

3. 改造、仿生、再生、创制技术不断优化，推进相关成果临床转化进程

基因编辑技术持续优化，提高了其临床应用的可行性。美国麻省理工学院-哈佛大学博德研究所（简称博德研究所）、哈佛大学、中国科学院脑科学与智能技术卓越创新中心进一步优化获得升级版脱氧核糖核酸（deoxyribonucleic acid，DNA）[35-37] 单碱基编辑系统；多亚型 Cas12b[38,39]、CasX[40] 等核酸酶的开发，优化扩充了 CRISPR 系统的工具箱。为使技术更加安全可控，美国加利福尼亚大学伯克利分校、博德研究所分别通过特定多肽链[41]、小分子抑制剂[42]控制 Cas9 酶活性，实现对 CRISPR 系统的控制；博德研究所、哈佛大学、哥伦比亚大学提出的 Prime 编辑技术[43]、CAST 系统[44]、INTEGRATE 技术[45]，均可不依赖 DNA 双链断裂即可实现精准基因编辑。在新技术开发方面，北京大学开发的 LEAPER 单碱基编辑技术[46]不需要外源核酸酶（如 Cas 酶），而是通过招募细胞内源脱氨酶即可实现 RNA 编辑。在疾病治疗应用方

面，围绕多发性骨髓瘤、肉瘤、β-地中海贫血、镰状细胞贫血病、Leber 先天性黑矇、艾滋病等的多项临床试验陆续开展。

干细胞疗法的临床转化进程不断加速，临床试验数量已经超过 8000 例[47]，全球批准的干细胞药物已达 17 种。利用单细胞技术开展干细胞发育[48]、重编程[49]、分化[50]等过程的"普查"，为基础研究提供了丰富的细节；通过基因编辑技术实现利用干细胞治疗艾滋病合并白血病患者；采用工程学技术，在体外构建出人类血管[51]、肺[52]等组织器官，为临床转化提供了全新的道路。动物作为人类器官供体的可行性得到证实[53]，以猪为人类器官供体的研究获得进一步推进，第一代可用于临床的异种器官移植雏形——猪 3.0 成功建立[54]。

合成生物学实现了生物工程化改造与设计的能力跃迁。首先，进一步丰富生命遗传信息的八碱基遗传系统[55]、无须着丝粒 DNA 序列的人类人工染色体[56]，以及只含有 61 个密码子的大肠杆菌全基因组合成，极大地拓展了人工生命的方向与可能性。其次，从头设计非天然的生物活性蛋白质开关 LOCKR[57]及其生物反馈网络 degron-LOCK[58]、用于疾病和药物分子监测的酵母 GPCR 信号感应系统[59]、进一步提升对真核系统调控能力的人工设计组件[60]、实现完美自适应的生物分子积分反馈控制器相继面世，为其应用提供了更多强有力的工具元件。再次，科研人员不仅首次将大肠杆菌[61]和巴斯德毕赤酵母[62]转变为自养型生物，使转基因烟草[63]更有效地重新捕获光合作用的副产物，而且分别利用酵母、产碱梭菌等生物底盘合成大麻素[64]、丁醇[65]、羟基酪醇[66]等天然产物或有机化合物。细胞工厂从传统工业产品的生产时代逐步迈入高附加值医药产品的新时代，人造血干细胞的工程化改造疗法[67]等辅以合成生物学理念的细胞疗法将带来医疗健康领域新的发展机遇。

类脑计算与脑-机接口技术取得多项突破性进展。2019 年，清华大学开发出全球首款异构融合类脑计算芯片"天机芯"[68]，首次实现计算机科学和类脑计算的异构融合。脑机接口进入快速突破的"技术爆发期"，"脑后插管"的脑-机接口芯片植入技术发布、微创植入装置 Stentrode 获批进入临床，标志着"侵入式"脑机接口技术的人体应用开始出现突破；美国加利福尼亚大学旧金山分校开发的非侵入式"语音解码器"，已经实现将大脑信号解码转换为文本[69]或合成语音[70]的功能，且准确性和速度接近自然语言交流。

4. 精准医学研究稳步推进，多种新型疗法不断取得突破，疾病诊治水平不断提高

精准医学是针对疾病病因的复杂性，综合考虑个体生物特征、环境、生活方式存在的差异，制定有效的健康干预和疾病治疗策略的医学模式，相关研究持续推进。美

国圣犹大儿童研究医院与哈佛大学麻省总医院[3]深入分析儿童髓母细胞瘤不同亚型的细胞来源；三阴性乳腺癌队列多组学图谱[71]、肝癌队列多维蛋白组学图谱[72]和早期肝癌蛋白质组表达谱、磷酸化蛋白质组图谱[73]相继绘制出来；美国约翰斯·霍普金斯大学[74]开发 DELFI 液体活检新方法；美国圣裘德儿童研究医院使用慢病毒载体基因治疗 X 连锁严重联合免疫缺陷病（SCID-X1）婴儿获得成功[75]，美国波士顿儿童医院[76]为特定患者定制基因疗法 Milasen，标志着量身定制的个性化疗法开始实践。

靶向治疗是当前抗肿瘤新药研发的主要方向，将传统化疗药物和靶向性的抗体药物结合的抗体药物偶联物（antibody-drug conjugate，ADC）迎来成果迸发期。2019年，美国食品药品监督管理局（Food and Drug Administration，FDA）批准了 11 款抗肿瘤新药上市，全部为靶向药物；其中，Polivy、Padcev 和 Enhertu 三个 ADC 药物获批上市，美国食品药品监督管理局已经累计批准 7 种 ADC 药物。

免疫治疗研发热度持续不减，免疫细胞治疗和免疫检查点抑制剂已经成为当前免疫治疗研发的重点方向。免疫细胞治疗在血液肿瘤稳步发展，吉利德、百时美施贵宝相继向美国食品药品监督管理局提交了 CAR-T 疗法的上市申请，适应症依然针对血液肿瘤，有望成为全球第三/四款获批上市的 CAR-T 疗法。当前，免疫细胞治疗研发主要围绕克服免疫抑制性肿瘤微环境[77]，改善免疫细胞衰竭[78,79]，优化免疫细胞结构和功能等问题展开[80]。免疫检查点中 CTLA-4、PD-1/PD-L1 靶点研发已经接近产业饱和期，新靶点研发是核心突破口，新免疫检查点 Siglec-15[81]有望成为新爆发点。

基因治疗、RNA、噬菌体等新型疗法也正快速发展，逐步走向临床应用。2019年，美国和欧盟各批准了 1 种基因治疗产品上市（治疗脊髓性肌肉萎缩症的 Zolgensma 和治疗 β-地中海贫血的 Zynteglo），全球第二款 RNA 干扰药物 Givlaari 获美国食品药品监督管理局批准用于治疗罕见遗传病急性肝卟啉症。美国匹兹堡大学使用工程化噬菌体混合物成功治疗了一例 15 岁耐药性分枝杆菌感染致脓肿患者，首次证实了转基因噬菌体用在人类患者身上的安全性和有效性[82]。

人类微生物组与健康关系从描述性和关联性研究向因果性和机制性研究深入。美国"人类微生物组计划"二期计划 iHMP 发布迄今最大规模最全面的微生物与疾病研究数据；研究人员进一步揭示了微生物组与孤独症[83]、肌萎缩侧索硬化（俗称渐冻症）[20]、早老症[84]及哮喘[85]等疾病发生、发展的因果关系和机制。基于恢复生态学原理的人类微生物组重构研究已经为疾病新疗法开发提供了新的思路，利用由鹰嘴豆、香蕉、大豆和花生粉组成的补充剂调节肠道微生物组成以对抗营养不良的研究入选《科学》"2019 年度十大科学突破"[86]。

二、重大战略行动

1. 各国出台专项规划保障健康科技创新

健康科技的发展与应用不断提高民众健康水平，相关规划与计划体现了各国对该领域的重点部署方向。

美国持续将健康科技列为国家研发优先领域。2019 年 8 月，白宫发布《2021 财年行政研究和发展预算的优先事项》的新预算备忘录[87]，将健康与生物经济创新列入五个研发预算重点之一，提出政府将继续把研发重点放在生物医药等关键的研究突破和解决方案上，具体包括防范阿片类危机、迅速发现和遏制传染病、抗微生物耐药性、慢性疾病的预防和治疗、基因疗法、神经科学、医学对策和公共卫生防范、消除艾滋病毒/艾滋病，以及提高老年人和残疾人的独立能力、安全保障和健康。

英国持续大力发展健康产业。2019 年 6 月，英国医学研究理事会（Medical Research Council，MRC）发布 2019 年度实施计划[88]，提出支持开展健康卓越研究的发展愿景，核心是促进 MRC 资助的研究向临床应用的转化，并进一步实现产业化发展，提出了疾病预防与早期发现、精准医学、共存疾病、先进疗法、精神健康、抗生素耐药性、全球健康七个优先发展领域。同月，英国生物技术与生物科学研究理事会（the Biotechnology and Biological Sciences Research Council，BBSRC）发布生物科学领域《2019 年实施计划》[89]，提出将全面理解人类和动物健康作为三大战略发展重点之一。

2. 热点领域专项规划相继布局实施并持续推进

细胞疗法临床转化及细胞制造、生物大数据的标准化与高效利用、脑科学、精准医学、人工智能医学影像、抗微生物药物耐药性、营养科学、真实世界数据（Real-World Data，RWD)① 是当前健康科技领域的关注热点，各国围绕这些领域相继推出一系列专项计划。

（1）细胞疗法的临床转化与细胞制造成为关注重点。2019 年 10 月，澳大利亚《干细胞治疗使命计划路线图》[90]制定了未来 10 年全面面向干细胞疗法研发的发展路径。2019 年 11 月，美国国家细胞制造协会（National Cell Manufacturing Consortium，NCMC）发布《面向 2030 年的细胞制造技术路线图》[91]，围绕细胞处理和自动化、流

---

① 国家药品审评中心将"真实世界数据"定义为：与患者使用药物及健康状况有关的和/或来源于各种日常医疗过程所收集的数据。数据来源可以是观察性研究，也可以是临床试验。

程监控和质量控制、供应链和运输物流、标准化和监管保障及成本补偿模型、员工发展五大方面，提出美国发展细胞制造技术的目标和行动路线。

（2）合成生物学发展与基础设施建设获各国高度重视。美国工程生物学研究联盟（Engineering Biology Research Consortium，EBRC）发布《工程生物学：下一代生物经济的研究路线图》[92]，提出了工程生物学的四个技术主题：①工程 DNA，包括基因编辑、合成和组装。②生物分子工程，包括生物分子、代谢通路和基因线路工程。③宿主工程，包括宿主工程与群落工程。④数据科学，包括数据集成、建模和自动化，并详细规划了其发展路线图。另外，多国联合成立全球合成生物设施联盟[93]（Global Biofoundry Alliance，GBA），将集合全球科学力量迅速推进合成生物学的设施共建、标准共通和数据共享。

（3）各国家/地区及国际脑科学研究持续推进。美国脑研究计划将进入第二阶段（BRAIN 计划 2.0），美国国立卫生研究院（National Institutes of Health，NIH）发布《BRAIN 计划 2.0：从脑细胞到脑网络/回路，迈向治愈》[94]，对该计划进行中期评估并提出发展建议；欧盟人脑工程（Human Brain Project，HBP）也进入了项目"稳定阶段"，针对多个领域进行了第二阶段的专项资助招标[95]；日本脑图谱计划（Brain/MINDS）推出狨猴基因图谱（Marmoset Gene Atlas）数据库[96]；加拿大脑研究战略（Canadian Brain Research Strategy，CBRS）也于 2019 年初发布路线图[97]。国际大脑计划（International Brain Initiative，IBI）也形成了全球脑研究的创新型合作框架[98]，并开始推出"下一代神经科学网络"（NeuroNex）资助项目，以期建立分布式的全球性神经科学技术研究与资助网络，共同解决神经科学问题。

（4）AI 医疗，相关产品监管体系开始形成。美国国立卫生研究院相继发布《人工智能＋医学影像的基础研究路线图》[99]和《人工智能＋医学影像的转化研究路线图》[100]，在基础研究、临床转化方面提出了优先发展方向，以推动 AI 在医学影像中的应用。此外，AI 产品监管体系开始形成，美国食品药品监督管理局发布了《建议修订以人工智能/机器学习为基础的医疗仪器软件的规管架构》[101]讨论稿；我国发布了新版《医疗器械分类目录》，通过《深度学习辅助决策医疗器械软件审批要点》进一步明确审批细节。

（5）抗微生物药物耐药性已经成为迫切需要解决的全球性重大健康问题，联合国与各国政府倡导将其纳入国家计划。2019 年 4 月，联合国发布报告《时不我待：应对耐药感染保护人类未来》[102]，依据"卫生一体化"（One Health）方针，提出了四项建议。2019 年初，英国政府发布抗微生物药物耐药性 20 年展望[103]和 5 年行动计划[104]，以在 2040 年前有效遏制、控制和减轻抗微生物药物耐药性。

（6）营养科学成为各国健康战略的关注重点。美国 NIH 发布了《2020—2030 年

NIH 营养研究战略规划》[105]、澳大利亚科学院发布《澳大利亚营养科学十年计划》[106]，聚焦于支持营养科学发展、个体化营养、营养干预与健康，以及建设营养实时数据库、信息平台等内容。

此外，整合真实世界数据开展药物疗效和安全性评估，已经成为医药研发的常规模式。美国食品药品监督管理局发布《真实世界证据计划框架》[107]为实现 RWE 支持药品审评审批决策提供了指导框架，《使用真实世界数据和真实世界证据向美国食品药品监督管理局递交药物和生物制品资料（草案）》则为如何提交 RWD 和 RWE 进行药物审评审批申请提供了具体指南[108]。2019 年 4 月，美国食品药品监督管理局首次基于真实世界用药数据批准了药物的新适应症，即辉瑞 Ibrance 用于治疗男性乳腺癌；2020 年 3 月，国家药监局批准了美国艾尔建公司"青光眼引流管"注册，成为国内首个通过真实世界数据获批的医疗器械产品。

三、启示与建议

科技竞争日益加剧，健康科技与产业更是各国战略必争领域。结合国际人口健康领域的发展态势，对我国未来该领域的发展提出以下建议。

1. 前瞻国际热点前沿领域，尽快进行系统布局

近年来，生物技术不断突破，新兴前沿领域不断涌现，应前瞻国际前沿领域，尽早进行系统布局。

在细胞治疗领域，临床转化进程不断加速，世界各国的支持重心开始转移，相关的先进细胞制造也成为关注重点。我国在细胞治疗领域的研究基础较好，需要进一步布局细胞疗法开发与细胞制造领域，加快该领域的成果转化，完善细胞治疗产业链。

人工智能技术在健康科技领域的应用正在改变医疗供给模式，尤其在医学影像领域的应用正快速实现；各国开始制定相关发展路线图、提出优先发展领域；相关产品监管体系开始讨论形成，美国已批准多款产品上市，我国也开始有产品推出。但相较于美国，受限于高质量数据集的缺乏和审批制度的不完善，我国进展相对缓慢，因此应该尽快解决人工智能医疗的瓶颈问题，加速我国人工智能医疗的应用。

营养是民众维持生命、生长发育和健康的重要基础，研究营养机制、饮食干预、精准营养在内的营养科学成为各国健康战略的关注重点。需要加强营养科学研究，加快营养健康产品开发、认证、评价等标准体系的建设，以满足国民营养健康需求、提高疾病预防水平。

2. 健全监管政策与伦理法规体系

人工智能、基因编辑、合成生物学、再生医学等新兴技术在健康领域的快速发展与产业化，给监管、审批和伦理带来挑战，需要及时制定相应监管政策和伦理规范，应对新兴技术可能带来的安全风险和伦理问题，引导我国健康产业的规范化有序发展。

致谢：复旦大学金力院士、上海交通大学医学院陈国强院士在本文的撰写过程中提出了宝贵的意见和建议，在此谨致谢忱！

参考文献

[1] Clark D J, Dhanasekaran S M, Petralia F, et al. Integrated proteogenomic characterization of clear cell renal cell carcinoma. Cell, 2019, 179(4):964-983. e31.

[2] Mathys H, Davila-Velderrain J, Peng Z, et al. Single-cell transcriptomic analysis of Alzheimer's disease. Nature, 2019, 570:332-337.

[3] Hovestadt V, Smith K S, Bihannic L, et al. Resolving medulloblastoma cellular architecture by single-cell genomics. Nature, 2019, 572(7767):74-79.

[4] Cao J, Spielmann M, Qiu X, et al. The single-cell transcriptional landscape of mammalian organogenesis. Nature, 2019, 566(7745):496-502.

[5] Zhou Y, Liu Z, Welch J D, et al. Single-cell transcriptomic analyses of cell fate transitions during human cardiac reprogramming. Cell Stem Cell, 2019, 25(1):149-164. e9.

[6] Teichmann S, Efremova M. Method of the Year 2019: single-cell multimodal omics. Naure Methods, 2020, 17(1). http://doi.org/10.1038/S41S92-019-0703-5[2020-09-14].

[7] Aizarani N, Saviano A, Mailly L, et al. A human liver cell atlas reveals heterogeneity and epithelial progenitors. Nature, 2019, 572(7768):199-204.

[8] Braga F A V, Kar G, Berg M, et al. A cellular census of human lungs identifies novel cell states in health and in asthma. Nature Medicine, 2019, 25:1153-1163.

[9] Stewart B J, Ferdinand J R, Young M D, et al. Spatiotemporal immune zonation of the human kidney. Science, 2019, 365(6460):1461-1466.

[10] Asp M, Giacomello S, Larsson L, et al. A spatiotemporal organ-wide gene expression and cell atlas of the developing human heart. Cell, 2019, 179(7):1647-1660. e19.

[11] Gao R X, Asano S M, Upadhyayula S, et al. Cortical column and whole-brain imaging with molecular contrast and nanoscale resolution. Science, 2019, 363(6424):eaau8302.

[12] Voigt F F, Kirschenbaum D, Platonova E, et al. The mesoSPIM initiative-open-source light-sheet microscopes for imaging cleared tissue. Nature Methods, 2019, 16:1105-1108.

[13] Carrillo-Reid L,Han S T,Yang W J,et al. Controlling visually guided behavior by holographic recalling of cortical ensembles. Cell,2019,178(2):1-11.

[14] Bashivan P,Kar K,DiCarlo J J. Neural population control via deep image synthesis. Science,2019,364(6439):eaav9436.

[15] Zhao W C,Garcia-Oscos F,Dinh D,et al. Inception of memories that guide vocal learning in the songbird. Science,2019,366(6461):83-89.

[16] Vrselja Z,Daniele S G,Silbereis J,et al. Restoration of brain circulation and cellular functions hours post-mortem. Nature,2019,568(7752):336-343.

[17] Hodge R D,Bakken T E,Miller J A,et al. Conserved cell types with divergent features in human versus mouse cortex. Nature,2019,573(7772):1-8.

[18] Cook S J,Jarrell T A,Brittin C A,et al. Whole-animal connectomes of both Caenorhabditis elegans sexes. Nature,2019,571:63-71.

[19] Sun Q T,Li X N,Ren M,et al. A whole-brain map of long-range inputs to GABAergic interneurons in the mouse medial prefrontal cortex. Nature Neuroscience,2019,22:1357-1370.

[20] Blacher F,Bashiardes S,Shapiro H,et al. Potential roles of gut microbiome and metabolites in modulating ALS in mice. Nature,2019,572(7770):474-480.

[21] Kim S,Kwon S H,Kam T,et al. Transneuronal propagation of pathologic α-synuclein from the gut to the brain models Parkinson's disease. Neuron,2019,103(4):627-641.

[22] La Joie R,Visani A V,Baker S L,et al. Prospective longitudinal atrophy in Alzheimer's disease correlates with the intensity and topography of baseline tau-PET. Science Translational Medicine,2020,12(524):1-12.

[23] Tang Z,Chuang K V,DeCarli C,et al. Interpretable classification of Alzheimer's disease pathologies with a convolutional neural network pipeline. Nature Communications,2019,10(1):2173.

[24] Artoni P,Piffer A,Vinci V,et al. Deep learning of spontaneous arousal fluctuations detects early cholinergic defects across neurodevelopmental mouse models and patients. Proceedings of the National Academy of Sciences,2019:201820847.

[25] Huckins L M,Dobbyn A,Ruderfer D M,et al. Gene expression imputation across multiple brain regions provides insights into schizophrenia risk. Nature Genetics,2019,51(4):659.

[26] Lu F S,Hattab M W,Clemente C L,et al. Improved state-level influenza nowcasting in the United States leveraging Internet-based data and network approaches. Nature Communications,2019,10(1):147.

[27] Lin L,Dou Q,Jin Y M,et al. Deep learning for automated contouring of primary tumor volumes by MRI for nasopharyngeal carcinoma. Radiology,2019,291(3):677-686.

[28] Li X,Zhang S,Zhang Q,et al. Diagnosis of thyroid cancer using deep convolutional neural network models applied to sonographic images:a retrospective,multicohort,diagnostic study. The Lancet Oncology,2019,20(2):193-201.

[29] Luo H, Xu G, Li C, et al. Real-time artificial intelligence for detection of upper gastrointestinal cancer by endoscopy: a multicentre, case-control, diagnostic study. The Lancet Oncology, 2019, 20 (12): 1645-1654.

[30] Ding Z, Shi H, Zhang H, et al. Gastroenterologist-level identification of small bowel diseases and normal variants by capsule endoscopy using a deep-learning model. Gastroenterology, 2019, 157 (4): 1044-1054. e5.

[31] Clark M M, Hildreth A, Batalov S, et al. Diagnosis of genetic diseases in seriously ill children by rapid whole-genome sequencing and automated phenotyping and interpretation. Science Translational Medicine, 2019, 11(489): eaat6177.

[32] Ardila D, Kiraly A P, Bharadwaj S, et al. End-to-end lung cancer screening with three-dimensional deep learning on low-dose chest computed tomography. Nature Medicine, 2019, 25(6): 954.

[33] Tomašev N, Glorot X, Rae J W, et al. A clinically applicable approach to continuous prediction of future acute kidney injury. Nature, 2019, 572(7767): 116-119.

[34] Khojasteh P, Júnior L A P, Carvalho T, et al. Exudate detection in fundus images using deeply-learnable features. Computers in Biology and Medicine, 2019, 104: 62-69.

[35] Huang T P, Zhao K T, Miller S M, et al. Circularly permuted and PAM-modified Cas9 variants broaden the targeting scope of base editors. Nature Biotechnology, 2019, 37: 626-631.

[36] Thuronyi B W, Koblan L W, Levy J M, et al. Continuous evolution of base editors with expanded target compatibility and improved activity. Nature Biotechnology, 2019, 37: 1070-1079.

[37] Zhou C Y, Sun Y D, Yan R, et al. Off-target RNA mutation induced by DNA base editing and its elimination by mutagenesis. Nature, 2019, 571: 275-278.

[38] Strecker J, Jones S, Koopal B, et al. Engineering of CRISPR-Cas12b for human genome editing. Nature Communications, 2019, 10, Article number: 212.

[39] Teng F, Cui T T, Gao Q Q, et al. Artificial sgRNAs engineered for genome editing with new Cas12b orthologs. Cell Discovery, 2019, 5, Article number: 23.

[40] Liu J J, Orlova N, Oakes B L, et al. CasX enzymes comprise a distinct family of RNA-guided genome editors. Nature, 2019, 566(7743): 218-223.

[41] Oakes B L, Fellmann C, Rishi H, et al. CRISPR-Cas9 circular permutants as programmable scaffolds for genome modification. Cell, 2019, 176(1-2): 254-267.

[42] Maji B, Gangopadhyay S A, Lee M, et al. A high-throughput platform to identify small-molecule inhibitors of CRISPR-Cas9. Cell, 2019, 177(4): 1067-1079.

[43] Anzalone A V, Randolph P B, Davis J R, et al. Search-and-replace genome editing without double-strand breaks or donor DNA. Nature, 2019, 576: 149-157.

[44] Strecker J, Ladha A, Gardner Z, et al. RNA-guided DNA insertion with CRISPR-associated transposases. Science, 2019, 365: 46-53.

[45] Klompe S E, Vo P L H, Halpin-Healy T S, et al. Transposon-encoded CRISPR-Cas systems direct

2020科学发展报告

RNA-guided DNA intergration. Nature,2019,571:219-225.

[46] Qu L,Yi Z,Zhu S,et al. Programmable RNA editing by recruiting endogenous ADAR using engineered RNAs. Nature Biotechnology,2019,37(9):1059-1069.

[47] Clarivate. Cortellis clinical trials. https://access. cortellis. cn/login?app=cortellis[2020-09-17].

[48] Siebert S,Farrell J A,Cazet J F,et al. Stem cell differentiation trajectories in Hydra resolved at single-cell resolution. Science,2019,365(6451):eaav9314.

[49] Schiebinger G,Shu J,Tabaka M,et al. Optimal-transport analysis of single-cell gene expression identifies developmental trajectories in reprogramming. Cell,2019,176(4):928-943.

[50] Veres A,Faust A L,Bushnell H L,et al. Charting cellular identity during human *in vitro* β-cell differentiation. Nature,2019,569:368-373.

[51] Wimmer R A,Leopoldi A,Aichinger M,et al. Human blood vessel organoids as a model of diabetic vasculopathy. Nature,2019,565:505-510.

[52] Grigoryan B,Paulsen S J,Corbett D C,et al. Multivascular networks and functional intravascular topologies within biocompatible hydrogels. Science,2019,364(6439):458-464.

[53] Mori M,Furuhashi K,Danielsson J A,et al. Generation of functional lungs via conditional blastocyst complementation using pluripotent stem cells. Nature Medicine,2019,25(11):1691.

[54] Yue Y,Xu W,Kan Y,et al. Extensive germline genome engineering in pigs. Nature Biomedical Engineering,2020. https://doi. org/10. 1038/s41551-020-00613-9[2020-09-14].

[55] Hoshika S,Leal N A,Kim M J,et al. Hachimoji DNA and RNA:a genetic system with eight building blocks. Science,2019,363(6429):884-887.

[56] Logsdon G A,Gambogi C W,Liskovykh M A,et al. Human artificial chromosomes that by pass centromeric DNA. Cell,2019,178(3):624-639. e19.

[57] Langan R A,Boyken S E,Ng A H,et al. De novo design of bioactive protein switches. Nature, 2019,572(7768):205-210.

[58] Ng A H,Nguyen T H,Gómez-Schiavon M,et al. Modular and tunable biological feedback control using a de novo protein switch. Nature,2019,572(7768):265-269.

[59] Shaw W M,Yamauchi H,Mead J,et al. Engineering a model cell for rational tuning of GPCR signaling. Cell,2019,177(3):782-796. e27.

[60] Bashor C J,Patel N,Choubey S,et al. Complex signal processing in synthetic gene circuits using cooperative regulatory assemblies. Science,2019,364(6440):593-597.

[61] Gleizer S,Ben-Nissan R,Bar-On Y M,et al. Conversion of escherichia coli to generate all biomass carbon from CO_2. Cell,2019,179(6):1255-1263. e12.

[62] Gassler T,Sauer M,Gasser B,et al. The industrial yeast Pichia pastoris is converted from a heterotroph into an autotroph capable of growth on CO_2. Nature Biotechnology,2019:1-7.

[63] South P F,Cavanagh A P,Liu H W,et al. Synthetic glycolate metabolism pathways stimulate crop growth and productivity in the field. Science,2019,363(6422):eaat9077.

154

［64］Luo X，Reiter M A，d'Espaux L，et al. Complete biosynthesis of cannabinoids and their unnatural analogues in yeast. Nature，2019，567(7746)：123.

［65］Wen Z，Ledesma-Amaro R，Lin J，et al. Improved N-butanol production from clostridium cellulovorans by integrated metabolic and evolutionary engineering. Applied and Environmental Microbiology，2019，85(7)：e02560-18.

［66］Chen W，Yao J，Meng J，et al. Promiscuous enzymatic activity-aided multiple-pathway network design for metabolic flux rearrangement in hydroxytyrosol biosynthesis. Nature Communications，2019，10(1)：960.

［67］Xu L，Wang J，Liu Y，et al. CRISPR-edited stem cells in a patient with HIV and acute lymphocytic leukemia. New England Journal of Medicine，2019，381(13)：1240-1247.

［68］Pei J，Deng L，Song S，et al. Towards artificial general intelligence with hybrid tianjic chip architecture. Nature，2019，572(7767)：106-111.

［69］Makin J G，Moses D A，Chang E F. Machine translation of cortical activity to text with an encoder-decoder framework. Nature Neuroscience，2020，23：575-582.

［70］Anumanchipalli G K，Chartier J，Chang E F. Speech synthesis from neural decoding of spoken sentences. Nature，2019，568：493-498.

［71］Jiang Y Z，Ma D，Suo C，et al. Genomic and transcriptomic landscape of triple-negative breast cancers：subtypes and treatment strategies. Cancer Cell，2019，35(3)：428-440. e5.

［72］Gao Q，Zhu H W，Dong L Q，et al. Integrated proteogenomic characterization of HBV-related hepatocellular carcinoma. Cell，2019，179(2)：561-577.

［73］Jiang Y，Sun A，Zhao Y，et al. Proteomics identifies therapeutic targets of early-stage hepatocellular carcinoma. Nature，2019，567：257-261.

［74］Cristiano S，Leal A，Phallen J，et al. Genome-wide cell-free DNA fragmentation in patients with cancer. Nature，2019，570：385-389.

［75］Mamcarz E，Zhou S，Lockey T，et al. Lentiviral gene therapy combined with low-dose busulfan in infants with SCID-X1. New England Journal of Medicine，2019，380(16)：1525-1534.

［76］Kim J，Hu C G，El Achkar C M，et al. Patient-customized oligonucleotide therapy for a rare genetic disease. NEJM，2019，381(17)：1644-1652.

［77］Sachdeva M，Busser B W，Temburni S，et al. Repurposing endogenous immune pathways to tailor and control chimeric antigen receptor T cell functionality. Nature Communications，2019，10(1)：1-16.

［78］Chen J，Lopezmoyado I F，Seo H，et al. NR4A transcription factors limit CAR T cell function in solid tumours. Nature，2019，567(7749)：530-534.

［79］Lynn R C，Weber E W，Sotillo E，et al. C-Jun overexpression in CAR T cells induces exhaustion resistance. Nature，2019，576：293-300.

［80］Ying Z，Huang X F，Xiang X，et al. A safe and potent anti-CD19 CAR T cell therapy. Nature

Medicine,2019,25(6):947-953.

[81] Wang J, Sun J, Liu L N, et al. Siglec-15 as an immune suppressor and potential target for normalization cancer immunotherapy. Nature Medicine,2019,25(4):656-666.

[82] Dedrick R M, Guerrero-Bustamante C A, Garlena R A, et al. Engineered bacteriophages for treatment of a patient with a disseminated drug-resistant Mycobacterium abscessus. Nature Medicine,2019,25(5):730-733.

[83] Sharon G, Cruz N J, Kang D W, et al. Human gut microbiota from autism spectrum disorder promote behavioral symptoms in mice. Cell,2019,177(6):1600-1618. e17.

[84] Barcena C, Valdés-Mas R, Mayoral P, et al. Healthspan and lifespan extension by fecal microbiota transplantation into progeroid mice. Nature Medicine,2019,25(8):1234-1242.

[85] Levan S R, Stamnes K A, Lin D L, et al. Elevated faecal 12,13-diHOME concentration in neonates at high risk for asthma is produced by gut bacteria and impedes immune tolerance. Nature Microbiology,2019 4(11):1851-1861.

[86] Elizabeth Pennisi. 2019 breakthrough of the year. https://vis. sciencemag. org/breakthrough2019/finalists/#Microbes-combat[2019-12-19].

[87] The White House. Fiscal year 2021 administration research and development budget priorities. https://www. whitehouse. gov/wp-content/uploads/2019/08/FY-21-RD-Budget-Priorities. pdf[2019-08-30].

[88] MRC. Delivery plan 2019. https://www. ukri. org/files/about/dps/mrc-dp-2019[2019-06-30].

[89] BBSRC. Delivery plan 2019. https://www. ukri. org/files/about/dps/bbsrc-dp-2019[2019-06-30].

[90] Ministers Department of Health. Progressing the long-term plan for stem cell research. https://www. health. gov. au/ministers/the-hon-greg-hunt-mp/media/progressing-the-long-term-plan-for-stem-cell-research[2019-10-01].

[91] NCMC. Cell manufacturing roadmap to 2030. http://cellmanufacturingusa. org/sites/default/files/Cell-Manufacturing-Roadmap-to-2030_ForWeb_110819. pdf[2019-11-08].

[92] EBRC. Engineering biology:a research roadmap for the next-generation bioeconomy. https://roadmap. ebrc. org/resources/download/[2019-06-19].

[93] Wan X, Volpetti F, Petrova E, et al. Cascaded amplifying circuits enable ultrasensitive cellular sensors for toxic metals. Nature Chemical Biology,2019,15(5):540.

[94] NIH. The BRAIN initiative 2. 0:from cells to circuits,toward cures. https://braininitiative. nih. gov/sites/default/files/images/brain_2. 0_6-6-19-final_revised10302019_508c. pdf[2019-10-30].

[95] CORDIS. Human brain project specific grant agreement 2. https://cordis. europa. eu/project/id/785907[2019-10-30].

[96] Brain/MINDS. Marmoset gene atlas. https://gene-atlas. brainminds. riken. jp/[2019-05-30].

[97] CBRS. The Canadian Brain Research Strategy Transforming the future through brain science. https://canadianbrain. ca/wp-content/uploads/2019/02/CBRS. pdf[2019-02-28].

［98］ IBI. International brain initiative：an innovative framework for coordinated global brain research efforts. https：//www. sciencedirect. com/science/article/pii/S0896627320300027［2020-01-22］.

［99］ Langlotz C P，Allen B，Erickson B J，et al. A roadmap for foundational research on artificial intelligence in medical imaging：from the 2018 NIH/RSNA/ACR/the academy workshop. Radiology，2019，291(3)：781-791.

［100］ Jr. Bibb A，Seltzer S E，Langlotz C P，et al. A road map for translational research on artificial intelligence in medical imaging：from the 2018 national institutes of health/RSNA/ACR/the academy workshop. ACR，2019，DOI：https：//doi. org/10. 1016/j. jacr. 2019. 04. 014.

［101］ FDA. Proposed regulatory framework for modifications to artificial intelligence/machine learning (AI/ML)-based software as a medical device(SaMD). https：//www. fda. gov/downloads/MedicalDevices/DigitalHealth/SoftwareasaMedicalDevice/UCM635052. pdf［2019-01-24］.

［102］ WHO. No time to wait：securing the future from drug-resistant infections. https：//www. who. int/antimicrobial-resistance/interagency-coordination-group/final-report/en/［2019-04-29］.

［103］ HM Government. The UK's 20-year vision for antimicrobial resistance. https：//assets. publishing. service. gov. uk/government/uploads/system/uploads/attachment_data/file/773065/uk-20-year-vision-for-antimicrobial-resistance. pdf［2019-01-24］.

［104］ HM Government. Tackling antimicrobial resistance 2019-2024. https：//assets. publishing. service. gov. uk/government/uploads/system/uploads/attachment _ data/file/773130/uk-amr-5-year-national-action-plan. pdf［2019-01-24］.

［105］ NIH releases strategic plan to accelerate nutrition research over next 10 years. https：//www. niddk. nih. gov/about-niddk/strategic-plans-reports/strategic-plan-nih-nutrition-research ［2020-05-27］.

［106］ Australian Academy of Science. Nourishing Australia：a decadal plan for the science of nutrition. https：//www. science. org. au/files/userfiles/support/reports-and-plans/2019/2019-nutrition-decadal-plan. pdf［2019-07-27］.

［107］ FDA. Framework for FDA's real-world evidence program. https：//www. fda. gov/media/120060/download［2019-11-26］.

［108］ FDA. Submitting documents using real-world data and real-world evidence to FDA for drugs and biologics guidance for industry. https：//www. fda. gov/regulatory-information/search-fda-guidance-documents/submitting-documents-using-real-world-data-and-real-world-evidence-fda-drugs-and-biologics-guidance［2019-12-17］.

Public Health Science and Technology

Xu Li , Wang Yue , Su Yan , Shi Huilin , Li Zhenqi ,
Yang Ruonan , Li Wei , Xu Ping

Life science and biotechnology have been continuously advanced, making a series of important advances and breakthroughs, and showing broad application prospects in the fields of medicine, industry and agriculture. In 2019, the advancement of technology development and discipline integration promotes the life science analysis and disease understanding to be more comprehensive and systematic; the transformation, bionics, regeneration and creation capacity continue to increase, and the clinical transformation process continues to accelerate; cutting-edge technology leads the transformation of therapy/medicine, and the treatment of diseases develops in various ways; multi-group analysis, cell manufacturing, artificial intelligence medicine, nutrition science and real world data have become the focus of attention.

4.3　生物科技领域发展观察

丁陈君　陈　方　郑　颖　吴晓燕　宋　琪
（中国科学院成都文献情报中心）

近年来，生物科技突飞猛进，并与信息科技等交叉融合、相互促进，推动前沿颠覆性创新和新一轮科技产业革命。以 DNA 为载体的数据存储技术；通过人工智能算法发现多种候选药物；基于区块链技术、传感器技术的食品溯源跟踪和包装技术等都入选了《麻省理工学院技术评论》《科学美国人》年度十大突破性技术。新兴技术与工具的快速改进推动生物科技向纵深发展：借助超高分辨率显微镜等新工具，使人类在认识生命过程中能够更快速地获取细节；结合计算机辅助设计等新技术，基因组合成和改造能力不断提高，人类在修饰生命和创造生命的过程中达到事半功倍的效果。新技术的发展也促进生物资源的开发利用更加深入，为解决全球性问题提供有效路径。同时也应该注意到，全球生物多样性保护与可持续发展正在面临严峻挑战，在生态层面对发展生物经济、实现绿色转型提出了紧迫的需求。

一、国际重大研究进展与趋势

1. 更加清晰、准确、实时、活体的成像工具为生命科学研究开启新时代

生物学的发展和新学科分支的形成离不开研究方法和工具的创新。作为一种重要的技术手段，生物成像技术在生命科学和生物医学领域发挥着不可或缺的作用。美国霍华德·休斯医学研究所的 Eric Betzig 团队与多个机构合作取得两项重大成果：完成纳米级清晰度的果蝇完整大脑成像[1]；开发称为 cryo-SR/EM 的新型成像技术，以三维（3D）形式呈现清晰、精准的细胞内部详细视图[2]。美国加州理工学院开发了一套全新的超声成像系统，实现在活体动物内观测基因表达[3]。哈佛大学开发了新的单分子成像追踪技术，可用于在极高时空分辨率和高通量情况下追踪单分子旋转[4]。美国博德研究所等机构开发了一种非传统成像方法——DNA 显微镜。这是一种将基因型与表型联系起来的细胞可视化新方法[5]。

2. 基因组合成能力进一步增强，促进工程生物应用扩展

合成基因组的设计和创建能力不断提升为理解生物学及其工程化提供了强大的工具支撑。美国生物科技公司的研究人员首次通过将4种合成核苷酸与4种天然存在于核酸中的核苷酸相结合，构建出由8个核苷酸组成的DNA分子[6]。MRC分子生物学实验室在全基因组水平对一株大肠杆菌进行重新编码，将生命普遍使用的64个密码子压缩为61个[7]。同时，该研究团队还开展相关研究，为精确、快速、大规模（兆碱基）创建合成基因组工程操作提供关键的技术支持[8]。美国莱斯大学等多个机构使用真核系统协同调控组件在合成基因电路中进行复杂信号处理，显著扩展了可用的工程设计思路，进一步提升了人类对于真核系统的调控能力[9]。

3. 基因编辑技术不断改进更新，有效提升精确性和安全性

在基因编辑的三种主流工具中，CRISPR/Cas9系统是当前最高效、应用最广泛的一种工具，但脱靶率相对较高的技术缺陷限制了其应用，尤其是在基因治疗领域。新近的研究成果开发或改进了新型基因编辑系统，有效提升了精准性，拓宽了靶向范围。哈佛大学的David Liu团队开发的"prime editing"基因组编辑方法，能够以精确、高效和高度通用的方式直接编辑人体细胞[10]；该团队又采用循环置换的Cas9变体产生四个胞嘧啶和四个腺嘌呤碱基编辑器，编辑窗口从4～5个核苷酸扩展到最多8～9个核苷酸和减少副产物的形成，这组碱基编辑器改进了胞嘧啶和腺嘌呤碱基编辑的靶向范围[11]。博德研究所的张锋团队开发的RESCUE基因编辑方法，可以实现此前无法进行的RNA单碱基编辑[12]。此外，在检测和定量CRISPR/Cas9系统引起的脱靶效应方面，研究人员开发了多种评估工具。例如，中国科学院神经科学研究所等多个机构合作开发了新型脱靶检测技术GOTI[13]；美国加利福尼亚大学伯克利分校等机构合作开发了DISCOVER-Seq方法[14]；韩国首尔国立大学的研究人员开发了可评估ABE系统脱靶效应的新方法[15]。

4. 技术不断突破推动生物科学进入"计算设计"时代

借助信息技术的理论与方法，生物科学获得创新动力，取得了从蛋白质、基因组和生物体设计到生物制造过程设计等方面的多项创新成果。美国华盛顿大学开发了蛋白质结构预测的Rosetta算法平台，从头设计了抗癌蛋白药物[16]、能够根据环境变形的蛋白[17]和具有生物活性的蛋白开关[18]等一系列产物。哈佛大学创建了利用深度学习直接从氨基酸序列预测蛋白质基本特征的方法[19]。瑞士苏黎世联邦理工学院首次在计算机算法的帮助下构建了一个简化的人工细菌基因组[20]。美国佛蒙特大学等多个机

构合作,利用超级计算机设计开发全球首个青蛙细胞制造的"活体机器人",证实了计算机设计生物体的可行性[21]。美国伊利诺伊大学开发了结合人工智能设计、构建、测试和学习,实现番茄红素生物制造过程的全自动化机器人平台[22]。

5. 生物资源挖掘利用更加深入,为解决全球性问题提供有效路径

在生物资源挖掘方面,各国科学家继续对光合作用机制开展深入研究,着重于对关键元件的结构解析,以期通过提高植物光和效率增加粮食单产。中国科学院植物研究所揭示了硅藻利用其独特结构高效捕获、利用光能的机制[23]。英国谢菲尔德大学解析了菠菜中光合作用的关键元件——细胞色素 b_6f 的 3.6Å 分辨率低温电子显微镜结构[24]。基因组技术发展加快了性状鉴定和良种选育,从而提高了作物的环境适应能力和生产力。日本埼玉大学、中国清华大学和中国科学院的研究人员利用基因组技术加快性状鉴定和良种选育,提高作物的环境适应能力和生产力。美国、英国、韩国等的研究人员在利用生物资源改变生物燃料的应用现状缓解能源问题方面取得了多项成果[25,26]。美国麻省理工学院在利用工程酵母菌去除环境中的镉或锶等重金属方面获得重要进展[27,28]。

二、国际重大战略规划和政策措施

1. 强化顶层设计,展望生物经济可持续发展

2019 年,世界主要经济体加强生物科技领域战略布局,展望下一代生物经济发展前景并提出国家级规划与路线图。美国将生物经济确定为政府联邦机构重点研发的关键领域之一。美国工程生物学研究联盟 (Engineering Biology Research Consortium, EBRC) 发布《工程生物学——面向下一代生物经济的研究路线图》,展示了工程生物学工具和技术在解决与克服社会挑战时的潜在用途和影响[29]。加拿大发布首个国家生物经济战略,以促进加拿大生物质和残余物的最大价值化利用,同时减少碳足迹,实现有效管理自然资源的目标[30]。欧盟发布《面向生物经济的欧洲化学工业路线图》,提出在 2030 年将生物基产品或可再生原料的份额增加到化学工业的有机化学品原材料和原料总量的 25%[31]。英国、意大利、奥地利发布国家生物经济战略,面向下一代生物经济提出战略部署和规划要点。英国发布《国家工业生物技术战略 2030》,旨在通过促进工业生物技术中小企业的发展,确保英国成为向清洁增长转型的全球领导者[32]。此外,针对发展生物科学应对粮食安全、能源清洁增长和健康老龄化挑战的路线图——《英国生物科学前瞻》,英国发布生物科学领域《2019 年交付计划》,详细阐

述将要采取的行动，以支持交付目标的实现[33]。日本发布《生物战略2019》，提出到2030年建成世界最先进的生物经济社会，具体从建立生物优先思想、建设生物社区和建成世界一流的生物大数据利用国家三个方面来实现[34]。借鉴美国、英国、日本和中国抢占生物健康市场、扩大竞争投资的相关举措，韩国发布《生物健康产业创新战略》，旨在通过产业政策的根本性创新和率先投资，推动韩国生物健康产业迅速发展并进入全球领先行列[35]。

2. 加强项目部署，推动前沿颠覆性技术变革

按照国家生物经济发展规划要点，各国在前沿交叉融合性生物科技方面加强项目部署和配套举措，积极驱动科技产业颠覆性变革。美国能源部分别投入6400万美元和7300万美元用于植物、微生物基因组学等基础研究和生物质能源等应用科学研发项目[36,37]；美国农业部为生物能源、可再生化学品和相关技术项目提供2.5亿美元贷款担保[38]；美国国防部提出建立一个致力于非生物医学应用的合成生物制造创新研究所，加强研发以扩大生物制造产业能力[39]。加拿大联邦政府和产业界分别向生物基产品集群（Bioproducts Cluster）和生物质研究集群（The Biomass Canada Cluster）投资2210万加元和1010万加元，用于支持农作物和残留物为原料的能源、化学品等生物基产品生产技术的研发，推动产业创新[40,41]。欧盟生物基产业联盟为生物基研发项目提供8594万欧元资助，以解决原料供应、加工和产品研发等技术问题，并扩大生产规模[42]。英国研究与创新机构（UK Research and Innovation，UKRI）投入4500万英镑推进欧洲分子生物学实验室下属欧洲生物信息研究所的数据基础设施建设，用以支持未来药物发现、癌症遗传学、再生医学和农作物疾病预防等研究领域的重大发现[43]。此外，英国还将投入1000万英镑建立未来生物制造研究中心，致力开发新的生物技术，以提高制药、化工和工程材料领域的生物制造水平[44]。俄罗斯拟投入17亿美元支持开展基因编辑动植物新品种的培育研究。同时，各国在生物传感器、生物成像技术及生物大数据基础设施建设方面部署了多个项目，推动生物科技在应对医药、材料、能源、环境和气候变化等挑战方面发挥积极作用[45]。巴西生物技术应用发展迅速。2019年，巴西政府加大了对生物医药领域投资力度，计划在未来5年间投入30亿美元，鼓励生物技术在人类健康、食品安全、工业产品和环境质量等领域的应用[46]。

此外，新兴技术的快速发展推动了社会的变革、经济的发展和人类生活水平的不断提高，但同时由于缺乏充分的研究加上其两用性和复杂性的特点，新技术、新概念发展过快，无意或故意滥用都可能对国家安全和社会经济造成潜在影响。美国相关部门已制定《美国政府生命科学两用性研究的监管政策》《2017年生物技术管理协调框

架》等相关法律法规对其加以约束，从而更好地利用其益处。此外，合作减少威胁
(Cooperative Threat Reduction，CTR) 计划也布局构建相应能力以应对来自新型两
用技术的威胁。

三、启示与建议

随着人类利用和改造自然的能力不断增强，人类活动对生物多样性保护造成了极
大威胁，物种全球性丧失危机问题严重。联合国报告显示，近百万种物种可能在几十
年内灭绝[47]。世界自然基金会的报告表明：1970～2014 年，455 个受监测的森林特异
性物种的群体数量平均减少了一半多[48]。英国超过 70 个机构联合发布的报告显示，
自 1970 年以来，英国物种的平均数量和分布呈下降趋势[49]。美国、欧盟、英国、日
本等多个国家和地区已经将生物经济作为经济社会可持续发展的最佳路径，纷纷出台
战略规划，布局重大项目，以抢占产业变革的制高点。作为世界第二大经济体和生物
资源大国，我国在经济快速发展过程中需要兼顾战略生物资源安全和生物多样性保护
等问题，积极推进生物经济发展。

在合成生物学、基因编辑技术等前沿技术发展方面，全球取得了多项重大成果，
推动了人类认识生命、改造生命和创造生命的变革。同时，生物技术与信息技术等多
技术融合日益显著，在医药、农业、能源制造、环保等多个领域发挥越来重要的作
用，并展现出推动产业革命和结构调整的潜力，成为实现经济社会可持续发展的核心
驱动力。利用生命科学方法和现代生物技术，通过遵循自然规律的路径有助于解决健
康、能源、气候、生态等方面的全球性挑战。

基于生物科技领域国际发展态势，针对我国相关领域的发展提出如下建议。

1. 加强生物多样性保护体系建设，提升公众科学素养，践行绿色发展理念

生物多样性和生态系统保护是一项长期性的任务艰巨的工作，国家应该建立稳定
的财政投入机制，并充分利用社会资本共同参与；加强生物多样性科研能力建设，利
用现代生物技术开展生物资源，尤其是野生动植物资源的评价与挖掘；在加快建设生
物遗传资源库的基础上，创建特种资源专库。构建生物多样性保护监管平台，加强生
物多样性调查、观测和评估。通过加强专业知识和技能培训，提升保护区监督管理水
平，做好原生境保护和重建工作。用于迁地保护的动物园、植物园、海洋馆等也可用
于加大公众科普宣传力度，提高公众保护意识，激励青少年从小树立生物多样性保护
的合理价值观，营造有利于生物资源保护和利用的良好社会氛围。此外，我国还可借
助《生物多样性公约》第 15 次缔约方大会（COP-15）（计划于 2021 年在昆明召开）

这一平台加强国际合作与交流，提升国际话语权，彰显国际影响力，展示生物多样性保护的决心。

2. 加强我国生物经济发展战略研究，促进生物科技领域的顶层设计与产业发展

近两年，美国、德国、英国、日本、韩国等竞相出台生物经济国家战略，将发展生物经济作为把握未来竞争主动权、实现经济社会高质量发展、保障国家安全的重要手段。我国需持续开展生物经济发展战略研究，尽快出台生物经济国家战略，加强技术预见，明确重点优先领域，强化关键环节的任务部署，夯实科学研究基础，发挥优势集中攻关，着力突破关键新兴生物技术研发。在产业方面，推进现代农业产业化、医疗健康产业普惠化、制造产业绿色化发展。

3. 调整和优化学科布局，培养学科交叉融合创新人才，培育颠覆性技术创新能力

在全球学科之间、科学与技术之间、不同技术之间的交叉融合日益凸显的大趋势下，我国应该面向世界科技发展前沿，重新调整学科布局，打造综合交叉学科群，尤其重视生物科学与计算机科学、人工智能、数据分析和工程学等学科的交叉融合，带动学科结构优化与调整，掌握生物创新中各学科交汇点以及人才合作的正确组合，以契合国家重大战略需求和经济社会发展需求。立足生物科技与交叉研究领域的重大科学研究，加快培育具有多学科背景的创新人才和前沿颠覆性创新能力，带动我国科技水平的整体提升。同时，对于新兴技术的两面性，应该加强法规体系和监管机制建设，成立国家伦理委员会或生物安全监督机构，以防范为主，前移监管关口，防止对前沿生物技术滥用、谬用而造成的重大生物安全风险。

致谢：中国科学院成都生物研究所王飞研究员、中国科学院上海巴斯德研究所王小理副研究员在本章节撰写过程中提出了宝贵意见和建议，在此表示感谢。

参考文献

[1] Gao R X, Asano S M, Upadhyayula S, et al. Cortical column and whole-brain imaging with molecular contrast and nanoscale resolution. Science, 2019, 363(6424): eaau8302.

[2] Hoffman D P, Shtengel G, Xu C S, et al. Correlative three-dimensional super-resolution and block-face electron microscopy of whole vitreously frozen cells. Science, 2020, 367(6475): eaaz5357.

[3] Farhadi A, Ho G H, Sawyer D P, et al. Ultrasound imaging of gene expression in mammalian cells.

Science,2019,365(6460):1469-1475.

[4] Pallav K,Altheimer B D,Dai M J,et al. Rotation tracking of genome-processing enzymes using DNA origami rotors. Nature,2019,572:136-140.

[5] Weinstein J A,Regev A,Zhang F. DNA microscopy:optics-free spatio-genetic imaging by a stand-alone chemical reaction. Cell,2019,178:229-241.

[6] Hoshika S,Leal N A,Kim M J,et al. Hachimoji DNA and RNA:a genetic system with eight building blocks. Science,2019,363(6429):884-887.

[7] Fredens J,Wang K H,Torre D,et al. Total synthesis of *Escherichia coli* with a recoded genome. Nature,2019,569:514-518.

[8] Wang K H,Torre D,Robertson W E,et al. Programmed chromosome fission and fusion enable precise large-scale genome rearrangement and assembly. Science,2019,365(6456):922-926.

[9] Bashor C,Patel N,Choubey S,et al. Complex signal processing in synthetic gene circuits using cooperative regulatory assemblies. Science,2019,364(6440):593-597.

[10] Anzalone A V,Randolph P B,Davis J R,et al. Search-and-replace genome editing without double-strand breaks or donor DNA. Nature,2019,576:149-157.

[11] Huang T P,Zhao K T,Miller S M,et al. Circularly permuted and PAM-modified Cas9 variants broaden the targeting scope of base editors. Nature Biotechnology,2019,37(6):626-631.

[12] Abudayyeh O O,Gootenberg J S,Franklin B,et al. A cytosine deaminase for programmable single-base RNA editing. Science,2019,365(6451):382-386.

[13] Zuo E,Sun Y D,Wei W,et al. Cytosine base editor generates substantial off-target single-nucleotide variants in mouse embryos. Science,2019,364(6437):289-292.

[14] Wienert B,Wyman S K,Richardson C D,et al. Unbiased detection of CRISPR off-targets in vivo using DISCOVER-Seq. Science,2019,364(6437):286-289.

[15] Kim D,Kim DE,Lee G,et al. Genome-wide target specificity of CRISPR RNA-guided adenine base editors. Nature Biotechnology,2019,37:430-435.

[16] Silva D A,Yu S,Ulge U Y,et al. De novo design of potent and selective mimics of IL-2 and IL-15. Nature,2019,565(7738):186-191.

[17] Boyken S E,Benhaim M A,Busch F,et al. De novo design of tunable,pH-driven conformational changes. Science,2019,364(6441):658-664.

[18] Langan R A,Boyken S E,Ng A H,et al. De novo design of bioactive protein switches. Nature,2019,572:205-210.

[19] Alley E,Khimulya G,Biswas S,et al. Unified rational protein engineering with sequence-based deep representation learning. Nature Methods,2019,16:1315-1322.

[20] Venetz J E,Medico L D,Wölfle A,et al. Chemical synthesis rewriting of a bacterial genome to achieve design flexibility and biological functionality. PNAS,2019,116(16):8070-8079.

[21] Kriegman S,Blackiston D,Levin M,et al. A scalable pipeline for designing reconfigurable organ-

isms. PNAS,2020,https://doi. org/10. 1073/pnas. 1910837117.

[22] HamediRad M,Chao R,Weisberg S,et al. Towards a fully automated algorithm driven platform for biosystems design. Nature Communications,2019,10:5150.

[23] Pi X,Zhao S H,Wang W,et al. The pigment-protein network of a diatom photosystem Ⅱ-light-harvesting antenna supercomplex. Science,2019,365(6452):eaax4406.

[24] Malone L A,Qian P,Mayneord G E,et al. Cryo-EM structure of the spinach cytochrome $b6$-f complex at 3. 6Å resolution. Nature,2019,575:535-539.

[25] Kim H M,Chae T U,Choi S Y,et al. Engineering of an oleaginous bacterium for the production of fatty acids and fuels. Nature Chemical Biology,2019,15:721-729.

[26] Machovina M M,Mallinson S J B,Knott B C,et al. Enabling microbial syringol conversion through structure-guided protein engineering. PNAS,2019,116(28):13970-13976.

[27] George L S,Erin E R,Angela M B. Designing yeast as plant-like hyperaccumulators for heavy metals. Nature Communications,2019,10:5080.

[28] Sun G L,Reynolds E E,Belcher A M. Using yeast to sustainably remediate and extract heavy metals from waste waters. Nature Sustainability,2020. https://doi. org/10. 1038/s41893-020-0478-9.

[29] EBRC. Engineering biology:a research roadmap for the next-generation bioeconomy. https://roadmap. ebrc. org/[2019-06-19].

[30] BIC. Canada's bioeconomy strategy:leveraging our strengths for a sustainable future. http://www. biotech. ca/wp-content/uploads/2016/03/National_Bioeconomy_Strategy_EN-compressed. pdf[2019-05-15].

[31] EU. Roadmap for the chemical industry in Europe towards a bioeconomy. https://www. roadtobio. eu/uploads/publications/roadmap/RoadToBio_action_plan. pdf[2019-05-21].

[32] Industrial Biotechnology Leadership Forum. Growing the UK industrial technology base:a national industrial biotechnology strategy to 2030. https://www. bioindustry. org/uploads/assets/uploaded/d390c237-04b3-4f2d-be5e776124b3640e. pdf[2018-06-04].

[33] BBSRC. Delivery plan 2019. https://www. ukri. org/files/about/dps/bbsrc-dp-2019/[2019-05-22].

[34] 首相官邸ホームページ. バイオ戦略 2019:国内外から共感されるバイオコミュニティの形成に向けて. https://www. kantei. go. jp/jp/singi/tougou-innovation/pdf/biosenryaku2019. pdf[2019-06-12].

[35] MOEF. (참고)[5. 22. 수.행사종료이후]_바이오헬스_산업__혁신전략. https://www. moef. go. kr/com/synap/synapView. do;jsessionid=-WqKSXR+W-V-RjIVtpWhnYNM. node30?atchFileId=ATCH_000000000010940&fileSn=2[2019-06-30].

[36] USDOE. Department of energy announces $64 million for research on plants and microbes. https://www. energy. gov/articles/department-energy-announces-64-million-research-plants-and-microbes[2019-08-21].

[37] USDOE. Department of energy announces $73 million for 35 projects for bioenergy research and

development. https://www. energy. gov/articles/department-energy-announces-73-million-35-projects-bioenergy-research-and-development-0[2019-10-01].

[38] USDA. Funding opportunity for US biorefineries. https://greenchemicalsblog. com/2019/10/23/funding-opportunity-for-us-biorefineries/[2019-10-23].

[39] USDOD. Specific synthetic biology manufacturing focus areas suitable for a manufacturing innovation institute. https://www. fbo. gov/index. php? s = opportunity&mode = form&id = 06b622ed 4203b2fdc1d9ff737c5ccff4&tab=core&_cview=0[2019-09-30].

[40] Agriculture and Agri-Food Canada. Investing in Canada's bioeconomy to help provide opportunities for farmers and grow the clean economy. https://www. newswire. ca/news-releases/investing-in-canada-s-bioeconomy-to-help-provide-opportunities-for-farmers-and-grow-the-clean-economy-83867 7428. html[2019-04-25].

[41] Canadian Biomass Magazine. Canada invests in biomass research cluster to grow bioeconomy. https://www. canadianbiomassmagazine. ca/canada-invests-in-biomass-research-cluster-to-grow-bioeconomy-7244/?mkt_tok = eyJpIjoiWlRNNVl6WmtNRGhpT1dNNCIsInQiOiJQbDJKM0ZNSDJ CRDlldE1YMkRaaHNudHpVaVE1bGtBSGN2MmtTZDY2dzRLTDBsak1xaVpwwOVdTV3VsODJ qcFh2Q1hIZzY4UVEwb1JwUms0UTZMeWd4QlZjjdmVLZkdtbFJWekxUa1d3cTNNXSXArTUJJO DNSNkhFY0VabzFqWEVHUyJ9[2019-02-13].

[42] BBI JU. BBI JU launches 18 new projects, celebrates its 100th project. https://www. bbi-europe. eu/news/bbi-ju-launches-18-new-projects-celebrates-its-100th-project[2019-05-10].

[43] UKRI. £45 million boost for big data bioinformatics research to drive discovery. https://bbsrc. ukri. org/news/research-technologies/2019/190314-n-boost-big-data-bioinformatics-research-to-drive-discovery/[2019-03-14].

[44] The University of Manchester. Multimillion pound biotechnology research investment for Manchester. https://www. manchester. ac. uk/discover/news/multimillion-pound-biotechnology-research-investment-for-manchester/[2019-02-13].

[45] Nature. Russia joins in global gene-editing bonanza. https://www. nature. com/articles/d41586-019-01519-6?utm_source = fbk_nnc&utm_medium = social&utm_campaign = naturenews&sf 212647145＝1[2019-05-14].

[46] 邓国庆. 巴西拥有多项世界级研究成果,加大生物医药发展的力度. http://digitalpaper. stdaily. com/http_www. kjrb. com/kjrb/html/2020-01-08/content_438203. htm? div=-1[2020-01-08].

[47] United Nations. UN report: nature's dangerous decline "unprecedented"; species extinction rates "accelerating". https://www. un. org/sustainabledevelopment/blog/2019/05/nature-decline-unprecedented-report/[2019-05-06].

[48] World Wide Fund. Below the canopy: plotting global trends in forest wildlife populations. https://c402277. ssl. cf1. rackcdn. com/publications/1250/files/original/BelowTheCanopy_Full_Report. pdf? 1565706251[2019-08-29].

[49] The National Biodiversity Network. State of nature 2019. https://nbn. org. uk/wp-content/up-
    loads/2019/09/State-of-Nature-2019-UK-full-report. pdf[2019-10-03].

Bioscience and Biotechnology

Ding Chenjun，Chen Fang，Zheng Ying，Wu Xiaoyan，Song Qi

In recent years，biotech is booming and merges and promots each other with information technology to push cutting-edge disruptive innovation and the new industrial revolution. The rapid development of emerging technologies and tools had promoted the in-depth development of biological science and technology. With the help of ultra-high-resolution microscopes，we can obtain details in the process of understanding life more quickly. Using computer-aided design，the abilities of genome synthesis and modifying continuously improved. The discovery and utilization of biological resources were progressing. At the same time，the status of biodiversity conservation was grim. From an ecological perspective，there is an urgent need for the development of bio-economy and the realization of green trans-formation.

4.4　农业科技领域发展观察

袁建霞　邢　颖

（中国科学院科技战略咨询研究院）

2019 年我国持续推进农业高质量发展。为贯彻落实党中央、国务院关于实施质量兴农战略的决策部署，加快推进农业高质量发展，农业农村部、国家发展改革委、科技部、财政部、商务部、国家市场监督管理总局、国家粮食和物资储备局联合制定了《国家质量兴农战略规划（2018—2022 年)》，提出了质量兴农的重点任务，其中一项就是强化农业科技创新。本文在系统扫描国际重要学术期刊的研究论文和评论文章、重要国家涉农官方网站，全面监测国际农业科技领域研究动态和战略举措的基础上，系统梳理了 2019 年国内外农业科技取得的重要研究进展和国外重要战略行动，并对我国农业科技发展提出了若干启示和建议。

一、国内外重要研究进展

1. 食品营养与健康科学研究取得重大突破

《自然》选出的 2019 年十大科学进展[1]和《科学》评选出的 2019 年十大科学突破[2]中，均有一项食品营养与健康科学研究入选。《自然》评选出的成果是吃"鱼"可以解决微量营养素缺乏问题[3]。英国研究人员领衔的研究团队利用超过 350 种海洋鱼类中 7 种营养物质（钙、铁、硒、锌、维生素 A、ω-3 脂肪酸和蛋白质）的浓度、环境和生态特征来预测海洋鳍类鱼类的营养含量，结果确定了当前世界范围内渔业渔获物中营养物质的分布情况。认为在多数地区，鱼类作为食物来源更加实惠，且对环境影响较小，渔业营养与其他动物性营养供应相当，应该成为粮食和营养的核心组成部分。《科学》评选出的成果是改善儿童营养不良。每年全世界有数百万名严重营养不良的儿童无法完全康复，即使他们饱食后仍会发育不良、体弱多病，这主要是由于儿童的肠道微生物尚未成熟。一个包括美国、印度、南非等国研究人员在内的国际团队提出了一种低成本、易于获得的补充剂。该补充剂由鹰嘴豆、香蕉、大豆和花生粉组成，可以优先刺激有益肠道细菌的生长，改善肠道微生物组成。

2. 作物秸秆资源化利用基础研究取得重大突破

秸秆木质素去除是造纸生产和生物质转化为生物燃料的关键步骤,其中关键技术的开发有赖于对秸秆结构的解析。2019 年 1 月发表在《自然-通讯》(*Nature Communications*)上的一篇文章[4]显示,美国路易斯安那州立大学的研究人员首次利用高分辨率技术,在原子水平上对整个玉米茎秆进行研究,发现了纤维素、木质素和木聚糖三者之间新的结构关系,颠覆了以往的认知。以往认为,这三种分子混合在一起,纤维素发挥支架作用并直接与木质素连接。而本研究发现,三者各自具有独立的结构域,且独立发挥作用,其中纤维素与木质素通过木聚糖间接连接。该发现为生物质利用提供了结构理论基础。

3. 新材料介导的植物瞬时转化技术取得新进展

美国加利福尼亚大学伯克利分校的研究人员创造性地将碳纳米管技术应用于植物转化,克服了传统转化方法对植物基因型依赖、且存在外源基因插入植物基因组的缺点。该技术将待递送的基因固定在碳纳米管上,以碳纳米管为载体穿过细胞壁,然后将其递送到植物细胞中。该碳纳米管的直径约为 10 nm,长度可达 300 nm,在实现基因递送的同时,还可以保护基因不被快速降解。该技术已经在烟草、芝麻菜、小麦、棉花中得到验证,且简单易行、效率高、无毒性和组织损伤,有可能实现快速、大规模和高通量植物瞬时转化。相关研究成果 2019 年 2 月发表在《自然-纳米技术》(*Nature Nanotechnology*)[5]上。

4. 旨在促进作物增产的光合作用研究取得新进展

当前,光合作用机理研究及其改造是作物增产研究的热点前沿,创新成果不断涌现。2018 年,研究人员在生存于阴暗环境下的蓝藻体内发现了一种新型的光合作用[6],改变了人们对光合作用基本原理的认识。2019 年 1 月发表在《自然》上的一篇文章[7]则显示,德国马克斯-普朗克生物化学研究所与澳大利亚国立大学的科研人员合作,利用快速发展的低温电子显微术等,揭示了蓝藻中羧酶体结构的形成机制。该结构可以提高光合作用关键酶 Rubisco 的酶效率,并成功重构了 Rubisco 与辅助蛋白 CcmM 的复合物。该复合物转移到作物中可以通过有效固定 CO_2 来提高作物产量。

5. 作物基因组编辑育种技术取得多项新进展

近年来,作物基因组编辑技术作为作物育种前沿热点技术之一,不断取得新突破。2019 年 3 月发表在《自然-生物技术》(*Nature Biotechnology*)上的文章[8]显示,全球知名农业科技公司先正达研发出了一种加快育种进程的 HI-Edit 育种新策略，其通过把单倍体育种技术与 CRISPR-Cas9 基因组编辑技术结合在一起，在诱导单倍体形成的过程中实现基因编辑。7 月发表在《自然-植物》（Nature Plants）上的文章[9]显示，日本东京大学等机构的研究人员利用转录激活因子样效应物核酸酶（TALEN）基因组编辑技术，首次对植物线粒体 DNA 进行成功编辑，分别敲除了水稻和油菜胞质雄性不育材料中的特定线粒体基因，恢复了其育性。1 月发表于《自然-生物技术》上的文章[10]显示，中国农业科学院水稻研究所的研究人员利用基因组编辑技术，建立了可永久固定杂种优势的水稻无融合生殖体系，成功克隆出杂交稻种子，通过该克隆种子，杂交稻性状可以稳定遗传到下一代。4 月发表在《科学》上的文章[11]显示，中国科学院遗传发育所科学家在水稻中对碱基编辑器特异性进行全基因组水平评估，揭示胞嘧啶单碱基编辑器可在全基因组范围内造成脱靶突变，为未来工具的改进奠定了理论基础。5 月发表于《自然-植物》上的文章[12]显示，中国科学院遗传发育所等机构研究人员通过碱基编辑突变 ALS 和 ACC 基因，创制了抗各类除草剂的小麦，并建立了碱基共编辑方法，填补了抗除草剂小麦种质匮乏的空白，也为抗除草剂作物新种质创制提供了高效技术路径。

6. 作物病害传感器诊断技术取得新进展

2019 年 7 月发表在《自然-植物》上的一篇文章[13]显示，美国北卡罗来纳州立大学的研究人员开发出一种基于智能手机的植物病害诊断传感装置。该装置通过监测田间植物叶片释放的挥发性有机化合物的特征，包括类型、浓度等，获得相关指纹图谱，然后据图谱对番茄晚疫病进行无创诊断，晚疫病感染 2 天后即可检测到，田间检测准确率高达 95% 及以上，且可以在反应 1 min 内检测到 ppm① 级关键植物挥发物。该方法经济高效，克服了以往植物病原体分子检测技术复杂、耗时且受到实验室场地限制的问题。

7. 家畜传染病病毒学研究取得重大进展

非洲猪瘟病毒是一个巨大而复杂的 DNA 病毒，能够引发家猪、野猪患急性、热性、高度传染性疾病，发病率和死亡率可高达 100%，目前尚未有可用的疫苗。2019年 10 月发表在《科学》上的一篇文章[14]显示，中国科学院生物物理研究所和中国农业科学院哈尔滨兽医研究所联合上海科技大学等单位，采用一种优化的图像重构策略，解析了非洲猪瘟病毒衣壳的三维结构，其分辨率达到 4.1Å。并揭示了衣壳稳定

---

① 1 ppm＝1 mg/kg。

性和组装的分子基础,对非洲猪瘟疫苗的研发具有十分重要的理论指导意义。该成果入选 2019 年度中国科学十大进展[15]。

二、国外重要战略行动

1. 美国农业部公布未来十年动物基因组研究蓝图

美国农业部 2019 年 5 月公布了题为"基因组到表型组:改善动物健康、生产和福利"的动物基因组研究新蓝图(2018~2027 年)[16],这是继 2008 年发布的第一个农业动物基因组十年蓝图(2008~2017 年)的更新版。该蓝图提出了从科学到实践、发现科学和基础设施等三个方面的研究主题,旨在推动动物基因组新信息的获取和应用,并描述了动物农业的未来愿景。其中特别指出,将遗传改良率提高 10 倍和发展精准畜牧生产系统等将可能使全球动物蛋白的供应量提升近 2 倍。为达成该目标,建议通过集成运用新技术加强疾病管理、性状改良和精准畜牧系统,具体包括:通过开发和使用传感技术和预测算法,利用数据驱动的方法改进疾病检测和管理;利用与田间表型相关的大型基因序列数据集,结合基因组学、先进生殖技术、精准育种技术,加速家畜、家禽和水产养殖种群的可持续性状的遗传改良;确定可持续性和动物福利的客观衡量标准,并将其纳入精准畜牧系统。

2. 美国农业部农业研究局公布 2018~2020 农业转型战略规划

美国农业部农业研究局 2019 年 6 月正式公布了主题为"转型农业"的 2018~2020 年战略规划[17],确定了四个目标科学领域及其具体研究目标,以及四个跨领域交叉研究重点。四个目标领域分别是营养、食品安全与质量,自然资源与可持续农业系统,作物生产与保护,动物生产与保护。其中营养、食品安全与质量的研究目标涉及食品的健康作用、食品污染防控、农产品质量提高和新用途开发;自然资源与可持续农业系统研究旨在改善农业生态系统,增强牧场、草原、饲料、草坪农业系统的功能和提高它们的性能,开发农业综合解决方案;作物生产与保护研究旨在加强植物遗传资源、基因组学、遗传改良和病虫害管理,提高作物生产力、效率和可持续性并确保农产品高质安全;动物生产与保护研究旨在提高食用动物生产效率、行业可持续性、动物福利、产品质量和营养价值,改进疾病检测、预防和控制。四个跨领域交叉研究重点分别是提高研究的协同效应、应对抗菌素的耐药性、应对气候变化及促进微生物组研究。

3. 俄罗斯发布《2035 年前粮食系统长期发展战略》

俄罗斯总理于 2019 年 8 月签署《2035 年前粮食系统长期发展战略》[18],旨在为粮食和豆类作物的生产、加工、储存和销售建立一个由科学创新驱动的高效系统。该战略制定了到 2035 年达到粮食年产量 1.4 亿 t、年出口量 5590 万 t 的目标。为此，提出 7 项重点任务：开发和应用高产品种、提高粮食和豆类作物产量和稳产性、分析影响粮食品质的因素、减小国内粮食市场价格的波动幅度、发展农田生产设施、减少粮食垂直供应链中的基础设施和物流成本、提高粮食及其加工产品的出口量等。此外，该战略还明确了粮食系统发展的若干优先方向，包括：优化种植结构、提高粮食和豆类作物产量、发展粮食储运相关基础设施、满足国内饲料行业对粮食的需求增长并开发粮食消费新领域（如利用粮食生产可生物降解产品）、通过加强检疫监督和粮食产品在出口运输过程中的质量与安全提高粮食出口量等。

4. 俄罗斯发布《2019—2027 年联邦基因技术发展规划》

俄罗斯政府 2019 年 4 月发布《2019—2027 年联邦基因技术发展规划》[19]，旨在加速发展基因编辑技术在内的基因技术，为医学、农业和工业建立相关科技储备，完善生物领域紧急状况预警和监测系统。其中，促进农业基因技术发展是四个实施方向之一，目标是加强俄罗斯的粮食安全。具体研究方向包括：开发用于种植业、畜牧业和水产养殖、兽用疫苗生产的基因技术，以及通过有效利用农业微生物群落的基因资源，开发改善微生物、动植物之间相互作用的技术。短期（3～6 年）内拟取得以下成果：基于俄罗斯主要农作物（小麦、马铃薯、甜菜、大麦等）清单，利用基因编辑开发其中至少 4 种作物品系并提高其经济价值，培育生长迅速的作物品系和抗病毒性疾病的家畜品系，综合利用基因技术和胚胎技术生产和推广高产家畜，降低俄罗斯畜牧业对国外的依赖。

5. 澳大利亚资助建立未来食品系统合作研究中心

澳大利亚工业、创新和科学部 2019 年 3 月宣布，联邦政府将资助建立未来食品系统合作研究中心（The Future Food Systems CRC）[20]，构建一种以产业为主导、政产学研合作的科研组织形式，以帮助解决从农民到食品加工商整个食品供应链面临的经济、环境和社会挑战，支持区域和城郊食品系统生产力的提升，支持新产品从原型向市场的推进，以及实施从农场到消费者供应链的快速源头保护。该中心基于新南威尔士大学建立，汇集了超过 60 家研究、产业和政府合作伙伴，未来 10 年内将获得政府资助 3500 万澳元，合作伙伴资助近 1.5 亿澳元[21]。中心将致力于三方面的创新，即区域食品中心、高科技室内农业及农产品增值。在区域食品中心方面，提供涉及农场、温室设施、食品工厂、货运代理商及服务供应商等的综合解决方案；在高科技室内农业方面，重点为城市农业和垂直农业开发集成自动化、信息学和设施设计的下一代解决方案；在农产品增值方面，重点聚焦从农场到消费者的源头保护技术，产品质量和营养优化技术，智能包装、加工和食品安全技术，定制和个性化食品创新技术等。

6. 德国联邦教育和研究部启动未来数字农业研究项目

德国联邦教育和研究部 2019 年 4 月启动"未来农业系统：数字农业知识与信息系统"（DAKIS）项目[22]。该项目将致力于未来数字农业愿景，开发一种实用的数字信息与决策支持系统，开展机器人、传感器和计算机模型研究，同时考虑环境和自然保护。项目研究内容主要包括四个方面：①在明确试验区农业生态系统服务与需求的基础上，开发和测试数字农业知识与信息系统，将需求转化为具体的决策建议。②基于传感器技术建立包含静态传感器和部分自主机器人的无线传感器网络，实时监控土壤成分、植物种群及气象数据等，并持续反馈到决策系统。③利用计算机模型和实地种植建立适合本地区的"理想农场"，完美地平衡生产最大化、生态系统服务和技术可行性之间的关系。④实现 DAKIS 系统的数据整合与实践应用，将所有数据流都集成在一个直观的用户界面上，浓缩为行动建议，并以易于理解的方式实现可视化。

7. 加拿大政府加强支持大型农业基因组应用研究

加拿大基因组机构（Genome Canada）① 和加拿大农业与农业食品部（Agriculture and Agri-Food Canada，AAFC）2019 年 7 月联合宣布，未来四年将投资约 7670 万加元，支持八个新的大型基因组应用研究项目[23]。这些项目将为促进加拿大农业、农业食品、渔业和水产养殖业的可持续发展和生产力的提高提供基于基因组的解决方案。这八个项目的任务分别是：①基于天然蛋白质开发兽医用抗生素替代品（即抗菌肽）。②培育能够快速适应环境变化的高适应力奶牛品种。③提高扁豆变异对生态系统的价值。④推进小麦驯化和功能基因发现并加快应用。⑤为家畜循证治疗策略开发基因组抗菌药物管理系统。⑥开发由应激源特异性标记物驱动的新型蜜蜂健康评估和诊断平台。⑦定量评估鱼类的健康状况及面临的应激因素。⑧开发和评估重要物种基因组资源以促进本土小规模渔业发展。

三、发展启示与建议

我国 2019 年中央 1 号文件提出，要加快突破农业关键核心技术，以夯实农业基

---

① 加拿大基因组是加拿大政府资助的一个非营利组织，旨在促进"基因组学＋"和基因组技术的开发和应用。自 2000 年以来，加拿大政府已经通过加拿大基因组对基因组学研究进行了 15 亿加元的定向投资。

础，保障重要农产品有效供给。同年，中央经济工作会议提出，要狠抓农业生产保障供给，加快农业供给侧结构性改革，带动农民增收和乡村振兴。其中需要应对我国农业科技发展存在的问题，包括基础研究比较薄弱，原始创新不足，关键核心技术尚未实现自主可控，战略科技创新力量较为缺乏，产业链供应链现代化水平较低等。因此，未来需抓住新科技革命的机遇，实施技术攻关行动，促进多学科交叉融合和组织模式创新，培育国家农业战略科技力量，推动重点科技领域自主创新及其成果转化等。总结上述重要研究进展和重要战略行动可得出如下几点启示和建议。

1. 关注以解决重大问题为导向的农业科技热点前沿研究

2019年全球农业科技领域取得的重大研究进展和突破主要集中在食品营养与健康、作物废弃物资源利用、光合作用机理及其应用、作物转基因技术、作物基因组编辑育种、作物病害诊断传感技术及家畜传染病病毒学研究等热点前沿方向。这些方向的突破性成果将为解决包括人类健康、粮食安全、动物传染病流行等在内的重大问题提供重要理论基础和技术支持，值得关注和布局。例如，2019年在食品营养与健康方向上取得的成果将为全球，特别是贫困地区，面临的微量营养素缺乏和儿童营养不良问题提供有效的解决方案。

2. 重视多学科交叉融合为农业发展提供可持续动力

近年来，农业科技领域取得的重大研究进展大多得益于不同学科的交叉融合。纳米技术与转基因技术相结合可克服传统作物转化方法的部分缺点；基因组编辑技术与单倍体育种技术结合既提高了育种效率又降低了成本；智能传感技术在作物病害诊断中的应用解决了以往其他技术复杂、耗时且受场地限制的问题。总之，纳米等新材料技术、基因组编辑等新一代生物技术、人工智能等新一代信息技术等在农业科技领域的应用，将助力农业科技发展，有效解决农业生产、育种、病虫害防控、可持续发展等面临的挑战。

3. 创新科研组织形式实现农业全产业链研发布局

作为第一、第二、第三产业融合的现代农业产业，其所面临的问题比较复杂，需要系统综合解决方案，在农业生产、经营、食品营养和安全、资源环境可持续发展等方面进行农业科技研发的全面布局，实现农业产前、产中和产后全链条科技发展齐头并进，实现现代农业的协调高质量发展。澳大利亚政府的举措在这方面提供了一个很好的案例。澳大利亚政府通过资助建立未来食品系统合作研究中心，构建了一种以产业为主导、政产学研合作的科研组织形式，布局从农户到食品加工商、从农场到消费者供应链的全链条解决方案，现在已经汇集了超过 60 家研究、产业和政府合作伙伴。而且，政府通过适当资助，撬动和吸引了更多的社会投资。

4. 抓住生物技术和信息技术推动农业科技变革的新机遇

生物技术和信息技术在农业领域的创新应用不断推动农业科技领域取得重大进展和突破。世界主要国家也纷纷制定和布局相关战略规划和研究项目。例如，俄罗斯"联邦基因技术发展规划"提出，要促进包括基因组编辑在内的农业基因技术发展。美国"未来十年动物基因组研究蓝图"为应对新生物技术的出现而对研究主题进行调整。加拿大加强对大型农业基因组应用研究的资助。德国则启动未来数字农业研究项目，支持开发实用的数字信息与决策支持系统。未来，随着新一代生物技术和信息技术的大发展，必将引发农业科技变革，需抓住机遇，充分研发和利用相关技术，大力发展生物农业、智慧农业，以满足粮食安全、食品安全、营养安全和生态环境安全的新需求。

致谢：中国科学院遗传与发育生物学研究所的高彩霞研究员和田志喜研究员、中国农业机械化科学研究院吴海华研究员对本文进行审阅并提出宝贵修改意见，特致谢忱！

参考文献

[1] Nature News and Views. Robots, Hominins and superconductors: 10 remarkable papers from 2019. https://www. nature. com/articles/d41586-019-03834-4[2019-12-13].

[2] Microbes combat malnourishment. 2019 Breakthrough of the year microbes combat malnourishment. https://vis. sciencemag. org/breakthrough2019/finalists/♯Microbes-combat[2019-12-19].

[3] Hicks C C, Cohen P J, Graham N A J, et al. Harnessing global fisheries to tackle micronutrient deficiencies. https://www. nature. com/articles/s41586-019-1592-6[2019-12-25].

[4] Kang X, Kirui A, Widanage M C D, et al. Lignin-polysaccharide interactions in plant secondary cell walls revealed by solid-state NMR. https://www. nature. com/articles/s41467-018-08252-0[2019-01-21].

[5] Demirer G S, Zhang H, Matos J L, et al. High aspect ratio nanomaterials enable delivery of functional genetic material without DNA integration in mature plants. https://www. nature. com/articles/s41565-019-0382-5[2019-02-25].

[6] Nürnberg D J, Morton J, Santabarbara S, et al. Photochemistry beyond the red limit in chlorophyll f-containing photosystems. Science, 2018, 360(6394): 1210-1213.

[7] Wang H, Yan X, Aigner H, et al. Rubisco condensate formation by CcmM in β-carboxysome biogen-

esis. https：//www. nature. com/articles/s41586-019-0880-5［2019-01-23］.

［8］Kelliher T，Starr D，Su X J，et al. One-step genome editing of elite crop germplasm during haploid induction. https：//www. nature. com/articles/s41587-019-0038-x［2019-03-04］.

［9］Kazama T，Okuno M，Watari Y，et al. Curing cytoplasmic male sterility via TALEN-mediated mitochondrial genome editing. https：//www. nature. com/articles/s41477-019-0459-z［2019-07-08］.

［10］Wang C，Liu Q，Shen Y，et al. Clonal seeds from hybrid rice by simultaneous genome engineering of meiosis and fertilization genes. https：//www. nature. com/articles/s41587-018-0003-0［2019-01-04］.

［11］Jin S，Zong Y，Gao Q，et al. Cytosine，but not adenine，base editors induce genome-wide off-target mutations in rice. Science，2019，364(6437)：292-295.

［12］Zhang R，Liu J，Chai Z，et al. Generation of herbicide tolerance traits and a new selectable marker in wheat using base editing. Nature Plants，2019，5(5)：480-485.

［13］Li Z，Paul R，Tis T B，et al. Non-invasive plant disease diagnostics enabled by smartphone-based fingerprinting of leaf volatiles. https：//www. nature. com/articles/s41477-019-0476-y［2019-07-29］.

［14］Wang N，Zhao D M，Wang J L，et al. Rchitecture of African swine fever virus and implications for viral assembly. Science. https：//doi. org/10. 1126/science. aaz1439［2019-10-17］.

［15］中国科学院院刊. 2019 年度中国科学十大进展. https：//mp. weixin. qq. com/s/amH5F4XKiwP4dYIsZfweg［2020-02-27］.

［16］USDA. Genome to phenome：improving animal health，production，and well—being-a new USDA blueprint for animal genome research 2018-2027. https：//www. ars. usda. gov/ARSUserFiles/np101/Animal％20Genome％20to％20Phenome％20Executive％20Summary. pdf［2020-07-07］.

［17］USDA ARS. 2018-2020 Strategic plan-transforming agriculture. https：//www. ars. usda. gov/docs/plans-reports/［2020-07-16］.

［18］Министерство сельского хозяйства Российской Федерации(Ministry of Agriculture of the Russian Federation). Распоряжение Правительства Российской Федерации от 10. 08. 2019 г. № 1796-р. http：//static. government. ru/media/acts/files/1201908160031. pdf［2019-08-10］.

［19］Министерство науки и высшего образования Российской Федерации(Ministry of Science and Higher Education of the Russian Federation). Утверждена Федеральная научно-техническая программа развития генетических технологий на 2019-2027 годы. http：//government. ru/docs/36457/［2019-04-22］.

［20］Future Food Systems. About the future food systems cooperative research centre. https：//www. futurefoodsystems. com. au/about/［2019-09-09］.

［21］The University of New South Wales. Government injects ＄35m into future food research centre. https：//newsroom. unsw. edu. au/news/general/government-injects-35m-future-food-research-centre［2019-03-28］.

［22］SeedQuest. Launch of research project：the future of agriculture is digital. https：//www. seed-

quest. com/news. php? type=news&id_article=106617&id_region=&id_category=&id_crop
[2019-05-03].

[23] GenomeCanada, Agriculture and Agri-Food Canada. Results of the 2018 large-scale applied re-
search project competition:genomic solutions for agriculture,agri-food,fisheries and aquaculture.
https://www. genomecanada. ca/sites/default/files/bk-lsarp-agr-en. pdf[2019-07-23].

Agricultural Science and Technology

Yuan Jianxia,Xing Ying

2019 is the year when my country will further boost the high-quality development of agriculture. "National Strategic Plan of Invigorating Agriculture by Quality(2018—2022)"puts forward the key tasks for high-quality development of agriculture,one of which is to strengthen agricultural technological innovation. Globally,agricultural science and technology achieved great progress and breakthrough in food nutrition and health improvement, basic research on crop waste resource utilization,photosynthesis mechanism and its application,crop transgenic breeding,crop genome editing breeding,crop disease diagnosis sensor technology, and the virology research of livestock infectious disease during this year. In addition,there were several significant events that deserve attention: a new blueprint for animal genome research in the future ten years and 2018—2020 Strategic Plan for transforming agriculture were released in USA;the long-term development strategy of food system by 2035 and the gene technology development plan 2019—2027 were released in Russia;Australian government funded to create the Future Food Systems Cooperative Research Centre;German government launched future digital agriculture research project; Canadian government strengthened support for large-scale agricultural genome application research. So, we proposed to pay attention to the hot frontiers of agricultural science and technology, value interdisciplinary integration providing sustainable power for agricultural development,innovate the research organization mode for realizing the R&D layout of the entire agricultural industry chain, and seize the opportunities of agricultural revolution promoted by new generation biotechnology and information technology.

4.5　环境科学领域发展观察

廖　琴　曲建升　曾静静　裴惠娟　董利苹　刘燕飞

（中国科学院西北生态环境资源研究院）

2019 年，环境科学与生态保护领域在以下 6 方面取得新的重要进展：①全球变暖。②生物多样性变化模式及物种灭绝驱动因素。③氮污染来源识别及安全排放标准。④空气污染及气候变化对健康的风险。⑤污水处理技术及材料研发。⑥淡水及陆地微塑料研究等。另外，在退化生态系统恢复、温室气体减排目标、综合环境治理、海水淡化技术、可持续发展目标等方面，联合国等国际重要组织与主要国家部署了相关战略和行动。

一、重要研究进展

1. 极地冰川加速融化警示全球面临气候危机

2019 年，多项研究发现全球持续变暖，极地冰川融化加速，海平面以前所未有的速度上升，气候突变和不可逆转的威胁日益加剧[1,2]，导致科学家发出世界正面临气候危机的警告[3]。美国加利福尼亚大学欧文分校与荷兰乌得勒支大学的研究人员发现，南极冰盖的质量损失从 1979~1990 年的每年约 400 亿吨增加到 2009~2017 年的每年约 2520 亿吨[4]。美国斯坦福大学与英国剑桥大学等机构的研究人员通过对比历史和现代雷达探测数据来观察南极冰盖过去四十多年的变化，指出西南极洲思韦茨冰川（Thwaites Glacier）的融化速度快于先前观测结果[5]。新西兰惠灵顿大学与美国西密歇根大学等机构的联合研究指出，如果全球平均气温升高超过 2℃，南极冰盖融化可能在未来几个世纪里使海平面上升超过 20 米[6]。新西兰惠灵顿维多利亚大学和地质与核科学研究所（GNS Science）等机构使用格陵兰岛和南极洲的冰盖卫星测量数据进行模拟显示，未来冰盖的融化将加剧全球温度的变化，极端天气事件等波动更容易出现，到 2100 年海平面可能将上升 25 厘米[7]。政府间气候变化专门委员会（Intergovernmental Panel on Climate Change，IPCC）发布《气候变化中的海洋和冰冻圈特别报告》[8]指出，20 世纪全球海平面上升约 15 厘米，而当前的上升速度是其两倍多，预计21世纪末海平面还将加速上升。

2. 生物多样性变化模式及其驱动因素得到进一步揭示

2019年2月，联合国粮食及农业组织（Food and Agriculture Organization of the United Nations，FAO）发布首份关于粮食系统的生物多样性状况报告[9]，指出支撑人类粮食系统的生物多样性正在消失，主要原因是土地和水资源利用与管理的变化，其次是污染、过度开发与捕获、气候变化、人口增长和城市化。5月，生物多样性和生态系统服务政府间科学政策平台（IPBES）发布全球首份生物多样性综合评估报告[10]，指出过去50年，在土地和海洋开发利用、生物资源使用、气候变化、污染、外来物种入侵的共同驱动下，全球物种和生态系统正以前所未有的速度消减。《自然-气候变化》（Nature Climate Change）[11,12]、《美国国家科学院院刊》（PNAS)[13,14]、《科学》[15]等期刊发表多篇文章，分别揭示了不同类型生物多样性现状及其驱动因素。英国伦敦大学学院领导的国际研究团队通过分析2017年世界自然保护联盟（International Union for Conservation of Nature，IUCN）发布的《濒危物种红色名录》数据，指出外来物种是近期动植物灭绝的主要原因[16]。12月，英国自然环境研究理事会资助的全球生物保护调查年度报告指出了2020年生物保护面临的15大新趋势与威胁，这些趋势可能会对2020年自然界产生重大影响[17]。

3. 空气污染及气候变化对健康风险的深入评估推动政策制定

复旦大学领衔的国际研究团队首次在全球范围内确证了大气颗粒物浓度增加与居民总死亡率、心血管和呼吸道疾病死亡存在统计学相关性，研究结果可为修订环境空气质量标准和风险评估提供重要的流行病学证据[18]。英国伦敦大学学院与兰卡斯特大学等机构的联合研究指出，在气候变暖的情景下，埃博拉病毒暴发的地区可能会增加，尤其是非洲中西部此前没有出现过疫情的地区[19]。2019年1月，世界卫生组织（World Health Organization，WHO）将空气污染和气候变化列为2019年全球人类健康面临的最大环境威胁[20]。11月，全球27个学术机构和联合国相关组织在《柳叶刀》（The Lancet）上合作发布2019年健康与气候变化报告[21]，更新了气候变化与健康5大领域的41项指标的进展情况，指出气候变化已经对当前全球儿童的健康造成显著影响。12月，世界卫生组织发布的首份全球气候变化与健康进展调查报告指出[22]，各国越来越重视气候变化与健康问题，其确定的最常见的气候敏感健康风险包括热应激、极端天气事件造成的伤害或死亡，食物、水和媒介传播疾病（如霍乱、登革热或疟疾）。

4. 氮污染来源识别及安全排放标准获得新进展

比利时布鲁塞尔自由大学与法国国家科研中心等机构绘制了高分辨率的大气氨分布图，确定了全球大气氨排放热点，发现有 2/3 的大气氨排放来源之前从未被识别过，这些来源主要与密集的畜牧生产和工业活动有关[23]。2019 年 1 月，联合国环境规划署（United Nations Environment Programme，UNEP）发布《2018—2019 年前沿：新兴环境问题》[24]指出，环境中氮的继续排放导致空气质量下降及陆地和水生环境恶化，使其成为人类面临的最重要的污染问题之一。清华大学与英国牛津大学等机构对氮排放的安全标准提出了新的量化方法，即当水体氮浓度首次达到或超过Ⅳ类水质标准时，对应的氮流失量（包括排放到地表径流和渗入地下的氮）就是该区域的氮排放安全阈值。该方法打破了氮排放安全阈值评估缺乏可靠量化标准的现状，也为全球环境容量限界研究的区域阈值提供了新思路[25]。

5. 污水处理技术及材料研制取得重要发现

瑞士联邦水产科学与技术研究所等机构合作开发了一种能够追踪纳米塑料的方法[26]，为在复杂介质中更容易、更准确、定量地检测纳米塑料提供了一种可靠的方法，并展示了该方法在模拟城市污水处理厂活性污泥处理过程研究中的实用性，发现纳米塑料颗粒非常快速地结合到絮凝的污泥上，最终去除率超过 98%。美国塔夫茨大学设计出一种低成本的新型过滤材料，能够从水和油的混合物中快速滤出油而不会污染这种过滤材料[27]。日本神户大学将超薄二氧化硅层共形设计到多孔聚酮基材上，开发出抗结垢的超薄膜，用于油与水的高效分离，这种膜被证明是通用的，能够把水从各种不同的油性物质中分离出来[28]。

6. 淡水和陆地微塑料及其潜在健康风险逐渐受到重视

近年来，微塑料是全球生态环境领域的研究热点。虽然有关微塑料污染的研究目前主要集中于海洋环境，但是淡水和陆地微塑料污染的研究也逐渐引起科学家的重视。德国柏林自由大学和莱布尼茨淡水生态与内陆渔业研究所等机构的研究人员指出，微塑料是陆地生态系统的新威胁[29]。荷兰乌得勒支大学和德国拜罗伊特大学的研究人员在地下水中检测到少量的微塑料[30]。美国伊利诺伊大学与伊利诺伊可持续技术中心的研究人员在伊利诺伊州的两个喀斯特含水层中发现了微塑料和其他人为污染物[31]。2019 年 8 月，世界卫生组织发布《饮用水中的微塑料》报告[32]，呼吁进一步评估环境中的微塑料及其对人类健康的潜在影响，并减少塑料污染。中国科学院烟台海岸带研究所和南京土壤研究所等机构的研究人员发现了农作物吸收微塑料的通道与机制，证实了小麦和生菜可以吸收微米级的塑料颗粒[33]。

二、重要战略行动

1. 联合国启动计划促进退化生态系统恢复

2019年3月，联合国大会（General Assembly of the United Nations，UNGA）宣布"2021～2030年联合国生态系统恢复十年"决议[34]，计划到2030年恢复3.5亿公顷退化土地，旨在大规模恢复退化和破坏的生态系统。随后，联合国环境大会（The United Nations Environment Assembly，UNEA）通过了一项有关牧场的新决议[35]，首次呼吁恢复牧场与恢复其他生态系统同等重要，并要求努力保护和恢复牧场。8月，联合国开发计划署（The United Nations Development Programme，UNDP）发布《应对土地退化，确保可持续的未来》报告[36]，提出了在《联合国防治荒漠化公约》（United Nations Convention to Combat Desertification，UNCCD）的《2018—2030年战略框架》指导下，对全球土地退化挑战的应对措施。9月，UNCCD第十四次缔约方大会启动新的全球"防治沙尘暴联盟"，旨在加强防治沙尘暴的协调行动[37]；推出"干旱工具箱"，为各国对抗干旱提供互动平台[38]；签署《新德里宣言》，以促进退化土地的恢复[39]。

2. 部分发达国家发布新阶段减排目标方案

2018年11月，欧盟委员会发布欧洲实现气候中立的长期战略愿景[40]，提出到2050年将欧盟建设成为一个繁荣、现代、有竞争力和气候中立的经济体。2019年2月，澳大利亚政府宣布《气候解决方案》[41]，旨在启动35亿澳元的投资帮助澳大利亚兑现2030年的温室气体减排承诺。5月，新西兰政府向议会提交《应对气候变化的零碳修正案》[42]，为新西兰向低排放的经济转型设定了框架，以履行将全球变暖控制在1.5℃以内的承诺。8月，新西兰政府又发布《低排放未来路线图》[43]和《低排放经济》[44]报告，规划了新西兰到2050年实现低排放的路线图和向低排放经济转型的行动。6月，英国政府通过全球首个净零排放法案[45]，提出英国到2050年温室气体排放量至少比1990年的水平减少100%的目标（即净零排放目标）。

3. 欧英建立环境治理新框架促进绿色转型

2019年10月，英国议会通过20年来的首份《环境法案》[46]，建立了新的环境治理框架，旨在提高空气质量，提供可持续的水资源，恢复和加强自然绿色空间，修订化学品法规以及发展循环资源经济。该法案还将建立一个强大而独立的新机构——环境保护办公室，要求政府对遵守《环境法案》和 25 年环境计划的执行情况负责。12 月，欧盟委员会发布《欧洲绿色协议》[47]，构建了欧盟绿色转型的政策框架，提出了在提升能源使用效率、应对气候变化、减少生物多样性丧失、减少环境污染、促进清洁和循环经济等方面的行动路线图，旨在将环境挑战转化为政策领域的机遇，从而促进欧洲经济可持续发展。

4. 美国加强具成本竞争力的海水淡化技术研发

2018 年 10 月，美国能源部宣布实施"水安全大挑战"，以推动技术转型和创新，满足全球的水资源需求，其目标之一是启动海水淡化技术，提供具有成本竞争力的清洁水[48]。12 月，美国能源部宣布将投资 1 亿美元建立能源-海水淡化中心，以解决美国的水安全问题[49]。该中心将重点专注于节能和低成本海水淡化技术的早期研发工作，包括材料研发、新工艺研发、建模与仿真工具、综合数据和分析四大技术主题。2019 年 3 月，美国白宫科技政策办公室发布《以加强水安全为目标的海水淡化统筹战略规划》[50]，提出了利用海水淡化技术作为满足未来水资源需求所带来的挑战和机遇，确定了评估水资源和未来的需求、开发海水淡化工具和制定最佳方案、鼓励海水淡化的早期研发、开发小型模块化海水淡化系统、推进减少生态影响的海水淡化技术等支持美国海水淡化工作的优先研究事项。

5. 国际组织聚焦可持续发展目标积极行动

2019 年 3 月 4 日，联合国环境规划署发布第六版《全球环境展望》[51]，强调了可持续发展目标，并提供了可能加快实现这些目标的手段。3 月 25 日，全球环境战略研究所（IGES）宣布启动一项国际倡议——自愿地方审查（VLR）实验室[52]，这是世界上首个提供有关地方政府在可持续发展目标（SDGs）行动方面的全面信息的在线平台。9 月，联合国开发计划署发布《更快地实现更大的变革——为可持续未来采取综合的发展、健康与环境行动》报告[53]，指出实现可持续发展目标面临多方面挑战，提出了发展、环境与健康多个角度的综合性解决行动方案。

三、启示与建议

1. 改革保护区管理体制，推动国家公园建设

建立保护区是全球生物多样性保护的重要措施。我国共有 1.2 万多个保护区，占

陆地面积的 20%。目前，我国加快推进了国家公园体制试点建设，实施了政府机构重组、所有权转移、建立国家公园管理局、监控与管理分离等体制改革。这为我国保护区管理带来了重大变化，但分类缺乏、生物多样性保护和生态系统服务覆盖面有限的问题仍需要解决。相关研究人员建议我国[54]：重新划分所有类型的保护区，以满足生物多样性保护和生态系统服务的要求，确保我国及周边国家的生态安全；建立综合的空间规划，考虑国家代表性物种、生态系统和自然景观的多样性，为划定不同类型保护区的边界提供依据；建立完善的法律体系，对不同类型保护区作出规定。

2. 加大气候应对行动，积极兑现减排承诺

联合国卡托维兹气候大会以来，国际社会出台了卡托维兹气候一揽子计划，完成了《巴黎协定》实施细则，国际组织和各国也发布了不少战略和行动。虽然各国在气候行动中取得不少进展，但联合国气候变化框架公约（United Nations Framework Convention on Climate Change，UNFCCC）和联合国环境规划署等的报告评估显示，目前采取的气候行动进展缓慢，并不足以实现《巴黎协定》目标[55,56]。联合国马德里气候大会上，各国未能就核心议题达成一致意见。国际组织要求各国提升气候行动雄心，采取更大胆的气候行动。作为碳排放大国，我国继续实施积极应对气候变化国家战略，加强碳减排技术部署，以兑现《巴黎协定》中所做的承诺，并结合各国的相关行动，协同应对气候变化，践行生态文明建设。

3. 强化海水淡化部署，确保水资源安全利用

淡水问题是一个全球性的问题，据统计，全球仍有 1/3 的人口缺乏安全饮用水[57]，我国正面临日益严重的淡水供应压力。实施海水淡化可缓解水危机，已经成为许多沿海国家解决淡水资源短缺、保障水安全的重要战略举措。目前，美国不断采取措施加强了水安全方面的海水淡化技术。我国也已将海水淡化技术应用提上了议事日程，虽然海水淡化已有小规模推广应用，但海水淡化成本较高，仍属于前沿科技产业。建议我国还应加强水资源及其需求评估，将海水淡化纳入相关规划，统筹淡化水与其他水资源的调配，促进高效海水淡化技术的研发，强化海水淡化产业布局，降低海水淡化的相关成本[58]，使得海水淡化技术得以更广泛地应用，并减少对生态环境的影响。

致谢：中国科学院院士/中国科学院城市环境研究所朱永官研究员、中国科学院南京土壤研究所骆永明研究员、南京农业大学农业资源与生态环境研究所潘根兴教授等审阅了本文并提出了宝贵的修改意见，中国科学院西北生态环境资源研究院安培

浚、王金平、吴秀平、牛艺博、李恒吉、刘莉娜等对本文的资料收集和分析工作亦有贡献，在此一并表示感谢。

参考文献

[1] Green J K,Seneviratne S I,Berg A M,et al. Large influence of soil moisture on long-term terrestrial carbon uptake. Nature,2019,565:476-479.

[2] Lenton T M,Rockström J,Gaffney O,et al. Climate tipping points:too risky to bet against. Nature,2019,575:592-595.

[3] Ripple W J,Wolf C,Newsome T M,et al. World scientists' warning of a climate emergency. BioScience,2019,70(1):8-12.

[4] Rignot E,Mouginot J,Scheuchl B,et al. Four decades of Antarctic Ice Sheet mass balance from 1979-2017. PNAS,2019,116(4):1095-1103.

[5] Schroeder D M,Dowdeswell J A,Siegert M J,et al. Multidecadal observations of the Antarctic Ice Sheet from restored analog radar records. PNAS,2019,116(38):18867-18873.

[6] Grant G R,Naish T R,Dunbar G B,et al. The amplitude and origin of sea-level variability during the Pliocene epoch. Nature,2019,574:237-241.

[7] Golledge N R,Keller E D,Gomez N,et al. Global environmental consequences of twenty-first-century ice-sheet melt. Nature,2019,566:65-72.

[8] IPCC, UNEP, WMO. IPCC special report on the ocean and cryosphere in a changing climate. https://reliefweb. int/report/world/ocean-and-cryosphere-changing-climate-enarruzh[2019-09-25].

[9] FAO. State of the world's biodiversity for food and agriculture. http://www. fao. org/3/CA3229EN/CA3229EN. pdf[2019-02-22].

[10] IPBES. Summary for policymakers of the global assessment report on biodiversity and ecosystem services of the intergovernmental science-policy platform on biodiversity and ecosystem services. https://www. ipbes. net/sites/default/files/downloads/spm_unedited_advance_for_posting_htn. pdf[2019-05-06].

[11] Beaugrand G,Conversi A,Atkinson A,et al. Prediction of unprecedented biological shifts in the global ocean. Nature Climate Change,2019,9:237-243.

[12] Smale D A,Wernberg T,Oliver E C J,et al. Marine heatwaves threaten global biodiversity and the provision of ecosystem services. Nature Climate Change,2019,9:306-312.

[13] Komatsu K J,Avolio M L,Lemoine N P,et al. Global change effects on plant communities are magnified by time and the number of global change factors imposed. PNAS,2019,116(36):17867-17873.

[14] Baquerizo M D,Bardgett R D,Vitousek P M,et al. Changes in belowground biodiversity during ecosystem development. PNAS,2019,116(14):6891-6896.

[15] Rosenberg K V,Dokter A M,Blancher P J,et al. Decline of the North American avifauna. Science,

2019,366(6461):120-124.

[16] Blackburn T M,Bellard C,Ricciardi A. Alien versus native species as drivers of recent extinctions. Frontiers in Ecology and the Environment,2019,17(4):203-207.

[17] Sutherland W J,Dias M P,Dicks L V,et al. A horizon scan of emerging global biological conservation issues for 2020. Trends in Ecology & Evolution,2019,35(1):81-90.

[18] Liu C,Chen R,Sera F,et al. Ambient particulate air pollution and daily mortality in 652 cities. The New England Journal of Medicine,2019,381(8):750-715.

[19] Redding D W,Atkinson P M,Cunningham A A,et al. Impacts of environmental and socio-economic factors on emergence and epidemic potential of ebola in Africa. Nature,2019,10:4531.

[20] WHO. Ten threats to global health in 2019. https://www. who. int/emergencies/ten-threats-to-global-health-in-2019[2019-01-17].

[21] Watts N,Amann M,Arnell P N,et al. The 2019 report of The Lancet Countdown on health and climate change:ensuring that the health of a child born today is not defined by a changing climate. The Lancet,2019,394(10211):1836-1878.

[22] WHO. WHO health and climate change survey report tracking global progress. https://apps. who. int/iris/bitstream/handle/10665/329972/WHO-CED-PHE-EPE-19. 11-eng. pdf?ua=1[2019-12-03].

[23] Damme M V,Clarisse L,Whitburn S,et al. Industrial and agricultural ammonia point sources exposed. Nature,2019,564:99-103.

[24] UNEP. Frontiers 2018/19:Emerging issues of environmental concern. https://www. unenvironment. org/resources/frontiers-201819-emerging-issues-environmental-concern[2019-03-04].

[25] Yu C Q,Huang X,Chen H. Managing nitrogen to restore water quality in China. Nature,2019,567:516-520.

[26] Mitrano D M,Beltzung A,Frehland S,et al. Synthesis of metal-doped nanoplastics and their utility to investigate fate and behaviour in complex environmental systems. Nature Nanotechnology,2019,14:362-368.

[27] Sadeghi I,Govinna N,Cebe P,et al. Superoleophilic,mechanically strong electrospun membranes for fast and efficient gravity-driven oil/water separation. Acs Applied Polymer Materials,2019,1(4):765-776.

[28] Zhang L,Lin Y Q,Wu H C,et al. An ultrathin *in situ* silicification layer developed by an electrostatic attraction force strategy for ultrahigh-performance oil-water emulsion separation. Journal of Materials Chemistry A,2019,7:24569-24582.

[29] Souza M A A,Werner K,Christiane Z,et al. Microplastics as an emerging threat to terrestrial ecosystems. Global Change Biology,2018,24(4):1405-1416.

[30] Mintenig S M,Löder M G J,Primpke S,et al. Low numbers of microplastics detected in drinking water from ground water sources. Science of the Total Environment,2018,648:631-635.

[31] Panno S V,Kelly W R,Scott J,et al. Microplastic Contamination in karst groundwater systems.

Groundwater,2019,57(2):189-196.

[32] WHO. Microplastics in drinking-water. https://www. who. int/water_sanitation_health/publications/microplastics-in-drinking-water/en/[2019-08-22].

[33] Li L Z,Luo Y M,Li R J,et al. Effective uptake of submicrometre plastics by crop plants via a crack-entry mode. Nature Sustainability,2020,3:929-937.

[34] UNEP. New UN Decade on Ecosystem Restoration offers unparalleled opportunity for job creation,food security and addressing climate change. https://www. unenvironment. org/news-and-stories/press-release/new-un-decade-ecosystem-restoration-offers-unparalleled-opportunity [2019-03-01].

[35] UNEP. Rangeland restoration:a new priority for the next decade. https://www. unenvironment. org/news-and-stories/story/rangeland-restoration-new-priority-next-decade[2019-04-09].

[36] UNDP. Combatting Land Degradation-Securing a Sustainable Future. https://www. undp. org/content/undp/en/home/librarypage/environment-energy/sustainable_land_management/combatting-land-degradation---securing-a-sustainable-future. html[2019-08-27].

[37] UNCCD. Sand and dust storms coalition launched at COP14. https://www. unccd. int/news-events/sand-and-dust-storms-coalition-launched-cop14[2019-09-07].

[38] UNCCD. COP14 drought preparedness day:drought toolbox delivered. https://www. unccd. int/news-events/cop14-drought-preparedness-day-drought-toolbox-delivered[2019-09-11].

[39] UNCCD. The new delhi declaration:investing in land and unlocking opportunities. https://www. unccd. int/news-events/new-delhi-declaration-investing-land-and-unlocking-opportunities [2019-09-14].

[40] European Commission. A clean planet for all:a european strategic long-term vision for a prosperous,modern,competitive and climate neutral economy. https://ec. europa. eu/clima/sites/clima/files/docs/pages/com_2018_733_en. pdf[2018-11-28].

[41] Department of Industry,Science,Energy and Resources,Australian government. Climate solutions package. https://www. environment. gov. au/climate-change/climate-solutions-package[2019-02-25].

[42] Ministry for the Environment. Climate change response(zero carbon)amendment act. https://www. mfe. govt. nz/climate-change/zero-carbon-amendment-act[2019-05-08].

[43] New Zealand Government. Pathway to a low-emissions future in New Zealand. https://www. mfe. govt. nz/sites/default/files/media/Climate% 20Change/pathway-to-a-low-emissions-future. pdf[2019-08-02].

[44] European Commission. Government action towards a low-emissions economy. https://www. mfe. govt. nz/sites/default/files/media/Climate% 20Change/government-action-towards-low-emissions-economy. pdf[2019-08-02].

[45] The House of Commons Library. Legislating for net zero. https://researchbriefings. parliament.

uk/ResearchBriefing/Summary/CBP-8590#fullreport[2019-06-12].

[46] Department for Environment,Food and Rural Affairs. Environment bill 2019. https://services. parliament. uk/Bills/2019-19/environment. html[2019-10-15].

[47] European Commission. Communication on the european green deal. https://ec. europa. eu/info/ files/communication-european-green-deal_en[2019-12-11].

[48] U. S. Department of Energy's Office of Energy Efficiency and Renewable Energy. Water security grand challenge. https://www. energy. gov/eere/water-security-grand-challenge[2018-10-25].

[49] U. S. Department of Energy. Department of energy announces $100 million energy-water desalination hubto provide secure and affordable water. https://www. energy. gov/articles/department-energy-announces-100-million-energy-water-desalination-hub-provide-secure-and[2018-12-13].

[50] OSTP. Coordinated strategic plan to advance desalination for enhanced water security. https:// www. whitehouse. gov/wp-content/uploads/2019/03/Coordinated-Strategic-Plan-to-Advance-Desalination-for-Enhanced-Water-Security-2019. pdf[2019-03-22].

[51] UNEP. Global Environment Outlook 6(CEO-6). https://www. unenvironment. org/resources/ global-environment-outlook-6[2019-03-04].

[52] IGES. World's first VLR online platform available:All you need to know about locally-led transformation for SDGs. https://www. iges. or. jp/files/press/PDF/20190325_e. pdf[2019-03-25].

[53] UNDP. Bigger change faster-integrated development,health and environment actions for a sustainable future. https://www. undp. org/content/undp/en/home/librarypage/hiv-aids/bigger-change-faster--. html[2019-08-27].

[54] Xu W H,Pimm S L,Du A,et al. Transforming protected area management in China. Trends in Ecology & Evolution,2019,34(9):762-766.

[55] UNFCCC. Climate action and support trends. https://unfccc. int/sites/default/files/resource/Climate_Action_Support_Trends_2019. pdf[2019-08-09].

[56] UNEP. Bridging the gap:enhancing mitigation ambition and action at G20 level and globally. https://newclimate. org/wp-content/uploads/2019/09/UNEP_Emissions_Gap_Report_2019_pre-released_chapter_5. pdf. https://unfccc. int/sites/default/files/resource/Climate_Action_Support _Trends_2019. pdf[2019-09-23].

[57] WHO,UNICEF. Progress on household drinking water,sanitation and hygiene 2000-2017:special focus on inequalities. https://www. who. int/water_ sanitation_ health/publications/jmp-report-2019/en/[2019-06-22].

[58] Zhu Z F,Peng D Z,Wang H R,et al. Seawater desalination in China:an overview. Journal of Water Reuse and Desalination,2019,9(2):115-132.

Environment Science

Liao Qin , Qu Jiansheng , Zeng Jingjing ,
Pei Huijuan , Dong Liping , Liu Yanfei

In 2019, global warming, biological diversity change patterns and species extinction driving factors, the identification of nitrogen pollution sources and safety standards of nitrogen emissions, health risks of air pollution and climate change, sewage treatment technology and material research and development, freshwater and terrestrial microplastics have gained important new progress in the field of ecology and environmental science. In terms of restoration of degraded ecosystems, greenhouse gas emission reduction targets, comprehensive environmental governance, seawater desalination technology, sustainable development goals, etc. , some important international organizations such as the United Nations and major developed countries have deployed relevant strategies and actions.

4.6　地球科学领域发展观察

郑军卫[1]　赵纪东[1]　张树良[1]　刘文浩[1]　翟明国[2]

（1. 中国科学院西北生态环境资源研究院；
2. 中国科学院地质与地球物理研究所）

地球科学是人类最早发展的自然科学，作为人类社会发展的支柱科学之一，它为认识和改善人类生存的自然环境提供关键基础知识，为经济社会发展中矿产和能源资源保障、自然资源管理、地质灾害防治和生态文明建设等提供了关键科学支撑。2019年，地球科学领域①在地球圈层和地球深部物质结构及相关作用、新地球系统模型和机器学习方法的应用、重要矿产资源形成机制、地学研究基础平台设施建设等方面取得了许多重要的创新性研究成果，在地球科学基础理论、关键矿产资源、太空采矿、北极研究、地球观测监测系统等方面进行了重点部署。

一、重要研究进展

1. 地幔物质组成研究取得新进展

受技术条件限制，科学家仅能依靠深部喷发的熔岩或残余相深海橄榄岩获得对地幔物质构成的认识。英国卡迪夫大学联合美国犹他大学等[1]机构的合作通过研究海底玄武岩浆在地壳中侵位形成的辉长质堆晶岩，分析对比其中的矿物和同一地区地幔岩基火山岩的全岩钕和锶同位素的变化，发现地幔由不同的岩石组分组成且每种组分有不同的化学构成，表明地幔的化学成分比之前认为的更多变和更多样化。德国威斯特伐利亚威廉斯大学和荷兰阿姆斯特丹维利大学[2]的联合研究指出，亏损地幔可能是大多数海洋岛屿和洋中脊玄武岩来源中的一部分，并据此推断地幔的亏损程度可能比之前认为的要大。加拿大艾伯塔大学[3]的研究人员通过全球碳酸盐岩和榴辉岩金刚石C—N同位素研究揭示，地壳碳主要来源于洋壳，而非海底沉积物，提出蚀变的洋壳

---

① 本文所指的地球科学主要涉及地质学、地球物理学、地球化学、大气科学、行星科学等学科，海洋科学等将另文讨论。

是地壳碳进入地幔深部的关键载体。这些发现和研究对认识壳幔相互作用、理解地壳和地幔之间的质量交换速率、地幔热柱动力学和地幔的成分分层具有重要意义。

2. 水在地球深部的作用研究取得新认识

水在地球内部的动力学中起着重要作用，它不仅降低了岩石的内摩擦，导致地震和断裂，还可以通过降低地幔中硅酸盐的熔融温度而产生岩浆。《自然》曾发表多篇有关该研究成果的论文[4,5]。这些研究成果表明，在板块俯冲带，有比人们能想到的更多的水被带入地球的内部。但科学界对于地幔中的水的分布及作用机制一直没有清晰的解释。2019年7月，《国家科学评论》（*National Science Review*）优先发表日本东北大学的研究成果论文[6]。研究人员采用地球物理的观测手段，将地震和电导率观测结果同矿物声速和电导率的实验矿物物理数据相结合，发现地幔中确实存在局部含水的过渡带，并据此推测上地幔-过渡带边界的低速异常是由致密的含水岩浆的存在引起的。

3. 重要矿产和找矿技术研究获得重大突破

尽管全球对稀有金属的需求量不断增加，但对现代工业来说，铁是最重要的金属。欧洲90%以上的铁产量来自磷灰石磁铁矿，也被称为"基律纳型铁矿床"。多年来，有关基律纳型矿床的成因一直存在低温热液、海底沉积和高温火山的争议。瑞典乌普萨拉大学联合伊朗地质调查局等[7]机构通过比较大量来自基律纳型铁矿床以及大量来自火山岩和已知的低温热液铁矿床的磁铁矿样品的Fe和O同位素数据，证实基律纳型铁矿床主要成因是高温岩浆作用。俄罗斯莫斯科物理技术学院[8]联合美国犹他大学等机构研究论证了在矿产勘探中使用可控源电磁法（CSEM）的可行性，并基于数值方法，实现了深部矿床的3D反演，将找矿的技术准确率提高了数倍。

4. 新地球系统模型开发助推地球科学研究

在2019年5月的生命星球研讨会（Living Planet Symposium）上，俄罗斯斯科尔科沃科学技术研究所联合美国犹他大学等机构的科学家们[9]联合提出利用一系列不同的测量方法（包括卫星数据和地震模型）制作全球三维地球参考模型。这些模型将在分析地球岩石圈及其下部地幔方面做出改进，可以更好地分析地球结构与其内部动态过程之间的关系。2019年2月，美国国家海洋与大气管理局（National Oceanic and Atmospheric Administration，NOAA）和国家大气研究中心（National Center for Atmospheric Research，NCAR）[10]签署了协议备忘录，将合作开发最先进的美国模式框架，加速利用天气与气候模式基础设施。同月，英国国家大气科学中心（NCAS）和气象局哈德利气候研究中心（Hadley Centre for Climate Research)[11]联合开发出英国首个地球系统模型——UKESM1，其将帮助研究人员更好地预测环境变化（如大气成分和气溶胶对气候变化的影响等），提升英国预测未来气候变化的能力。

5. 机器学习在自然灾害预测中得到有效应用

以机器学习为代表的人工智能方法在地震、气象灾害、火山等自然灾害分析和预测不断得到应用。2019 年 1 月，《自然-地球科学》（*Nature Geoscience*）同时发表了 2 篇论文，集中报道了美国洛斯阿拉莫斯国家实验室和宾夕法尼亚州立大学合作开展的机器学习与地震预测研究成果[12,13]。研究人员利用机器学习和分析来自卡斯凯迪亚（Cascadia）断层的数据，准确地预测了卡斯凯迪亚断层的缓慢滑动——这种破裂在其他俯冲带发生大地震之前也曾被观测到。2019 年 4 月，美国洛斯阿拉莫斯国家实验室[14]的研究指出，决策树式的机器学习揭示出可以改善地震预测的新信号。2019 年 8 月，美国国家大气研究中心的科学家们[15]提出了一种新的机器学习技术，可以通过图像处理来考虑风暴形状的影响并可能改善冰雹预测。

6. 地球科学研究平台设施性能不断提升

随着地球观测监测体系建设的不断完善，会生产出海量的地球科学数据，这使得基于大数据驱动的地球系统科学研究成为可能[16]。例如，美国加利福尼亚州立大学洛杉矶分校[17]就利用数据驱动方法开展了多项降低地震破坏性的研究。但是，大数据计算也对平台实施性能提出新的要求，不少机构纷纷斥巨资用于提升研究平台设施的性能。2019 年 1 月，英国石油公司[18]开发了一款名为"桑迪"（Sandy）的平台，能够加速项目从勘探到油藏建模的过程，可以将地质、地球物理、油藏及历史资料等数据的收集、解释和模拟时间缩短 90%。4 月，美国能源部[19]先进能源研究计划署（ARPA-E）公布了 2000 万美元的投资计划，旨在通过将人工智能和机器学习纳入能源技术开发。6 月，德国萨尔大学等机构[20]基于卫星图像和人工智能，合作开发能够更准确地预测局地雷暴的系统。

二、重大战略行动

1. 重视地球科学基础研究，致力实现认知新突破

近年来，主要国际组织和国家围绕应对未来挑战、增进科学认知、支持可持续发展等目标，不断推动地球科学基础研究创新。2018 年 2 月，美国国家科学基金会

(National Science Foundation，NSF）发布《建设未来：投资发现和创新》（2018～2022 财年战略计划）[21]，提出使美国在研究和创新方面处于全球领先地位的愿景，强化提高国家应对当前和未来挑战的能力（地球科学方面的愿景包括用三维地质图指导贵金属发现等）的战略目标。2018 年，澳大利亚国家地球科学委员会和澳大利亚科学院联合发布《澳大利亚地球科学十年计划：我们的星球，澳大利亚的未来》[22]，着眼于未来十年可能出现的挑战和机遇，提出澳大利亚大陆演化（深层和深时）、地壳实时动态、解释整个地质记录的变化三个重大科学挑战。2019 年，澳大利亚地球科学局发布《澳大利亚地球科学局战略 2028》[23]，提出打造澳大利亚的资源财富、保护澳大利亚的水资源等战略。未来，围绕地球及其各地质要素，开展深层、深时、实时、三维立体、全记录等研究将成为地球科学基础研究的重要创新方向。

2. 强化关键矿产资源战略部署以确保供应安全

2019 年 3 月，澳大利亚工业、创新与科学部发布《澳大利亚关键矿产战略 2019》[24]，概述了澳大利亚政府对关键矿产资源市场的政策框架，提出通过吸引投资、支持创新和基础设施建设促进澳大利亚关键矿产部门的发展，实现澳大利亚在关键矿产资源的勘探、开采、生产和加工方面处于世界领先地位的目标。2019 年 6 月，美国商务部发布《确保关键矿产安全可靠供应的联邦战略》[25]，提出推进关键矿产供应链的转型研究、开发和部署；加强美国关键矿产供应链和国防工业基地；加强与关键矿产相关的国际贸易与合作；提高对国内关键矿产资源的了解；改善在联邦土地上获取本土关键矿产资源的机会，并缩短联邦许可证审批时限；增加美国关键矿产资源劳动力 6 项行动呼吁以及补充条款（即对相关采矿法律规定的退出区和矿产勘探限制区的彻底审查），并提出 24 项目标和 61 项建议，旨在减少稀土等关键矿产的"对外依赖"。2019 年 11 月 19 日，澳大利亚地球科学局（Geoscience Australia）和美国地质调查局（United States Geological Survey，USGS）签署合作开发关键矿产供应链协议[26]，支持关键矿产的投资、研究和开发，实现供应多元化，推动新的稀土矿山建设。

3. 太空采矿引起更多国家和企业的关注

自 2017 年 7 月卢森堡国会通过《太空资源勘探与利用法（草案）》[27]，成为第一个为太空采矿提供法律框架的国家以来，更多的国家和公司对小行星矿产资源的探测予以重视，积极加入太空采矿行列。卢森堡曾表示"渴望与其他国家合作"，并就小行星权限问题与相关国家达成多边协议。2019 年 1 月，俄罗斯已向卢森堡提出了一项关于空间利用（采矿）勘探合作的框架协定；3 月，俄罗斯副总理塔蒂亚娜·戈利科娃明确表示，俄罗斯计划加入太空采矿行列，开采太空矿产[28]。2019 年 6 月，美国 TransAstra 公司获得美国国家航空航天局（National Aeronautics and Space Administration，NASA）创新先进概念计划（NIAC）第三阶段经费支持，继续研发小行星资源就地采集计划任务架构和所谓的"光学采矿"技术。项目将探索光学采矿、小行星采矿，并将水和其他挥发物提取到一个充气袋中。美国卡内基梅隆大学也同样获得 NIAC 第三阶段经费资助，其将使用高分辨率图像来创建 3D 模型，以便确定出人类或机器可以探索的陨石坑[29]。

4. 北极地区利益划分竞争愈发激烈

环境变暖和海冰融化使北极地区成为科学研究和全球关注热点。2019 年 5 月，美国达特茅斯学院研究小组[30]有关北极地区的系列研究详细描述了 3 亿年以上的北极地质历史。他们认为，阿拉斯加布鲁克斯山脉的部分地区很可能从格陵兰岛和加拿大北极地区向东部延伸得更远。这或将改写北极演化历史并促使各国更改各自对北极地区的利益主张。2019 年 6 月，美国国防部（Department of Defense，DOD）发布了新版《北极战略》报告[31]，概述了美国国防部对北极安全环境的评估及北极对美国国家安全利益构成的风险，阐明了美国国防部在战略竞争时代对北极地区的战略方针、主要目标及美国国防部实现这些目标的战略途径。2019 年 9 月，加拿大政府颁布《加拿大北极与北方政策框架》[32]，提出了加拿大北极政策的 8 个目标，重点聚焦居民健康、基础设施建设与经济发展。该政策框架将用于指导加拿大政府至 2030 年的北极投资和活动。2019 年 10 月，世界气象组织（World Meteorological Organization，WMO）[33]宣布迄今世界规模最大的国际联合北极科学考察项目——北极气候研究多学科漂移观测站（MOSAiC）成功启动，将汇聚来自 17 个国家的科学家，借助德国"RV 极地号"破冰船对目前全球气候变化的核心区域——北极进行为期一年的全面研究。该项目将更新北冰洋的地质演化，有助于修正对北极石油、天然气和矿产资源的预测。2019 年 8 月，俄罗斯发布声明，宣称其在北极地区发现了 5 个新的岛屿[34]。这些岛屿位于弗朗兹约瑟夫群岛和新地岛附近，之前被南森冰川覆盖。除了新岛屿显露外，北极地区的巨大变化正在对该地区的生物多样性和人类居住环境产生巨大影响。

5. 多国加快部署地球观测监测系统

实施大尺度、高精度、连续性观测，抢先填补潜在关键空白领域成为当前地球观测领域重大需求。2018 年，美国国家科学、工程与医学科学院曾发布《让我们变化的星球繁荣发展：空间对地观测未来 10 年战略》[35]，提出关于地球科学和应用领域的 35 个关键问题和 5 个优先项目。2019 年，澳大利亚地球科学局发布《数字地球计划产业（DEA）发展战略》[36]，旨在对接澳大利亚不同产业部门的需求，充分激发利用澳大利亚卫星数据与影像的经济和社会潜能，以实现数字地球计划产业产品与服务在澳大利亚产业界的全面推广与应用，并以此带动未来数字地球计划产业的投资。2019年7月，英国地质调查局获批在柴郡北部建造一座英国地球能源观测站，其将有助于保持英国在地球科学和能源创新领域的领先地位，并为英国迈向低碳经济提供必要的重要知识[37]。未来各国将持续部署面向关键热点领域的地球观测设施及平台，并着力提高多源地球科学数据集成与融合分析，提高数据处理与挖掘能力，从而全面支撑本国地球科学长远发展。

三、启　示

1. 加强面向重大科学问题的地球科学基础研究和战略布局

从当前国际地球科学研究重大问题来看，这些问题主要聚焦在传统问题的持续探索、基础问题的不断深入、人类生存问题的重大关切三大领域。因此，我国在"十四五"和面向2035年中长期地球科学研究发展布局时，除了关注地球科学学科自身的发展，加强地球的起源与演化、地球自身的内在运行机制、地球物质循环和能量转化等传统问题的持续探索与基础问题的不断深入以外，还应高度地关注人类生存问题的重大关切和当前经济社会发展方面（如能源安全、关键矿产资源安全、地质灾害防治、地球演化及其环境宜居性等）的需求，服务我国生态文明建设和实现"美丽中国"目标。要加强能显著提升我国资源生态环境供给水平的地球科学科技创新能力建设，前瞻布局科学基础研究与技术装备研发，确保新时代资源生态环境与经济社会发展相协调等，把能为全面建成社会主义现代化强国提供科技支持作为优先考虑因素。

2. 加强基于大数据的新技术新方法在地球科学研究中的应用

随着数据驱动的科学研究范式的形成和不断完善，科学数据已不仅是科研成果或附属产出，其将逐步成为新的研究基础和对象，许多国家和机构已将基于大数据的知识发现作为未来研究的重要方向。我国幅员辽阔，地质地貌丰富多样，地球科学的研究历史悠久，目前已经积累了海量多源的地球科学研究数据，应整合、建设数据量丰富、数据类型多样、可开放收集和获取的地球科学数据库。为充分利用好这些宝贵资料，我国应借鉴国际经验，鼓励相关机构和研究人员加强地球科学大数据分析的新技术和新方法研究，结合物理化学建模，推动基于地球科学大数据的知识发现。

3. 加强地球科学研究更大时空尺度监测和观测能力建设

随着人类对地球认识的深入和研究需求的变化，以及研究技术手段不断升级和新方法、新设施不断引入，地球科学研究的时空尺度快速增大。研究对象既可以是小到微纳米级的岩石和矿物结构，也可以是大到直径数万千米的空间行星天体。研究时间尺度既可以是瞬时，也可以长达数亿年。这一切均超出人类自身的能力范畴，需要借助仪器设施等"工具"来实现。实验室、野外观测台站、航空飞行器、对地观测卫星等是地球科学观测、监测和获取原始数据资料开展创新性研究的重要手段。以解决地球科学重大科学问题及地质、地理、地球物理和地球化学、大气科学、海洋科学及行星科学科技创新为导向，加强由国家资助和宏观管理的国家层面基础平台建设，建立和完善地球科学"地-陆-海-空-天"一体化立体监测和观测体系，实现从地球内部到地外天体对地球开展更大时空尺度的持续性观测和监测。同时，建设与体系配套的数据采集、存储和分析的基础设施与能力，制定数据共享和服务机制，为地球科学的创新和发展提供基础保障。

4. 推动地球科学研究中的学科大交叉研究

地球科学研究领域的广泛性和研究对象的复杂性，使得一些科学问题具有综合性，地球深部、人类世、气候系统等地球科学问题需要组织具有不同学科和知识背景的研究人员共同参与和协调解决。自 2017 年国际科学理事会（International Council for Science，ICSU）和国际社会科学理事会（The International Social Science Council，ISSC）通过全体参会代表投票表决的方式形成合并决议，并在 2018 年组建成新的国际科学理事会后，加强各学科之间的交叉研究已经成为当前科学界的普遍共识。在一些国际组织和发达国家的重要计划部署中已逐步体现出这一原则，除了有来自地球科学不同分支学科的研究人员参与外，还常常吸收一些社会科学界、企业界等方面的专家参与。建议在地球科学领域国家项目设立中适当增加交叉领域的项目数量和强度，鼓励组织跨领域研究团队来开展研究。

致谢：中国地质大学（武汉）马昌前教授、中国地质调查局施俊法研究员、中国科学院成都文献情报中心张志强研究员、中国科学院广州地球化学研究所凌明星研究员等审阅了本文并提出了宝贵的修改意见，中国科学院西北生态环境资源研究院刘学、王立伟、刘燕飞、安培浚、李小燕、王晓晨等对本文也做出了贡献，参与了本文的部分资料收集与翻译，在此一并感谢。

参考文献

［1］ Lambart S,Koornneef J M,Millet M,et al. Highly heterogeneous depleted mantle recorded in the lower oceanic crust. Nature Geoscience,2019,12:482-486.

［2］ Stracke A,Genske F,Berndt J,et al. Ubiquitous ultra-depleted domains in Earth's mantle. Nature Geoscience,2019,12:851-855.

［3］ Li K,Li L,Pearson D G,et al. Diamond isotope compositions indicate altered igneous oceanic crust dominates deep carbon recycling. Earth and Planetary Science Letters,2019,516:190-201.

［4］ Cai C,Wiens D A,Shen W,et al. Water input into the Mariana subduction zone estimated from ocean-bottom seismic data. Nature,2018,563:389-392.

［5］ Shillington D J. Water takes a deep dive into an oceanic tectonic plate. Nature,2018,563:335-336.

［6］ Ohtani E. The role of water in Earth's mantle. National Science Review,2020,7(1):224-232.

［7］ Troll V R,Weis F A,Jonsson E,et al. Global Fe-O isotope correlation reveals magmatic origin of Kiruna-type apatite-iron-oxide ores. Nature Communications,2019,10:1712.

［8］ Malovichko M,Tarasov A V,Yavich N,et al. Mineral exploration with 3-D controlled-source electromagnetic method:a synthetic study of Sukhoi Log gold deposit. Geophysical Journal International,2019,219(3):1698-1716.

［9］ Afonso J C,Salajegheh F,Szwillus W,et al. A global reference model of the lithosphere and upper mantle from joint inversion and analysis of multiple data sets. Geophysical Journal International,2019,217(3):1602-1628.

［10］ National Oceanic and Atmospheric Administration. NOAA and NCAR partner on new,state-of-the-art U. S. modeling framework. https://www. noaa. gov/media-release/noaa-and-ncar-partner-on-new-state-of-art-us-modeling-framework[2019-02-07].

［11］ National Centre for Atmospheric Science. UK's first Earth System Model Launched. https://www. ncas. ac. uk/en/18-news/2963-uk-s-first-earth-system-model-launched[2019-02-12].

［12］ Hulbert C,Rouet-Leduc B,Johnson P A,et al. Similarity of fast and slow earthquakes illuminated by machine learning. Nature Geoscience,2019,12:69-74.

［13］ Rouet-Leduc B,Hulbert C,Johnson P A. Continuous chatter of the Cascadia subduction zone revealed by machine learning. Nature Geoscience,2019,12:75-79.

［14］ Johnson P. Machine learning can reveal acoustic vibrations that could improve forecasting. https://blogs. scientificamerican. com/observations/the-hidden-seismic-symphony-in-earthquake-signals/[2019-04-25].

［15］ Gagne II D J,Haupt S E,Nychka D W,et al. Interpretable deep learning for spatial analysis of severe hailstorms. Monthly Weather Review,2019,147(8):2827-2845.

［16］ Reichstein M,Camps-Valls G,Stevens B,et al. Deep learning and process understanding for data-driven Earth system science. Nature,2019,566(7743):195-204.

[17] UCLA Samueli Newsroom. UCLA researchers using data-driven approach to make earthquakes less damaging. https://samueli. ucla. edu/ucla-researchers-using-data-driven-approach-to-make-earthquakes-less-damaging/[2019-01-17].

[18] Editorial staff of Oil & Gas Technology. BP invests in new artificial intelligence technology. http://www. oilandgastechnology. net/news/bp-invests-new-artificial-intelligence-technology[2019-01-28].

[19] Department of Energy. Department of Energy Announces $ 20 Million to Develop Artificial Intelligence and Machine Learning Tools. https://www. energy. gov/articles/department-energy-announces-20-million-develop-artificial-intelligence-and-machine-learning[2019-04-05].

[20] Schön C,Dittrich J,Müller R. Computer scientists predict lightning and thunder with the help of artificial intelligence. http://www. mmci. uni-saarland. de/en/news/article?article_id=400[2019-08-06].

[21] NSF. Building the future: investing in discovery and innovation. https://www. nsf. gov/pubs/2018/nsf18045/nsf18045. pdf[2018-02-28].

[22] National Committee for Earth Sciences,Australian Academy of Science. Our Planet, Australia's Future: A decade of transition in Geoscience. 2018.

[23] Geoscience Austral. Geoscience austral strategy 2028. http//www. ga. gov. au[2019-05-30].

[24] Department of Industry, Innovation and Science. Australia's critical minerals strategy 2019. https://www. industry. gov. au/data-and-publications/australias-critical-minerals-strategy[2019-03-27].

[25] US Government. A federal strategy to ensure a reliable supply of critical minerals. https://www. commerce. gov/sites/default/files/2019-06/Critical%20minerals%20strategy%20final. docx[2019-06-04].

[26] Minister Canavan's Office. Ministers for the Department of Industry, Science, Energy and Resources,Australia. Australia,US partnership on critical minerals formalized. https://www. minister. industry. gov. au/ministers/canavan/media-releases/australia-us-partnership-critical-minerals-formalised[2019-11-19].

[27] The Government of the Grand Duchy of Luxembourg. Draft law on the exploration and use of space resources. http://www. spaceresources. public. lu/content/dam/spaceresources/news/Translation%20Of%20The%20Draft%20Law. pdf[2017-07-13].

[28] Reuters. Russia wants to join Luxembourg in space mining. http://www. mining. com/web/russia-wants-join-luxembourg-space-mining/[2019-03-06].

[29] Fisher C. NASA advances lunar crater modeling and asteroid mining projects. https://www. engadget. com/2019/06/11/nasa-innovative-advanced-concepts-phase-three/[2019-06-11].

[30] Dartmouth College. Study of northern Alaska could rewrite Arctic history. https://phys. org/news/2019-05-northern-alaska-rewrite-arctic-history. html[2019-05-28].

[31] DOD. Report to congress department of defense arctic strategy: 2019 DoD arctic strategy. https://media. defense. gov/2019/Jun/06/2002141657/-1/-1/1/2019-DOD-ARCTIC-STRATEGY. PDF [2019-05-28].

[32] Government of Canada. The government of Canada launches co-developed arctic and northern policy framework. https://www. rcaanc-cirnac. gc. ca/eng/1560523306861/1560523330587[2019-09-10].

[33] World Meteorological Organization. Arctic research project successfully launched. https://public. wmo. int/en/media/news/arctic-research-project-successfully-launched[2019-10-09].

[34] Staalesen A. Reshaping the Arctic map. Retreating ice reveals new Russian land. https://thebar-entsobserver. com/en/arctic/2019/08/reshaping-arctic-map-retreating-ice-reveals-new-russian-land [2019-08-28].

[35] The National Academies of Sciences, Engineering, and Medicine. Thriving on Our Changing Planet: A Decadal Strategy for Earth Observation from Space. Washington D C: Academic Press, 2018.

[36] Geoscience Australia. Digital earth Australia industry strategy. https://frontiersi. com. au/wpcon-tent/uploads/2019/03/FrontierSI_Digital_Earth_Industry_Strategy_March_2019. pdf[2019-03-18].

[37] British Geological Survey. Cheshire lays foundations for a sustainable future with green light given for world-class geoenergy research site. https://cms. ukgeos. ac. uk/news/assets/docs/Cheshire_sustainable_future. pdf[2019-07-02].

Earth Science

Zheng Junwei, Zhao Jidong, Zhang Shuliang,
Liu Wenhao, Zhai Mingguo

As one of the pillar sciences of human social development, earth science provides key scientific support for mineral and energy resources guarantee, natural resource management, geological disaster prevention and ecological civilization construction in economic and social development. In 2019, a great deal of breakthrough progress has been made in the field of earth science, such as material structure and related functions in the earth's sphere and deep earth, application of new earth system model and machine learning method, formation mechanism of important minerals, and construction of geoscience infrastructure platform, etc. , and key deployments have been made in basic theories of earth science, key mineral resources, space mining, arctic study, and earth observation and monitoring system, etc.

4.7 海洋科学领域发展观察

高 峰[1] 王金平[1] 冯志纲[2] 王 凡[2] 吴秀平[1]

（1. 中国科学院西北生态环境资源研究院；2. 中国科学院海洋研究所）

2019 年，海洋科学领域在物理海洋、海洋生物、海洋环境及海洋新技术等方面的研究持续推进，在全球变暖对海洋的影响、极地海洋研究、海洋塑料污染和海洋观测探测技术等方面取得诸多突破。在未来研究布局方面，国际组织和主要海洋国家围绕重点海洋研究方向和重点区域开展布局。

一、海洋科学领域重要研究进展

1. 物理海洋学研究取得新进展

海洋物理过程研究是科学认识海洋的基础，2019 年物理海洋学研究取得新的进展。德国锡根大学联合美国欧道明大学等机构合作完成的研究表明，自 1960 年以来，全球海平面一直在加速上升，并确定了主要的驱动因素：全球海平面上升是全球海洋体积增加的直接结果，主要是由于陆冰融化和海洋吸热引起的热膨胀[1]。美国威廉与玛丽学院和乔治·华盛顿大学联合研究发现，海平面上升将对农村土地产生重大影响，而在这些地方，人们对沼泽地侵占的决策缺乏足够的知识。该研究首次综合研究了海平面上升对土地转化的影响。这种转化最明显的迹象之一是"幽灵森林"（ghost forests），即一片片枯死的树木，它们褪色的树干周围环绕着新的沼泽地[2]。

德国马普学会与国际马克斯·普朗克地球系统建模研究院联合研究发现，南纬 35°以南的南大洋每年的碳吸收量约占海洋碳吸收量的一半，从而大大减轻了二氧化碳对生态环境的影响[3]。尽管该区域的吸收碳的强度在年际和十年尺度上的变化幅度较大，且具体影响这种结果的因素仍然存在争议。

巴西圣卡塔琳娜州联邦大学与澳大利亚新南威尔士大学的联合研究发现，来自印度洋对流的大气波对南美地区和南大西洋的气候条件产生了重大影响，导致干旱和海洋热浪现象[4]。美国斯克里普斯海洋研究所（Scripps Institution of Oceanography，SIO）的研究提供了波浪到达碎浪带时详细的现场观测数据。该研究结果可为了解和管理近岸海洋生境的科学家提供重要数据[5]。美国国家大气与海洋管理局（National Oceanic and Atmospheric Administration，NOAA）的研究分析了海洋热浪产生的原因。他们指出，气候变化大大增加了海洋热浪的强度、频率和持久性，海洋热浪可以迅速破坏海洋生态系统和依赖它们的经济设施，并确定了这些事件的特定驱动因素[6]。

2. 海洋生物学研究成果显著

海洋生物学是海洋学研究的重要方面。2019 年，科学家在新生物的发现和特征研究方面取得若干发现。华盛顿大学的研究发现，太平洋低氧区的微生物能利用砷进行呼吸。该研究发现了两种利用砷基分子获取能量的遗传途径——针对氧化和还原两种形式的砷，在两种生物体内以不同形式往复循环[7]。美国伍兹霍尔海洋研究所（Woods Hole Oceanographic Institution，WHOI）与康涅狄格大学等联合实施科学考察，通过 DNA 分析，在距离美国东北部海岸 100 英里①的东北峡谷和海山国家纪念碑（Seacount National Monument）附近发现了两种新的深海珊瑚。它们与世界上已知的 DNA 序列存储库中的所有物种都没有足够的基因相似性[8]。美国俄勒冈州立大学和美国国家大气与海洋管理局的研究人员发现，在不列颠哥伦比亚省附近海底的甲烷渗漏处存在大规模以甲烷为食的物种[9]。

在海洋环境对海洋生物的影响研究方面，科学家继续取得新的发现。美国罗格斯大学联合挪威奥斯陆大学的研究发现，在全球气候变暖的影响下，海洋冷血动物没有能力适应不断上升的海水温度，而且它们无法像陆地动物那样，通过"逃离"的方法躲在阴凉处或洞穴中，所以它们被暴露在"高温"的海水中。总体上，全球变暖下的海洋冷血动物比陆地冷血动物更脆弱[10]。来自美国斯克里普斯海洋研究所和加利福尼亚大学圣迭戈分校（University of California，San Diego，UCSD）的研究人员首次证明了海洋无脊椎动物幼虫的视觉对氧气可以获得性非常敏感，且氧气可以获得性降低对视力损害具有物种特异性，对于某些物种，即使氧气水平的微小下降也会导致其立即失明[11]。

3. 海洋环境问题获得新的认识

英国普利茅斯大学海洋实验室（PML）的研究人员发现，漂浮在海洋中的塑料每年给人类社会造成数百亿美元乃至数千亿美元的资源破坏和损失，并影响人类的健康和福祉[12]。美国蒙特利海湾研究所等研究机构的科研人员采用荧光技术检测从水样中

---

①　1 英里≈1.61 km。

过滤出来的微塑料。研究发现，世界各地的样本中都能找到微纤维，包括北极圈内的样本[13]。美国斯克里普斯海洋研究所的研究人员发现，自第二次世界大战结束以来，海洋沉积物中的塑料数量呈指数增长，大约每15年翻一番[14]。

4. 海洋新技术研发与应用稳步推进

海洋技术是海洋科学研究的关键基础，在海洋研究中的作用愈加明显，2019年全球海洋技术开发稳步推进。美国斯克里普斯海洋研究所将一款常见的物理海洋学仪器，通过视觉和听觉设备改造升级为新型机器人，能够在海底滑行时直接对周围的浮游生物成像[15]。英国国家海洋学中心（National Oceanography Center，NOC）通过自主式水下航行器（AUV）进行海底生物调查，可以满足日益增长的监测海洋保护区（MPA）内不同栖息地生物多样性的需求[16]。德国基尔亥姆霍兹海洋研究中心（GEOMAR）的研究人员通过对海上MH 370飞机残骸漂移的轨迹分析，推测出飞机最可能的坠毁地点信息，并基于此，提出了未来此类跨学科工作的优化策略，旨在为未来海洋目标或有机体漂移的准实时应用制定策略[17]。英国普利茅斯大学海洋实验室的研究人员的最新成果指出，他们正在使用地球观测卫星来探测海洋垃圾分布热点。这种新的方法可以区分海洋塑料等漂浮物的自然源和人为源[18]。

二、海洋科学领域重要研究部署

1. 国际组织

联合国教科文组织政府间海洋委员会和欧盟委员会共同启动全球海洋空间规划项目，旨在促进海洋空间规划更好地发展，以避免冲突，改善人类对海上水产养殖、旅游、海洋能源和海底资源开发活动管理。

联合国环境规划署于9月提出《建立有效和公平的海洋保护区：综合治理方法指南》[19]，在了解海洋保护区内部及周围的活动基础上，关注捕捞、旅游和沿海开发等特定人类活动的累积性影响，确定人类活动的驱动力（如生计、市场需求、发展机会等）、相关保护目标（如保护或恢复生态环境和物种）的优先次序，提出从海洋生态系统的角度，建设"复原力"最有效的方法，增加不同营养群中的物种多样性，并采取多种激励措施推动可持续开发利用和增进公平。

2019年3月，二十国集团（G20）国家科学院提交《海岸带和海洋生态系统面临的威胁及海洋环境保护——特别关注气候变化和海洋塑料垃圾问题》的科学声明[20]。呼吁减少气候变化、过度捕捞和污染等对沿海和海洋生态系统造成的压力和影响，并在开发海洋资源的过程中减少海洋环境的不良影响。

2019 年 5 月，世界银行发布报告《呼吁加勒比海地区采取紧急行动解决海洋污染》[21]，提出对气候变化的能力进行评估，呼吁采取紧急行动，恢复受损的生态系统，保护加勒比海的海洋资源，并提出了 12 条针对性的建议。

2019 年 7 月，世界气象组织发布《海洋观测系统》报告[22]，鉴于各国当前和日益迫切需要做出与气候变化影响有关的决定，强调持续海洋监测的必要性，认为海洋观测为各国提供关键数据，以便更好地提供海洋天气和海洋服务，确保安全有效的海上作业并提高极端事件的应急响应效率。

2. 美国战略行动

美国在全球海洋研究中依旧发挥引领性作用。美国国会发布《沿海和海洋酸化的压力与威胁研究法案》[23]，加强联邦政府在研究和监测不断变化的海洋条件方面的投入，并将帮助沿海社区更好地了解和应对环境压力因素对海洋和河口的影响，解决海洋和沿海酸化的社会经济影响，并评估海洋适应和减缓战略。6 月，美国国家科学院、工程院和医学院发布《提高珊瑚礁持久性和恢复力的干预措施的决策框架》报告[24]，指导当地决策者评估干预措施的风险和效益，并探讨提高珊瑚礁持久性和恢复力的干预措施的决策框架。7 月，美国国家大气与海洋管理局发布《2020～2026 年研究与发展计划》[25]，提出海洋和沿海资源的可持续利用和管理思路，将利用知识、决策支持工具和新兴技术，确定沿海和海洋生态系统中物理学、化学和生物学的相互作用，目的是更好地保护和恢复生态系统的资源，增加对海洋资源的知识积累和理解，使决策者、管理人员和研究人员能够为管理这些资源和区域做出明智的决策。

美国积极推动海水淡化统筹战略及近海风能研发应用。3 月，美国白宫科技政策办公室发布《以加强水安全为目标的海水淡化统筹战略规划》[26]，确定了支持美国海水淡化工作的 3 个首要目标和 8 个优先研究事项。同月，美国多个部门联合签署新的近海风能研发谅解备忘录，将当地和区域渔业行业与联邦监管机构联合起来，就大西洋外大陆架近海风能研究和开发开展合作。

3. 欧洲国家

英国分别在 2019 年 1 月、6 月和 7 月发布研究报告《海事 2050 战略》[27]、《领航未来 V》[28] 和《清洁海事计划》[29]，提出减少英国海事部门的环境影响、探讨未来海洋可持续发展并制定了一项国家行动计划，使英国海事朝着 2050 年海上零排放航运的目标迈进。9 月，爱尔兰发布《海洋规划政策声明》[30]，针对海洋规划提出 10 条战略原则，综合考虑环境、经济和社会因素的同时，寻求在环境保护及提供安全工作领域发挥作用；确保海洋环境的可持续利用，通过领导走向最佳发展；支持生物多样性的维持和恢复；支持爱尔兰丰富的海洋遗产（包括自然和文化遗产）及与海洋相关的文化和遗产资产的保护与推广；支持海洋食品行业的稳定和可持续发展；以公平和透明的方式处理所有海洋利益。7月，德国联邦教育和研究部开展"气候变化在沿海上升流地区的重要性"联合项目，调查北大西洋和东南大西洋及北部沿海上升流地区[31]。此外，英国还积极开展深海矿藏开发项目及海洋地震等地质活动的研究[32]。

4. 其他国家

澳大利亚"绘制 Makarda"项目结合科学与传统知识进行海洋管理，使用高科技多波束声纳和欧洲航天局的 Sentinel 2 卫星系统绘制 Groote Eylandt 更深的沿海栖息地，绘制浅海岸地区[33]。韩国海洋水产部发布的《海洋空间规划（2019—2028）》制定了3大目标、5大推进战略、13个重点推进课题[34]。

三、启示与建议

1. 推进海洋可持续发展，助力海洋强国战略

全球海洋空间综合开发利用、海洋资源可持续开发及海洋环境的保护与修复受到国际社会和海洋强国的关注。全球层面和国家层面的相关政策与规划纷纷加强对海洋可持续发展领域的关注，助力"蓝色经济"增长。随着经济高质量转型的深入，我国在海洋空间开发、海洋资源开发和海洋环境保护方面的努力不断加强，相关研究也不断推进，国家重点研发计划"海洋环境安全保障"等相关研究计划持续推进，并不断取得进展。在海洋可持续发展方面，我国应进一步明确发展目标，对标国际海洋强国，瞄准关键问题，结合我国海洋高质量发展的需求，提升相关研究质量，提升研究成果的国际影响力，提升在海洋开发和保护问题中的国际话语权，为"海洋强国"战略提供保障。

2. 各国不断加强对南北极的相关研究

两极地区成为各海洋强国的新的战略优先方向和科学研究的焦点区域。北极海冰的不断融化为北极地区相关国家和全球海洋强国带来机遇，相关海洋强国纷纷在科学研究、航道开发和环境保护方面对该区域进行研究和重点关注。南极环境保护和气候变化的影响等相关问题继续受到各国关注，气候变化影响研究持续推进。随着我国海洋研究实力的不断增强，我国在南北极研究的能力不断提升。近年来，我国不断加强

对两极地区研究的资助力度，极地研究在国际上的显示度进一步提升。与此同时，极地科学研究和科学考察对相关技术和仪器的要求极高。我国在极地破冰船、极端环境下的观测设备等相关技术开发方面与欧美强国具有较大的差距，未来应积极参与相关重大国际研究，与俄罗斯、美国、英国等国开展合作，提升相关研究水平，大力发展具有自主知识产权的相关技术，稳步推进极地科学研究水平。

3. 推进海洋技术向智能化方向发展

欧美等地的海洋强国不断试验和推出新的海洋观测探测技术。新技术开发主要以传统技术装备的智能化改造升级为主。无人自式海洋智能化装备技术成为各国开发的焦点方向。近年来，我国海洋技术开发在国家相关计划的资助下，取得了长足进步，相关技术和装备在我国海洋研究中得到应用。在相关研发能力取得显著进步的同时，我国自主产权的相关技术设备与欧洲、美国、日本等传统强国和地区仍存在较大的差距。未来，我国应在核心传感器、材料研发和相关功能部件研发等方面重点加强投入。此外，我国应对可以用于深海的相关技术装备加大研究投入。

致谢：中国科学院海洋研究所的李超伦研究员、中国海洋大学的高会旺教授、自然资源部第一海洋研究所的王宗灵研究员、中国海洋大学于华明副教授对本报告初稿进行了审阅并提出了宝贵修改意见，在此表示感谢！

参考文献

[1] NOC. Global sea-level rise has been accelerating since 1960. http://noc. ac. uk/news/global-sea-level-rise-has-been-accelerating-1960[2019-08-05].

[2] Kirwan M, Gedan K. Sea-level driven land conversion and the formation of ghost forests. Nature Climate Change,2019,(9):450-457.

[3] Keppler L, Landschützer P. Regional wind variability modulates the Southern Ocean carbon sink. Scientific Reports,2019,9:7384.

[4] Rodrigues R, Taschetto A, Gupta A, et al. Common cause for severe droughts in South America and marine heatwaves in the South Atlantic. Nature Geoscience,2019,12,620-626.

[5] Scripps Institution of Oceanography. Research highlight: new research sheds light on hidden ocean waves close to shore. https://scripps. ucsd. edu/news/research-highlight-new-research-sheds-light-hidden-ocean-waves-close-shore[2019-01-22].

[6] Holbrook N, Scannell A, Gupta A, et al. A global assessment of marine heatwaves and their drivers. Nature,2019,10:2624-2637.

[7] Saunders J, Fuchsman C, McKay C, et al. Complete Arsenic-Based Respiratory Cycle in the Marine

Microbial Communities of Pelagic Oxygen-Deficient Zones. PNAS,2019,116(20):9925-9930.

[8] WHOI. New deep-sea coral species discovered in Atlantic marine monument. https://www. whoi. edu/press-room/news-release/new-species-of-deep-sea-corals-discovered-in-atlantic-marine-monument/[2019-04-09].

[9] Seabrook1 S,DeLeo F,Thurber A. Flipping for food: the use of a methane seep by tanner crabs (chionoecetes tanneri). Frontiers in Marine Science,2019,https://doi. org/10. 3389/fmars. 2019. 00043.

[10] Pinsky M,Eikeset A,McCauley D,et al. Greater vulnerability to warming of marine versus terrestrial ectotherms. Nature,2019,569:108-111.

[11] McCormick1 L,Levin1 L,Oesch N. Vision is highly sensitive to oxygen availability in marine invertebrate larvae. Journal of Experimental Biology,2019,doi:10. 1242/jeb. 200899.

[12] PML. Marine plastic has a cost to humans too. https://www. pml. ac. uk/News_and_media/News/Marine_plastic_has_a_cost_to_humans_too[2019-03-28].

[13] Scripps Institution of Oceanography. Scripps oceanography researchers adopting global approach to studying microplastics and microfibers. https://scripps. ucsd. edu/news/scripps-oceanography-researchers-adopting-global-approach-studying-microplastics-and[2019-08-13].

[14] Brandon J,Jones W,Ohman M. Multidecadal increase in plastic particles in coastal ocean sediments. Science Advances,2019,5(9):1-6.

[15] Scripps Institute of Oceanography. Scripps biological and physical oceanographers collaborate to create first-of-its-kind sensing instrument. https://scripps. ucsd. edu/news/new-robot-can-sense-plankton-optically-and-acoustically-0[2019-01-02).

[16] Benoist N,Morris K,Bett B,et al. Monitoring mosaic biotopes in a marine conservation zone by autonomous underwater vehicle. Conservation Biology,2019,33(5):1174-1186.

[17] GEOMAR. Lessons learnt from the drift analysis of MH370 plane crash debris—new strategies for tracking of marine objects proposed. https://www. sciencedaily. com/releases/2019/04/190417102731. htm[2019-04-17].

[18] PML. Identifying plastic hotspots from space. https://www. pml. ac. uk/News_and_media/News/Identifying_plastic_hotspots_from_space[2019-04-25].

[19] COL. Ocean acidification bills coast to committee. https://oceanleadership. org/ocean-acidification-bills-coast-to-committee/[2019-04-12].

[20] G20. Threats to coastal and marine ecosystems,and conservation of the ocean environment - with special attention to climate change and marine plastic waste. https://www. leopoldina. org/uploads/tx_leopublication/2019_S20_Japan_Statement_07. pdf[2019-03-06].

[21] World Bank. Marine pollution in the caribbean: not a minute to waste. http://www. worldbank. org/en/news/press-release/2019/05/30/new-report-calls-for-urgent-action-to-tackle-marine-pollution-a-growing-threat-to-the-caribbean-sea[2019-05-30].

［22］WMO. New report card shows state and value of ocean observations. https：//en. unesco. org/news/new-report-card-shows-state-and-value-ocean-observations［2019-07-01］.

［23］中国海洋在线. 美国国会发布若干海洋酸化相关法案. http：//www. oceanol. com/guoji/201904/19/c86433. html［2019-04-09］.

［24］NAP. A decision framework for interventions to increase the persistence and resilience of coral reefs. https：//www. nap. edu/catalog/25424/a-decision-framework-for-interventions-to-increase-the-persistence-and-resilience-of-coral-reefs［2019-06-04］.

［25］NOAA. NOAA research and development plan 2020—2026. https：//nrc. noaa. gov/Council-Prod-ucts/Research-Plans［2019-07-12］.

［26］OSTP. Coordinated strategic plan to advance desalination for enhanced water security. https：//www. whitehouse. gov/wp-content/uploads/2019/03/Coordinated-Strategic-Plan-to-Advance-De-salination-for-Enhanced-Water-Security-2019. pdf［2019-03-22］.

［27］UK. Maritime 2050strategy. https：//assets. publishing. service. gov. uk/government/uploads/sys-tem/uploads/attachment_data/file/773178/maritime-2050. pdf［2019-01-14］.

［28］NOC. The ocean we need'-Europe's leading ocean experts launch advice for governmens. http：//noc. ac. uk/news/ocean-we-need-europes-leading-ocean-experts-launch-advice-governments［2019-06-11］.

［29］Department for Transport. Clean maritime plan. https：//www. gov. uk/government/speeches/clean-maritime-plan［2019-07-11］.

［30］中国海洋报. 爱尔兰发布《海洋规划政策声明（草案）》. http：//www. oceanol. com/guoji/201909/20/c89945. html［2019-09-20］.

［31］GEOMAR. Research on the ocean's most productive areas. https：//www. geomar. de/en/news/article/die-produktionsstaetten-der-ozeane-im-fokusder-forschung/［2019-01-07］.

［32］NERC. New project to explore deep-seafloor mineral deposits. http：//noc. ac. uk/news/new-pro-ject-explore-deep-seafloor-mineral-deposits［2018-12-18］.

［33］Australian Institute of Marine Science（AIMS）. Mapping the Makarda-bringing together science and traditional knowledge. https：//www. aims. gov. au/docs/media/latest-releases/-/asset_pub-lisher/8Kfw/content/mapping-the-makarda-bringing-together-science-and-traditional-knowledge［2019-08-27］.

［34］中韩海洋科学共同研究中心. 韩国加强专属经济区水产资源与海洋矿产资源调查研究. http：//www. ckjorc. org/cn/cnindex_newshow. do？ id＝3036［2019-08-30］.

Oceanography

Gao Feng, Wang Jinping, Feng Zhigang, Wang Fan, Wu Xiuping

In 2019, research in the field of oceanography including physical oceanography, marine biology, marine environment, and new marine technologies etc., continued to advance, and many achievements were made on the impact of global warming on the ocean, polar ocean research, marine plastic pollution, and ocean observation and detection technologies. In terms of future research layout, international organizations and major maritime countries are developing layouts around key ocean research directions and key regions.

4.8 空间科学领域发展观察

杨 帆 韩 淋 王海名 范唯唯

（中国科学院科技战略咨询研究院）

2019 年天基平台助力首次黑洞直接成像，宜居带系外行星大气中发现水，"隼鸟2 号"完成小行星采样，一年期双胞胎天地对比研究揭示人体空间适应性，载人月球探索成为各国重大关切。我国应该重点关注空间天体物理、日球层物理、太阳系探测等世界空间科学热点前沿，高度关注载人月球探索竞争态势，推动空间科学高质量发展。

一、重要研究进展

1. 天基平台助力首次黑洞直接成像

"事件视界望远镜"国际研究团队成功获得首张黑洞图片，使得爱因斯坦的广义相对论获得首次试验验证[1]。"原子核光谱望远镜阵列"等多项空间任务支持了此次发现[2]。中国科学家也做出重要贡献[3]。该项成果荣膺《科学》2019 年度十大科学突破之首。

2. 强伽马射线暴观测有望开启天文研究新时代

"大型大气伽马射线成像切伦科夫"望远镜探测到伽马射线暴 GRB 190114C 中能量高达 1TeV 的超高能伽马射线，暗示在高能伽马射线生成过程中必然有其他物理机制在起作用，最可能的解释是逆康普顿散射[4]。

3. 宇宙早期膨胀程度远超宇宙学标准模型预期

基于"牛顿 X 射线多镜面"、地基"斯隆数字巡天"等望远镜对大量遥远类星体的观测数据，发现 120 亿年前宇宙的膨胀程度就已经接近 80 亿年前的宇宙，与宇宙标准模型的预测结果不符，可能需要新增参数来协调构建宇宙膨胀理论[5]。

4. "开普勒"空间望远镜首次发现宜居带系外行星大气中存在水

基于"开普勒"空间望远镜和"哈勃空间望远镜"的观测数据,在系外行星 K2-18b 的大气层中发现水蒸气。一旦得到证实,这将是已知的唯一一颗既在其大气中拥有水、地表温度也可以使水呈液态的系外行星[6]。

5. 获得首颗星际彗星 2I/Borisov 最清晰影像

"哈勃空间望远镜"首次拍摄到迄今确定的唯一一颗星际彗星——星际天体 2I/Borisov 最清晰的影像,揭示出彗星核周围尘埃的中心浓度,将为揭秘行星构造单元的化学成分、结构和尘埃特征提供宝贵线索[7]。

6. "帕克太阳探测器"公布首批研究成果

《自然》报道了"帕克太阳探测器"的首批探测成果,在太阳磁力线、太阳风旋转、宇宙无尘区域、高能粒子研究方面取得新发现,揭示出有关物质和粒子行为的新信息,为了解整个星系中的活跃恒星提供了新见解[8,9]。

7. 首次实现行星际激波高分辨率测量

"磁层多尺度"任务首次实现行星际激波高分辨率测量,发现不同区域太阳风之间存在相互作用,首次捕捉到能量转移过程的证据[10]。

8. 月球探测再掀新高潮

美国国家航空航天局(National Aeronautics and Space Adminstration,NASA)选择 9 个团队参与分析"阿波罗计划"采集的月球样本[11]。基于"信使号"和"月球勘测轨道器"观测数据发现,水星和月球的水冰储量或远超预期,拥有很厚的冰沉积物的月球环形山有望成为未来月球探测任务的目标[12]。印度首个月球南极软着陆任务"月球航行-2"成功入轨,着陆惜败[13]。世界首个商业月球着陆器——以色列的 Beresheet 着陆失败[14]。我国"嫦娥四号"成功实现人类探测器首次月背软着陆和就位探测及首次月背与地球的中继通信,开启了人类月球探测新篇章,任务团队获得英国皇家航空学会 2019 年度团队金奖[15]。

9. 火星探测取得新发现

"机遇号"火星漫游器在登陆火星 15 年后,正式结束任务,创造了在火星表面单日行驶最远距离(220m)记录等突出成绩[16]。"洞察号"火星着陆器首次探测到火震信号，标志着"火星地震学"的诞生[17]。基于"火星大气与挥发物演化"任务数据，首次绘制出一颗地外行星的高层大气风环流图，并首次在行星的热层中探测到地形引起的重力波波纹[18]。俄罗斯、欧洲空间局（European Space Agency，ESA）合作的"火星生命探测计划2016任务"发布示踪气体轨道器在轨第一年的观测成果，包括大气尘埃对水的影响及对氢原子向空间逸散的影响，未能在火星大气中探测到甲烷，绘制了高分辨率火星地下水分布图等[19]。

10. "卡西尼号"科学遗产深化对土星系统的认识

《科学》总结"卡西尼号"探测器科学任务及其最终阶段观测发现："卡西尼号"观测了土星环的复杂特征，确定了土星的内部结构和土星环的质量，近距离飞越了土卫十八、土卫三十五、土卫十五、土卫十七和土卫十一，并发现土星环要比土星年轻得多[20]。

11. 小行星探测取得突破性进展

"隼鸟2号"完成两次小行星"龙宫"触地采样并踏上返程，这是人类首次在小行星上成功完成多次着陆采样，并首次采集到次表层地下样品[21]。"新地平线号"成功飞越柯伊伯带天体2014 MU69（"天涯海角"），开启了人类探索柯伊伯带的新时代[22]。《科学》发布此次飞越的首份科学成果，揭示了"天涯海角"的演化、地质和组成情况[23]。美国NASA首个小行星采样返回任务"起源、光谱分析、资源识别与安全-风化层探测器"选定采样点[24]。

12. 国际空间站持续产出科研应用成果

国际空间站科研活动成果突出：一年期双胞胎天地对比研究揭示了人体适应空间飞行环境造成的各种变化的恢复能力与鲁棒性；对地观测图像支持开展各类研究，获得夜间人工照明会影响城市野生动物的行为等多项发现；三维高分辨率微型荧光显微镜实现在轨观测活细胞；"中子星内部构成探测器"确定一个新的瞬态X射线源为黑洞双星系统；长期空间飞行导致航天员手动控制能力下降；水泥可以在空间中固化，但孔隙率比地面上的大；新型抗菌涂层可以有效预防生物损害；国际空间站内已经形成微生物群落；在空间中暴露于更强的磁场活动会导致人体产生类似抗衰老效果的反应[25]。

13. 多个空间科学创新平台成功发射

中国首个空间引力波探测任务——"太极一号"微重力技术实验卫星[26]、俄罗斯、德国合作的"光谱-RG"空间天文台[27]、欧洲空间局（European Space Agency，ESA）"宇宙憧憬计划"第一项小型任务"系外行星表征卫星"[28]、首个可以同时跟踪地球高层大气和空间动态环境及其相互影响的"电离层探测器"[29]、安装在国际空间站外部平台的"在轨碳观测台-3"等成功发射[30]，为空间科学未来取得更多重大突破奠定基础。

二、重大战略行动

1. 美国明确提出在 2024 年前载人重返月球

美国副总统彭斯明确提出要在未来 5 年内把美国航天员送上月球。美国 NASA 正式启动"阿尔忒弥斯"载人月球探索计划，提出在 2024 年前分三步登陆月球南极、2025 年后可以持续探索月球并筹备前往火星的探索框架及主要内容[31]。

2. ESA 启动新一轮空间科学长期规划工作

ESA 启动下一轮空间科学长期规划"旅程 2050"的制定工作，规划周期为 2035～2050 年，将包括 3 项大型任务、6～7 项中型任务及若干小型任务与机会任务[32]。ESA 部长级会议决定未来 3 年重点推进开发首个空间引力波探测器"激光干涉仪空间天线"、探索黑洞的"先进高能天体物理望远镜"等任务，以加深对宇宙基本物理的理解[33]。

3. 俄罗斯发布月球探索与开发计划

俄罗斯国家航天集团公司公布《月球综合探索与开发计划草案》，全面阐述了当前地缘政治局势下加强俄罗斯航天界参与月球探索与开发的必要性，月球和近月空间探索关键技术、科学探测计划、技术方案及实施阶段，提出至 2040 年全面建成月球基地[34]。

4. 日本政府讨论空间科学技术发展路线图

日本内阁府空间政策委员会研讨新版《空间科学和探索路线图》，探讨了天文学和空间物理、太阳系探测和空间工程领域未来发展的整体目标、未来 20 年发展战略及未来 5 年研究项目[35]。

5. 印度计划在 2030 年前建成本国空间站

印度空间研究组织提出，计划在 2030 年前发射本国空间站，初步规划空间站重约 20 吨，航天员可以在站内生活 15~20 天。印度已为计划于 2022 年实施的本国首次载人航天任务"宇宙飞船"计划遴选出 4 名航天员[36]。

6. 国际空间站多边协调委员会赞同推进"门户"月球轨道站计划

国际空间站多边协调委员会一致认同"门户"月球轨道站计划是载人月球探索的下一个关键步骤，赞同推进该计划并欢迎各方积极参与[37]。目前，日本、欧洲、加拿大等已经明确加入该计划，美国已经授出"门户"第一个组件合同。

7. 首批中国空间站联合国成员国空间科学实验发布

中国载人航天工程办公室与联合国外空司宣布联合国/中国围绕中国空间站开展空间科学实验的第一批项目入选结果，共有来自 17 个国家、23 个实体的 9 个项目入选[38]。

三、发展启示与建议

基于 2019 年空间科学领域发展观察分析，天体物理、日球层物理、太阳系探测等前沿热点领域持续取得新发现和新突破。我国应高度关注国际重大进展和发展趋势，同时稳步推进空间科学卫星任务系列，保障中国空间科学的持续、健康、高质量发展。

同时，美国明确提出在 2024 年前载人重返月球，日本、欧洲、加拿大等确定加入美国提出的"门户"月球轨道站计划，俄罗斯计划至 2040 年全面建成月球基地，载人月球探索成为各国的重大关切。我国应该密切关注国际战略动向，审慎研判并布局谋篇，推动中国空间科学走向世界舞台中央。

致谢：中国科学院国家空间科学中心王赤院士、中国科学院科技战略咨询研究院张凤研究员对本文的撰写提出许多宝贵的修改意见，特此致谢。

参考文献

[1] Event Horizon Telescope. Astronomers capture first image of a black hole. https://eventhorizon-telescope. org/press-release-april-10-2019-astronomers-capture-first-image-black-hole[2019-10-04].

[2] NASA. Black hole image makes history; nasa telescopes coordinated observations. https://www. nasa. gov/mission_pages/chandra/news/black-hole-image-makes-history[2019-10-04].

[3] 科学网. 科学家终于见到了黑洞的"真身". http://news. sciencenet. cn/htmlnews/2019/4/425039.

shtm[2019-10-04].

[4] NASA. NASA's fermi, swift missions enable a new era in gamma-ray science. https://www.nasa.gov/feature/goddard/2019/nasa-s-fermi-swift-missions-enable-a-new-era-in-gamma-ray-science[2019-11-21].

[5] Risaliti G, Lusso E. Cosmological constraints from the Hubble diagram of quasars at high redshifts. Nature Astronomy, 2019, 3: 272-277.

[6] Tsiaras A, Waldmann I P, Tinetti G, et al. Water vapour in the atmosphere of the habitable-zone eight-Earth-mass planet K2-18b. Nature Astronomy, 2019, 3: 1086-1091.

[7] NASA. Hubble observes 1st confirmed interstellar comet. https://www.nasa.gov/feature/goddard/2019/hubble-observes-1st-confirmed-interstellar-comet[2019-10-16].

[8] NASA. First NASA parker solar probe results reveal surprising details about our sun. https://www.nasa.gov/press-release/first-nasa-parker-solar-probe-results-reveal-surprising-details-about-our-sun[2019-12-05].

[9] NASA. NASA's parker solar probe sheds new light on the sun. https://www.nasa.gov/feature/goddard/2019/nasas-parker-solar-probe-sheds-new-light-on-the-sun/[2019-12-05].

[10] NASA. NASA's MMS finds its 1st interplanetary shock. https://www.nasa.gov/feature/goddard/2019/nasa-s-mms-finds-first-interplanetary-shock[2019-08-08].

[11] NASA. NASA selects teams to study untouched moon samples. https://www.nasa.gov/feature/nasa-selects-teams-to-study-untouched-moon-samples[2019-03-12].

[12] NASA. The moon and mercury may have thick ice deposits. https://www.nasa.gov/feature/goddard/2019/moon-mercury-ice[2019-08-03].

[13] ISRO. Chandrayaan 2 latest updates. https://www.isro.gov.in/chandrayaan2-latest-updates[2019-11-13].

[14] NASA. NASA is aboard first private moon landing attempt. https://www.nasa.gov/feature/goddard/2019/nasa-is-aboard-first-private-moon-landing-attempt[2019-02-22].

[15] 新华网. 嫦娥四号任务团队获英国皇家航空学会 2019 年度团队金奖. http://www.xinhuanet.com/2019-11/26/c_1125277634.htm[2019-11-26].

[16] NASA. NASA's record-setting opportunity rover mission on mars comes to end. https://www.nasa.gov/press-release/nasas-record-setting-opportunity-rover-mission-on-mars-comes-to-end[2019-02-14].

[17] NASA. NASA's insight lander captures audio of first likely 'quake' on mars. https://www.nasa.gov/press-release/nasa-s-insight-lander-captures-audio-of-first-likely-quake-on-mars[2019-04-24].

[18] NASA. NASA's maven maps winds in the martian upper atmosphere that mirror the terrain below and gives clues to martian climate. https://www.nasa.gov/press-release/goddard/2019/mars-wind-map[2019-12-13].

[19] ESA. First results from the exomars trace gas orbiter. http://www.esa.int/Our_Activities/Hu-

man_and_Robotic_Exploration/Exploration/ExoMars/First_results_from_the_ExoMars_Trace_Gas_Orbiter[2019-04-10].

[20] Science. Special issue-cassini's grand finale. https://science. sciencemag. org/content/364/6445 [2019-06-14].

[21] JAXA. Success of the second touchdown of asteroid explorer"Hayabusa 2". https://global. jaxa. jp/press/2019/07/20190711a. html[2019-07-11].

[22] New Horizons. New horizons successfully explores ultima thule. http://pluto. jhuapl. edu/News-Center/News-Article. php? page=20190101[2019-01-01].

[23] Stern S A, Weaver H A, Spencer J R, et al. Initial results from the New Horizons exploration of 2014 MU69, a small Kuiper Belt object. Science, 2019, Vol. 364, Issue 6441, eaaw9771.

[24] NASA. X Marks the spot: NASA selects site for asteroid sample collection. https://www. nasa. gov/press-release/x-marks-the-spot-nasa-selects-site-for-asteroid-sample-collection/[2019-12-13].

[25] NASA. What we learned from the space station in 2019. https://www. nasa. gov/mission_pages/station/research/news/what-we-learned-from-space-station-2019[2019-12-24].

[26] 中国科学院国家空间科学中心. 我国首颗空间引力波探测技术实验卫星——"太极一号"第一阶段在轨测试任务顺利完成. http://www. nssc. ac. cn/xwdt2015/xwsd2015/201909/t20190920_5393589. html[2019-09-20].

[27] Roscosmos. Spektr-RG put into orbit. https://www. roscosmos. ru/26563/[2019-07-13].

[28] ESA. Liftoff for cheops, ESA's exoplanet mission. http://www. esa. int/Science_Exploration/Space_Science/Cheops/Liftoff_for_Cheops_ESA_s_exoplanet_mission[2019-12-18].

[29] NASA. ICON begins study of earth's ionosphere. https://blogs. nasa. gov/icon/2019/10/10/icon-begins-study-of-earths-ionosphere/[2019-10-10].

[30] NASA. OCO-3 ready to extend NASA's study of carbon. https://www. nasa. gov/feature/jpl/oco-3-ready-to-extend-nasas-study-of-carbon[2019-05-09].

[31] NASA. Forward to the moon: NASA's strategic plan for human exploration. https://www. nasa. gov/sites/default/files/atoms/files/america_to_the_moon_2024_artemis_20190523. pdf[2019-04-09].

[32] ESA. Call for membership of topical teams for the voyage 2050 long-term plan in the ESA science programme. https://www. cosmos. esa. int/documents/1866264/1866292/Call_for_Voyage_2050_Topical_Team_members. pdf/18bff3d0-b754-cf75-bb7d-95a1fb65c301[2019-03-01].

[33] ESA. Space19+, the ESA council at ministerial level, in seville, spain. https://www. esa. int/ESA_Multimedia/Images/2019/11/Space19_the_ESA_Council_at_Ministerial_level_in_Seville_Spain2 [2019-11-27].

[34] RAS. The concept of the Russian comprehensive program of research and exploration of the moon. http://sovet. cosmos. ru/sites/default/files/%D0%A0%D0%B5%D1%88%D0%B5%D0%BD%D0%B8%D0%B5%20%D0%9D%D0%A2%D0%A1-%D0%A1%D0%9A%D0%A0%

D0％90％D0％9D. pdf［2019-02-20］.

［35］ JAXA. Space science and exploration roadmap. https：//www8. cao. go. jp/space/comittee/27-ki-ban/kiban-dai47/pdf/siryou2-1-1. pdf［2019-05-22］.

［36］ 俄罗斯卫星通讯社. 印度空间研究组织主席：印度计划在 2030 年前研制出自己的空间站. ht-tp：//sputniknews. cn/science/201906131028747979/［2019-06-13］.

［37］ NASA. Multilateral coordination board joint statement. https：//www. nasa. gov/feature/multilat-eral-coordination-board-joint-statement［2019-03-06］.

［38］ 中国载人航天. 中国载人航天工程办公室与联合国外空司发布联合国/中国围绕中国空间站开展空间科学实验第一批入选项目. http：//www. cmse. gov. cn/art/2019/6/12/art_22_33157. html ［2019-06-12］.

Space Science

Yang Fan , Han Lin , Wang Haiming , Fan Weiwei

In 2019, the scientific research of space science has attracted much attention. For example, Event Horizon Telescope helps capture the first image of a black hole, water vapour in the atmosphere of the habitable-zone eight-Earth-mass planet K2-18b, Hayabusa 2 successfully completed asteroid sampling, the Twins Study demonstrated the resilience and robustness of how a human body can adapt to a multitude of changes created by the spaceflight environment, manned lunar exploration has become a major goal of all countries. China should focus on the hot frontiers of space sciences such as space astrophysics, heliosphere physics, solar system exploration. Pay highly attention to the competitive situation of manned lunar exploration, and promote the high-quality development of space science.

4.9　信息科技领域发展观察

唐　川[1]　王立娜[1]　徐　婧[1]　张　娟[1]　孙哲南[2]

（1. 中国科学院成都文献情报中心；2. 中国科学院自动化研究所）

2019 年，科技强国信息科技战略布局愈发完善，投资力度进一步加强，众多技术纷纷取得关键突破并产生重大影响。本文以 2019 年全球 AI、半导体、量子信息和区块链四个关键领域为对象，重点剖析了领域重要研究进展与各国战略规划，以揭示信息科技领域的新技术、新挑战、新机遇。

一、重要研究进展

1. 人工智能

人工智能主流技术快速演进，算法性能和效率迅速提升，研究前沿不断涌现，"对抗"研究成为当前关注的热点。

（1）语言、图像理解能力持续提升。谷歌公司在 2018 年创造的 BERT 模型是自然语言处理领域的里程碑，在阅读理解测试中已经超越人类。2019 年，谷歌公司、脸书公司、百度公司、卡内基梅隆大学等企业和大学在 BERT 模型的基础上实现了多项重要优化和突破[1-3]，进一步提升了计算机处理自然语言的能力。同时，业界围绕对抗生成网络、图神经网络等方向开展深入研究与应用[4,5]，使得计算机视觉技术已能创造出以假乱真的图像和视频。

（2）类脑计算找到新途径。2019 年 8 月，清华大学研制出全球首款面向通用人工智能的异构融合类脑计算芯片——"天机芯"[6]，包含约 4 万个神经元和 1000 万个突触，是世界上第一款能够同时支持机器学习算法和类脑算法的人工智能芯片。英特尔公司还推出了一款由 64 颗芯片组成、可以模拟 800 万个神经元的神经形态计算系统。

（3）博弈型、对抗型人工智能研究进展显著。谷歌公司研制出首款可以在无限制情况下达到主流电子游戏顶级竞技水准的人工智能系统[7]，涉及神经网络、基于强化学习的自我博弈、多智能体学习、模仿学习等通用机器学习技术。该系统非常擅长评估自身的战略地位，有望用于数字助理、自动驾驶乃至军事战略等领域。

（4）脑机融合取得重大突破。2019 年 4 月，美国加利福尼亚大学旧金山分校开发出一种新型脑机接口[8]，能够将控制嘴唇、舌头、喉部和下颌运动的神经信号合成为语音，有望让因瘫痪、中风或其他因神经损伤而失去说话能力的人以自然语音的速度重拾说话能力。美国卡内基梅隆大学、Neuralink 公司等机构也分别在意念控制机械臂[9]、大脑芯片植入[10]等方面取得重要进展。

2. 半导体

在摩尔定律发展阻力急剧增大的当前，一批新兴的未来半导体技术迅速进入人们的视野，包括新晶体管架构、新架构芯片、新材料晶体管等。这些技术有望在未来 2～10 年推动半导体技术市场大变革。此外，随着芯片需求日益碎片化，开源芯片逐渐成为新潮流，为芯片定制化带来发展新机遇。

（1）7 nm 工艺进入量产期，5 nm 工艺即将试产。2019 年，台湾积体电路制造股份有限公司（简称台积电）和三星集团实现 7 nm EUV 芯片量产，其中台积电已投建 3 nm 制程工艺晶圆厂，有望于 2022 年实现量产[11]。

（2）芯片架构创新快速演进，异构计算和存算一体渐成主流方向。2019 年 3 月，英特尔公司表示将通过制程和封装、架构、内存和存储、互连、安全、软件六大技术构建多样化的标量、矢量、矩阵和空间计算架构组合[12]；7 月，美国密歇根大学开发出全球首个存算一体通用 AI 芯片，可以快速、低能耗地执行多种人工智能算法[13]。

（3）光子集成芯片跨越式突破不断。2019 年 1 月，美国哈佛大学开发了一种新的集成光子学平台，其可以在集成电路中存储光，并对其频率（或颜色）进行电控制[14]；4 月，日本电信电话公司成功开发出首个在性能和功耗要求方面可以与硅硬件相匹配的光子硬件[15]。

（4）碳基电子取得重大进展。2019 年 8 月，美国麻省理工学院使用 1.4 万余个碳纳米管晶体管（CNFET）研制出可执行程序的 16 位微处理器，证明可以完全由 CNFET 打造超越硅的微处理器[16]。

（5）基于 RISC-V 等开源指令集的开源芯片逐渐成为新潮流。自 2011 年发布以来，235 家单位纷纷加入 RISC-V 基金会（数据截至 2019 年 7 月 10 日），表明 RISC-V 基金会的影响力日渐显著。欧盟、美国、我国均已积极开展相关布局，印度甚至将 RISC-V 作为事实上的国家指令集标准，中国科学院计算技术研究所较早开展 RISC-V 研究，在国际上具有较好基础。

3. 量子信息

全球量子竞赛加速，量子计算研究进展突飞猛进，群雄竞逐"量子优势"；量子保密通信方面的重大进展正在持续涌现。

2019 年 1 月，国际商业机器公司（International Business Machines Corporation，IBM）推出 20 量子位的量子计算一体机。同月，中国科学技术大学利用金刚石中的电子自旋与核自旋作为两个量子比特体系，首次实现了在室温大气条件下基于固态自旋体系的可编程量子处理器[17]。10 月，谷歌公司宣布了"量子优越性"，其 53 量子比特的量子芯片只需要 3 min 20 s 就可以完成世界最强大超级计算机需要 1 万年才可以完成的量子随机路线实验。12 月，中国科学技术大学等机构实现了 20 光子输入 60×60 模式干涉线路的玻色取样量子计算，逼近"量子优越性"；同月，普林斯顿大学成功地在相距 4mm 的两个硅自旋量子比特间实现了信息交换，证明硅量子比特可以在相对较远距离进行通信。

4. 区块链

区块链技术创新方案不断涌现，发展热点与方向主要集中在突破不可能三角（区块链无法同时兼顾可扩展性、安全性、去中心化）、隐私保护和安全、共识机制、智能合约等方面。2019 年 2 月，中国创新工厂和美国俄亥俄州立大学的研究人员提出一项名为 Monoxide 的区块链扩容方案。经实验证明，在 4.8 万个全球节点组成的测试环境中，性能可比比特币网络高出 1000 倍，有望打破"不可能三角"这个长期困扰区块链性能的瓶颈。

二、重要战略规划

1. 人工智能

人工智能已经成为全球性战略共识，美国和俄罗斯尤其关注人工智能在国防军事领域的应用。2019 年，主要国家继续加紧出台并深入实施人工智能发展战略和政策，力争突破以深度学习为核心的第二代人工智能的局限性，推动人工智能的"第三次浪潮"。

（1）美国、俄罗斯、韩国出台国家最高层面人工智能计划和战略。美国在 2019 年开展了高强度、体系化布局，在 2 月推出"美国人工智能计划"，拟集中联邦政府资源发展 AI；6 月，美国发布新版"国家人工智能研发战略规划"，确立了 AI 研发投资的优先领域；10 月，美国国家科学基金会启动"国家人工智能研究院"项目，重点培养多元化、训练有素的 AI 人才队伍。10 月，俄罗斯发布《2030 年人工智能发展国家战略》，旨在促进俄罗斯人工智能快速发展，包括强化 AI 研究、完善 AI 人才培养体系、推动 AI 应用等。12 月，韩国发布《人工智能国家战略》[18]，提出构建引领世界的人工智能生态系统、成为 AI 应用领先国家等目标。

（2）欧盟重点推动人工智能协同发展。2019 年 1 月，欧洲 21 国联合启动了欧洲人工智能项目，将打造以人为中心的 AI 开放协作平台，重点关注可解释、可证实、协作、集成和/或物理化的人工智能技术。6 月，欧盟宣布投资 25 亿欧元，鼓励成员国开展合作、促进 AI 应用、提升 AI 技术易用性和安全性、加快相关实验设施建设。

（3）中国深入贯彻落实新一代人工智能发展规划。2019 年，我国积极推进国家新一代人工智能开放创新平台和创新发展试验区的建设工作，包括发布《国家新一代人工智能开放创新平台建设工作指引》和《国家新一代人工智能创新发展试验区建设工作指引》，以及遴选新一代人工智能重大项目。

2. 半导体

美国、欧盟、韩国等高度重视摩尔定律驱动下的半导体产业发展步伐，积极部署系列研究计划，采取差异化策略探索后摩尔时代的产业发展新路径。

（1）美国面向国防需求，深入推进"电子复兴计划"。2019 年，美国国防高级研究计划局（Defense Advanced Research Projects Agency，DARPA）陆续推出物理安全保证架构、国防应用、数字射频战场模拟器、实时机器学习等项目，深入挖掘电子技术在国防系统中的颠覆性应用，想确保未来继续掌控全球半导体产业的话语权。

（2）欧盟多角度部署未来电子技术。2019 年 5 月，欧盟决定资助艾司摩尔（ASML）公司等开展 3 nm 半导体技术的集成研究[19]；6 月，"欧洲处理器计划"推出首项低功耗微处理器架构设计方案[20]；7 月，英国宣布投资 3000 万英镑（约合 2.6 亿元人民币）建设综合半导体材料研究中心。

（3）韩国重金推动逻辑芯片发展。2019 年 4 月，韩国三星集团宣布 133 万亿韩元（约合 1150 亿美元）的投资计划，在维持存储芯片优势的同时，重点加强其在逻辑芯片和晶圆代工业务方面的竞争力[21]。到 2030 年，三星集团对逻辑芯片研发和设施的投资预计将达到年平均 11 万亿韩元（约合 95 亿美元）。

（4）中国加速完善半导体产业链。我国正在以举国之力发展集成电路，从国家到地方政府密集发布集成电路相关政策。2019 年 10 月，工业和信息化部提出将与教育部等部门合作推进设立集成电路一级学科，进一步做实做强示范性微电子学院，加强集成电路人才队伍建设。此外，我国还在上海张江地区建立全国半导体芯片基地，中国科学院等机构也着手自主研制纳米级光刻机。

3. 量子信息

2019 年以来，美国、欧盟等领先的国家和地区进一步加大了量子信息支持力度，荷兰、俄罗斯、以色列等新兴国家也纷纷加入，明显加速了全球量子竞赛。

（1）美国全面布局量子信息。2018 年 12 月底，美国通过《国家量子法案》[22]，并启动为期 10 年的"国家量子计划"，5 年内将斥资 12.75 亿美元开展量子信息科技攻关。2019 年 2 月，美国国家科学基金会宣布投入 9400 万美元推动量子计算、量子通信、量子模拟和量子传感等前沿研究。8 月，白宫成立专门咨询委员会，帮助推进"国家量子计划"。

（2）欧盟打造"未来量子互联网"。2019 年 9 月，欧盟发布《欧盟量子技术与量子互联网》报告[23]，提出欧盟将推动量子技术从基础研究向基础设施的发展演进，并指出欧盟量子信息技术研究的最终目标是建成量子网络、实现分布式量子计算机和量子传感器的互联。

（3）多国加紧布局量子科技发展。2019 年 5 月，德国宣布提供 6.5 亿欧元发展量子技术与产业[24]，包括开展大型量子通信研究项目。6 月，英国宣布投资 1.53 亿英镑推进量子技术商业化，重点关注产品和服务创新、产业技术开发、供应链、产业加速器等四方面。9 月，荷兰公布《量子技术国家议程》，聚焦量子计算和模拟、国家量子网络和量子传感应用。11 月，以色列宣布计划投入 3.5 亿美元推动量子研发和产业发展计划[25]。12 月，俄罗斯提出国家量子行动计划[26]，计划在 5 年内投资约 7.9 亿美元发展量子技术，包括打造一台实用的量子计算机。

4. 区块链

区块链冲击现有金融体系与格局，引起各国竞逐。中国、美国、欧盟等重要国家和地区均在国家层面做出了战略与政策部署。6 月，脸书公司宣布推出数字货币计划"天秤座"（Libra），拟建立一套无国界的数字货币系统，将涉及 100 家国际巨头公司和 27 亿全球用户。由于 Libra 很可能对货币体系、银行体系和资本市场带来巨大冲击，各国监管层和国际组织普遍对其持谨慎态度。9 月，德国制定区块链战略，确立保障金融领域稳定与创新、支持技术创新与应用、制定投资框架、推进电子政务应用、加强教育培训与知识普及等五大行动措施。10 月，习近平总书记强调要把区块链作为核心技术自主创新的重要突破口，加大投入力度，着力攻克一批关键核心技术，加快推动区块链技术和产业创新发展，标志着区块链正式上升至我国国家战略高度。

三、发展启示与建议

回顾 2019 年全球信息科技领域的重要研究进展和战略行动，反思我国取得的成果和面临的挑战，可为我国信息科技的未来发展带来如下启示：

（1）落实、完善国家顶层设计与布局，稳抓协调与落实。我国已经出台人工智能发展规划，将发展区块链上升到国家战略层面，同时动员全国力量应对半导体芯片"卡脖子"问题，应当深入推进落实相关工作。政府除了作为资源的提供者之外，更应发挥其在国家层面的长远规划、监管、协调、指导的作用，充分调动产业界人士与资金的力量。

（2）深化探索独立自主之路。我国信息科技产业的独立自主之路仍然困难重重。当前所需的核心处理器、通信芯片等高端核心芯片少有可匹配的国产化产品，另外半导体工艺设备相对缺乏和落后。软件方面的短板更加明显，操作系统、工业软件等的国外依赖程度非常高，甚至广泛使用的开源软件也被"卡脖子"。必须真正打牢独立自主的根基，加强研究机构、大学与产业的结合，加强产业研究力量，改变产业自主研发力量薄弱的现状，逐渐过渡到以产业为主体，实施长远计划、强化基础投入等。

（3）未雨绸缪，前瞻布局未来"卡脖子"技术。美国已在其《出口管制改革法案》中将"新兴和基础技术"纳入管控范围，覆盖了未来5～10年对科技和产业具有重要作用的所有技术，为我国设置了未来的"卡脖子"障碍。因此，我国应当紧跟新科技革命发展趋势，在半导体芯片、人工智能、量子计算、区块链等诸多战略性前沿领域未雨绸缪、前瞻布局，防范未来的"卡脖子"问题。

（4）强化"产学研"人才培养机制，积极争夺国际人才。当前我国信息科技关键方向存在领军人才、综合性人才不足的难题，并面临欧美人才封锁的挑战，需要尽快改变制约信息科技高端人才培养的教育体制，促进企业和科研院所合作，强化"产学研"融合培养机制，针对企业实际需求调整课程设置、打破专业壁垒、加强实践锻炼，培养具备多学科知识和实践经验的复合型人才。另外，建议创造友好的政策与环境，帮助企业争夺国际人才，积极从发达地区招募具有丰富经验的优秀人才，以在短时间内弥补人才缺口。

致谢：电子科技大学邓光伟教授、南方科技大学张国飙研究员等专家审阅了本文并提出了宝贵意见，在此一并感谢！

参考文献

[1] Yang Z L, Dai Z H, Yang Y M, et al. XLNet: generalized autoregressive pretraining for language understanding. https://arxiv.org/abs/1906.08237, 2019.

[2] Liu Y H, Ott M, Goyal N, et al. RoBERTa: a robustly optimized BERT pretraining approach. https://arxiv.org/abs/1907.11692, 2019.

[3] Sun Y, Wang S H, Li Y K, et al. ERNIE 2.0: a continual pre-training framework for language

understanding. https://arxiv. org/abs/1907. 12412,2019.

[4] Si C Y,Chen W T,Wang W,et al. An attention enhanced graph convolutional LSTM network for skeleton-based action recognition. https://arxiv. org/abs/1902. 09130,2019.

[5] Huang H,He R,Sun Z,et al. Wavelet Domain Generative Adversarial Network for Multi-scale Face Hallucination. International Journal of Computer Vision(IJCV),2019:763-784.

[6] Pei J,Deng L,Song S,et al. Towards artificial general intelligence with hybrid Tianjic chip architecture. Nature,2019,572:106-111.

[7] Vinyals O,Babuschkin I,Czarnecki W M,et al. Grandmaster level in StarCraft Ⅱ using multi-agent reinforcement learning. Nature,2019,575:350-354.

[8] Anumanchipalli G K,Chartier J,Chang E F. Speech synthesis from neural decoding of spoken sentences. Nature,2019,568:493-498.

[9] Edelman B J. Noninvasive neuroimaging enhances continuous neural tracking for robotic device control. https://robotics. sciencemag. org/content/4/31/eaaw6844[2019-06-19].

[10] Lopatto E. Elon Musk unveils Neuralink's plans for brain-reading "threads" and a robot to insert them. https://www. theverge. com/2019/7/16/20697123/elon-musk-neuralink-brain-reading-thread-robot[2019-07-16].

[11] 张健. 六大芯片制造厂的制程工艺演进之路. https://www. iyiou. com/p/115413. html[2019-10-15].

[12] 计红梅. 六大技术支柱引领"超异构计算"时代. http://news. sciencenet. cn/sbhtmlnews/2019/4/344911. shtm? id=344911[2019-04-04].

[13] MIT科技评论. 华人科学家造全球首个存算一体通用AI芯片,类脑计算关键元件再获验证. http://www. mittrchina. com/news/4204[2019-08-31].

[14] 殷飞. 哈佛大学在芯片上进行编程来改变光的频率. http://www. opticsky. cn/index-htm-m-cms-q-view-id-6365. html[2019-01-16].

[15] Nozaki K,Matsuo S,Fujii T,et al. Femtofarad optoelectronic integration demonstrating energy-saving signal conversion and nonlinear functions. Nature Photonics,2019,13:454-459.

[16] Hills G,Lau C,Wright A,et al. Modern microprocessor built from complementary carbon nanotube transistors. Nature,2019,572:595-602.

[17] 叶瑞优. 中国科大实现室温固态可编程量子处理器. http://www. cas. cn/syky/201901/t20190131_4678833. shtml[2019-02-01].

[18] 李贺南,陈奕彤,宋微. 2020年韩国人工智能国家战略. 全球科技经济瞭望,2020,35(04):21-26.

[19] CORDIS. Building efficient pilot production line for 3-nanometre transistors. https://cordis. europa. eu/project/id/826422? WT. mc_id=RSS-Feed&WT. rss_f=project&WT. rss_a=223290&WT. rss_ev=a[2019-10-01].

[20] EPI. First steps towards a made-in-Europe high-performance microprocessor. https://www. european-processor-initiative. eu/first-steps-towards-a-made-in-europe-high-performance-microproces-

sor/[2019-06-04].

[21] Samsung. Samsung electronics to invest KRW 133 trillion in logic chip businesses by 2030. https://news. samsung. com/global/samsung-electronics-to-invest-krw-133-trillion-in-logic-chip-businesses-by-2030[2019-02-24].

[22] 胡定坤. 特朗普签署国家量子法案 斥巨资开启量子"登月计划". http://www. chinanews. com/gj/2018/12-27/8713486. shtml[2018-12-27].

[23] European Commission. Quantum technologies and the advent of the Quantum Internet in the European Union-Brochure. 2019-9-16,https://ec. europa. eu/newsroom/dae/document. cfm?doc_id=61653[2019-9-20].

[24] 刘霞. 德拟投 6.5 亿欧元资助量子通信研究. http://scitech. people. com. cn/n1/2019/0523/c1007-31099301. html[2019-05-23].

[25] 科技部. 以色列准备加入全球量子计算竞赛. http://www. most. gov. cn/gnwkjdt/201912/t20191220_150674. htm[2019-05-30].

[26] Quirin Schiermeier. Russia joins race to make quantum dreams a reality. https://www. nature. com/articles/d41586-019-03855-z[2019-12-17].

Information Technology

Tang Chuan ,Wang Lina ,Xu Jing ,Zhang Juan ,Sun Zhenan

The development of information technology(IT) has a profound impact on international politics,economy,culture,society,military and other areas. The huge demand in all aspects has led to the continuous emergence of innovation and breakthrough in IT. In 2019,IT continues to develop rapidly,the development strategy in leading countries became more perfect,investment in various fields was further strengthened,and key breakthroughs and significant impacts that had a significant impact were made in many fields. This paper analyzed the leading edges of four key areas in IT, i. e. artificial intelligence, semiconductor, quantum information,and blockchain,and summarized the latest advances.

4.10 能源科技领域发展观察

陈 伟[1] 郭楷模[1] 蔡国田[2] 岳 芳[1]

(1. 中国科学院武汉文献情报中心;2. 中国科学院广州能源研究所)

2019 年,全球能源系统持续向绿色、低碳、清洁、高效、智慧、多元方向转型。新一轮能源技术革命持续深化,新产业、新业态、新模式不断涌现。世界各国积极制定新战略、新计划,前瞻布局规划,创新体制机制,强化科技创新,融合数字技术,以构建清洁低碳、安全高效、智慧互联的现代能源体系,抢占能源竞争战略制高点。

一、重要研究进展

1. 碳基能源高效催化转化新突破

(1) 甲烷温和条件下催化转化进展。德国格里洛-沃克公司开发了一种甲烷活化新技术,以甲烷和 SO_3 为原料将甲烷转化为甲磺酸,目标产物选择性和收率达到 99%,并实现了中试生产,具有广阔的工业化应用前景[1]。浙江大学提出了"分子围栏"概念,设计制备了在 70℃下原位生成过氧化氢来提高甲烷氧化中甲醇产率的多相催化剂,甲烷的转化率为 17.3%,甲醇选择性为 92%,突破了当前甲烷低温转化的极限[2]。

(2) 煤基合成气直接制烯烃向工业化迈进。中国科学院大连化学物理研究所联合陕西延长石油完成了千吨级煤经合成气直接制烯烃工业实验,实现了从原理创新到工业实践的跨越,初步回答了李克强总理"能不能不用水或少用水进行煤化工"之问[3]。

(3) 电催化 CO_2 还原为碳基燃料和化工原料聚焦廉价金属单原子催化剂,推动 CO_2 减排和资源化利用。瑞士洛桑联邦理工学院设计制备了一种分散于氮掺杂碳载体上的铁单原子催化剂,能够在低过电位(80 mV)下实现 CO_2 高效还原[4]。澳大利亚新南威尔士大学利用离子交换法制备了镍-铁双原子催化剂,整合了不同单原子催化活性和高选择性,实现了对 CO_2 协同增强的催化还原效果[5]。

2. 受控核聚变研究取得新成果

可控核聚变在聚变物理理论、聚变靶物理实验和同步诊断测量技术等取得显著进展。美国罗切斯特大学首次成功揭示激光和等离子体之间相互作用改变能量传递机理，为准确模拟激光驱动内爆奠定关键理论基础[6]。美国国家点火装置成功将 2.15 MJ 能量的激光辐照目标靶丸，创造了 Z 脉冲输出新纪录[7]。中国科学院等离子体物理研究所研制出国际上由单台激光器实现频率最高的汤姆逊散射诊断系统，为聚变基础物理问题研究提供了坚实的技术保障[8]。

3. 太阳能高效转化利用研究成果斐然

（1）钙钛矿太阳能电池在物化机理研究、材料工程及器件设计、叠层电池结构优化等方面获得突破。美国加利福尼亚大学圣迭戈分校首次利用纳米尺度成像技术揭露了钙钛矿中碱金属的分布及其对钙钛矿薄膜和器件性能的影响机理，为优化碱金属掺杂修饰的混合离子钙钛矿太阳能电池积累了理论知识[9]。阿卜杜拉国王科技大学制备出全球首个基于 200 μm 单晶的钙钛矿太阳能电池，转换效率突破 21%[10]。韩国化学技术研究所联合麻省理工学院创造了单结钙钛矿太阳能电池转换效率新的世界纪录（25.2%），并通过权威认证[11]。中国科学院大连化学物理研究所成功制备了转换效率 27% 的钙钛矿-晶硅四端接触叠层太阳能电池，为当前文献报道的最高值[12]。

（2）利用高效低成本人工光合系统实现太阳能到燃料和化学品的高效转化。中国科学院大连化学物理研究所基于碱性电解水制氢和二氧化碳催化加氢制甲醇技术，开发的全球首套千吨级太阳燃料合成示范项目试车成功[13]。中国科学院理化技术研究所通过协同利用光生电子和空穴，首次在可见光照下实现太阳能驱动的 CO_2 还原和有机氧化反应高效耦合[14]。日本东京大学构筑了通过高分子相变加速电子传递的人工光合系统，首次构建出与水分子联动的电子传递组织方案，为开发人工光合系统提供了新的技术路径[15]。

4. 氢能与燃料电池技术向绿色经济高效发展

可再生能源高效经济制氢、低成本高性能燃料电池催化剂是当前的研究热点。瑞士洛桑联邦理工学院设计合成了负载于碳化钛纳米线骨架上的铂纳米团簇产氢催化剂，创下无偏压低成本光敏剂全解水产氢系统，太阳能制氢效率的最高纪录为 18.7%[16]。英国纽卡斯尔大学设计制备了全球首个热力学可逆的产氢反应器，实现了氢气的生产和分离同步进行，为高效经济制氢开辟了全新的技术路径[17]。华中科技大学联合新加坡南洋理工大学开发低铂含量的一维铂镍合金纳米笼串珠催化剂，质量活性和比活性分别是商业铂催化剂的 17 倍和 14 倍，经过 5 万多次循环基本无衰减，有望替代商业催化剂[18]。

5. 储能电池技术推陈出新

（1）机器学习、无损成像等多种技术解决锂电池安全故障监测和寿命预测问题。麻省理工学院等机构利用机器学习方法开发了全新的电池寿命早期预测模型，对商业磷酸铁锂/石墨全电池的使用寿命预测准确率高达 95.1%[19]。日本神户大学等机构合作开发了全球首个蓄电池电流密度无损成像系统，有助于提升电池使用的安全性[20]。斯坦福大学利用微拉曼光谱为温度传感平台，揭示了锂枝晶生长与局部温度升高之间的相互作用机制，为开发更安全的电池热管理方案积累关键理论知识[21]。

（2）全固态锂电池、空气电池等新型电池性能不断提高。斯坦福大学基于耐高温高电导的新型全固态陶瓷电解质开发高性能锂硫/锂硒电池体系，将电池能量密度提升到 500 W·h/kg[22]。香港中文大学开创性地制备了钾联苯有机复合物电极，取代传统金属负极制备了高度安全、高倍率和长寿命的有机-空气电池[23]。瑞士苏黎世联邦理工学院制备出全球首个全组件（电极、电解质、集流体等）具备可伸缩特性的柔性全固态锂电池，为柔性可穿戴电子设备电源的研发设计提供了新思路[24]。

6. 航空发动机和燃气轮机技术取得新突破

世界主要两机制造商持续开展新材料、新结构、新工艺研发创新，推进发动机和燃气轮机的性能进一步提升。通用电气公司（General Electric Company，GE）的 GE9X 航空发动机最新实验测试获得了 13.43 万磅①的推力（约 61t），成为世界上推力最大的商用喷气发动机[25]；通用电气公司还利用 3D 打印技术，成功将新型涡桨发动机"Catalyst"零部件的数量从 800 个大幅缩减到 12 个，降低了发动机成本和制造周期[26]。通用电气公司推出新型 H 级重型燃气轮机 7HA.03，通过型号改进和制造技术优化升级，联合循环发电效率超过 64%，创造了新的世界纪录[27]。德国西门子公司成功开发了世界上第一个基于数字孪生技术的燃气轮机智能控制器，实现对真实运行环境高精度模拟[28]。

二、重要战略规划

1. 发达国家加强低碳能源系统转型顶层设计

欧盟委员会发布《欧洲绿色协议》[29]，阐明了到 2050 年让欧洲成为全球首个"碳

---

① 1磅≈0.45 kg。

中和"经济体的行动路线，并在后续出台了《欧洲气候法》，将上述协议纳入法律框架。俄罗斯能源部公布《2035年俄罗斯能源战略草案》[30]，旨在推动能源结构多样化、数字化和智能化转型，并为全球经济脱碳做出贡献。法国国民议会通过《能源与气候法案》[31]，阐明至2030年能源转型发展战略，逐步降低核电份额，关闭燃煤电厂，大力发展可再生能源，实现2030年可再生能源占比33%和减排36%目标（相比2005年水平）。韩国公布《第三次能源基本计划》[32]，提出降低煤炭发电比重，逐步退役核电，加快可再生能源发展，到2040年将可再生能源发电占比提高到30%～35%；还出台了《第四次能源技术开发计划及能源技术开发路线图》[33]，制定了面向2030年涵盖可再生能源、核能、氢能等一系列能源技术领域的具体发展目标。

2. 数字技术加速与能源各行业融合

人工智能、物联网、区块链等数字技术加快在能源各个领域的渗透。美国能源部正式成立人工智能与技术办公室，协调全部门人工智能的研究工作，推动基础研究与能源技术应用领域"人工智能＋"创新[34]。美国能源部还发布《大数据和机器学习：清洁煤电领域应用潜力》[35]报告，研判数字化技术在传统化石能源领域的潜在颠覆性研究方向。全球市场洞察咨询公司预测[36]，到2025年，能源领域区块链市场规模将从2018年的2.2亿美元增至30亿美元。

3. 油气技术智能化精益化绿色化发展

油气行业正向智能化深入发展，以实现各技术环节的优化和精益管理。威德福公司联合互联网公司研发基于物联网和云计算的油气生产平台 ForeSite Edge，成为全球首个将油气开采人工举升、生产优化与物联网基础设施相结合的系统[37]。区块链成为油气行业发展的创新增长点，国内外石油公司将区块链技术应用于油气生产核算、能源交易、数字提单、数字货币及行业联盟等方面。埃克森美孚公司、雪佛龙股份有限公司和荷兰皇家壳牌集团等组成的财团与区块链初创公司签署协议，将利用区块链技术管理美国巴肯油田的废水处理问题[38]。雪佛龙股份有限公司、法国道达尔公司和印度信实工业集团加盟全球首个区块链石油交易平台 VAKT，以提高整个贸易生命周期效率并创造更多全新的贸易融资机会[39]。

4. 煤炭由单一燃料向燃料和原料并重转变

先进高效近零排放燃煤发电及煤制高价值产品是煤炭清洁利用的主要发展方向。美国能源部启动"Coal FIRST"计划[40]，开发下一代模块化燃煤发电厂，重点关注煤和天然气联合循环、间接超临界二氧化碳（sCO_2）循环、先进超超临界蒸汽发电、整体煤气化联合循环、富氧燃烧系统、多联产、直接合成气/热解气 sCO₂ 循环等技术，并启动"煤制产品"计划，探索煤炭作为重要碳基原料在建材、化工、储能电池等领域的新应用，其中一项重大成就是成功利用煤炭生产石墨烯量子点[41]。日本新能源产业技术综合开发机构（New Energy and Industrial Technology Development Organization，NEDO）资助 73.3 亿日元，开展全球首个煤气化燃料电池联合循环发电（IGFC）示范工程实证研究[42]。

5. 新政策新机制加速核能技术创新

（1）核电强国积极布局第四代核电技术研发应用。美国国会通过《核能创新和现代化法案》[43]，为下一代先进反应堆的开发和商业化提供了良好的政策环境。应上述法案要求，美国能源部成立"国家核反应堆创新中心"[44]，以强化公私合作，加速新概念核反应堆技术研发、示范、评估、许可和商业化进程；还组建了"极端环境熔盐研究中心"[45]，用以指导熔盐堆、核燃料循环、反应堆热能收集等技术开发，并联合美国国防部探索先进微型反应堆的军事应用潜力。欧洲核能材料联合计划发布《可持续核能材料战略研究议程》[46]，确定了优先开展结构材料和燃料材料两大主题研究，以推动欧盟第四代核反应堆的商业部署。

（2）美国、欧盟稳步推进可控核聚变研究。美国能源部继续支持国际托卡马克磁约束核聚变协同研究，并资助建立低温等离子体科学中心和设施建设[47]，同时设立主题计划支持低成本突破性聚变技术概念开发[48]。欧盟发布了新修订的《欧洲聚变研究路线图》[49]，提出了欧盟聚变示范电站三步走战略。意大利获得欧洲投资银行 2.5 亿欧元贷款支持建造偏滤器托卡马克试验设施[50]。英国将投入 2.2 亿英镑支持球形托卡马克发电站的概念设计[51]。

6. 新能源与可再生能源加快应用

（1）各国积极探索高比例可再生能源并网集成解决方案。国际可再生能源机构调研分析了不同国家的成功案例，从供应侧、电网灵活性、需求侧、全系统层面总结了 11 项切实可行的高比例波动性可再生能源系统集成解决方案，以推动各国向可再生能源系统顺利转型[52]。基于"电力转换其他能源载体"（Power-to-X）技术解决方案，丹麦政府投入 1.28 亿丹麦克朗支持两个大型电解水制氢项目，以消纳过剩的可再生能源电力[53]。

（2）发达国家普遍重视氢能与燃料电池技术发展。美国、日本、欧盟签署联合声明，推动技术开发合作及标准规范协调一致，强化氢能安全性和供应链建设，拟抢占未来发展制高点[54]。日本再次修订《氢能及燃料电池战略路线图》[55]，提出氢能消费、供应链以及市场推广等明确的中长期发展目标，并同步更新了《氢能与燃料电池技术开发战略》[56]，确定了燃料电池技术、氢能供应链、电解水制氢 3 个重点技术领域 10 个研发主题，落实战略路线图目标。欧盟发布新版《氢能与燃料电池联合研究计划实施规划》[57]，确定了到 2030 年欧盟在氢能与燃料电池技术领域的研究目标、行动计划和优先事项，推动打造氢基工业体系。韩国发布《氢能经济发展路线图》[58]，提出了面向 2040 年的氢燃料电池汽车、加氢站、氢能发电等领域的发展目标，打造具有全球竞争力的氢能产业。

（3）欧盟前瞻谋划风能和生物能未来发展。欧洲风能技术创新平台发布了《风能研发路线图》[59]，提出风电并网集成、系统运营和维护、下一代风电技术、降低海上风电成本、浮动式海上风电五大优先发展领域，阐明了至 2027 年研发优先事项。欧洲生物能源技术与创新平台发布《生物能源战略研究与创新议程》[60]，确定了到 2030 年及之后的欧洲生物能源研究创新五个优先事项——生物质可持续生产、生物质热化学转化、生物质生化转化、固定式生物能源利用、技术经济分析与科普。

（4）深部地热勘探开发技术受到各国重视。美国能源部发布《地热愿景》[61] 报告，提出重点部署的五大关键技术领域——资源评估，地下信号探测，地热钻井和井筒，地热资源回收，地热资源和设施监测、建模和管理。欧洲深部地热技术与创新平台发布《深部地热战略研究与创新议程》[62]，确定了到 2050 年五大研发优先事项——地热资源预测与评估、资源获取与开发、热电联产及系统集成、地热技术开发政策研究、地热知识共享平台。日本新能源产业技术综合开发机构在"地热发展技术开发"计划框架下，资助 36 亿日元支持超临界地热发电技术开发[63]。

7. 美国、欧盟、日本争相部署抢占储能电池研发先机

美国、欧盟、日本积极推动新型电池研发计划，构建创新生态系统。欧盟启动"电池 2030＋"计划，提出研发路线图草案，明确 2020～2030 年超高性能电池的研发重点[64]，重点关注技术成熟度 1～3 级的新型电池概念研究；创建"电池欧洲"技术与创新平台[65]，将"电池 2030＋"计划所开发技术的成熟度提高到 4～8 级。"电池 2030＋"计划、"电池欧洲"及于 2017 年成立的欧洲电池联盟（进一步将技术成熟度提高到 7～9 级）共同构建起欧洲电池研究与创新生态系统。美国能源部在 2020 财年资助 1.58 亿美元启动"储能大挑战"计划，旨在到 2030 年在储能技术应用和出口方面实现全球领导地位，并建立安全的国内供应链[66]。日本新能源产业技术综合开发机构 2019 年资助超过 50 亿日元，支持开发超越锂离子电池的新型电池和突破全固态锂电池商业化应用的技术瓶颈[67]。

三、发展启示与建议

1. 创新体制机制释放能源科技创新活力

我国能源科技创新仍然存在基础薄弱、核心关键技术不足等问题，需要通过体制机制创新改革进一步激发能源科技创新活力，提升创新能力和水平。一是充分发挥新型举国体制优势，做好战略顶层设计和体系化技术布局，为破解"卡脖子"核心关键技术做出战略性安排。二是进一步推动科研机构改革，尽快组建国家能源实验室，集中力量从事战略性、全局性等重大科研任务。三是设立协同创新机制，即集聚大学、科研机构、企业甚至海外研究机构的优质研究力量，组建跨学科、跨机构的联合研究攻关团队和创新平台/中心，加速能源科技研发。

2. 强化原始创新主动引领理论突破和核心技术发展

我国能源科技创新能力正从以"跟跑"为主转向在更多领域"并跑"乃至"领跑"，亟需加大"从0到1"的原始创新支持力度，大胆开辟创新无人区，主动引领突破性基础理论发现和关键核心技术发展。一是开发以煤炭为核心的化石资源清洁高效利用和耦合替代新路线和新技术，突破高能耗、高水耗、高 CO_2 排放等瓶颈问题。二是突破低碳能源多能互补与规模化应用难题，彻底实现高比例可再生能源消纳与系统互联。三是前瞻布局化石能源/可再生能源/核能多元化融合发展路径并开展其中的关键技术研发，解决我国现有各能源技术体系缺乏关联、孤立发展的结构性缺陷。

3. 与数字革命同频共振推进能源数字化转型

能源行业的数字化转型已是大势所趋，需要坚定不移地推进能源和数字技术深度融合，依靠能源数据等新的生产要素和能源区块链等新技术，统筹能源与通信、交通等基础设施网络建设，构筑现代智慧能源系统。一是加强智能电网、分布式能源、新能源汽车充电加氢设施、新型储能等能源领域新型基础设施建设，融合数字技术为新时代新型工业化、新型城镇化高质量发展提供新动能和新机遇。二是从系统观出发来考量能源数字化转型的总体成本和收益，密切追踪数字化转型对全球能源消费需求变化的影响，充分评估能源数字化转型过程中面临的潜在风险。

致谢：中国科学院广州能源研究所赵黛青研究员、中国科学院山西煤炭化学研究所韩怡卓研究员、中国科学院科技战略咨询研究院郭剑锋研究员审阅了本文并提出了宝贵的修改意见，特致谢忱。

参考文献

［1］Díaz-Urrutia C,Ott T. Activation of methane to CH^{3+}:a selective industrial route to methanesulfonic acid. Science,2019,doi:10. 1126/science. aav0177.

［2］Jin Z,Wang L,Zuidema E,et al. Hydrophobic zeolite modification for in situ peroxide formation in methane oxidation to methanol. Science,2020,doi:10. 1126/science. aaw1108.

［3］中国科学院大连化学物理研究所. 煤经合成气直接制低碳烯烃技术完成工业中试试验. http://www. cas. cn/zt/kjzt/2019ndldsx/zyzh/202001/t20200113_4731128. html? tdsourcetag＝s_pctim _aiomsg［2019-12-23］.

［4］Gu J,Hu X L,Chen H M,et al. Atomically dispersed Fe^{3+} sitescatalyze efficient CO_2 electroreduction to CO. Science,2019,doi:10. 1126/science. aaw7515.

［5］Ren W H,Tan X,Yang W F,et al. Isolated diatomic Ni-Fe metal-nitrogen sites for synergistic electroreduction of CO_2. Angewandte Chemie International Edition,2019,doi:10. 1002/anie. 201901575.

［6］Valich L. When laser beams meet plasma:new data addresses gap in fusion research. https://www. rochester. edu/newscenter/laser-beams-modify-plasma-fusion-research-409362/［2019-12-02］.

［7］Lawrence Livermore National Laboratory. NIF sets power and energy records. https://lasers. llnl. gov/10-years-of-dedication/power-and-energy［2018-07-10］.

［8］韩效锋,肖树妹. 等离子体所研制出超高时空分辨率汤姆逊散射诊断系统. http://www. ipp. ac. cn/xwdt/tpxw/201908/t20190820_510000. html［2019-08-20］.

［9］Correa-Baena J-P,Luo Y Q,Brenner T M,et al. Homogenizedhalides and alkali cation segregation in alloyed organic-inorganic perovskites. Science,2019,doi:10. 1126/science. aah5065.

［10］Chen Z L,Turedi B,Alsalloum A,et al. Single-crystal MAPbI3 perovskite solar cells exceeding 21% power conversion efficiency. ACS Energy Letters,2019,doi:10. 1021/acsenergylett. 9b00847.

［11］National Renewable Energy Laboratory. Best research-cell efficiencies. https://www. nrel. gov/pv/assets/pdfs/best-research-cell-efficiencies. 20191106. pdf［2019-11-06］.

［12］Wang Z Y,Zhu X J,Zuo S N,et al. 27% -efficiency four-terminal perovskite/silicon tandem solar cells by sandwiched gold nanomesh. Advanced Functional Materials,2019,doi:10. 1002/adfm. 201908298.

［13］中国科学院大连化学物理研究所. 全球首套规模化太阳燃料合成示范项目试车成功. http://www. cas. cn/syky/202001/t20200117_4731913. shtml［2020-01-17］.

［14］Guo Q,Liang F,Li X B,et al. Efficient and selective CO_2 reduction integrated with Organic synthesis by solar energy. Chem,2019,5(10):2605-2616.

［15］Okeyoshi K,Yoshida R. Polymeric design for electron transfer in photoinduced hydrogen generation through a coil-globule transition. Angewandte Chemie International Edition,2019,doi:10. 1002/anie. 201901666.

[16] Gao J,Sahli F,Liu C J,et al. Solar water splitting with perovskite/silicon tandem cell and TiC-supported Pt nanocluster electrocatalyst. Joule,2019,doi:10. 1016/j. joule. 2019. 10. 002.

[17] Metcalfe I S,Ray B,Dejoie C,et al. Overcoming chemical equilibrium limitations using a thermodynamically reversible chemical reactor. Nature Chemistry,2019,doi:10. 1038/s41557-019-0273-2.

[18] Tian X L,Zhao X,Su Y Q,et al. Engineering bunched Pt-Ni alloy nanocages for efficient oxygen reduction in practical fuel cells. Science,2019,doi:10. 1126/science. aaw7493.

[19] Severson K A,Attia P M,Jin N,et al. Data-driven prediction of battery cycle life before capacity degradation. Nature Energy,2019,doi:0. 1038/s41560-019-0356-8.

[20] 国立研究開発法人新エネルギー・産業技術総合開発機構,株式会社 Integral Geometry Science,国立大学法人神戸大学. 世界初、蓄電池内部の電流密度分布の画像診断システムを開発. https://www. nedo. go. jp/news/press/AA5_101126. html[2019-05-29].

[21] Zhu Y Y,Xie J,Pei A,et al. Fast lithium growth and short circuit induced by localized-temperature hotspots in lithium batteries. Nature communications,2019,doi:10. 1038/s41467-019-09924-1.

[22] Jin Y,Liu K,Lang J L,et al. High energy density solid electrolyte-based liquid Li-S and Li-Se batteries. Joule,2019,doi:10. 1016/j. joule. 2019. 09. 003.

[23] Cong G T,Wang W W,Lai N-C,et al. A high-rate and long-life organic-oxygen battery. Nature Materials,2019,doi:10. 1038/s41563-019-0286-7.

[24] Chen X,Huang H J,Pan L,et al. Fully integrated design of a stretchable solid-state Lithium-Ion full battery. Advanced Materials,2019,doi:10. 1002/adma. 201904648.

[25] Kellner T. It's official:guinness world records certifies GE9X as the world's most powerful jet engine. https://www. ge. com/reports/its-official-guinness-world-records-certifies-ge9x-as-the-worlds-most-powerful-jet-engine/[2019-07-12].

[26] Kellner T. Mad props:why GE's new catalyst turboprop engine is turning heads. https://www. ge. com/reports/mad-props-ges-new-catalyst-turboprop-engine-turning-heads/[2019-03-27].

[27] GE. The next evolution of the HA platform. https://www. ge. com/power/gas/gas-turbines/7ha/7ha-03[2019-11-23].

[28] Dubai Electricity and Water Authority. HH sheikh hamdan bin rashid Al maktoum unveils world's 1st intelligent gas turbine controller co-developed by DEWA & Siemens. https://www. dewa. gov. ae/en/about-us/media-publications/latest-news/2019/10/unveils-worlds-1st-intelligent-gas-turbine-controller[2019-10-21].

[29] European Commission. Communication on the european green deal. https://ec. europa. eu/info/sites/info/files/european-green-deal-communication_en. pdf[2019-12-11].

[30] Министерство энергетики российской федерации. проект энергостр-атегии российской федерации на период до 2035 ГОДА. https://minenergo. gov. ru/node/1920[2019-12-18].

［31］French Parliament. FDécision n° 2019-791 DC du 7 novembre 2019. https：//www. conseil-consti-tutionnel. fr/decision/2019/2019791DC. htm［2019-11-07］.

［32］산업통상자원부. 제 3 차 에너지기본계획 최종 확정. http：//www. motie. go. kr/motie/ne/presse/press2/bbs/bbsView. do? bbs_seq_n＝161753&bbs_cd_n＝81［2019-06-04］.

［33］산업통상자원부. 제 4 차 에너지기술개발 계획 발표. http：//www. motie. go. kr/motie/ne/presse/press2/bbs/bbsView. do? bbs_seq_n＝162495&bbs_cd_n＝81［2019-12-23］.

［34］U. S. Department of Energy. Secretary perry stands up office for artificial intelligence and technol-ogy. https：//www. energy. gov/articles/secretary-perry-stands-office-artificial-intelligence-and-technology［2019-09-06］.

［35］U. S. Department of Energy. Special report：big data＋machine learning for clean coal. https：//www. energy. gov/sites/prod/files/2018/11/f57/FE20SP％20Special％20Report％20BD％2BML_final. docx［2018-11-20］

［36］Global Market Insights. Blockchain in energy market size by category(private,public),by applica-tion(power {grid transactions,peer-to-peer,energy financing,sustainability attribution,electric ve-hicle charging,others},oil & gas {supply chain,operations, trading, security}),industry analysis report,regional outlook,application potential,competitive market share & forecast,2019-2025. ht-tps：//www. gminsights. com/industry-analysis/blockchain-in-energy-market［2019-09-03］.

［37］Weatherford. ForeSite Edge. https：//www. weatherford. com/en/documents/brochure/products-and-services/production-optimization/foresite-edge/［2019-05-01］.

［38］Hampton L. Oil and gas majors sign deal to implement blockchain in Bakken oilfield. https：//www. reuters. com/article/us-blockchain-oil/oil-and-gas-majors-sign-deal-to-implement-blockchain-in-bakken-oilfield-idUSKCN1VV1SE［2019-09-10］.

［39］Terazono E. Oil blockchain platform signs up most north sea groups. https：//www. vakt. com/oil-blockchain-platform-signs-up-most-north-sea-groups/［2019-02-25］.

［40］U. S. Department of Energy. Energy department announces intent to fund research that advances the coal plants of the future. https：//www. energy. gov/fe/articles/energy-department-announces-intent-fund-research-advances-coal-plants-future［2018-11-13］.

［41］National Energy Technology Laboratory. NETL experts talk coal-to-product technology at ramaco research rodeo event. https：//www. netl. doe. gov/node/8826［2019-07-09］.

［42］国立研究開発法人新エネルギー・産業技術総合開発機構,大崎クールジェン株式会社. 世界初、石炭ガス化燃料電池複合発電（IGFC）の実証事業に着手. https：//www. nedo. go. jp/news/press/AA5_101103. html［2019-04-17］.

［43］U. S. Congress. Nuclear energy innovation and modernization act. https：//www. congress. gov/115/bills/s512/BILLS-115s512enr. pdf［2018-12-20］.

［44］U. S. Department of Energy. Energy department launches new demonstration center for advanced nuclear technologies. https：//www. energy. gov/ne/articles/energy-department-launches-newdemonstration-center-advanced-nuclear-technologies[2019-08-15].

［45］U. S. Department of Energy. Department of energy year in review-2019. https：//www. energy. gov/articles/department-energy-year-review-2019？ tdsourcetag＝s_pctim_aiomsg[2019-12-10].

［46］Joint Programme on Nuclear Materials of the European Energy Research Alliance. EERA JP nuclear materials publishes its strategic research agenda. https：//www. eera-set. eu/news-resources/ 992：eera-jp-nuclear-materials-publishes-its-strategic-research-agenda. html[2019-03-21].

［47］U. S. Department of Energy. Department of energy to provide ＄50 million for fusion energy and plasma science research. https：//www. energy. gov/articles/department-energy-provide-50-million-fusion-energy-and-plasma-science-research[2019-08-28].

［48］U. S. Department of Energy. Department of energy announces ＄30 million for fusion energy R&D. https：//www. energy. gov/articles/department-energy-announces-30-million-fusion-energy-rd？ tdsourcetag＝s_pctim_aiomsg[2019-11-07].

［49］EUROfusion Consortium. European research roadmap to the realisation of fusion energy. https：// www. euro-fusion. org/fileadmin/user_upload/EUROfusion/Documents/2018_Research_roadmap _long_version_01. pdf[2018-11-30].

［50］European Commission. Juncker plan in Italy：european investment bank lends 250 million to Italian agency for research into clean fusion energy. https：//ec. europa. eu/commission/presscorner/detail/en/IP_19_5649[2019-09-19].

［51］UK Atomic Energy Authority，Department for Business，Energy & Industrial Strategy，The Rt Hon Andrea Leadsom MP. UK to take a big "STEP" to fusion electricity. https：//www. gov. uk/ government/news/uk-to-take-a-big-step-to-fusion-electricity[2019-10-03].

［52］International Renewable Energy Agency. Innovation landscape for a renewable-powered future. https：//www. irena. org/publications/2019/Feb/Innovation-landscape-for-a-renewable-powered-future[2019-02-20].

［53］Danish Ministry of Climate，Energy and Utilities. 128 mio. kr. til udvikling af grönne brändstoffer. https：//kefm. dk/aktuelt/nyheder/2019/dec/128-mio-kr-til-udvikling-af-groenne-braendstoffer/ [2019-12-18].

［54］U. S. Department of Energy. Joint Statement of future cooperation on hydrogen and fuel cell technologies among the ministry of economy，trade and industry of Japan(METI)，the european commission directorate-general for energy (ENER) and the United States department of energy (DOE). https：//www. energy. gov/articles/joint-statement-future-cooperation-hydrogen-and-fuel-cell-technologies-among-ministry[2019-06-18].

［55］Ministry of Economy，Trade and Industry. Formulation of a new strategic roadmap for hydrogen and fuel cells. https：//www. meti. go. jp/english/press/2019/0312_002. html[2019-03-12].

［56］水素・燃料電池戦略協議会. 水素・燃料電池技術開発戦略. https：//www. meti. go. jp/press/ 2019/09/20190918002/20190918002. html[2019-09-18].

[57] Joint Programme on Fuel Cells and Hydrogen of the European Energy Research Alliance. EERA JP fuel cells and hydrogen publishes its implementation plan up to 2030. https://www. eera-set. eu/news-resources/78: eera-jp-fuel-cells-and-hydrogen-publishes-its-implementation-plan-up-to-2030. html[2019-09-04].

[58] 산업통상자원부. 세계 최고수준의 수소경제 선도국가로 도약. http://www. motie. go. kr/motie/ne/presse/press2/bbs/bbsView. do? bbs_cd_n=81&bbs_seq_n=161262[2019-01-17].

[59] European Technology & Innovation Platform on Wind Energy. ETIP wind roadmap. https://etip-wind. eu/files/reports/ETIPWind-roadmap-2020. pdf[2019-11-27].

[60] Joint Programme on Bioenergy of the European Energy Research Alliance. Strategic research and innovation agenda 2020. http://www. eera-bioenergy. eu/wp-content/uploads/pdf/EERABioenergySRIA2020. pdf[2019-03-22].

[61] U. S. Department of Energy. DOE releases new study highlighting the untapped potential of geothermal energy in the United States. https://www. energy. gov/articles/doe-releases-new-study-highlighting-untapped-potential-geothermal-energy-united-states[2019-05-30].

[62] European Technology & Innovation Platform on Deep Geothermal. Strategic research and innovation agenda. http://www. etip-dg. eu/front/wp-content/uploads/SRIA_ETIP-DG_web-1. pdf [2019-04-23].

[63] 国立研究開発法人新ュネルギ-・産業技術総合開発機構. 2019 年度「超臨界地熱発電技術研究開発」に係る公募について. https://www. nedo. go. jp/koubo/FF2_100249. html[2019-03-22].

[64] BATTERY 2030＋. Battery 2030＋roadmap(second draft). https://battery2030. eu/digitalAssets/820/c_820604-l_1-k_battery-2030_roadmap_version2. 0. pdf[2019-11-18].

[65] European Energy Research Alliance. Batteries europe. https://www. eera-set. eu/eu-projects/batteries-europe/[2019-01-10].

[66] U. S. Department of Energy. U. S. Department of energy launches energy storage grand challenge. https://www. energy. gov/articles/us-department-energy-launches-energy-storage-grand-challenge[2020-01-08].

[67] 国立研究開発法人新エネルギー・産業技術総合開発機構. 蓄電池. https://www. nedo. go. jp/activities/introduction8_01_08. html[2019-12-22].

Energy Science and Technology

Chen Wei ,Guo Kaimo ,Cai Guotian ,Yue Fang

The global energy production and consumption revolution is constantly deepening, and emerging industries and new formats continue to grow and develop. At the same time, energy technology innovation is in a highly active period, and emerging energy technologies are accelerating at an unprecedented rate, with a number of disruptive technologies spawning. The major strategic plans for energy science and technology developed by major developed countries and regions, as well as the progress and important achievements of energy technology in 2019 are systematically sorted out and analyzed in this paper, which can help us accurately grasp the evolving technology directions. Finally, several constructive recommendations for the development of energy science and technology in China are proposed.

4.11 材料制造领域发展观察

万 勇 黄 健 冯瑞华 姜 山

（中国科学院武汉文献情报中心）

2019 年，在材料制造领域，人工智能、机器学习等数据科学助力实现新的发现并促进材料设计；以二维材料、拓扑量子材料、超导材料等为代表的新材料、新技术发展迅速，不断推进材料前沿创新；以 3D 打印为代表的先进制造技术也实现了诸多令人振奋的突破。美国、欧盟和英国等国家和地区推出了维持材料制造领域竞争优势的战略举措，持续关注战略资源的获取，高度重视制造业网络安全，利用数字化推动"制造"向"智造"转变。

一、重要研究进展

1. 材料信息学成为材料发现和设计的有力工具

开展材料大数据分析，机器学习、多元统计等技术助力材料信息学向纵深方向发展。新加坡南洋理工大学、美国麻省理工学院和俄罗斯斯科尔科沃科学技术研究院的一项联合研究表明，利用机器学习算法预测材料应变时性能的变化情况，并由此找到最节能的应变路径，可将金刚石转化为更高效的半导体[1]。美国能源部"用于材料的高性能计算"（HPC4Mtls）项目主要关注工业界面临的重要挑战，借助于国家实验室的高性能计算能力，开发能够在极端条件下长期稳定工作的新材料[2]。美国里海大学利用材料信息学和电子显微镜发现了一类新的超硬高熵合金，其硬度值比其他高熵合金及坚硬的二元合金高两倍[3]。

2. 二维材料研究热度不减

二维材料兼具极限尺寸的物理厚度、完美的表界面、优异的物理性质，且体系丰富，是潜在变革性技术应用所需要的核心基础材料，成为近年来材料领域的热点方向之一。日本名古屋大学首次将纯理论的铅基二维蜂窝状材料铅烯（plumbene）变为现实，并生成了类似威尔-费伦结构的钯铅合金薄膜。我国国家游泳中心"水立方"的设计灵感亦来自该结构[4]。在大面积制备方面，北京大学利用中心反演对称性破缺的单晶铜衬底，首次实现了分米级二维单晶六方氮化硼的外延制备[5]。欧盟石墨烯旗舰计划发布的 2019～2030 年应用路线图显示，短期内将获得商业突破的石墨烯产品包括复合功能涂层、电池、低成本可打印电子产品、光电探测器和生物传感器等[6]。西安交通大学研究发现紫磷是最稳定的磷的同素异形体，并首次通过机械剥离和液体剥离得到紫磷烯[7]。

3. 以拓扑材料为代表的性质研究取得新突破

拓扑材料具有普通材料所没有的独特物性，是材料科学、物理学领域的前沿热点之一。中国科学院物理研究所、南京大学和美国普林斯顿大学三组团队的研究显示，自然界中约 24% 的材料可能具有拓扑结构[8-10]。上海科技大学、美国普林斯顿大学和以色列魏茨曼科学研究所等分别开展的 3 项研究在铁磁性 $Co_3Sn_2S_2/Co_2MnGa$ 高质量晶体中清晰地观察到了体态外尔节点/节线和表面态费米弧，首次在铁磁性半金属中观测到外尔费米子[11-13]。中国科学技术大学、南方科技大学与新加坡科技设计大学等首次在毫米级碲化锆（$ZrTe_5$）单晶体材料中观测到三维量子霍尔效应的明确证据，补全了霍尔效应家族的一个重要拼图[14]。复旦大学制备的砷化铌（NbAs）纳米带具有超高电导率，达到铜薄膜的 100 倍、石墨烯的 1000 倍，是二维非超导体系中具有当时最高电导率的外尔半金属材料[15]。

4. 超导新材料不断涌现

在超导领域，有 10 位科学家获得了 5 次诺贝尔奖，其科学重要性不言而喻。当前比较公认的超导研究核心有两个：一是新型非常规超导材料，二是高温超导和非常规超导的机理问题。自发现铜基超导体以来，人们就希望能用镍造出类似的材料。斯坦福大学制造出第一种具有超导特性的镍酸盐 $Nd_{0.8}Sr_{0.2}NiO_2$，超导温度为 9～15 K[16]。美国国家标准与技术研究院联合马里兰大学、艾姆斯国家实验室等发现了一种超导体——二碲化铀（UTe_2）。其或将是一种重要的量子计算机材料，成为量子信息时代的"硅"[17]。电子科技大学和北京大学等通过调节反应离子刻蚀时间，在高温超导体钇钡铜氧多孔薄膜中实现了超导-量子金属-绝缘体相变，首次完全证实了量子金属态的存在[18]。

5. 新材料的发展推动器件性能不断改善

通过解决材料瓶颈问题，提升器件、装备等的制造工艺及其性能。哈佛大学模拟蜜蜂，研制出飞行机器人，翼展 3.5 cm，重量仅 259 mg，是当时最轻的飞行器，核心是利用激光加工技术制成的压电复合材料机翼[19]。美国加利福尼亚大学圣迭戈分校利用微纳制造技术开发出最薄的光学器件——仅三个原子层厚的波导，比已有的器件小了几个数量级，有望推动更高密度和容量的光子芯片的发展[20]。美国麻省理工学院和半导体企业亚德诺联合制造出完全由1.4万个碳纳米管晶体管组成的16位微处理器，相当于英特尔硅芯片80386，但运行频率和承载电流尚有差距[21]。当前利用柔性电子技术研发的软体机器人并不"软"，仍依赖传统刚性传感元器件和电路，在一定限度上阻碍了机器人性能的发挥。天津大学开发出全球首个以液滴为载体并跟随液体共同运动的柔性智能机器人，代表了柔性电子技术的最新形态[22]。

6. 3D打印技术发展日新月异

以3D打印技术为代表的先进制造技术取得大量新进展，多材料、多工艺成为重要方向。2019年11月，美国国家国防制造与加工中心联合合作伙伴正式启动名为AMNOW的3D打印技术计划，通过建立可靠的3D打印技术供应链和清晰的3D打印技术转移途径，助力提高美国陆军的战备能力，实现战场按需制造[23]。以色列特拉维夫大学在世界上首次成功设计并打印出具有完备细胞、血管、心室和心房的完整心脏。该心脏虽可以收缩，但不具备泵血功能，大小类似樱桃[24]。美国缅因大学与橡树岭国家实验室合作推动生物基材料3D打印技术，助力木材加工业发展[25]。香港中文大学和美国劳伦斯利弗莫尔国家实验室联合开发出新的纳米级3D打印技术——飞秒投影双光子光刻，不降低分辨率的同时实现微小结构高速制造，与已有双光子光刻技术相比，打印速度快了1000倍[26]。

二、重要战略规划

1. 各国围绕材料与制造发布重要报告

2019年2月，美国国家科学院发布《材料研究前沿：十年调查报告》，总结了美国材料研究取得的进展，研究分析了材料研究的经济社会需要和学科发展需求，探讨了未来10年材料科学的发展重点，并提出了使美国保持材料领先地位的关键政策建议[27]。6月，美国制造业前瞻联盟MForesight发布《夺回美国先进制造领导地位》报告，认为先前的各类政策举措过于分散，建议政府在国家层面推动国家制造业计划，以改变美国制造面临的长期颓势[28]。11月，德国联邦经济事务与能源部正式发布《国家工业战略2030》报告，提出10大重点高新技术行业，包括汽车工业、钢铁铜铝工业、化工医药、机械装备与3D打印技术、电子科技与计算机通信、光学与医疗仪器、绿色环保、航空航天、海洋和国防安全等[29]。

2. 关键原材料供应安全依旧是各国关注焦点

在世界政治经济格局发生剧烈变化的背景下,各国采取了各种措施来保护以稀土为代表的关键原材料供应安全。2019 年 11 月,日本经济产业省、美国能源部和欧盟委员会在比利时布鲁塞尔举行了第九次欧盟、美国、日本三边关键材料会议,稀土仍是这次会议的重点议题。以观察员身份出席会议的澳大利亚拟组建新的关键矿物促进办公室,在项目投资、融资和市场准入等方面为相关方提供便利;加强澳大利亚和美国在关键矿产和稀土上的联系[30]。美国军方正计划投资稀土加工能力,确保美国用于制造军事武器和电子产品的稀土供应,这是美国军方自曼哈顿计划后再次投资商业规模稀土生产。10 月,中国科学院与江西省人民政府签署了共建中国科学院稀土研究院的战略合作协议,将重点构建稀土全链条集成创新体系,实现高端应用的提升跨越。2020 年 1 月 10 日,中国科学院稀土研究院在赣州正式挂牌[31]。

3. 数字制造工业应用逐步展开

各国积极推动数字制造解决方案开发,数字制造正在快速从实验室走向工厂。2019 年 2 月,美国数字制造与设计创新研究所升级为独立机构,并更名为代表“制造业×数字化”含义的 M×D。该所在 2019 年重点关注数字孪生,推动离散与加工行业提升生产力[32]。新加坡科技研究局利用 5G 技术推动制造业业务创新和数字化转型,探索实现物联网、数字分析、人工智能和机器人等数字技术,创建高效运营的下一代制造解决方案[33]。英国工业战略挑战基金“让制造更智能”计划(Made Smarter)则旨在通过投资工业数字化项目,到 2030 年将生产率提高 30%[34]。

4. 制造技术中的网络安全日益受到重视

提高制造能效的一大重要路径是提高自动化水平和集成整个供应链。然而,网络安全风险是实施过程中的一大障碍。美国能源部 2019 年 2 月发布资助公告,拟新建一家制造业创新研究所,关注节能制造中的网络安全。通过改进网络安全保护,降低自动化、传感器和控制等的网络风险[35]。美国国家标准与技术研究院的一份报告阐述了智能制造面临的潜在网络威胁,并提出区块链技术在应对这些威胁上有用武之地[36]。

5. 韩国应对与日本的半导体之争

针对日本在半导体行业的贸易限制,韩国政府制定了材料、零部件和设备的研发策略和创新措施，根据技术水平和进口多元化的程度，出台不同的应对举措。韩国将出资 7.8 万亿韩元解决关键材料对外依赖的结构性弱点，并推动体制机制改革，通过国家实验室、国家研究设施和国家研究咨询团队的"3N 行动"，实现工业研发能力的全国性高效动员[37,38]。

三、发展启示与建议

1. 重视本领域的基础研究

根据国家需求和发展现状，遴选出需要重点支持的材料门类，加强基础研究。一方面重视量子材料等新兴领域方向，前瞻布局基础研究，重视从 0 到 1 的原始性创新和颠覆性技术创新，抢占未来先进材料竞争的制高点；另一方面，加强对传统材料领域基础研究的支持，持续提升材料性能，提高技术成熟度，支撑产业应用，摆脱重点领域核心技术长期受制于人的局面。

2. 利用新兴技术推动材料研发模式创新

计算材料科学及先进制造和加工方面的进展使材料研究领域的数字化程度日益提升，并能显著压缩从科学发现到研发新材料、实现新产品所需的时间。建议设立国家级材料研究数据中心，通过设置研究项目和出台相关政策制度等方式推动材料研发的相关数据集成与计算模拟研究。同时，部署先进加工技术相关能力的形成和推广，实现材料研发的模式创新，提升国家材料研发的整体水平。

3. 打通从实验室到市场的创新链条

材料制造研究中的许多挑战与机遇存在于基础研究和应用研究的交叉点。完善材料研发的布局思路，重视学科发展前沿和应用需求导向相结合。建设由高校、研究机构和各类企业等组成的材料技术及产业生态系统，形成各主体之间自由流动的互动模式，促进材料研究相关方之间的沟通，瞄准特定技术、产业和行业的需求，构建研发集群或联盟，促进支撑产业发展。

4. 注重新材料对新一轮科技革命和产业变革的影响

以数字经济、智能制造、生物技术、信息技术为代表的新一轮科技革命和产业变革对全球化竞争与世界格局产生重要影响。新一轮科技革命和产业变革将催生新技术、新产品、新业态、新模式不断涌现。其中，新材料是各项技术提升的重要支点，人工智能、信息技术、3D 打印技术等的进步都对材料提出了新的需求。另外，新材料产业作为重要的战略性新兴产业，也将形成更多新的增长点、增长极。

致谢：中国科学院金属研究所黄粮所长助理、中国航空工业发展研究中心黄培生总工程师和胡燕萍高级工程师、中国科学院长春应用化学研究所王鑫岩处长、中国科学院沈阳自动化所王楠副研究员对本文初稿进行了审阅并提出了宝贵的修改意见，在此表示感谢！

参考文献

[1] Shi Z, Tsymbalov E, Dao M, et al. Deep elastic strain engineering of bandgap through machine learning. PNAS,2019,116(10):4117-4122.

[2] Lawrence Livermore National Laboratory. New call for HPC4 energy innovation proposals. https://www. llnl. gov/news/new-call-hpc4energyinnovation-proposals[2019-04-01].

[3] Rickman J M, Chan H M, Harmer M P, et al. Materials informatics for the screening of multi-principal elements and high-entropy alloys. Nature Communications,2019,10:2618.

[4] Yuhara J, He B, Matsunami N, et al. Graphene's latest cousin: plumbene epitaxial growth on a "nano watercube". Advanced Materials,2019,31(27):1901017.

[5] Wang L, Xu X, Zhang L, et al. Epitaxial growth of a 100-square-centimetre single-crystal hexagonal boron nitride monolayer on copper. Nature,2019,570:91-95.

[6] Graphene Flagship. European roadmap for graphene science and technology. http://graphene-flag-ship. eu/project/roadmap/Pages/Roadmap. aspx[2019-05-17].

[7] Zhang L, Huang H, Zhang B, et al. Structure and properties of violet phosphorus and its phos-phorene exfoliation. Angewandte Chemie International Edition,2019,59(3):1074-1080.

[8] Zhang T, Jiang Y, Song Z, et al. Catalogue of topological electronic materials. Nature, 2019,566:475-479.

[9] Taпg F, Po H C, Vishwanath A, et al. Comprehensive search for topological materials using symme-try indicators. Nature,2019,566:486-489.

[10] Vergniory M G, Elcoro L, Felser Claudia, et al. A complete catalogue of high-quality topological materials. Nature,2019,566:480-485.

[11] Liu D F, Liang A J, Liu E K, et al. Magnetic weyl semimetal phase in a Kagomé crystal. Science, 2019,365(6459):1282-1285.

[12] Belopolski I, Manna K, Sanchez D S, et al. Discovery of topological weyl fermion lines and drum-head surface states in a room temperature magnet. Science,2019,365(6459):1278-1281.

[13] Morali N, Batabyal R, Nag P K, et al. Fermi-arc diversity on surface terminations of the magnetic weyl semimetal $Co_3Sn_2S_2$. Science,2019,365(6459):1286-1291.

[14] Tang F, Ren Y, Wang P, et al. Three-dimensional quantum Hall effect and metal—insulator transition in ZrTe$_5$. Nature, 2019, 569: 537-541.

[15] Zhang C, Ni Z, Zhang J, et al. Ultrahigh conductivity in Weyl semimetal NbAs nanobelts. Nature Materials, 2019, 18: 482-488.

[16] Li D, Lee K, Wang B Y, et al. Superconductivity in an infinite-layer nickelate. Nature, 2019, 572: 624-627.

[17] Ran S, Eckberg C, Ding Q-P, et al. Nearly ferromagnetic spin-triplet superconductivity. Science, 2019, 365(6454): 684-687.

[18] Yang C, Liu Y, Wang Y, et al. Intermediate bosonic metallic state in the superconductor-insulator transition. Science, 2019, 366(6472): 1505-1509.

[19] Jafferis N, Helbling F, Karpelson M, et al. Untethered flight of an insect-sized flapping-wing microscale aerial vehicle. Nature, 2019, 570: 491-495.

[20] Zhang X, De-Eknamkul C, Gu J, et al. Guiding of visible photons at the ångström thickness limit. Nature Nanotechnology, 2019, 14: 844-850.

[21] Hills G, Lau C, Wright A, et al. Modern microprocessor built from complementary carbon nanotube transistors. Nature, 2019, 572: 595-602.

[22] Zhou M, Wu Z, Zhao Y, et al. Droplets as carriers for flexible electronic devices. Advanced Science, 2019, 6(24): 1901862.

[23] America Makes. NCDMM and catalyst connection announce next phase of AMNOW program to support additive manufacturing technology insertion into the U. S. army supply chain. https://www. americamakes. us/ncdmm-and-catalyst-connection-announce-next-phase-of-amnow-program-to-support-additive-manufacturing-technology-insertion-into-the-u-s-army-supply-chain/[2019-11-26].

[24] Nadav N, Assaf S, Reuven E, et al. 3D Printing of Personalized Thick and Perfusable Cardiac Patches and Hearts. Advanced Science, 2019, 6(11): 1900344.

[25] University of Maine. New $20 million additive manufacturing initiative connects local economies with national lab, UMaine resources. https://umaine. edu/news/blog/2019/05/02/new-20-million-additive-manufacturing-initiative-connects-local-economies-with-national-lab-umaine-resources/[2019-05-02].

[26] LLNL. Lab team reports breakthrough in ultrafast, high-resolution nanoscale 3D printing. https://www. llnl. gov/news/lab-team-reports-breakthrough-ultrafast-high-resolution-nanoscale-3d-printing[2019-10-03].

[27] National Academies Press. Frontiers of Materials Research. https://www. nap. edu/catalog/25244/frontiers-of-materials-research-a-decadal-survey[2019-02-08].

[28] Mforesight. Reclaiming America's leadership in advanced manufacturing. http://mforesight. org/download/8485/[2019-06-18].

［29］新华网. 德国发布《国家工业战略 2030》最终版. http://www. xinhuanet. com/world/2019-11/30/c_1125292310. htm［2019-11-30］.

［30］METI. The 9th trilateral EU-US-Japan conference on critical materials held. https://www. meti. go. jp/english/press/2019/1120_002. html［2019-11-20］.

［31］新华网. 中国科学院稀土研究院在江西赣州挂牌. http://www. xinhuanet. com/tech/2020-01/10/c_1125446920. htm［2020-01-10］.

［32］M×D. DMDII, city tech to accelerate growth as independent organizations. https://mxdusa. org/2019/02/28/dmdii-city-tech-to-accelerate-growth-as-independent-organizations/［2019-02-28］.

［33］Singtel. Singtel accelerates 5G innovation to drive enterprise transformation in manufacturing and maritime. https://www. singtel. com/about-Us/news-releases/singtel-acelerates-5g-inovation-to-drive-enterprise-transformation-in-manufac［2019-06-27］.

［34］GOV. UK. Making UK manufacturing smarter: apply for funding. https://www. gov. uk/government/news/making-uk-manufacturing-smarter-apply-for-funding［2019-07-25］.

［35］DOE. DOE announces notice of intent to issue a funding opportunity establishing a cybersecurity institute for energy efficient manufacturing. https://www. energy. gov/articles/doe-announces-notice-intent-issue-funding-opportunity-establishing-cybersecurity-institute［2019-02-06］.

［36］NIST. NIST: blockchain provides security, traceability for smart manufacturing. https://www. nist. gov/news-events/news/2019/02/nist-blockchain-provides-security-traceability-smart-manufacturing［2019-02-11］.

［37］The Korea Times. S. Korea to spend W7. 8 trillion to reduce economic reliance on Japan. http://www. koreatimes. co. kr/www/nation/2019/08/356_273427. html［2019-08-21］.

［38］MSIP. "R&D-centered Fundamental Solutions" to Japan's Trade Restrictions on Materials, Components and Equipment. http://english. msip. go. kr/english/msipContents/contentsView. do? cateId=msse44&-artId=2206172［2019-09-24］.

Advanced Materials and Manufacturing

Wan Yong, Huang Jian, Feng Ruihua, Jiang Shan

In 2019, artificial intelligence, machine learning and other data sciences promoted new discoveries and design in advanced materials and manufacturing field. Novel materials and technologies, such as two-dimensional materials, topological quantum materials, superconducting materials, are developing rapidly, and continuously drive the cutting-edge innovation. Advanced manufacturing technology represented by additive manufacturing has also achieved many exciting breakthroughs. Western countries have launched strategic measures to maintain their competitive advantages in the material manufacturing field, and continue to focus on the acquisition of strategic resources. Developed countries attached great importance to manufacturing network security, and were committed to promoting the transformation from "manufacturing" to "intelligent manufacturing" through digitalization.

4.12　重大科技基础设施领域发展观察

李泽霞　魏　韧　郭世杰　董　璐　李宜展
（中国科学院文献情报中心）

2019 年，国内外重大科技基础设施建设取得重要进展，各个领域基于重大科技基础设施的科学研究取得大量重要科技突破，新技术推动了重大科技基础设施能力的提升；欧洲、美国重视重大科技基础设施运行效率的提升，提出定量化评估重大科技基础设施的评估框架和指标，并建议关注重大科技基础设施的影响评估；各国重视重大科技基础设施的战略布局，重视研究数据基础设施建设发展。

一、领域重要进展

1. 重大科技基础设施建设取得重要进展

长期以来，世界各国持续稳步推进重大科技基础设施建设，2019 年取得多项重要进展。1 月，经过多年的详细论证，印度激光干涉引力波天文台（Laser Interferometer Gravitational-wave Observatory，LIGO）获批进入建设阶段，投资 126 亿卢比（约合 1.77 亿美元），计划于 2024 年完成建设，并加入全球观测网络，进一步推动引力波的相关研究[1]。3 月，世界粒子物理精密实验前沿的重要项目 SuperKEKB 进入第三阶段——物理运行阶段。这是日本先进粒子对撞机发展史上的里程碑事件。届时，Belle Ⅱ 实验将开始全部使用探测器仪器获取数据[2]。4 月，美国的两台 LIGO、意大利的室女座引力波天文台（Virgo）三个巨大的探测器在历时 19 个月的升级后，正式重启收集数据。这些设施的投入运行有望发现更多的引力波，收集大量有关宇宙的信息[3]。

2019 年 5 月，"平方公里阵列"（Square Kilometre Array，SKA）的科学数据处理器（SDP）完成设计工作。科学数据处理器将由两台超级计算机组成，分别位于南非开普敦和澳大利亚珀斯，总计算能力将比当前世界上最快的超级计算机快 25%[4]。7 月，美国能源部批准了先进光子源（Advanced Photon Source，APS）下一阶段的升级计划，该计划斥资 8.15 亿美元，升级后 X 射线的亮度将比现有设备再提高 100～

1000 倍[5]。9 月，大型强子对撞机（large hadron collider，LHC）的 ATLAS 实验装置完成第一阶段的升级，准备开始新一阶段的新物理探索[6]。12 月，欧洲同步辐射光源（European Synchrotron Radiation Facility，ESRF）极亮光源储存环 EBS 开始注入首个电子束，进入调试阶段，是国际科学界迈向新一代 X 射线光源的重要里程碑[7]。

同时，我国重大科技基础设施建设也顺利推进。受国际科学界关注的中国高海拔宇宙线观测站（LHAASO）建设取得重要进展。2019 年 2 月，水切伦科夫探测器阵列（WCDA）1#水池开始注入净化水，为下一步的 LHAASO 1/4 探测器阵列的科学观测提供了有效保障[8]。5 月，水切伦科夫探测器阵列的首批 20 in 微通道板型光电倍增管通过检测并交付验收[9]。6 月，中国第一台高能量同步辐射光源（HEPS）在北京怀柔启动建设，建设周期为 6.5 年，新建建筑面积为 12.5 万平方米[10]。中国多模态跨尺度生物医学成像设施在北京怀柔启动建设，建设周期为 4 年，总投资为 17.35亿元，占地面积为 6.7 万平方米。

2. 重大科技基础设施的绩效评价工作新动向

重大科技基础设施绩效评价是促进设施发展的重要环节，受到科学界和政府管理部门的重视。2019 年的几个重大事件很可能是评价工作进入标准化新阶段的先声。2019 年 3 月，经济合作与发展组织（Organization for Economic Co-operation and Development，OECD）发布《科研基础设施科学和社会经济影响评估参考框架》[11]报告，构建了面向不同类型设施不同生命周期阶段影响评估框架和评估维度，包括对科研、创新、区域战略的支撑作用，对教育和知识传播的促进，和对公共政策制定的支撑等。报告认为，科研基础设施的管理者需要在设施生命周期的早期定义影响评估框架及未来的应用场景，以便获得连贯的数据序列、制定规范的数据收集程序。2019 年12 月，欧洲科研基础设施联盟提出了监测科研基础设施运行的通用绩效指标，并提出若干监测的新维度，包括促进经济活动、优化数据使用、提供科学建议等。这是国际上首次发布关于定量化监测设施运行的通用绩效参考指标，并建议关注设施的影响评估[12]。

3. 新技术在推动重大科技基础设施的能力提升方面做出重大贡献

2019 年 2 月，美国科学家利用一个激光脉冲加热并"钻穿"等离子体，再用另一个激光脉冲将电子在几十厘米内加速到 7.8 GeV，几乎将他们在 2014 年创下的激光驱动粒子加速纪录（4.25 GeV）翻了一番，使研究人员的视野拓展到分子、原子乃至亚原子粒子的级别[13]。3 月，*Symmetry* 评论了尾场加速器技术的巨大发展潜力。激光尾场加速器、粒子束尾场加速器、电子束等离子体尾场加速器、正电子等离子体尾场加速器、质子等离子体尾场加速器的技术研发都可能推动加速器革命性地进步[14]。

2019年3月，德国电子同步加速器研究所（DESY）自由电子激光科学中心（CFEL）的研究人员生成了一个1.9fs的紫外激光脉冲，创下了紫外激光脉冲最短脉冲时间的纪录，为超快分子光谱学开辟了新的发展前景[15]。同月，美国科研人员开发出称为超快表面X射线散射的新技术，可以应用在直线加速器相干光源（linac coherent light source，LCLS）上，能揭示厚度达到原子级的二维晶体在激光脉冲激发后的结构变化[16]。

4月，美国科研人员开发了一种适用于所有成像技术的新的改进型电子衍射装置。该装置克服了空间电荷效应，获得了3倍亮度、2倍锐度的衍射数据，可以显著提高成像设施的分辨率[17]。6月，美国研究人员通过对铜酸盐超导体制成的线圈施加强电流，在低能耗下产生强度达45.5T的超导磁体，打破了磁场强度的世界纪录，这一突破表明高温超导磁体时代已经正式来临[18]，将极大促进加速器和强磁场等装置的发展。

4. 重大科技基础设施的国际合作取得若干重要进展

2019年，重大科技基础设施国际合作取得多项重要进展，表明重大科技基础设施国际合作的发展趋势在继续强化。3月7日，欧洲南方天文台正式成为切伦科夫望远镜阵列（CTA）股东，切伦科夫望远镜阵列理事会在欧洲南方天文台总部会议上履行了正式手续[19]。5月，德国马克斯·普朗克学会成为SKA组织的第13位成员[20]。8月，荷兰成为首个批准《SKA天文台公约》的国家。SKA将在各成员国均完成《SKA天文台公约》批准后转变为政府间国际组织[21]。7月，欧洲核子研究中心与ESA签署一项新的合作协定，着手合作解决粒子物理设施和外层空间中都存在的恶劣辐射环境的挑战[22]。

5. 依托重大科技基础设施取得大量重要的科技突破

（1）支撑天文和粒子物理的探索。2019年3月，日本国家天文台宣布在早期宇宙中发现了83颗由超大质量黑洞（SMBH）驱动的类星体，首次揭示了那个时期超大质量黑洞的普遍程度[23]。同月，欧洲核子研究组织的LHCb研究结果首次观测到粲介子衰变中的CP破坏，即物质-反物质行为的差异。这是一项粒子物理学具有里程碑意义的重要发现[24]。同月，雪城大学和清华大学的科研人员通过合作分析LHCb的数据，发现了第三种"五夸克"（pentaquarks）粒子。新结果有望进一步揭示夸克理论的诸多奥秘[25]。同月，美国科学家利用LHCb的数据首次发现并证实对于含有粲夸克的基本粒子，物质和反物质的衰变是不同的，这是第一次观察到带有粲夸克的粒子是不对称的[26]。5月，北京谱仪Ⅲ合作组发表研究论文，他们发现正负电子对撞中兰布达超子（Λ超子）存在横向极化，并将 Λ 超子和反超子的衰变参数精度提高到 1.3%[27]。

（2）推动材料研究的重大进展。2019 年 3 月，美国科学家首次利用国家同步辐射光源Ⅱ（NSLS-Ⅱ）的掠入射宽角 X 射线散射技术揭示了反渗透膜的分子结构。这一结果将有助于开发出更节能的水过滤膜，加速水净化系统的技术改进[28]。同月，美国科学家利用先进光源（advanced light source，ALS）发现拓扑手性晶体是具有螺旋阶梯样结构的薄晶体。这是到成果发布时为止最坚固的拓扑保护导体金属[29]。5 月，瑞士的研究人员利用瑞士的同步辐射光源 Swiss Light Source（SLS）和英国的钻石光源 Diamond 发现了一种新的准粒子——铝铂晶体，并测量了其相关属性。这是一种新的手性拓扑半金属，有可能未来应用于数据密集、高速存储和传输的低能耗电子元件[30]。5 月，美国科学家利用 SLAC 国家加速器实验室的超快电子衍射仪（MeV-UED）拍摄了正在迅速熔化的钨，揭示了可能影响未来反应堆设计的原子级材料行为[31]。

（3）支撑新能源的研究和发展。2019 年 2 月，美国的研究人员利用超短的中红外和太赫兹脉冲（不超过一万亿分之一秒）成功地分离和控制铋硒（Bi_2Se_3）3D 绝缘体的表面特性。这项研究可以发展为一种表达和操作这些材料的标准方法[32]。3 月，美国的研究人员利用 NSLS-Ⅱ和斯坦福同步辐射光源（SSRL），合作找到了锂离子电池阴极材料性能降低的原因及可能的补救措施。该发现将有助于开发价格更低、性能更好的电动汽车电池[33]。5 月，研究人员利用欧洲同步辐射光源（European Synchrotron Radiation Facility，ESRF）研究新型的催化剂。这项技术将减少燃料电池中的铂含量，助力绿色汽车燃料电池设计[34]。

（4）支撑生命科学的重大进展。2019 年 5 月，美国科学家开发了一种从微小晶体中解析蛋白质结构的新方法，能够将 NSLS-Ⅱ的强 X 射线聚焦成一个微米级的光斑，为处理以前无法观察到的微晶打开了大门[35]。11 月，日本理化所生物系统动力研究中心研发建成一台名为 MDGRAPE-4A 的超级计算机，可以模拟药物和体内蛋白质之间的相互作用，将有助于开发更有效的分子靶向治疗[36]。12 月，研究人员利用 ESRF 对 HIV-1 的抗体结构进行了研究，提出了一个完整的包膜蛋白 gp41 的近膜端外部区（MPER）特异性广泛中和抗体相互作用的模型，相关结果将支持 HIV-1 疫苗的开发[37]。

（5）支撑应对社会经济重大问题。2019 年 3 月，美国、日本的科学家合作利用日本的地震模拟设施（E-Defense）和美国的自然灾害工程研究基础设施（NHERI），研究地震对城市住宅的影响，为美国地震后的重建提供了理论依据。9 月，研究人员利用加拿大光源（Canadian light source，CLS）研究了控制深层土壤中长期储存碳的植物根系机制，这一发现将对农业等全球性产业产生影响并有助于农业部门考虑哪种作物和土壤最适合应对气候变化。

二、重要战略计划与部署

1. 加强重大基础设施的战略布局，多个国家发布更新发展规划

2019 年 3 月，英国研究创新署发布《英国研究与创新基础设施路线图进展报告》[38]，总结了英国发展重大科技基础设施的关键政策问题，确定了能力和未来需求，以及基础设施未来发展的机遇等。12 月，英国又发布《英国研究创新基础设施：提升能力的机遇》[39] 报告，提出未来的布局重点是发展先进探测技术、数据和计算能力、资源访问能力及风险管控能力等，并计划在未来 10 年建设世界级的百亿亿次超级计算设施。4 月，中国科学院发布《国家重大科技基础设施发展战略研究报告》，研究我国设施的现状、发展态势和目标，提出了相应的工作思路与路径选择和政策措施的建议，并对能源科学、生命科学、地球系统与环境科学、材料科学、粒子物理和核物理科学、空间和天文科学、工程技术科学 7 个领域的大科学装置的发展战略开展了研究[40]。

2019 年 6 月，爱沙尼亚研究理事会发布《爱沙尼亚研究基础设施路线图 2019》，包含 31 个规划、运行和参与国际合作的设施，涉及自然科学、物理与工程、健康与食品科学、社会与人文科学和网络设施五个方面[41]。7 月，瑞士发布《研究基础设施路线图 2019》，这是瑞士自 2011 年、2015 年以来第三次发布研究基础设施路线图。路线图面向 2021～2024 年，评估了 2015 年路线图中提出的基础设施所取得的进展，更新了其中 18 个国家研究基础设施，并提出了 7 个新建或升级的国家研究基础设施[42]。9 月，德国公布《国家研究基础设施路线图 2019》，对其 2017 年版的路线图新增了 3 个国家研究基础设施，分别是大气气溶胶、云和微量气体研究基础设施（AC-TRIS-D）、高分辨率电子显微镜研究基础设施（ERC 2.0）和莱布尼茨传染病光子学研究中心（LPI）[43]。11 月，捷克共和国发布 2016～2022 年重大科技基础设施路线图的更新版。新路线图包括的 48 个已获得政府批准的重大科技基础设施中有 25 个是参与欧盟的基础设施[44]。

2019 年 7 月，美国劳伦斯伯克利国家实验室发布 2019 财年《先进光源五年战略规划》，部署了未来 5 年的学科优先发展目标，包括量子材料研究与发现、多尺度结构与动力、化学转化和地球环境与生物系统[45]。

2. 重视研究数据基础设施发展，多国制订相关规划和建设计划

2018 年英国工程和物理科学研究理事会制定的《E-基础设施战略》[46]明确提出，为确保大量科学数据的使用，将制定数据设施未来的发展计划。欧盟 2018 年路线图项目的征集过程中，收到多个具有主导性的重要数据基础设施提案。为此，欧洲研究基础设施战略论坛（the European Strategy Forum on Research Infrastructures，ESFRI）专门成立数据、计算和数字研究基础设施战略工作组[47]。2019 年 5 月，德国科学基金会（Deutsche Forschungsgemeinschaft，DFG）启动德国国家研究数据基础设施（NFDI）建设，系统地管理德国的科学和研究数据[48]。9 月，欧洲启动开放科学云光子和中子数据服务（ExPaNDS），将根据用户需求，按照 FAIR（可查找、可访问、可互操作、可重复使用）原则，实现数据以统一方式共享[49]。

3. 各国加强对重大科技基础设施相关研究的支持

2019 年 1 月，美国能源部宣布为磁聚变能源科学新理论和计算研究提供 900 万美元资助，研究内容将包括磁约束聚变的基本分析及下一代高性能计算机仿真软件的开发[50]。1 月，美国能源部宣布在未来 3 年内提供 1350 万美元用于开发植物和微生物显微成像的新方法，推动生物能源研究[51]。同月，美国能源部核能科学与技术办公室（NE）宣布向 GE、西屋电气公司和法马通公司提供共计 1.112 亿美元用于资助耐事故燃料（ATF）的开发[52]。2 月，美国能源部发布了用于粒子物理的量子信息科学研究倡议，并为其提供 1200 万美元的资助[53]。

2019 年 3 月，加拿大政府重申了长期以来对国家粒子与核物理实验室（TRIUMF）的支持，宣布在 5 年内投资 2.927 亿美元用于支持实验室的运行，这是截至 2019 年底，TRIUMF 收到的最大单项投资[54]。5 月，欧盟投资 1000 万欧元用于支持强子物理——2020 计划的实施，旨在推动强相互作用领域中重大问题的突破[55]。6 月，美国能源部宣布为高能物理学领域的 66 个大学研究项目提供 7500 万美元的资金，以推进对宇宙运行的基础原理的认识，涉及希格斯玻色子、中微子、暗物质、暗能量和寻找新物理等实验和理论研究主题[56]。

三、启示与建议

1. 重视重大科技基础设施的规划制定和更新

重大科技基础设施作为"新基建"的重要方面和内容，将在未来几年得到较好的

发展。但是，重大科技基础设施的建设、运行周期很长，涉及大量基础性科学技术问题，并且需要大量公共财政的投入。因此，重大科技基础设施的发展规划需要随着科学技术的发展、我国社会经济发展对科技的需求等，对其建设目标、设施水平和涉及领域做相应的调整。国家应该更加重视与重大科技基础设施规划相关的战略研究工作，对设施可行性及科学目标等进行充分、深入的前瞻性研究，从国家层面制定相应的规划，作为发展和建设重大科技基础设施的重要依据。

2. 加强对重大科技基础设施相关技术研发的支持

欧美国家非常重视基于重大科技基础设施的研发部署，各国不断探索和开发推动重大科技基础设施革新的新技术，以保持其在科技方面的竞争优势。与此对应，我国仍没有针对重大科技基础设施先进技术研发方面稳定、系统的资助计划，还没有形成概念预研等良好的研究氛围，因此需要进一步加强引导和支持，特别是加强对于那些可能受制于人的"卡脖子"技术的研发，才有可能使我国重大科技基础设施赶上并保持世界先进水平。

3. 加强对重大科技基础设施的过程监测和评估

重大科技基础设施作为催生科技重大突破的有效手段，已经在推进科技前沿发展和解决经济社会重大问题方面发挥了非常重要的作用。但是，基于重大科技基础设施的应用研究潜力还没有充分发挥，设施的整体效能也没有完全体现。科技先进国家近期非常重视对重大科技基础设施运行过程的监测和评估，从而更加有针对性地进行资源配置、试验部署和升级改造等。我们也应该加强对重大科技基础设施的监测，通过管理手段来提升重大科技基础设施的效能，促进更多高影响力成果的产出。

4. 加强基于重大科技基础设施的国际合作

我国一直都很重视国际合作，藉由国际合作提升了我国的科研水平和增强了科研能力，改进了科技管理模式，取得了若干重大科技突破。在重大科技基础设施方面，国际合作的作用更加突出。但近期受国际贸易摩擦和新冠肺炎疫情影响，我国在科技方面的合作受到一定程度的影响，因此我们更应该采取积极措施，拓展在重大科技基础设施方面的国际合作空间。

致谢：中国科学院高能物理研究所阎永廉研究员和张闯研究员，中国科学院物理所金铎研究员审阅了全文并提出宝贵的修改意见和建议，谨致谢忱！

参考文献

[1] Padma T V. India's LIGO gravitational-wave observatory gets green light. https：//www. nature. com/articles/d41586-019-00184-z[2019-01-22].

[2] BNL. SuperKEKB Phase 3(Belle Ⅱ Physics Run)Starts. https：//www. bnl. gov/newsroom/news. php? a＝114451[2019-03-11].

[3] Castelvecchi D. Gravitational-wave hunt restarts：with a quantum boost. https：//www. nature. com/articles/d41586-019-01064-2[2019-04-02].

[4] SKA. UK-led Science Data Processor consortium concludes work. https：//www. skatelescope. org/news/sdp-consortium-concludes-work/[2019-05-09].

[5] APS. APS upgrade. https：//www. aps. anl. gov/APS-Upgrade[2019-07-15].

[6] BNL. U. S. ATLAS phase I upgrade completed. https：//www. bnl. gov/newsroom/news. php?a＝116767[2019-09-27].

[7] ESRF. First electrons turn in the ESRF's extremely brilliant source storage ring. https：//www. esrf. eu/home/news/general/content-news/general/first-electrons-turn-in-the-esrfs-extremely-brilliant-source-storage-ring. html[2019-12-02].

[8] 中科院高能所. 高海拔宇宙线观测站 1# WCDA 水池实现净水注水. http：//www. ihep. cas. cn/lhaaso/zyxw/201903/t20190308_5251649. html[2019-03-08].

[9] 中科院高能所. 高海拔宇宙线观测站 20 英寸光电倍增管首批产品验收交付. http：//www. ihep. cas. cn/lhaaso/zyxw/201905/t20190528_5302901. html[2019-05-28].

[10] 中科院高能所. 我国第一台高能量同步辐射光源在怀柔启动建设. http：//www. ihep. cas. cn/xwdt/gnxw/2019/201906/t20190628_5330032. html[2019-06-29].

[11] OECD. Reference framework for assessing the scientific and socio-economic impact of research infrastructures. https：//www. oecd-ilibrary. org/science-and-technology/reference-framework-for-assessing-the-scientific-and-socio-economic-impact-of-research-infrastructures _ 3ffee43b-en[2019-03-28].

[12] ESFRI. Monitoring of research infrastructures performance. https：//www. esfri. eu/latest-esfri-news/report-esfri-working-group-monitoring-ris-performance[2019-12-18].

[13] LBL. Laser "drill" sets a new world record in laser-driven electron acceleration. https：//newscenter. lbl. gov/2019/02/25/laser-drill-sets-a-new-world-record-in-laser-driven-electron-acceleration/[2019-02-25].

[14] Symmetry. The potential of plasma wakefield acceleration. https：//www. symmetrymagazine. org/article/the-potential-of-plasma-wakefield-acceleration[2019-03-14].

[15] DESY. Researchers generate the shortest ultraviolet laser pulse ever. http：//www. desy. de/news/news_search/index_eng. html? openDirectAnchor＝1602&two_columns＝0[2019-03-20].

[16] ANL. Ultrathin and ultrafast：scientists pioneer new technique for two-dimensional material analy-

sis. https：//www. anl. gov/article/ultrathin-and-ultrafast-scientists-pioneer-new-technique-for-tw-odimensional-material-analysis[2019-03-11].

[17] BNL. New lens system for brighter, sharper diffraction images. https：//www. bnl. gov/news-room/news. php?a＝114389[2019-04-25].

[18] NATURE. Superconducting magnet breaks strength world record. https：//www. nature. com/ar-ticles/d41586-019-01869-1[2019-06-12].

[19] ESO. ESO becomes shareholder in Cherenkov telescope array observatory. https：//www. eso. org/public/announcements/ann19013/[2019-03-07].

[20] SKA. Germany's max planck society becomes newest member of SKA organisation. https：//www. skatelescope. org/news/germany-max-planck-newest-skao-member/[2019-05-08].

[21] SKA. SKA observatory convention ratified by the netherlands. https：//www. skatelescope. org/news/netherlands-ratifies-ska-convention/[2019-08-19].

[22] CERN. CERN and ESA forge closer ties through cooperation protocol. https：//home. cern/news/news/knowledge-sharing/cern-and-esa-forge-closer-ties-through-cooperation-protocol[2019-07-26].

[23] SCITECH EUROPA. The quasars from supermassive black holes in the early Universe. https：//www. scitecheuropa. eu/83-quasars/93301/[2019-03-14].

[24] STFC. New research result from CERN is a milestone in the history of particle physics. https：//stfc. ukri. org/news/new-research-result-from-cern-is-a-milestone-in-the-history-of-particle-phys-ics/[2019-03-21].

[25] Phys. org. Physicists discover new class of pentaquarks. https：//phys. org/news/2019-03-physi-cists-class-pentaquarks. html[2019-03-26].

[26] Syracuse University. Physicists reveal why matter dominates universe. https：//news. syr. edu/blog/2019/03/27/physicists-reveal-why-matter-dominates-the-universe/[2019-03-27].

[27] 中科院高能所. BESⅢ发现Λ超子横向极化并精确测量其衰变参数. http：//www. ihep. cas. cn/xwdt/gnxw/2019/201905/t20190506_5289150. html[2019-05-06].

[28] BNL. Researchers using ultrabright X-rays reveal the molecular structure of membranes used to purify seawater into drinking water. https：//www. bnl. gov/newsroom/news. php? a ＝ 114420[2019-03-27].

[29] LBL. The best topological conductor yet：spiraling crystal is the key to exotic discovery. https：//newscenter. lbl. gov/2019/03/20/the-best-topological-conductor-yet-spiraling-crystal-key-to-dis-covery/[2019-03-20].

[30] Paul Scherrer Institut(PSI). New material also reveals new quasiparticles. https：//www. psi. ch/en/media/our-research/new-material-also-shows-new-quasiparticles[2019-05-07].

[31] SLAC. In brief：Radiation damage lowers melting point of potential fusion reactor material. https：//www6. slac. stanford. edu/news/2019-05-24-brief-radiation-damage-lowers-melting-point-potential-fusion-reactor-material. aspx[2019-05-24].

[32] Ameslab. Laser pulses light the way to tuning topological materials for spintronics and quantum computing. https：//www. ameslab. gov/news/news-releases/laser-pulses-light-the-way-tuning-to-pological-materials-spintronics-and-quantum[2019-02-14].

[33] BNL. Cause of cathode degradation identified for nickel-rich materials. https：//www. bnl. gov/newsroom/news. php?a＝114414/[2019-03-15].

[34] ESRF. Platinum for a cleaner world ♯IYPT. http：//www. esrf. eu/home/news/general/content-news/general/platinum-for-a-cleaner-world-iypt. html[2019-05-17].

[35] BNL. New approach for solving protein structures from tiny crystals | BNL newsroom. https：//www. bnl. gov/newsroom/news. php?a＝115520[2019-05-03].

[36] RIKEN. New supercomputer dedicated to drug discovery. https：//www. riken. jp/en/news_pubs/news/2019/20191129_1/index. html[2019-11-29].

[37] ESRF. The mechanism of an effective antibody against HIV-1 revealed at the ESRF. https：//www. esrf. eu/home/news/general/content-news/general/the-mechanism-of-an-effective-antibody-against-hiv-1-revealed-at-the-esrf-worldaidsday. html[2019-12-01].

[38] UKRI. UKRI infrastructure roadmap progress report. https：//www. ukri. org/files/infrastructure/progress-report-final-march-2019-low-res-pdf/[2019-03-26].

[39] UKRI. The UK's research and innovation infrastructure：opportunities to grow our capability. https：//www. ukri. org/files/infrastructure/the-uks-research-and-innovation-infrastructure-opportunities-to-grow-our-capacity-final-low-res/[2019-12-06].

[40] 中国科学院重大科技基础设施战略研究组. 国家重大科技基础设施发展战略研究报告. 北京：中国科学院,2019.

[41] ESFRI. The estonian research infrastructure roadmap is published. https：//www. esfri. eu/project-landmarks-news/estonian-research-infrastructure-roadmap-published[2019-05-17].

[42] State Secretariat for Education,Research and Innovation SERI. 2019 Swiss roadmap for research infrastructures. https：//www. sbfi. admin. ch/sbfi/en/home/research-and-innovation/research-and-innovation-in-switzerland/swiss-roadmap-for-research-infrastructures. html[2019-07-16].

[43] BMBF. Roadmap für Forschungsinfrastrukturen. https：//www. bmbf. de/de/roadmap-fuer-forschungsinfrastrukturen-541. html[2019-09-13].

[44] ESFRI. Czech republic's roadmap of large ris：2019 update. https：//www. esfri. eu/latest-esfri-news/czech-republics-roadmap-large-ris-2019-update[2019-11-13].

[45] LBL. Advanced light source five-year strategic plan. https：//als. lbl. gov/wp-content/uploads/2019/06/ALS-Strategic-Plan-FY2019. pdf[2019-07-30].

[46] EPSRC. EPSRC e-infrastructure strategy 2018. https：//epsrc. ukri. org/files/research/einfrastructurestrategy2018/[2018-01-30].

[47] ESFRI. Esfri roadmap 2018-strategy report on research infrastructures. http：//roadmap2018. esfri. eu/[2018-08-19].

［48］DFG. Successful kick-off for germany's national research data infrastructure. https://www. dfg. de/en/service/press/press_releases/2019/press_release_no_15/index. html[2019-05-27].

［49］Diamond. New 6M European grant awarded to ExPaNDS to drive open access data. https://www. diamond. ac. uk/Home/News/LatestNews/2019/17-09-2019. html[2019-09-17].

［50］DOE. Department of energy announces $9 million for research on fusion theory. https://science. energy. gov/news/featured-articles/2019/01-11-19/[2019-01-11].

［51］DOE. Department of energy announces $13. 5 million for new bioimaging approaches for bioenergy. https://science. energy. gov/news/featured-articles/2019/01-14-19/[2019-01-14].

［52］DOE. DOE awards $111 million to U. S. vendors to develop accident tolerant fuels(ATF). https:// www. energy. gov/ne/articles/doe-awards-111-million-us-vendors-develop-accident-toler-ant-nuclear-fuels[2019-01-31].

［53］DOE. Department of energy to provide $12 million for research on quantum information science (QIS)for particle physics. https://www. energy. gov/articles/department-energy-provide-12-mil-lion-research-quantum-information-science-particle-physics[2019-02-14].

［54］TRIUMF. TRIUMF receives historic investment in 2019 federal budget. https://www. triumf. ca/ funding-announcements/triumf-receives-historic-investment-2019-federal-budget[2019-03-19].

［55］ECT. STRONG-2020. http://www. ectstar. eu/node/4486[2019-04-30].

［56］FNAL. Department of energy announces $75 million for high-energy physics research. https:// news. fnal. gov/2019/06/department-of-energy-announces-75-million-for-high-energy-physics-re-search/[2019-06-05].

Major Research Infrastructure Science and Technology

Li Zexia，Wei Ren，Guo Shijie，Dong Lu，Li Yizhan

In 2019, significant progress has been made in the construction of major scientific and technological infrastructures. Scientific research based on major scientific and technological infrastructure has made a large number of break-throughs in various fields. New technologies have promoted the improvement on capabilities of major scientific and technological infrastructure. Countries in Europe and the United States attached importance to the improvement of the operational efficiency of major scientific and technological infrastructures. Quantitative assessment frameworks and indicators for major scientific and technological infrastructures were put forward. It is also proposed to pay attention to the impact assessment of major scientific and technological infrastructures. Countries as well attached importance to the strategic layout of major scientific and technological infrastructures and to the construction and development of research data infrastructures.

4.13　世界主要国家和组织科技与创新战略新进展

李　宏　张秋菊　惠仲阳　王建芳　葛春雷　陈晓怡
刘　栋　王文君　刘　澌　叶　京　贾晓琪

（中国科学院科技战略咨询研究院）

2019 年，世界经济复苏缓慢，主要国家之间在科技、经济等领域的博弈加剧。国际大环境的这种不确定性，要求各国必须积极支持科技创新，以应对外部冲击，夯实国家竞争力基础，迎接持续的经济社会挑战。因此，各国通过科技计划、创新基金等方式，不断拓展科技竞争前沿，寻找最佳创新的技术、思想和方案，推动科研成果的转化应用，力图打通创新网络与链条、提升自身的总体创新实力。

一、美　　国

2019 年，美国科技创新政策的主要内容是：确保美国领导人工智能、量子信息科学、先进制造等五大未来产业；通过限制参与外国人才计划、要求公开外国资助、关注 AI 与基础研究国家安全问题等措施，加强外国投资审查；组建总统科技顾问委员会，加快制定未来产业 5 年计划。

1. 确保美国领导未来产业

2019 年 2 月，美国总统特朗普发表国情咨文，确定 AI、先进制造、量子信息科学、生物技术（含合成生物学）、先进网络技术（含 5G 技术）为未来产业。为确保美国领导未来产业发展，政府出台并更新了一系列相关规划，如资助 AI 研究中心等。

（1）更新国家人工智能研发战略。2019 年 6 月，美国国家科学技术委员会更新了 2016 年发布的首版"国家人工智能研发战略规划"[1]，确立美国 AI 研发投资的关键优先领域，包括：对人工智能研究进行长期投资；开发人机协作的有效方法；理解和应对人工智能的伦理、法律和社会影响；确保人工智能系统的安全性；建立标准和基准评估人工智能技术；开发面向 AI 培训和测试的共享公共数据集和环境；更好地把握国家人工智能研发人才需求；扩展公私合作以加速 AI 发展。

（2）更新国家战略性计算计划。2019 年 11 月，美国白宫科技政策办公室（OS-TP）发布《国家战略性计算计划（更新版）：引领未来计算》[2]。与 2016 年的计划相比，这次的计划更侧重计算机硬件、软件和整体基础设施，以及开发创新的应用程序并创造相应的机会，以支持美国计算的未来发展。

（3）资助人工智能研究所（中心）。2019 年 10 月 9 日，美国能源部科学办公室投资 550 万美元，由西北太平洋国家实验室、桑迪亚国家实验室和乔治亚理工学院联合建立"以人工智能为中心的体系结构和算法中心"[3]，研究网络安全和电网弹性等问题。10 月 10 日，美国国家科学基金会宣布将投入 1.2 亿美元启动国家人工智能研究所计划[4]，支持大型人工智能研究项目。美国国家科学基金会计划设立六个研究所。计划将分为两个阶段进行：第一阶段将拨款 50 万美元用于制定计划，使各个研究所在两年内具备全面运作的能力；第二阶段将提供 1600 万～2000 万美元的长期资助，以创建专注于人工智能技术的研究所。

（4）确定提高 AI 可解释性原则。2019 年 8 月，美国国家标准技术研究院提出提高 AI 所做决定"可解释"程度的四项原则[5]：人工智能系统应该为所有输出提供相关证据或原因；人工智能系统应该向个体用户提供有意义且易于理解的解释；所提供的解释应该正确反映 AI 系统生成输出结果的过程；AI 系统仅在预设或系统对其输出有足够信心的情况下运行。该工作旨在通过理解 AI 的理论能力和局限性，以及通过提高 AI 使用的准确性、可靠性、安全性、鲁棒性和可解释性，来建立对 AI 系统的信任。

（5）规范 AI 使用的道德规范。2019 年 11 月，美国国防创新委员会发布《AI 原则：对国防部使用 AI 的道德规范建议》报告[6]。报告提出负责任、公平、可追溯、可靠和可管理五项原则。报告指出，美军应该使用透明且可审核的方法，对其 AI 数据源、设计过程和文档规范进行管理，并避免偏见可能造成的意外伤害。

2. 加强对"外国势力影响"的审查

为加强外国势力的影响审查，美国能源部、美国国立卫生研究院、美国国家科学基金会、美国国防部分别要求科研人员披露所有国外资助信息，白宫科技政策办公室号召美国研究界保护国家研究安全，财政部扩大外国投资审查委员会的审查范围，美国国家科学基金会委托国防咨询小组审查基础研究安全问题。

（1）要求不能参与外国人才计划。2019 年 1 月，美国能源部发布"部门负责人备忘录"[7]：不分国别全面禁止能源部资助的研究人员参与外国人才引进计划，该部 17 个国家实验室的研究人员要么断绝国外关系，要么离职；美国大学科研人员如果继续与敏感国家合作，将不能申请能源部的资助项目。

（2）要求披露获外国资助信息。2019 年 3 月 1 日，美国国立卫生研究院主任致函美国主要的几十所研究型大学，要求这些大学提供接受国立卫生研究院资助却与外国政府保持未公开联系的研究人员信息[8]。3 月 20 日，国防部发布"国防部主管采购副部长、负责采购维护事务的助理部长"备忘录[9]，要求申请国防部资助的科研人员必须列出所有正在承担和申请的项目资助来源，以及明确项目投入工作时间承诺。7 月11 日，美国国家科学基金会主任发表"研究保护"公开声明，提出三条"科研保护条例"[10]：研究人员必须披露所有资金来源；美国国家科学基金会工作人员不得参与任何外国人才计划；与国防咨询组织合作开展科研合作安全风险调查。

（3）号召保障国家研究安全。2019 年 9 月 17 日，美国白宫科技政策办公室发表致美国研究界的公开信[11]，做出以下呼吁：鉴于外国势力正在影响并破坏美国的研究活动和研究环境，建议美国政府制定有关政策以保障研究安全；披露研究中涉及的国外资金、人员任命和从属关系、相互冲突的经济利益；审查未经授权在国外建立相似实验室（或称为"影子实验室"）、知识产权及技术转移等情况。

（4）发布外国投资审查新规草案。2019 年 9 月 18 日，美国财政部公布加强对外国投资美国关键技术、关键基础设施、敏感个人数据等领域国家安全审查的法规草案[12]，相关方可以在草案公布 30 天内对其内容提交书面意见，2020 年 2 月 13 日新法规生效，扩大了美国外国投资委员会的审查范围，以应对此前不在其管辖范围内的外国投资和交易可能对国家安全造成的影响。

（5）关注 AI 国家安全影响。2019 年 11 月 5 日，美国"人工智能国家安全委员会"向国会提交中期报告[13]。报告建议美国加大审查 AI 相关硬件、外资投资和人才交流；建议美国将 AI 技术整合到"五眼联盟"① 国家的军事和情报平台中，并考虑与北大西洋公约组织展开合作，与竞争对手（中国和俄罗斯）展开 AI 相关的外交讨论。

（6）关注基础研究国家安全问题。2019 年 12 月，美国国家科学基金会委托国防咨询组织发布《基础研究安全》报告[14]。报告中提出了四个重要议题：外国科学人才在美国的价值与需求；对基础研究的开放获取设置新的限制会带来的重大负面影响；需要扩展研究完整性/诚信的概念，包括承诺的披露和潜在的利益冲突；学术界和政府机构之间需要就如何最大限度地保护美国在基础研究方面的利益，同时保持开放性和成功地在全球市场上争夺科学、技术、工程与数学（STEM）人才达成共识。

---

① 是指第二次世界大战后美国、英国多项秘密协议催生的多国监听组织"UKUSA"。该组织由美国、英国、加拿大、澳大利亚和新西兰组成，其内部五国实现情报信息的互联、互通与共享。

3. 组建总统科技顾问委员会

2019 年 10 月 22 日，特朗普总统在就职 33 个月之后终于签署重新组建总统科技顾问委员会（PCAST）行政命令[15]。行政令规定，总统科技顾问委员会由 16 名来自联邦政府外部的企业界与教育界专家构成，任期为 2 年。11 月 18 日，白宫科技政策办公室召开总统科技顾问委员会启动会议。已任命的 9 名成员大多有企业研究背景，在人工智能和量子信息科学领域经验丰富。

总统科技顾问委员会组建后的主要任务包括 3 个方面：①制定特朗普政府确定的 AI、先进制造、量子信息科学、5G 技术、生物技术等 5 个未来产业的 5 年计划等；②审查美国 STEM 领域的人员发展情况，包括吸引国际研究人员和研究安全性有关事项；③使美国能源部国家实验室和其他联邦实验室更好地参与美国整个研发系统。

与奥巴马政府相比，特朗普政府的总统科技顾问委员会成员由 21 名缩减至 16 名；工作团队由 50 人缩减至 20 人；任务重点由气候变化、能源创新、先进制造、医疗技术创新转向 AI、量子科技、智能制造、5G、生物技术等未来产业领域。

二、日　本

2019 年，日本以年度《科学技术预测调查综合报告》为指导，稳步推进优化科研环境、建设智慧城市、扩大国际合作等工作；发布《国立大学改革方针》，明确国立大学改革的方向；发布第 11 部《科学技术预测调查综合报告》，展望未来 30 年的社会景象，为制定科技战略与政策特别是《第 6 期科学技术基本计划》提供参考。

1. 发布年度科技战略——《综合创新战略 2019》

2019 年 6 月 21 日，日本内阁府发布了《综合创新战略 2019》[16]，阐述了日本开展科技创新的年度路线方针。

（1）建设智慧城市，强化对创业的支持力度。①落实"社会 5.0"理念。从基础设施、运行规则、商业模式、数据收集利用等方面构建一体化的智慧城市体系；以 20 国集团（G20）大阪峰会为契机，建立"全球智慧城市联盟"。②强化支持创业的生态环境。通过示范项目支持一批城市成为"创业生态基地"；以大学为中心加强"创业"教育。

（2）强化科研能力建设。①完善创新系统。强化科研能力建设和对年轻学者的支持力度。②从战略高度开展研发活动。以战略创新创造项目为代表推动以社会应用为目标的研发活动，以革新的研究开发推进项目为代表推进具有挑战性和颠覆性价值的研发活动。

（3）强化国际合作网络。①推动大学国际化和国际共同研究。制定《与外国企业合作方针》；持续参与国际热核聚变实验堆（International Thermonuclear Experimental Reactor，ITER）计划等国际大科学计划。②建立国际化标准和研究基地。发布《人工智能基本原则》，主导建立关于 AI 等的国际标准；运用 7 国集团（G7）国家框架，构建国际化的数据网络。

2. 提升本国科研能力

2019 年 4 月 23 日，日本文部科学省公布了《提升科研能力改革方案 2019》[17]，通过人才、资金、环境的改革，全面改进日本的科研现状。

（1）科研人才改革。①确保研究人员全身心投入工作。提高对优秀年轻学者的支持力度；促进重要仪器设备共享。②建立科研人员与支撑管理人员协作的"小组型"的研究机制。建立科研管理人员认定制度和评价晋升制度。③促进研究人员流动性和职业发展多样化。为科研人员提供兼职、交叉任职机会，支持研究人员创业。

（2）科研资金改革。①改进科研经费制度。建立与研究人员定期交流的机制；改进现有的"研究开发管理系统"，方便研究人员了解信息。②加强资助机构合作。资助机构应共享科研动向等信息，广泛听取智库专家意见。

（3）科研环境改革。①完善仪器设备和实验室管理。维护与更新仪器设备、科研设施，提高研究人员使用机会。②促进大型核心科研设施共用共享。完善现有大型科研设施，使研究人员能够摆脱管理限制开展科研。

3. 深化国立大学改革

2019 年 6 月 18 日，日本文部科学省发布了《国立大学改革方针》[18]，明确了未来国立大学改革的方向和举措。

（1）成为高素质人才的基地。改革教学和课程设置方式，实现文理兼容、跨越学科的人才储备；开展国际化、高水平的研究生教育。

（2）成为知识创新、社会发展的领导力量。夯实创新的基础力量；加强对年轻人才的培养，确保女性研究人员积极工作。

（3）成为世界知识循环的中心。促进教育研究环境国际化；实施国际学位项目和国际合作研究；吸引留学生、海外学者赴日学习交流。

（4）为社会和地区发展做出贡献。建立区域合作平台，为区域发展贡献力量；向社会在职人员提供教育机会；根据需求培养职业人才。

（5）提高管理运营能力。给予优秀大学教师丰厚待遇；提高教育研究成本的公开度；加强职业教育的力量，聘用具有实践经验的教师。

（6）以网络化等方式灵活开展合作。加强大学间合作，在发挥各自优势的基础上共享优质资源；促进大学教育研究力量整合重组。

（7）保持适度规模。各所大学要与教师、学生等各方力量充分交流沟通，审视自身定位，明确未来办学方向和规模。

4. 发布科技预测报告，展望未来社会景象

2019 年 11 月 1 日，日本科学技术与学术政策研究所（NISTEP）发布了第 11 部《科学技术预测调查综合报告》[19]。

（1）日本未来四大价值观。①人性：一切新的生产生活方式都以"人"为中心。②包容：不同特点、喜好的人都能得到尊重和理解。③可持续：运用新技术妥善处理资源、食品、环境、自然灾害等问题。④好奇心：既探索人类自身的心理、思维等活动规律，又积极探索宇宙。

（2）日本未来社会景象。①在重新审视人性的基础上，充分尊重多样性并实现共存。各种人群因共同的价值观在日本集聚。富有感情的科学技术将促进人类的身心健康，运用 AI 等新兴技术丰富人们的文化娱乐活动。②真实与虚拟相协调，社会灵活多样发展。人类与机器人共同生活与发展。共享数据、物力与技能，以机器人替代人类劳动。③维持和增强人类功能，拓展人类个性。运用新技术大大提高人体功能，解决人类的身心健康问题。通过 AI 等技术丰富人类经验，使每个人都能成为佼佼者。④个性化定制与整体优化相协调，实现可持续发展。平衡个性化定制与整体优化之间的关系，实现可持续发展。通过传感器、监控等技术，自主实现人类最优化选择。

三、欧　　盟[①]

2019 年是欧盟的大选之年，受此影响，欧盟科技与创新战略迎来新一轮调整。未来欧盟科技创新政策将聚焦欧洲研究区的发展，并重点关注绿色和数字化转型相关的科技创新方向。

1. 尝试推动欧洲研究区发展，确立绿色和数字化转型发展重点

2019 年 6 月，欧洲理事会发布《新战略议程 2019—2024》[20]，提出了未来 5 年指导欧盟工作的总体框架和方向。议程提出欧盟四大优先事项，即保护公民和自由，发

---

① 此部分只涉及欧盟委员会的统一政策与资助相关内容，不包括各国的独立内容。

展强大而充满活力的经济基础，建立气候中立、绿色、公平和友好的欧洲，在全球舞台上增强欧洲的利益和价值观。具体内容包括：确保欧元为公民服务并保持弹性、深化和加强单一市场、面对数字化转型确保欧洲具有数字主权、加大对技能和教育的投入、建设公平竞争的环境。

2019 年 12 月，欧盟委员会历史上首位女性主席冯德莱恩（Ursula von der Leyen）上任，新任创新、研究、文化教育和青年事务专员玛丽亚·加布里埃尔（Mariya Gabriel）开始执掌欧盟科技创新事务。欧盟新任科技创新掌舵人提出，未来五年研发创新政策的重点是促进欧洲研究区的复兴。冯德莱恩拟制定欧洲研究区新计划，并着力提高欧盟在绿色和数字技术方面的竞争力。加布里埃尔提出制定"欧洲知识战略"，加强欧洲研究区建设；建设更具包容性的欧洲，寻找新方法来缩小新老成员国间的绩效差距，包括加强预算投资、促进所有成员国参与"地平线欧洲"计划、促进通过"结构基金"支持落后国家开展研发；引入欧洲教育区计划，以协调教育政策等。

2. 努力酝酿新一轮研发与创新框架计划实施方案

欧盟研发框架计划是欧盟层面的政府科技计划，从 1984 年开始实施，迄今已经是第八个研发框架计划"地平线 2020"（2014—2020 年）。2018 年 6 月，欧盟在下一个多年度财政框架中拟定第九研发框架计划"地平线欧洲"。2019 年是编制第九研发框架计划"地平线欧洲"（2021—2027 年）的关键时期，关键内容的讨论与谈判尚未有定论，进展包括：①预算谈判持续受阻。欧盟委员会最初提议"地平线欧洲"的预算为 941 亿欧元（约合 1151 亿美元），欧洲议会希望提高 27.5%，达到 1200 亿欧元（约合 1468 亿美元），但受欧盟整体预算压力所限，实际预算面临压缩困境，各方谈判始终悬而未决。②应对挑战的战略性研究方向达成共识。这些研究方向包括：适应气候变化，癌症，健康的海洋、沿海和内陆水域，气候中立和智慧城市，土壤健康与粮食安全。但是，每个领域及任务本身的细节仍待确定。③组建欧洲创新理事会（EIC）的举措仍有待明确。欧盟拟组建 EIC 以促进颠覆性创新，并于 2019 年开始在"地平线 2020"予以试点。欧盟委员会希望 EIC 在 2021—2027 年间帮助企业扩大预算，总预算为 105 亿欧元（约占"地平线欧洲"目前提出预算的 11%）。但是，议会某些成员认为 EIC 在"地平线欧洲"预算中所占份额太大，具体资助形式仍悬而未决。

3. 谋划战略性产业发展，争取技术主动权

欧洲具有强大的产业基础，在汽车、化工、制药、机械和航空航天等领域居全球领先地位。为在瞬息万变中保持欧洲产业的世界领先地位，欧盟开展了系统研究和行

动以调整产业战略。例如，依据 2017 年更新的《欧盟产业政策战略》，欧盟委员会于 2018 年 3 月设立了"欧洲共同利益重大项目战略论坛"（Strategic Forum for Important Projects of Common European Interest，IPCEI），为更可持续、更具包容性和竞争力的、面向 2030 的欧洲产业转型建言献策。2018 年 12 月，欧盟委员会在该论坛的国家援助框架下批准了 17.5 亿欧元（约合 21.4 亿美元）的公共投资，以期撬动 60 亿欧元（约合 73.4 亿美元）的私人投资，支持法国、德国、意大利和英国 4 个国家的共约 30 家公司和研究机构联合开展微电子领域的研究和创新。此外，还将在高性能计算和电池创新方面做出重要的共同努力和投资。

2019 年 11 月 5 日，欧盟委员会（European Commission）发布由 IPCEI 专家提出的《加强面向未来欧盟产业的战略价值链》建议报告[21]，目的是提高欧盟面向未来的六大战略性产业领域的竞争力和全球领导地位，为新一届欧盟委员会制定欧洲产业长期发展战略提供参考。六大战略性产业价值链包括：互联、清洁和自动驾驶的汽车，氢能技术和系统，智能健康，工业物联网，低碳产业，网络安全。在此基础上，欧盟委员会于 2020 年 3 月发布《欧洲新产业战略》[22]，提出包括产业战略、中小企业战略和单一市场行动在内的一揽子举措，以帮助欧洲产业走向气候中立和数字化，从而使欧洲在日益变化的地缘政治局势和逐步加剧的全球竞争中，提高竞争力并获得战略主动权。

四、德　国

2019 年，德国积极推进《高技术战略 2025》的落实，围绕应对社会重大挑战、技术基础、专业人才和创新驱动等领域出台后续政策。此外，德国大力发展人工智能，持续增加对高校和科研机构的资助。

1. 推进《高技术战略 2025》实施

（1）在应对社会重大挑战方面。2019 年 1 月 29 日，德国联邦教研部与卫生部联合启动"国家抗癌十年计划"，加强德国在癌症预防、早期发现、诊断和治疗等领域的研究，落实癌症研究成果的实施进展[23]。

（2）在技术基础方面。2019 年 1 月 23 日，德国联邦教研部出台"电池生产研究顶层计划"，未来 4 年将投入 5 亿欧元用于加强德国在全价值链上的电池研究，加速研究成果向工业应用转移，支持大规模电池生产[24]。

（3）在专业人才方面。2019 年 2 月 13 日，德国联邦教研部推出"数学、计算机科学、自然科学与工程技术专业（MINT）行动计划"。计划提出，到 2022 年，将投入 5500 万欧元用于加强德国理工科教育，储备未来技术型科技人才。6 月 12 日，德国联邦教研部出台"国家继续教育战略"，提出未来两年将投入 3.5 亿欧元用于提供定制化培训课程、开发数字化培训手段和模块化互动学习平台、提高奖学金支持力度，旨在在数字化时代保持德国就业人员的专业能力，确保专业人才基础[25]。

（4）在驱动创新方面。2019 年 5 月 22 日，德国联邦内阁通过了企业研发税收抵免的提案，针对企业的研发人员成本，为德国开展研发的每家企业提供每年最高 50 万欧元的补贴，并从 2020 年 1 月 1 日正式实施[26]。8 月 14 日，德国联邦教研部出台"未来集群计划"，通过资助一个区域内关键创新驱动主体在新兴技术和科学领域内的跨行业、跨主题、跨技术、跨学科合作，将卓越研究迅速转化为卓越创新。

2. 大力发展人工智能

2019 年 3 月 22 日，德国联邦教研部发布"人工智能国际实验室资助指南"，从 2020 年 5 月开始资助德国高校、科研机构和企业在人工智能领域开展国际合作，成立国际实验室，为其提供 3 年 500 万欧元的资助。研究领域包括演绎系统、机器证明、基于知识的系统、模式分析与识别、机器人技术、智能多模人机交互[27]。

5 月 23 日，联邦政府决定投入 5 亿欧元资助 AI 领域的研究、成果转化、社会对话、技术评估、人才培养及数据使用，以落实 2018 年出台的《联邦政府人工智能战略》。

10 月 7 日，德国科学基金会（Deutsche Forschungsgemeinschaft，DFG）通过"人工智能领域战略资助计划"。未来几年将在 DFG 各类资助计划中资助 AI 全领域项目，资助总额达 9000 万欧元[28]。

3. 持续增加对科研机构和高校的投入

2019 年 5 月 3 日，德国科学联席会（Gemeinsame Wissenschaftskonferenz，GWK）第四次延续了《研究与创新公约》，德国联邦和州政府将在 2021～2030 年期间共同为德国大学外科研机构提供总计 1200 亿欧元的经费支持[29]。

此外，GWK 还延续了《高等教育公约》，并取消了之前的 5 年期期限，从 2021 年起长期执行。德国联邦政府将在 2021～2023 年期间每年为该公约提供 18.8 亿欧元，自 2024 年起每年提供 20.5 亿欧元，州政府匹配等额资金。即在 2023 年前，德国联邦和州政府每年共计投入近 38 亿欧元，自 2024 年起为 41 亿欧元[30]。

4. 公布新科研基础设施路线图

2019 年 9 月 13 日，德国联邦教研部公布"新国家科研基础设施路线图"，纳入德国大气气溶胶、云和微量气体研究基础设施（ACTRIS-D）、Ernst-Rusk-Centrum 2.0

（ER-C 2.0）和莱布尼兹感染研究光子学中心（Leibniz-Zentrum für Photonik in der Infektionsforschung，LPI）的 3 个新项目，用于解决未来气候研究、材料研究和医学领域的重要问题，并在新研究基础设施的所在地形成对地区有高影响力的研究网络。该国大气气溶胶、云和微量气体研究基础设施是欧洲该领域基础设施 ACTRIS 的一部分，能显著提高气候模型及其预测能力；借助 Ernst-Rusk-Centrum 2.0（ER-C 2.0），将成立国家高分辨率电子显微镜能力中心，解密材料的结构和特性，如金属和细胞组织；莱布尼兹感染研究光子学中心将光子方法与感染研究相结合，探索抗击传染病的新方法。研究结果可以直接转化为临床实践。所有新项目的建设成本均超过 5000 万欧元[31]。

五、法　　国

2019 年，法国决心制定面向未来 10 年的科研规划法，以改善法国长期科研预算不足、科技竞争力低迷的现状；马克龙政府持续把创新创业、工业振兴与人工智能作为发展重点，并加强创新环境建设；政府修订引发争议的"选择法国"留学生新政，加强对留学生的吸引。

1. 起草多年期科研规划法

2019 年 2 月，法国政府宣布着手制定多年期科研规划法[32]，在 2021～2030 年期间通过增加科研投入、改革科研经费分配来增强法国的公共科研实力，计划 10 年增加 250 亿欧元科研预算，实现研发投入占国内生产总值（GDP）比重为 3% 的目标。法案主要讨论三大重点：①加大科研投入，保证国家有力支持基础研究和应对重大社会挑战的导向性研究，平衡实验室稳定经费和竞争性经费的关系。②增强科研职业对年轻人的吸引力，提高年轻科研人员的待遇和职业前景预期。③促进公私机构合作关系，鼓励公共科研成果向企业转移转化。法国高等教育、研究与创新部组织议会成员、科技界代表、科研机构负责人、大学校长、企业界代表等组成专家小组起草法案，在 2020 年向议会提交草案，拟于 2021 年起实施。

2. 支持企业重大技术创新

2018 年，法国成立 100 亿欧元本金的创新与工业基金，每年投入基金收益 2.5 亿欧元支持企业两类重大技术创新项目：①深科技（Deep tech）。能够推动工业科技前沿发展，面向重大社会与环境挑战，为解决最紧迫的全球问题探索颠覆性创新技术，如新一代癌症免疫疗法、碳纳米结构电极材料、大规模数据管理和存储解决方案等。②战略性重大技术挑战方向。具有明显社会效益，能满足公民对气候变化、健康、安全等重大社会问题的期望，涉及从基础研究到市场化的完整创新链且能在 3～5 年取得具体成果的重大技术。2019 年 1 月，法国国家投资银行宣布将在 2023 年前投入 13 亿欧元用于支持 1500 家以上的深科技企业发展。11 月，创新与工业基金公布，2020 年将投入 1.5 亿欧元，支持 5 大战略性重大技术挑战方向：人工智能改善医疗诊断；应用人工智能的系统安全性和可靠性保障技术；自动化网络安全技术抵御网络攻击；低成本生产高附加值生物蛋白质；高密度能源储存技术用于零碳交通[33]。

3. 促进法国工业稳步复兴

2018～2019 年，由法国总理领导的法国国家工业委员会通过下设的战略性行业委员会，先后与法国 17 个主要行业签署了 3～5 年的发展合同，提出每个行业发展的重点方向与解决方案，提供创新项目资助等一揽子支持政策，促进法国工业复兴。这个发展合同涉及食品、林业、水务、数字基础设施、时尚与奢侈品、健康、航空、化学与材料、电子、航海、新能源系统、汽车、建筑、铁路、矿业与冶金、核能、废物回收等行业[34]。2019 年 3 月，法国在电子行业合同签署之际，发布纳米电子 2022 计划，拟投入 10 亿欧元，支持新一代电子元器件的研发与预工业化，以满足汽车、5G 技术、嵌入式 AI、物联网、航空航天和国防安全等方面的需求[35]。

4. 落实国家 AI 战略

2019 年法国持续推进对国家 AI 战略[36]的落实，将在 2022 年前投入 15 亿欧元发展 AI，使法国跻身世界 AI 强国前五名行列。

（1）建设人工智能研究网络。2019 年 4 月，法国正式挂牌 4 个 AI 跨学科研究所（3IA），致力于 AI 在健康、环境、能源、交通等经济社会重要领域的应用，每个研究所聚焦 2～3 个方向。3IA 研究所依托大学或公共科研机构，整合产学研伙伴 AI 核心团队而成立，成员人事关系仍隶属原单位，由国家、公共合作伙伴、合作企业分别提供 1/3 的经费支持，为期 4 年，总额不低于 2.25 亿欧元[37]。

（2）设立 AI 讲席教授/研究员。作为对 3IA 计划的补充，法国在 3IA 研究所之外的科研机构设立 40 个 AI 讲席教授/研究员职位，于当年 12 月遴选出 40 位入选者，由法国国家科研署和法国国防创新署分别资助，提供为期 4 年共计 2200 万欧元的支持，所在机构需为讲席职位提供不少于国家支持的配套经费[38]。

（3）支持 AI 博士。2019 年 6 月，法国国家科研署发起项目招标，将与高校联合资助 AI 博士的培养。

5. 实施"选择法国"留学生新政

2018 年 11 月，法国提出吸引留学生的新战略"选择法国"，目标是使留学生数量从 2017 年的 30 万增长至 2027 年的 50 万。该战略提出：①简化签证手续，并从 2019 年 3 月起为返回原籍的法国硕士及以上学位获得者提供申请法国居留机会。②增加法语培训课程和大学英语授课课程。③建立认证机制评估公立大学接待留学生质量。④采用差异化收费标准。2019 学年起，提高非欧盟学生大学注册费至实际教育成本的 1/3，但同时增加政府和学校奖学金名额并出台多项学费减免政策。⑤通过境外办学、海外宣讲等方式，增强法国高等教育在海外的影响力。该战略发布后，其中的差异化收费政策引发社会极大争议。2019 年 4 月，法国颁布"关于免除相关外籍学生公立大学注册费"的法令，大幅缩小需要缴纳较高注册费的学生范围，并给予大学自主决定减免注册费的权力，于 2019 年秋季入学时正式实施。

六、英　　国

2019 年 7 月，首相特蕾莎·梅被迫辞职，鲍里斯·约翰逊接任首相一职。2019 年一年，英国政府和公众的主要注意力集中于"脱欧"的后续事宜。

1. 约翰逊政府承诺在"脱欧"后继续保证科学研究的优先资助

2019 年 8 月 9 日，英国新任首相鲍里斯·约翰逊和负责科学事务的时任部长乔·约翰逊联合向研究界承诺[39]，政府将在"脱欧"后对研究人员和企业提供新增科学资助，以弥补研究界在"脱欧"后失去的部分欧盟资助，保持英国在科研领域的世界领先地位。该承诺把科研和创新放在英国产业战略的核心，面向未来前沿产业的 4 大挑战，即 AI 与数据、清洁增长、未来的通信与交通、老龄化社会，力图支持建立英国新的全球化企业。同时，约翰逊首相还宣布，英国政府将为科学家提供一条快速的签证通道，以便能够继续吸引来自世界各地的科学和研究人才。

2. 细化《现代工业战略》支持新兴技术发展

2019 年 6 月 13 日，英国科学部长克里斯·斯基德莫尔（Chris Skidmore）发表讲话[40]，阐述了政府将在《现代工业战略》中支持新兴技术的措施：①增加量子技术研发投入。量子技术领域将新增 1.5 亿英镑投资，意味着英国国家量子技术计划的总投资将超过 10 亿英镑，并将允许企业将这些研发成果进行商业化。②进一步鼓励企业对早期研发的参与。积极帮助企业研发正处于商业化边缘的新技术，政府通过 3.66 亿英镑的资金建立了新的风险投资基金，将拉动超过 10 亿英镑的工业投资进入。③增加对新兴技术的投资。投资新技术本身是有风险的，政府的投资不仅可以充当种子基金，还可以投资企业不敢投资的领域。虽然挑选赢家不是政府的职责，但是政府可以选择赛道。④改善对新兴技术的法律法规和监管体系。新技术总是会产生新的监管问题，对新规则的设计可以消除或减少新兴技术发展的障碍。英国政府将组织建立新的规章制度，以保护新技术发展，如关于自动驾驶车辆的法律法规。

2019 年 10 月，英国商业、能源和产业战略部（BEIS）公布了一系列新措施[41]，目标是应对"脱欧"后英国研究创新工作所面临的困局，并因此创造了英国政府在研发投资方面的新纪录，希望英国主要行业能够抓住机遇，发展就业和出口：①零碳核聚变技术创新。英国将投资 2.22 亿英镑建设用于能源生产的球形托卡马克，致力于设计、开发和建造核聚变发电厂，准备在 2040 年前向电网提供能源。②电动汽车。英国政府将追加高达 10 亿英镑用于开发下一代尖端汽车技术，包括电池、电动机、电力、电子、氢燃料电池及其零部件，以及材料制造供应链。③推动健康技术和生命科学领域的发展。当前，英国有世界上最成功的健康和生命科学产业，每年产值近740 亿英镑，创造近 25 万个就业岗位，但该产业的创业企业历来难以获得大规模融资。为此，英国政府宣布了一项约 6 亿英镑的新专项企业投资计划。

3. 注重全球科技研究与创新合作

2019 年 5 月 14 日，英国财政部代表政府发布《国际研究与创新战略》[42]，目的是在"脱欧"后为英国建立更广泛的新型合作关系，主要内容包括：①以英国的卓越研究能力为导向，建立全球合作伙伴关系。②汇集全球人才，促进研究人员和企业家的合作。③建立全球创新中心，构建未来的产业。④为创新型初创企业提供一揽子激励措施和财政支持。⑤面向未来新技术的全球创新平台，设计和形成全球性的监管方法。⑥支持面向可持续未来的合作伙伴关系。⑦倡导建立更好的国际研究治理、道德和影响评估的体系及标准。

7 月 22 日，英国商业、能源和产业战略部发布《牛顿基金和全球挑战研究基金2017～2018 年度报告》[43]，提出了未来国际合作的发展愿景。牛顿基金和全球挑战研究基金是英国政府官方推出的国际发展援助基金，由英国商业、能源和产业战略部管理，是英国提升全球科技研究与创新合作及国家影响力的重要途径。报告显示：牛顿基金和全球挑战研究基金推出至今，两项基金培养了一批优秀研究人员，建立了英国与海外的研究网络并建设了海外卓越研究中心，显著提升了英国的全球科技影响力。

4. 加强人才培养与引进支持

2019 年 6 月 10 日，英国国家科研与创新署（UKRI）的文件[44]提出了人才培育方面的目标与举措：为完善英国未来研发创新的人才资源环境，将设立 9 亿英镑的未来领袖奖学金；在 2030 年前遴选并培育 550 名最优秀的青年创新人才。

10 月 24 日，英国政府宣布，将与企业在未来 5 年内共同投资 3.7 亿英镑，为生物科学和人工智能领域资助 2700 名博士生[45]。其中 2 亿英镑将用于资助 1000 名 AI 研究领域的博士生，另外 1.7 亿英镑将资助 1700 名攻读生物科学的博士生。

5. 着手规划《研究和创新基础设施路线图》

2019 年，英国国家科研与创新署开始制定面向 2030 年的国家长期《研究和创新基础设施路线图》。3 月发布的对英国现有 800 多个科技基础设施的调查结果指出：英国拥有丰富多样的研究和创新基础设施，包括图书馆、望远镜、数据库、生物库、环境观测站和同步加速器等；大多数基础设施都是单一站点的；英国在物理学和工程，生物学、健康和食品这两个领域的设施最多；基础设施的地理位置主要取决于国家资金的分配情况，各个领域有所不同；基础设施在本质上是协作的，并促进国际合作。英国 38% 的基础设施用户来自英国以外，88% 的基础设施拥有国际用户群；超过一半的基础设施至少 70% 的建设和运行费用依赖于公共资金；超过 75% 的基础设施在某种程度上与企业合作，特别是社会科学、艺术和人文、能源和环境科学这 3 个领域的设施；英国基础设施雇佣了约 3.4 万名员工（全时当量），每个设施的平均员工人数约为 50 人；基础设施效益最大化的主要障碍包括资金的短期性、脱欧的不确定性，以及人员和技能的短缺。

七、北 欧 四 国

2019 年，丹麦、芬兰、挪威和瑞典（北欧四国）继续实施已定战略，同时各国也制定了单个领域的战略与政策。北欧四国基于地缘、文化和经济等方面的很多共性，使得它们强调开展研究与创新的国际合作，重视对主要创新机构和科技计划等提出建议。

1. 挪威落实重大规划并继续实施国家战略

2019 年，挪威教育与研究部开始落实《研究与高等教育长期规划 2019—2028》[46]。该部与挪威所有大学签署 3~4 年的绩效合同，并分析高校如何将教育与研究活动调整到长期规划的优先安排上。

同时，挪威继续实施自上而下的国家战略，确认纳米技术战略（2012—2021 年）在健康、环境、安全和伦理等方面的风险，且将该战略纳入上述中长期规划，相应的预算增加了 2 倍。

另外，继续实施自下而上的数字 21（Digital 21）战略，将战略的协调工作从工贸与渔业部转交地方政府与现代化部，并在该部设立一个数字化部长职位，由其协调数字化工作[47]。

2. 新战略重视环境领域的研究和创新

2019 年，挪威的海洋战略和瑞典的能源与气候综合计划草案都对研究和创新内容做了规定。

（1）2019 年 6 月，挪威政府出台新版海洋战略——《蓝色机遇》[48]，对海洋的关键研究主题、预算设定、启动产业导向的资助安排、绿色海运、石化产业更低排放和高效使用各种资源、开发风能、海洋先导项目、实验设施和孵化器等做出规定。

（2）2019 年 1 月，瑞典政府出台《国家能源与气候综合计划》草案[49]，提出能源领域公共研究与创新的国家目标；为此需增加公共资助预算，预期私人资助至少为公共资助的一半；还提出设立国家级计划和相应融资措施等。当前，瑞典政府的多个机构正在为运输行业的研究与演示项目融资；政府已经支持多家公司将其研究与创新成果转化为技术，并开展了公私项目的试点和示范协作。

3. 对创新、研究系统和科技计划提出建议

2019 年，丹麦、芬兰和瑞典都对自身的创新体系和科技计划提出建议，以便科技更好地服务于经济增长和就业。

（1）2019 年 2 月，丹麦科研与创新政策理事会发布的《创新就绪型企业（ERIs）——创新支持系统的新目标群体》[50]报告指出，要通过知识创新促进有潜力和有能力的企业发展；企业潜力和能力不应以企业规模和所在地区确定，而应以企业在国内外市场上的竞争力、员工的技能和知识水平、企业业务优先管理能力等确定。报告还对政府和议会的相关决策、高教与科学部的任务、跨部委合作、企业参加知识扩散活动等提出了建议，建议丹麦创新基金会发挥更大作用，在设定新的目标和战略、确定数据、关键绩效指标和定标机构，增强管理和业务等 3 方面开展工作。

2019 年 11 月，欧盟委员会专家在其提出的《同行评议丹麦研究与创新体系》[51]报告中建议，强化丹麦的创新体系要双管齐下。既要强化现有科技计划和科研组织的结构，明确大学的创新使命和科学园的功能，驱动创新生态系统和区域发展的战略部署；又要强化贯穿整个研究与创新体系的协作机制，逐渐形成创新政策工具包，制定整体创新战略大纲，并为该体系凝练出清晰的、差别化的远大目标。

（2）2019 年 12 月，瑞典研究理事会发布的《瑞典科研系统未来选择》[52]报告提出了提高瑞典科研质量的若干项建议，包括：要根据科研成果质量和国内外同行评审结果，加强对自由探索研究的支持和资源分配；要明确中央政府以外的资助和中央政

府直接资助的定位；为更好地利用研究基础设施，瑞典研究理事会应获得更多资源；高教机构应进行更大程度的协作，创建强有力的科研和教育环境；所有科研成果都应进行同行评议；制定包括科研和教育国际化在内的国家战略、开放获取国家战略；促进职业生涯发展和人员流动；促进科研中的两性平等；重视科研伦理；加强科学传播工作等。

（3）芬兰对本国 AI 计划未来实施提出建议。2017 年 5 月，芬兰首次提出人工智能计划。2019 年 6 月，芬兰经济与就业部公布该计划的总结报告并对计划的下一阶段实施提出 11 项行动建议[53]，包括使用人工智能技术增强商业竞争力、所有行业需高效使用数据、吸引全球顶级专家、大胆地决策和投资、建设世界最优的公共服务、建立多种协作新模式、为人工智能改变工作岗位的性质做好准备、引导人工智能向基于信任和以人为本的方向发展等。

4. 加强科研与创新的国际合作

（1）参与国际研究基础设施。2019 年 10 月，丹麦制定《大型国际研究基础设施成员行动计划》[54]。该计划确定 2019 年度向 8 个设施缴纳 4.13 亿丹麦克朗（约合 6786 万美元）的成员费，分析了丹麦作为大型国际研究基础设施成员在科学影响、教育与能力建设、企业运用研究基础设施的机会、产业界向研究基础设施销售技术和设备、丹麦作为设施成员的发展目标和组织管理等方面的状况，并提出相关建议和措施。

（2）加强海洋、能源与气候领域合作。挪威政府在海洋战略《蓝色机遇》中提出，要加强与欧盟其他成员国乃至全球的研究合作，并积极利用联合国"海洋科学促进可持续发展十年"（2021～2030 年）计划提供的发展机遇。

瑞典在《国家能源与气候综合计划》草案中明确了该国要加强与欧盟其他成员国的合作，包括合作执行欧洲战略性能源技术计划；参加欧洲研究区域网络项目中的生物能、海洋能、太阳能等多个子项目；与其他北欧国家协作开展北欧能源研究计划。

（3）瑞典支持共建欧洲研究区路线图。2019 年 5 月，瑞典政府在《2019～2020 年国家支持共建欧洲研究区路线图》[55]中提出：改善瑞典研究与创新体系、应对社会挑战和优化研究基础设施公共投资、开放研究人员劳动力市场、促进研究与创新中男女平等、开放科学和国际合作等 6 个方面的措施，优先强化欧洲的研究与创新。

（4）瑞典与法国升级创新与绿色解决方案伙伴关系。2019 年 6 月，瑞典与法国签署关于进一步增强双边合作宣言[56]。其中一项重要内容是升级 2017 年 11 月双方签署的创新与绿色解决方案伙伴关系，约定在 2020～2021 年期间，双方将在智慧可持续城市发展、开发绿色交通解决方案、扩大著名研究设施的全球影响、促进可持续数字化转型与人工智能发展、为气候适应型经济而促进绿色融资、促进空间部门驱动创新和可持续发展、获得最佳医疗卫生成果、通过中小企业推进创新解决方案等领域开展密切的合作，并为每个领域制定路线图。

八、韩　　国

2019 年，韩国科学技术信息通信部（简称科信部）提出"以创新引领增长、安全和包容，实现以人为本的第四次工业革命"的年度工作愿景。为此，韩国政府计划通过加大研发投入，促进创新带动增长，提高国民生活质量。

1. 进一步加大中长期研发投入

2019 年 2 月，为有效分配逐年增长的研发预算，韩国科信部制定了面向未来 5 年的国家层面的中长期投入计划《政府中长期研发投入战略》[57]，规划期限从 2019 年至 2023 年，旨在从宏观视角指导《科学技术基本计划》的实施。

韩国 2019 年政府研发预算首次突破 20 万亿韩元（约合 183.1 亿美元），占政府总预算的 4.4%。韩国科学技术创新本部负责制定与调整政府研发项目的预算，中长期投入涉及基础研究、信息通信、机械材料、能源、生命、环境等科技领域。

未来 5 年，韩国将研发投入重点放在提升全球竞争力的新一代技术、应对第四次工业革命的核心技术、以公共需求为中心的 IT 智能融合、解决国民生活需求导向的科技问题等 4 个方向，以及主力产业、未来产业和新产业、公共与基础设施、提高生活质量、创新生态系统建设等 5 个领域。此外，还计划通过民间和政府的分工与合作，进行战略性研发投入。

2. 选定 3 大重点培育新产业

2019 年 4 月 22 日，文在寅政府选定未来汽车、生物健康和非存储器半导体作为韩国重点培育的 3 大新产业，集中发挥政府层面的政策支持作用，力争将三大新产业的技术水平从全球追赶提升至全球领先。

（1）生物健康产业。2019 年 5 月，韩国科信部发布《生物健康产业创新战略》[58]，计划打造全球领先的企业，构建产业生态系统，实现"以人为中心的创新增长"。生物健康产业包括医药品、医疗器械等制造业和医疗、健康管理服务业。此次战略制定了 3 个目标：①将韩国在全球的市场扩大 3 倍，出口额达到 500 亿美元，创造 30 万个工作岗位。②构建 5 个大数据平台，研发经费投入增加到年均 4 万亿韩元（约合 35.4 亿美元），推进完善审批制度等。③开发创新型新药、医疗器械和医疗技术，攻克疑难病症，保障国民生命健康。

（2）系统芯片产业。2019年4月，韩国科信部发布《系统芯片愿景与战略》[59]，旨在通过培育系统芯片产业，使韩国到2030年跃升为综合半导体强国，实现韩国代工厂市场占有率达到35%位居世界第一、韩国芯片设计的全球市场占有率达10%、6万人成功就业等3个目标。战略推进3个核心内容：①通过支持芯片设计、代工厂等系统芯片主要领域的发展及各部分的有机结合，提升整个产业的生态水平。②通过税收、金融等方面支持扩大企业投资，培养市场所需人力、创造就业岗位，形成良性循环结构。③为抢占系统芯片新兴市场，提升韩国未来在新型汽车、生物科技等制造业的竞争力，通过新一代技术开发推动产业模式转换。此外，还从芯片设计、代工厂、生态系统、人才培养、技术重点等5个方面提出重点对策。

（3）未来汽车产业。2019年10月，韩国产业通商资源部等部门共同发布《未来汽车产业发展战略——2030国家路线图》[60]，力争到2030年实现韩国未来汽车产业竞争力世界第一的愿景。目标到2024年使韩国成为全球最早完善自动驾驶制度与主要道路基础设施建设的国家，同时通过民间投资60万亿韩元（约合549.4亿美元）建设开放的未来汽车生态系统；到2030年实现电动汽车、氢能源汽车在韩国新车销售中的占比达到33%，在全球市场的占有率达到10%；到2027年实现自动驾驶4级（无须驾驶员介入的自动驾驶水平）汽车在全韩国主要道路上的商用化。此次战略推进4个核心内容：①抢占环保型汽车全球市场。②抢占全自动驾驶汽车未来市场。③应对未来汽车服务时代。④提前向未来汽车生态系统转换。

3. 创新产业技术与实现制造业复兴

2019年3月，韩国产业通商资源部制定《第7次产业技术创新计划（2019～2023年）》[61]，指明未来5年产业技术创新的中长期政策目标与方向，提出"步入第四次工业革命时代的全球技术强国"的愿景及到2023年实现5个具体目标：①主力产业全球市场占有率达到12%；②新产业技术水平达到84%（依照《韩国技术水平评价报告》中最高技术水平为100%的标准）；③企业研发投入占GDP 4.3%；④工业企业研发人员占总人员比例12%；⑤高校和政府研究机构的技术转让率达到43%。该计划重点推进4大战略：①加强战略性投资，提升产业全球竞争力。②建立技术开发体系，引领产业创新。③建设产业技术基础，优化国家创新体系。④构建研发成果转化支撑体系，使成果迅速进入市场。

2019年6月，韩国科信部发布了《制造业复兴愿景与战略》[62]，旨在通过推进该战略的实施，实现向"世界四大制造强国"（按出口规模）的飞跃。目标是创新产业结构，将制造业的附加价值率从25%提到30%；将制造业产值中新产业、新产品的比重从 16% 提到 30%；世界一流的企业数量增长 2 倍以上。力图通过推进以下 4 大战略实现制造业复兴：①通过智能化、环保化、融合化，加速产业结构创新。②将新产业培育成新的主力产业，革新原有的主力产业。③以挑战和积累为中心全面改进产业生态。④强化政府发挥支持投资与创新的作用。

九、俄 罗 斯

2019 年，俄罗斯发布新的科学技术发展国家计划，面向生物、数字技术等科技发展重点领域制定规划，成立技术协调机构，积极推动国际科技合作，通过建设世界一流的科学教育中心促进产学研合作和人才培养。

1. 发布新版科学技术发展国家计划

2019 年 4 月，俄罗斯政府官方发布《俄罗斯联邦科学技术发展国家计划》[63]。计划目的是发展国家智力潜力，为经济结构转型提供技术和智力支持，有效组织和更新国家科学、技术和创新活动。计划分为两个阶段，第一阶段为 2019～2024 年，第二阶段为 2025～2030 年。

计划包括 5 项主要任务：①为挖掘和发展人才，以及为支持科学、工程和企业人才的职业成长创造条件。②为将全民教育潜力转化为国家的资产创造条件。③通过发展和支持基础研究获得新知识，确保国家做好应对重大挑战的准备，及时评估科技发展带来的风险。④通过在科学、技术和创新领域形成有效的沟通体系，提高经济社会的创新敏感性，为高科技企业发展创造条件，支持知识创造周期各阶段。⑤加速发展基础设施，制定和实施国家、国际级的大科学项目，加速发展信息基础设施，为科学、技术和创新活动提供支持。

2. 重点加强生物、数字技术等领域发展

2019 年 2 月，俄罗斯政府官方公布《俄罗斯联邦数字经济国家计划说明书》[64]。该国家计划的实施期限为 2018 年 10 月 1 日～2024 年 12 月 31 日，下设 6 个联邦计划——数字环境的规范管理、信息基础设施、数字经济人才、信息安全、数字技术和国家数字化管理。10 月，俄罗斯数字发展、通信和大众传媒部公布 7 项端到端数字技术路线图。这 7 项技术分别是：虚拟和增强现实技术、量子技术、新生产技术、无线通信技术、分布式记账技术、机器人与传感器、神经技术与人工智能。

4 月，俄罗斯政府批准《2019～2027 年联邦基因技术发展计划》[65]，旨在加速发展基因编辑技术在内的基因技术，为医学、农业和工业建立相关科技储备，完善生物

领域紧急状况预警和监测系统。计划主要包括 4 个实施方向——生物安全和保障技术独立、促进农业发展的基因技术、医学领域的基因技术和工业微生物学领域的基因技术。

7 月，俄罗斯政府批准《有关俄罗斯联邦政府生物技术发展协调委员会》[66] 的决议。目标是在审议生物技术领域国家政策实施相关问题时，协调联邦国家权力机关、联邦主体国家权力机关、地方政府机构、社会团体、科研机构及其他组织之间的关系。

3. 推进国际科技合作

2019 年 3 月，俄罗斯科学院在华盛顿与美国国家科学院签订在科学、工程和医学研究领域的合作协议[67]，合作期限为 2019～2023 年。合作领域主要有：①能源问题研究，包括新能源、可再生资源、能源效率和节能。②了解影响局部地区、区域和全球环境及气候变化的因素，采取措施减少污染及影响。③利用太空设备进行天体物理、月球和行星研究。④预防和应对自然灾害并减轻其影响。⑤基础和应用医学研究。⑥新型材料研究，以保护环境和创造舒适的生活环境。⑦教育、卫生和科研活动中的信息技术。

2019 年 9 月，俄罗斯政府批准《俄罗斯和古巴政府间科技和创新合作协定草案》[68]。该协定旨在扩大和加强两国间科研机构、教育机构及其他从事科技和创新领域合作的机构间联系，计划联合开展科研和技术项目，举办学术会议，建立联合科学创新基础设施和信息网络。

11 月，普京签署《关于批准俄罗斯联邦政府与欧洲核子研究组织（CERN）在高能物理及其他互利领域的科学技术合作协定及议定书》[69] 的联邦法律。根据该协定，双方将继续在具有共同战略利益的领域发展科学技术合作，包括制定旨在实现重大科学进展的先进科学项目和建立技术平台。双方的科技合作成果将用于非军事目的。

4. 促进产学研合作和人才培养

俄罗斯总统战略发展和国家项目委员会于 2018 年 9 月批准设立了首批 4 个国家类项目，其中科学类国家项目下设"促进科学研究与产学合作"的联邦子项目。该子项目将整合高校和科研机构，并与实体经济部门合作，到 2021 年底建立至少 15 个科学教育中心。

2019 年 2 月 20 日，俄罗斯总统普京在国情咨文中明确，在彼尔姆、别尔哥罗德、克麦罗沃、下诺夫哥罗德和秋明 5 个地区各建立一个科学教育中心，涵盖农业、能源、机械、化学、核、医学和生物安全等领域。2019 年 5 月，俄罗斯政府公布《世界一流科学教育中心资助规定》[70]，确定了科学教育中心的资助方式和条件。2020 年和 2021 年的科学教育中心将由俄罗斯科学与高等教育部通过竞争性选拔确定。科学教育中心的建立有利于将青年科研人员留在出生和受教育地区，促进科研机构和高校科研成果商业化，包括创建小型创新企业，吸引科研投资。实体经济企业利用科研成果可以获得有竞争力的新技术和专业人才。

十、西　班　牙

2019 年，西班牙的经济全面复苏，政府加大对科技创新的支持力度，通过科研管理、人才培养、公私合作、重点领域部署等方面的政策和措施，推动西班牙科技和经济发展。在科研管理方面，实施系列改革措施，创造便捷、高效的科研环境；在人才培养方面，成立西班牙青年学院，为科研领域的青年人才提供发展平台；在公私合作方面，通过《科学与创新挑战计划》激励公私部门共同解决社会重大挑战；在重点领域部署方面，发布《人工智能研究、发展与创新战略》。

1. 实施系列改革，创造便捷科研环境

2019 年 2 月 8 日，为创造便捷、高效的科研管理环境，西班牙皇家法令批准西班牙科学、创新与大学部提出的系列改革措施[71]。具体包括：①减少对国立科研机构和大学的管理干预。预算事先介入。每年国立科研机构和大学根据下一年度的科研项目和活动制定年度计划，由西班牙科技、创新与大学部审核。审核一旦批准，授权各个机构和大学全年执行与控制预算的权利（基础建设、大型科研仪器等经费除外）。此外，西班牙科技、创新与大学部有权根据实际情况和需要对经费执行情况进行审查。②简化科研仪器采购流程。科研机构和大学可以自行审批低于 5 万欧元的材料或仪器采购合同。③增加科研人员稳定经费支持并简化招聘流程。政府批准增加科研人员经费支持，新增 1454 个稳定科研岗位，将有助于减少科研人员尤其是年轻科研人员的流动性；科研机构或大学可以按年度申报招聘计划，加快科研人才的招聘流程。④简化国家研究署项目评审程序。在科研项目评审过程中，国家研究署将增加通过其他外部渠道获取的评审信息，以简化评审流程，减轻科研人员的评审负担。⑤倡导科研人员机会平等。对于休产假和陪产假、临时残疾情况的科研人员，在进行科研项目、科研活动的选择和评价时不应受到歧视，倡导科研人员机会平等。⑥延长科研项目协议的期限。科研机构、大学的政府或欧盟科研项目协议最长有效期由 15 年延至 17 年。如出于科学研究需要或由于投资性质等需求，可以特别审批更长的期限。⑦其他措施。由欧洲区域发展基金或欧洲社会基金资助的科研中心、基金会有权直接安排信贷

业务。该信贷业务只能用于相关研究的设备购置、工程和基础设施建设等用途，避免影响科研项目进展。对于无法按要求支付贷款或预付款的科技园区项目，允许根据实际情况，在提交可行性计划的情况下，审核是否推迟其贷款或预付款的支付期。

2. 注重人才培养，成立国家青年学院

2019年5月29日，西班牙青年学院（AJE）正式宣布成立[72]。该学院的建立旨在汇聚和激励西班牙杰出的青年人才，并为青年科研人才提供平台，参与国家、国际的重要科学问题研究，更好地应对重大科技挑战。

AJE宣布至2021年6月将评选出50名"青年院士"。"青年院士"的称号授予期限为5年，期满不得再次授予。2019年6月，公布首批获选的7位"青年院士"。他们平均年龄为40岁，由独立的国际选拔委员会评选得出。评选时，注重考察候选人博士学习期至评选时的学术生涯和发展潜力，采取多样化、根据实际情况判断的标准进行遴选。7位"青年院士"分别来自西班牙阿利坎特大学无机化学系、巴塞罗那计算机研究中心、纳瓦拉公立大学（UPNA）农业食品链创新与可持续发展研究所、胡安卡洛斯大学统计学系、阿拉贡材料科学研究所、巴斯克气候变化中心、康普顿斯大学（UCM）地质科学学院等机构。

3. 促进公私合作，解决社会重大挑战

2019年12月20日，西班牙科学、创新与大学部发布《科学与创新挑战计划》[73]。该计划旨在通过促进公共和私营科技部门合作，解决当前西班牙面临的五大战略挑战，从而提升西班牙私营部门科技创新能力。总资助金额为7000万欧元，由工业技术发展中心（CDTI）负责管理，分为"促进中小型企业合作"和"促进大型企业合作"两个具体资助方向，以公开申请方式竞标，申报项目必须提出相关领域中所能实现的具体且可以衡量的产业效益。

五大战略挑战包括：①清洁能源：大幅度减少污染气体，并促进可再生、可持续、安全、高效和清洁能源的使用。②智能交通：利用可持续能源，开发新的城市交通管理系统。③可持续农业与绿色食品生产：开发注重健康和减少环境影响的农业产品。④产业发展：跨产业间的资源新整合问题研究，旨在提高产业的可持续性、竞争力和效率。⑤健康医疗：专注于衰老所引发的功能性、依赖性和脆弱性问题相关保健技术研发。

4. 加强AI领域战略部署

2019年3月5日，西班牙政府正式发布《人工智能研究、发展与创新战略》[74]。

战略中指出，AI 是"未来国家经济主要增长点之一"，西班牙政府将建立一个专门负责 AI 发展的部门，也将通过法律更好地促进科学机构和科技人才发挥潜力。

战略明确了西班牙 AI 发展的 6 项优先事项：①建立有效的机制，以保障 AI 的研究、发展与创新，并评估 AI 对人类社会的影响。②进行 AI 研发活动领域部署。③定义和制定允许知识转移的计划。④AI 领域人才培养体系研究。⑤建立数字生态系统并增强基础架构。⑥从研发和投资的角度研究 AI 的伦理规范。

十一、巴　西

2019 年是巴西新任总统博索纳罗就任的第一年。他任命前宇航员马科斯·庞特斯（Marcos Pontes）接任科技创新和通信部（MCTIC）部长，庞特斯在就任仪式上提出了任期内明确的指导方针：让科学技术推动人民生活质量的提高和国家的发展[75]。2019 年该部获批预算，其执行上限为 46.97 亿雷亚尔（约合 8.7 亿美元）[76]。新一届政府进一步致力于提高国家创新能力和数字化转型。

1. 发布《促进技术创新行动计划》的政策要点

2018 年 12 月 13 日，巴西科技创新和通信部发布了《促进技术创新行动计划（2018—2022）》[77]。该计划指出巴西的创新能力建设面对四大挑战：扩大私营部门研发与创新投入、提高供职于企业的高学历研究人员数量、建立更多从事创新的企业、促进科研机构与企业的合作。该计划的总体目标是：提出一系列资助创新的计划、行动和项目，助力巴西企业提高技术开发和创新能力。为此，巴西科技创新和通信部设立了以下 4 条行动主线。

（1）建立健全科技与创新的相关法律框架。目标是：在全国传播创新创业文化；在先进制造业领域开展创新的宣传、动员和能力建设；实现与现有国家科技创新体系中各个机构的衔接。

（2）创造良好的创新和创业环境。目标是：促进国家创新环境的建设和巩固，包括创新生态系统、企业创业、培养机制；鼓励有利于国家可持续发展的战略领域技术型企业的建立和发展；鼓励高学历专业研究人员在企业从事长期、稳定的研发创新活动；扩大技术型创业规划的规模并提高质量；通过创建和发展技术型企业，为大中型企业提供创新产品、流程和服务，促进巴西经济在地方、区域和部门生产链间整合。

（3）激励技术开发与创新。目标是：优化现有创新政策，发布新的自主创新政策工具来鼓励企业的研发创新投入；鼓励巴西科技机构的研发成果向技术型企业转移，向创新型产品、服务和流程开发转化。

（4）资助技术服务和创新管理。目标是：促进产品和工艺研发、技术服务、技术推广与转让；增加巴西的国际化高技术创新企业数量，提高巴西经济的竞争力。

2. 启动工业 4.0 理事会，加速工业进阶发展

巴西科技创新和通信部与经济部（ME）于 2019 年 4 月 3 日在巴西利亚共同启动巴西工业 4.0 理事会（Câmara Brasileira da Indústria 4.0）[78]。该理事会将整合现有的或可在巴西开发的智能行业计划，以提高工业生产的竞争力。为此设立了四个工作组，分别致力于在以下几个方面提出解决方案：技术开发和创新，人力资本，生产链和供应商开发，技术规范和基础设施。

9 月 25 日，理事会发布了 2019～2022 年行动计划[79]，旨在利用与巴西工业 4.0有关的概念和做法，提高巴西企业的竞争力和生产力。其他目标还包括，促进巴西融入全球价值链及在中小型企业中引进先进制造技术。该文件包括行动和倡议两部分，分为 4 个主题：技术开发和创新，人力资本，生产链和供应商开发，技术规范和基础设施。每个主题都提供了融资和鼓励的形式，从而使企业进入工业 4.0 环境。该计划的执行期为 2019～2022 年，并将定期进行评估和修订。行动和倡议的执行将由参与制定该计划的机构负责。

3. 发布《国家物联网计划》，促进国家数字化转型

2019 年 6 月 25 日，为进一步实施 2018 年 3 月出台的《巴西数字化转型战略》（E-Digital），为加强国家创新生态系统和开发国家物联网项目提供重要组织机制，巴西颁布了《国家物联网计划》[80]，并设立了通信系统、机器和物联网发展管理和监测理事会（简称国家物联网理事会，Câmara IoT）。该计划的基础是应 MCTIC 和国家经济和社会发展银行（BNDES）的要求制定的技术研究，以加速将物联网作为国家可持续发展的工具机器。该计划确立了物联网技术具有巨大潜力的 4 个优先应用场景——城市、卫生、农业综合企业和工业。该计划中的 3 项提案被视为巴西物联网部门发展的"推动者"：创建创新生态系统；建设物联网观测站和监测国家物联网计划举措的在线平台；为公共管理者特别是智能城市采购解决方案制定章程。

物联网理事会的职能是：监测和评估物联网计划的实施举措，促进公私实体间的伙伴关系，与公共机构和实体讨论行动计划的主题，支持和提议动员项目，并与公共机构和实体共同参与，从而促进物联网解决方案的实施和开发。

与"工业 4.0 理事会"一脉相承，同样作为巴西国家物联网计划的一部分，巴西科技创新和通信部与农业、畜牧和供应部（MAP）于 2019 年 8 月 15 日在巴西利亚签署了一项技术合作协议，成立了"农业 4.0 理事会"[81]，旨在促进在该领域扩大互联

网行动；提高生产力；促进技术和服务创新；确立巴西作为农业物联网（IoT）解决方案出口国的定位。随后，巴西还将进一步建立"卫生 4.0 理事会"和"城市 4.0 理事会"，分别致力于全国医疗卫生保障和智慧城市建设。

参考文献

[1] NSTC. The national artificial intelligence research and development strategic plan：2019 update. https：//www. whitehouse. gov/wp-content/uploads/2019/06/National-AI-Research-and-Development-Strategic-Plan-2019-Update-June-2019. pdf?tdsourcetag＝s_pcqq_aiomsg[2019-07-17].

[2] NSTC. National strategic computing initiative update 2019. https：//www. whitehouse. gov/wp-content/uploads/2019/11/National-Strategic-Computing-Initiative-Update-2019. pdf[2019-11-27].

[3] DOE. Energy department launches ＄5. 5m AI collaboration. https：//www. pnnl. gov/news-media/pnnl-sandia-and-georgia-tech-join-forces-ai-effort[2019-10-27].

[4] NSF. NSF leads federal partners in accelerating the development of transformational. https：//nsf. gov/news/news_summ. jsp?cntn_id＝299329[2019-10-29].

[5] Meritalk. NIST proposes four principles for "explainable AI". https：//www. meritalk. com/articles/nist-proposes-four-principles-for-explainable-ai/[2019-12-05].

[6] 澎湃国际. 美国防创新委员会发布军用人工智能伦理原则. https：//www. thepaper. cn/newsDetail_forward_4841786[2019-11-27].

[7] DOE. Department of energy policy on foreign government talent recruitment programs. https：//www. sciencemag. org/sites/default/files/January％20DOE％20memo. pdf[2019-02-07].

[8] NIH. NIH letters asking about undisclosed foreign ties rattle U. S. universities. http：//www. sciencemag. org/news/2019/03/nih-letters-asking-about-undisclosed-foreign-ties-rattle-us-universities. [2019-03-23].

[9] DOD. Memorandum for under secretary of defense for acquisition and sustainment assistant secretary of defense for acquisition service acquisition executives special operations command. https：//www. aau. edu/sites/default/files/Blind-Links/OUSDResearchProtectionMemo. pdf[2019-03-25].

[10] NSF. Dear colleague letter：research protection. https：//www. nsf. gov/pubs/2019/nsf19200/research_protection. jsp[2019-07-27].

[11] OSTP. OSTP outlines research security priorities. https：//www. cossa. org/2019/09/17/ostp-outlines-research-security-priorities/[2019-09-27].

[12] 新华社. 美财政部公布审查外国投资新草拟法规. http：//www. xinhuanet. com/world/2019-09/18/c_1125009908. htm[2019-09-26].

[13] C4isrnet. 5 concerns the US must tackle to compete in AI. https：//www. c4isrnet. com/artificial-intelligence/2019/11/04/5-concerns-the-us-must-tackle-to-compete-in-ai/[2019-11-07].

[14] NSF. NSF releases JASON report on research security. https：//www. nsf. gov/news/news_summ. jsp?cntn_id＝299700[2019-12-27].

[15] PCAST. Executive order on president's council of advisors on science and technology. https://www. whitehouse. gov/presidential-actions/executive-order-presidents-council-advisors-science-technology/[2019-10-27].

[16] 内閣府. 統合イノベーション戦略 2019. https://www8. cao. go. jp/cstp/togo2019_honbun. pdf[2019-12-20].

[17] 文部科学省. 研究力向上改革 2019. http://www. mext. go. jp/a_menu/other/1416069. htm[2019-12-20].

[18] 文部科学省. 国立大学改革方針について. http://www. mext. go. jp/a_menu/koutou/houjin/_icsFiles/afieldfile/2019/06/18/1418126_02. pdf[2019-12-20].

[19] 日本科学技術・学術政策研究所. 第 11 回科学技術予測調査. S&T Foresight 2019 総合報告書. https://nistep. repo. nii. ac. jp/?action=pages_view_main& active_action=repository_view_main _item_detail&item_id=6657&item_no=1&page_id=13&block_id=21[2019-12-20].

[20] European Council. A new strategic agenda 2019-2024. https://www. consilium. europa. eu/en/press/press-releases/2019/06/20/a-new-strategic-agenda-2019-2024/[2019-06-30].

[21] European Commission. Strengthening strategic value chains for a future-ready EU industry. https://ec. europa. eu/docsroom/documents/37824/attachments/2/translations/en/renditions/native[2019-11-29].

[22] European Commission. A new industrial strategy for Europe. https://ec. europa. eu/info/sites/info/files/communication-eu-industrial-strategy-march-2020_en. pdf[2020-04-01].

[23] Bundesministerium für Bildung und Forschung. Startschuss der Nationalen Dekade gegen Krebs，https://www. bmbf. de/de/startschuss-der-nationalen-dekade-gegen-krebs-7755. html[2019-02-26].

[24] Bundesministerium für Bildung und Forschung. Batterieforschung und Transfer stärken-Innovation beschleunigen Dachkonzept "Forschungsfabrik Batterie"，https://www. bmbf. de/files/BMBF_Dachkonzept_Forschungsfabrik_Batterie_Handout_Jan2019. pdf[2019-01-25].

[25] Bundesministerium für Bildung und Forschung. Fortschrittsbericht zur Hightech-Strategie 2025. https://www. bmbf. de/upload_filestore/pub/Fortschrittsbericht_zur_Hightech_Strategie_2025. pdf[2019-10-21].

[26] Bundesministerium für Bildung und Forschung. Kabinett beschliesst steuerliche Forschungsförderung. https://www. bmbf. de/de/kabinett-beschliesst-steuerliche-forschungsfoerderung-8720. html[2019-05-29].

[27] Bundesministerium für Bildung und Forschung. Bundesregierung stärkt die Förderung Künstlicher Intelligenz mit zusätzlich 500 Millionen Euro. https://www. bmbf. de/de/bundesregierung-staerkt-die-foerderung-kuenstlicher-intelligenz-mit-zusaetzlich-500-8726. html[2019-05-29].

[28] DFG. Künstliche Intelligenz：DFG beschliesst strategische Förderinitiative. https://www. dfg. de/service/presse/pressemitteilungen/2019/pressemitteilung_nr_50/index. html[2019-10-22].

［29］GWK. Neue Zicle für das Wissenschaftssystem：Fortschreibung des Pakts für Forschung und Inno-vation. https：//www. gwk-bonn. de/fileadmin/Redaktion/Dokumente/Pressemitteilungen/pm2019-05. pdf［2019-06-26］.

［30］GWK. Nachfolge des Hochschulpakts：GWK bringt neuen Zukunftsvertrag Studium und Lehre stärken mit dauerhaft 4 Mrd. Euro jährlich auf den Weg. https：//www. gwk-bonn. de/fileadmin/Redaktion/Dokumente/Pressemitteilungen/pm2019-03. pdf［2019-06-26］.

［31］Bundesministerium für Bildung und Forschung. Neue Nationale Roadmap für Forschunginfrastruk-turen. https：//www. bmbf. de/de/neue-nationale-roadmap-fuer-forschungsinfrastrukturen-9618. html［2019-10-21］.

［32］MESRI. Vers une loi de programmation pluriannuelle de la recherche. http：//www. enseignement-sup-recherche. gouv. fr/cid138611/vers-une-loi-de-programmation-pluriannuelle-de-la-recherche. html［2019-03-15］.

［33］MEE. Premier anniversaire du conseil national de l'innovation，le 19 novembre. https：//www. economie. gouv. fr/anniversaire-conseil-national-innovation［2019-11-28］.

［34］CNI. Les contrats de filière. https：//www. conseil-national-industrie. gouv. fr/les-contrats-de-fil-iere［2020-09-15］.

［35］MEE. Signature du contrat du comité stratégique de filière de l'industrie électronique et présentation du plan Nano 2022. https：//www. economie. gouv. fr/signature-contrat-comite-strategique-filiere-in-dustrie-electronique-plan-nano-2022［2019-03-29］.

［36］MESRI. La stratégie nationale de recherche en intelligence artificielle. http：//www. enseignement-sup-recherche. gouv. fr/cid136649/la-strategie-nationale-de-recherche-en-intelligence-artificielle. html ［2018-11-28］.

［37］MESRI. Lancement de 4 Instituts Interdisciplinaires d'Intelligence Artificielle(3IA)et ouverture de deux appels à projets complémentaires. https：//www. enseignementsup-recherche. gouv. fr/cid14 1320/lancement-de-4-instituts-interdisciplinaires-d-ia-3ia-et-ouverture-de-deux-appels-a-projets-comple-mentaires. html［2020-09-14］.

［38］ANR. Publication des résultats de l'appel à projets《Chaires de recherche et d'enseignement en in-telligence artificielle》. https：//anr. fr/en/latest-news/read/news/publication-des-resultats-de-lap-pel-a-projets-chaires-de-recherche-et-denseignement-en-intellige/［2020-09-14］.

［39］BEIS. Government pledges to protect science and research post Brexit. https：//www. gov. uk/gov-ernment/news/government-pledges-to-protect-science-and-research-post-brexit［2019-08-30］.

［40］BEIS. Reaching 2. 4%：supporting emerging technologies. https：//www. gov. uk/government/speeches/reaching-24-supporting-emerging-technologies［2019-08-30］.

［41］BEIS. New measures to back business，boost innovation and supercharge UK science. https：//www. gov. uk/government/news/new-measures-to-back-business-boost-innovation-and-supercharge-uk-science［2019-10-30］.

[42] BEIS. International research and innovation strategy. https://assets. publishing. service. gov. uk/ government/uploads/system/uploads/attachment _ data/file/801513/International-research-inno-vation-strategy-single-page. pdf[2019-10-30].

[43] BEIS. Newton fund and global challenges research fund annual report 2017 to 2018. https:// www. gov. uk/government/publications/newton-fund-and-global-challenges-research-fund-annual-report-2017-to-2018[2019-07-30].

[44] UKRI. Delivery plans 2019. https://www. ukri. org/about-us/delivery-plans/[2019-07-30].

[45] BEIS. Government backs next generation of scientists to transform healthcare and tackle climate change. https://www. gov. uk/government/news/government-backs-next-generation-of-scientists-to-transform-healthcare-and-tackle-climate-change[2019-07-30].

[46] Norwegian Ministry of Education and Research. Long-term plan for research and higher education 2019-2028. https://www. regjeringen. no/en/dokumenter/meld. -st. -4-20182019/id2614131/[2019-10-29].

[47] Technopolis. Raising the ambition level in Norwegian innovation policy. https://www. forskning-sradet. no/contentassets/9adfcaff0c4a48538c208024abd12b99/technopolis-naringsrettede-virkemi-dler. pdf[2020-09-08].

[48] Norwegian Ministries. Blue Opportunities. https://www. regjeringen. no/en/dokumenter/the-nor-wegian-governments-updated-ocean-strategy/id2653026/[2020-09-14].

[49] Ministry of the Environment and Energy. Sweden's draft integrated national energy and climate plan. https://www. government. se/reports/2019/01/swedens-draft-integrated-national-energy-and-climate-plan/[2019-01-29].

[50] Danish Council for Research and Innovation Policy. Innovation ready enterprises(ERIs)-a new tar-get group for the innovation support system. https://ufm. dk/en/publications/2019/innovation-ready-enterprises-eris-a-new-target-group-for-the-innovation-support-system[2019-02-27].

[51] European Commission Directorate-General for Research and Innovation. Peer review of the danish R&I system-ten steps, and a leap forward: taking Danish innovation to the next level. https:// ufm. dk/en/newsroom/press-releases/2019/international-experts-want-to-see-a-clearer-strategy-for-danish-research-and-innovation[2019-11-28].

[52] Swedish Research Council. Future choices for the Swedish research system. https://www. vr. se/ download/18. 12596ec416eba1fc845cc8/1576071269880/Future-choices-for-the-Swedish-research-system-2019. pdf[2019-12-30].

[53] Ministry of Economic Aairs and Employment. Leading the way into the era of artificial intelli-gence. Final report of Finland's Artificial Intelligence Programme 2019. http://urn. fi/URN:IS-BN:978-952-327-437-2[2019-07-26].

[54] Danish Agency for Science and Higher Education. Action plan for the danish memberships of large international research infrastructures. https://ufm. dk/en/publications/2019/english-summary-

action-plan-for-the-danish-memberships-of-large-international-research-infrastructures［2019-10-29］.

［55］Ministry of Education and Research. Swedish national roadmap for the European research area 2019—2020. https：//www. government. se/information-material/2019/05/swedish-national-road-map-for-the-european-research-area-20192020/［2019-05-30］.

［56］Ministry of Education and Research. Declaration between France and Sweden on cooperation in European affairs and an update of the French-Swedish partnership for innovation and green solutions. https：//www. government. se/information-material/2019/06/Declaration-between-France-and-Sweden/［2019-06-27］.

［57］과학기술정보통신부. (안건 제 1 호)정부 RnD 중장기 투자전략. https：//www. pacst. go. kr/jsp/post/postCouncilView. jsp?post_id＝1050&board_id＝11&etc_cd1＝COU［2019-02-20］.

［58］과학기술정보통신부. 바이오 빅데이터 R&D 투자 4 조원, 바이오헬스 글로벌 수준으로 육성. https：//www. msit. go. kr/web/msipContents/contentsView. do? cateId ＝ mssw311&artId ＝ 1975644［2019-05-29］. .

［59］과학기술정보통신부. 시스템반도체 비전과 전략 발표. https：//www. msit. go. kr/web/msipContents/contentsView. do?cateId＝mssw311&artId＝1909475［2019-04-30］.

［60］산업통상자원부. 미래자동차 산업 발전전략. http：//www. molit. go. kr/LCMS/DWN. jsp?fold＝koreaNews/mobile/file&fileName＝％ 281015 _ 16 시이후％ 29 미래자동차 ＋ 산업발전 ＋ 전략 ＋ 보고서＋％28안건자료％29. pdf［2019-10-25］.

［61］산업통상자원부. (안건 제 1 호)제 7 차 산업기술혁신계획. https：//www. pacst. go. kr/jsp/common/download. jsp?filePath＝board&fileName＝안건％20 제 1 호_제 7 차％20 산업기술혁신계획. hwp［2019-03-30］.

［62］과학기술정보통신부. 제조업 르네상스 비전 및 전략 발표. https：//www. msit. go. kr/web/msipContents/contentsView. do?cateId＝mssw311&artId＝2045814［2019-06-25］.

［63］Правительство Российской Федерации. Утверждена государственная программа《Научно-Технолог-Ическое Развитие Российской Федерации》. http：//government. ru/docs/36310/［2019-04-08］.

［64］Правительство Российской Федерации. Опубликовано паспорт национальной программы《Цифровая Экономика Российской Федерации》. http：//government. ru/info/35568/［2019-02-28］.

［65］Правительство Российской Федерации. Утверждена федеральная научно-техническая программа развития генетических технологий на 2019—2027 годы. http：//government. ru/docs/36457/［2019-04-30］.

［66］Официальный Интернет-портал Правовой Информации. Постановление правительства российской федерации от 13. 07. 2019 № 898 "О координационном совете при правительстве российской федерации по развитию биотехнологий". http：//publication. pravo. gov. ru/Document/View/0001201907160019?index＝0&rangeSize＝1［2019-07-31］.

［67］Российская Академия Наук. РАН и нацакадемия наук США подписали соглашение о сотрудни-

честве. http://www. ras. ru/news/shownews. aspx?id=1d115513-1231-45d5-b50f-b13445c29862
［2019-03-30］.

［68］ Правительство Российской Федерации. Правительство российской федерации одобрило проект соглашения между правительствами россии и кубы о научно-техническом и инновационном сотрудничестве. http://government. ru/docs/38015/［2019-10-30］.

［69］ Администрация Президента Российской Федерации. Подписан закон о ратификации соглашения между правительством россии и европейской организацией ядерных исследований (ЦЕРН) о научно-техническом сотрудничестве. http://www. kremlin. ru/acts/news/62023［2019-11-30］.

［70］ Правительство Российской Федерации. Установлен порядок предоставления грантов на господдержку научно-образовательных центров мирового уровня. http://government. ru/docs/36626/
［2019-05-30］.

［71］ Ministerio de Ciencia e Innovación. El Congreso convalida por unanimidad el Real Decreto-ley de medidas para mejorar la investigación científica. http://www. ciencia. gob. es/portal/site/MICINN/menuitem. edc7f2029a2be27d7010721001432ea0/?vgnextoid=5d30daf917339610VgnVCM1000001d04140aRCRD［2019-02-15］.

［72］ Ministerio de Ciencia e Innovación. Spanish government approves creation of the young academy of Spain. http://www. ciencia. gob. es/portal/site/MICINN/menuitem. edc7f2029a2be27d7010721001432ea0/?vgnextoid=4b12a12a4530b610VgnVCM1000001d04140aRCRD&vgnextchannel=4346846085f90210VgnVCM1000001034e20aRCRD. https://www. europapress. es/ciencia/noticia-seis-hombres-mujer-componen-recien-constituida-academia-joven-espana-estara-presidida-quimico-20190529152700. html［2019-06-01］.

［73］ Ministerio de Ciencia e Innovación. Pedro duque presenta el programa "misiones ciencia e innovación",dotado con 70 millones de euros. http://www. ciencia. gob. es/portal/site/MICINN/menuitem. edc7f2029a2be27d7010721001432ea0/? vgnextoid=be1ac9a193950710VgnVCM1000001d04140aRCRD［2019-12-30］.

［74］ Ministerio de Ciencia e Innovación. Estrategia española de i＋d＋i en inteligencia artificial. https://www. ciencia. gob. es/stfls/MICINN/Ciencia/Ficheros/Estrategia_Inteligencia_Artificial_IDI. pdf［2019-03-10］.

［75］ MCTIC. Ministro marcos pontes ressalta importância estratégica da ciência e tecnologia para o país. http://antigo. mctic. gov. br/mctic/opencms/salaImprensa/noticias/arquivos/2019/01/Ministro_Marcos_Pontes_ressalta_importancia_estrategica_da_ciencia_e_tecnologia_para_o_pais. html
［2019-06-10］.

［76］ MCTIC. Nota de esclarecimento sobre a execuçã o orçamentária do MCTIC. http://antigo. mctic. gov. br/mctic/opencms/salaImprensa/noticias/arquivos/2019/11/Nota_de_esclarecimento_sobre_a_execucao_orcamentaria_do_MCTIC_. html［2019-11-20］.

［77］ MCTIC. Ministerio lanca plano de acao voltado ao estimulo a inovacao no pais. http://www. mctic. gov. br/mctic/opencms/salaImprensa/noticias/arquivos/2018/12/Ministerio_lanca_Plano_de_Acao_voltado_ao_estimulo_a_inovacao_no_pais. html[2019-06-10].

[78] MCTIC. Industria 4. 0 é prioridade do governo. http://www. mctic. gov. br/mctic/opencms/salaImprensa/noticias/arquivos/2019/04/Industria_40_e_prioridade_do_governo. html[2019-05-10].

[79] MCTIC. Governo federal lança plano para alavancar indústria 4. 0. https://www. gov. br/economia/pt-br/assuntos/noticias/2019/09/governo-federal-lanca-plano-para-alavancar-industria-4. 0[2019-10-10].

[80] MCTIC. Decreto que institui o plano nacional de internet das Coisas é publicado. http://antigo. mctic. gov. br/mctic/opencms/salaImprensa/noticias/arquivos/2019/06/Decreto_que_institui_o_Plano_Nacional_de_Internet_das_Coisas_e_publicado. html? searchRef＝Plano%20Nacional%20de%20Internet%20das%20Coisas&tipoBusca＝expressaoExata[2019-07-10].

[81] MCTIC. MCTIC e agricultura lançam câmara do agro 4. 0 para levar iot ao campo. http://antigo. mctic. gov. br/mctic/opencms/salaImprensa/noticias/arquivos/2019/08/MCTIC_e_Agricultura_lancam_Camara_do_Agro_40_para_levar_IoT_ao_campo. html[2020-08-31].

New Progress in S&T and Innovation Strategies of Major Countries and Organizations

Li Hong ,Zhang Qiuju ,Xi Zhongyang ,Wang Jianfang ,
Ge Chunlei ,Chen Xiaoyi ,Liu Dong ,Wang Wenjun ,
Liu Si ,Ye Jing ,Jia Xiaoqi

In 2019,the competition among major countries of S&T and economy intensified; the developed countries all fell into economic trouble. So world major countries and organizations actively support S&T innovation in order to cope with sustained economic and social challenges. Therefore, through S&T plans,innovation funds and other ways,these countries and organizations continue to seek the best innovative technology,ideas and programs,promote technology transfer,hope to build open innovation networks and chains,and enhance their overall innovation strength.

第五章

国内外重要
科学奖项巡礼

Introduction to Important
Scientific Awards Internationally
and Domestically

5.1　理解宇宙的演化和地球在宇宙中的位置
——2019 年诺贝尔物理学奖评述

陈学雷

（中国科学院国家天文台）

2019 年的诺贝尔物理学奖授予了三位天文学家（图 1）。其中，美国普林斯顿大学的宇宙学家詹姆斯·皮布尔斯（James Peebles）获得一半奖金，以奖励他在物理宇宙学中的理论发现；瑞士日内瓦大学的米歇尔·马约尔（Michel Mayor）和瑞士日内瓦大学及英国剑桥大学的迪迪埃·奎洛兹（Didier Queloz）分享了另一半奖金，以奖励他们发现一颗环绕类太阳恒星的行星。这是两个不同领域的研究，但都促进了人们理解宇宙的演化和地球在宇宙中的位置。

詹姆斯·皮布尔斯　　　　米歇尔·马约尔　　　　迪迪埃·奎洛兹

图 1　2019 年诺贝尔物理学奖获得者

一、皮布尔斯与物理宇宙学

皮布尔斯的贡献在物理宇宙学领域。宇宙学曾经主要是一些简单的哲学思辨、高度简化和抽象的数学理论，加上一些经验性的天文测量。但在皮布尔斯等人的努力下，它逐渐发展成一个理论完整、内容丰富并有大量实验验证的物理理论。

　　皮布尔斯于 1935 年出生在加拿大农村，少年时代他并没有学很多数学、物理知识，甚至直到上大学后他才知道了三角函数。1958 年，他到普林斯顿大学物理系攻读研究生。他遇到了一位热情洋溢的老师——罗伯特·迪克（Robert Dicke，图 2）。迪克此前已在雷达、微波、脉泽等方面做出许多重要贡献，此时又对相对论的基础产生了兴趣，设计了很多富有创意的精密实验。他的组会上讨论题目五花八门，其思路之广阔令人耳目一新[1,2]。

图 2　皮布尔斯的导师迪克

　　20 世纪 60 年代初，迪克小组开始研究宇宙学。在当时，宇宙学有宇宙大爆炸理论和稳恒态宇宙理论之争。迪克考虑了循环宇宙模型，即宇宙可能处在不断的膨胀-收缩的循环中，不过从收缩转入膨胀的过程也类似宇宙大爆炸。迪克意识到，宇宙大爆炸时会产生大量的光子，在宇宙膨胀中，这些光子将红移到微波波段，形成可观测到的微波背景辐射。他一边带领组员设计实验，一边让皮布尔斯研究理论。他们不知道的是，此前乔治·伽莫夫（George Gamow）的学生阿尔弗（Alpher）和赫尔曼（Herman）也做过类似预测。

　　在一次做报告时，皮布尔斯介绍了其理论研究的结果。这一消息辗转传到贝尔实验室的彭齐亚斯（Penzias）和威尔逊（Wilson）耳中。他们两个人此前在精密的天线测量实验中已经发现，无论把天线指向何方，总是有一个不变的多余噪声远高于他们预期的仪器噪声。当听说了皮布尔斯的理论后，他们恍然大悟，其实这正是宇宙微波背景辐射。后来，彭齐亚斯和威尔逊因这一发现获得了 1978 年度的诺贝尔物理学奖。遗憾的是，无论是提出大爆炸理论的伽莫夫、阿尔弗等人，还是主动搜索这一信号的迪克等人，均未能获奖。

　　此后，皮布尔斯继续研究宇宙大爆炸中的物理过程。首先，皮布尔斯发展了大爆炸核合成的理论，指出氢、氘、氦等轻原子核在大爆炸中合成，且丰度与宇宙学参数

（如重子密度）有关。其次，他首先指出，在足够早的时期，宇宙密度被光子所主宰，引力扰动无法增长。这对星系形成有很大影响。皮布尔斯系统地研究了大爆炸后等离子体复合的过程及密度扰动的演化。他和来自中国香港的留学生虞哲奘首次编制了定量计算宇宙微波背景辐射温度涨落的程序。他也预测了宇宙大爆炸时随机的密度扰动将激发声波振荡。那些在大爆炸结束时刻正振荡到最大值的扰动将会在特定尺度的宇宙微波背景辐射中留下印记。现在精密测量的宇宙微波背景辐射角功率谱（图 3）中可以清晰地看到这些振荡峰。

（a）普朗克卫星2018年发布的宇宙微波背景辐射温度天图

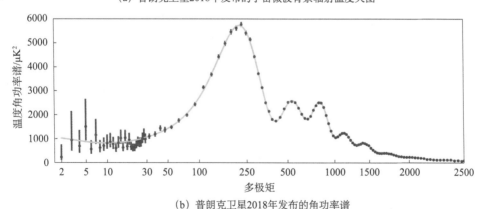

（b）普朗克卫星2018年发布的角功率谱

图 3　普朗克卫星 2018 年发布的宇宙微波背景辐射温度天图和角功率谱[3]

皮布尔斯还与学生一起研究了星系大尺度结构是如何演化的，发展出许多分析大尺度结构的统计测量方法，并使用当时的星系巡天数据进行了分析。皮布尔斯当年的理论研究成为今日精密宇宙学的基础。暗物质的存在被人们广泛接受后，皮布尔斯研究了含有冷暗物质的宇宙学模型，并根据大尺度结构的观测数据［图 4（a），图 4（b）给出了现代观测结果］，预测宇宙微波背景辐射应该有十万分之一量级的大尺度不均匀性。这一预测后来被实验证实了。此后，皮布尔斯仍在孜孜不倦地进行宇宙学研究，至今仍不断发表研究论文。

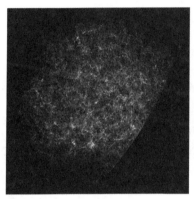 

　（a）根据里克巡天数据绘制的星系分布图[4]　　（b）现代的SDSS-CMASS巡天得到的星系分布图[5]

图 4　根据里克巡天数据绘制的星系分布图和现代的 SDSS-CMASS 巡天得到的星系分布图

皮布尔斯喜欢给学生们上课。他开设了宇宙学课程，并写出了影响巨大的《物理宇宙学》一书（后扩充为《物理宇宙学原理》）。与早期仅从广义相对论数学角度讨论宇宙学的著作不同，该书讨论了物质、辐射等具体物理演化过程。他的另一本著作《宇宙大尺度结构》也颇有影响。

二、马约尔和奎洛兹的太阳系外行星发现

马约尔和奎洛兹都是瑞士人。马约尔生于 1942 年，1971 年在日内瓦天文台获得博士学位，此后留在日内瓦天文台工作。奎洛兹生于 1966 年，是马约尔的学生，1995 年获得博士学位。

哥白尼的"日心说"提出后，人们就猜想其他恒星可能也被行星所环绕，但要真正证实这一点却并不容易。曾有很多人宣称探测到了系外行星，但最终却被进一步的观测所否定。1992 年，人们意外地发现了两颗行星在围绕着一颗脉冲星转动。不过，当时人们更加关心的是类似太阳的普通恒星周围有没有行星？

系外行星本身难以被直接观察到，但可以通过精密测量恒星运动来探测。恒星也受到行星万有引力的作用而围绕恒星与行星的共同质心转动。根据转动的周期和幅

度，可以推算出行星的转动周期、距离及质量。恒星的转动可以分解为沿着我们看向它视线方向的径向运动和垂直视线方向的切向运动。径向速度的测量比较容易。根据多普勒效应，正在趋近我们的天体的辐射波长会变短；反之，则辐射波长会变长。据此，人们就可以测出天体的径向运动速度。但是，太阳系内质量最大的木星引起的太阳速度变化也只有 10m/s，其波长变化只有约 3000 万分之一，因此实际观测难度还是相当大的。

马约尔早年研究恒星的光谱测量，最初的目标是了解恒星的移动速度，进而了解银河系的结构。他与同事合作研制了精密的阶梯光栅摄谱仪用于进行这种测量。光栅是一种将光分解为不同波长的光谱的装置，阶梯光栅摄谱仪把光栅的不同阶光谱平行的投射形成二维图像（图 5），同时为了便于校准微小的波长变化，使用具有丰富谱线的钍光源形成定标光谱，通过多条谱线的同时测量提高精度。

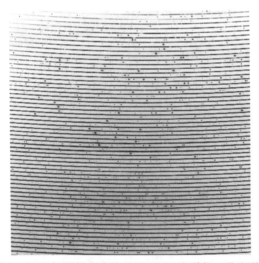

图 5　1998 年研制成功的 CORALIE 光谱仪二维光谱[6]

每一长条来自光栅的一阶，其中的黑点来自同时曝光定标用的钍光源

1988 年，哈佛大学的戴维·莱瑟姆（David Latham）等发现一颗恒星有一颗质量大于等于 11 个木星质量的伴星。马约尔的观测也证实了这一发现。这已经接近最小质量恒星——褐矮星的下限，既可能是褐矮星，也可能是一颗大质量行星。这时，马约尔意识到自己也有机会探测到系外行星。于是，他进一步改进了设计，使用了电荷耦合器件（charge-coupled device，CCD）、光纤等新技术，研制出 ELODIE 光谱仪，安装在上普罗旺斯天文台的 1.93 m 望远镜上。其测速精度达到 13～15 m/s，已接近探测类似太阳系木星的系外行星所需的精度了。

1994 年春，马约尔和他的研究生奎洛兹挑选出 142 颗恒星开始进行系统观测。到了 1994 年年底，他们已在飞马座 51 号星中看到一个明显的 4.2 天周期变化，第一颗环绕类似太阳恒星的行星就这样被发现了。系外行星用主恒星名称后加小写字母命名，字母从 b 开始，这颗行星被命名为"飞马座 51 b"（图 6）。马约尔和奎洛兹将成果论文投给《自然》，并在一次学术会议上宣布了这一发现。但是，《自然》要求投稿的论文正式出版前，作者不能发布新闻。在学术会议上听到马约尔和奎洛兹报告的杰佛瑞·马西（Geoffrey W. Marcy）和巴特勒（Butler）立刻进行了观测，并抢先发布了新闻，引起了轰动。在此后的一段时间里，马西团队也发现了很多系外行星[7,8]。

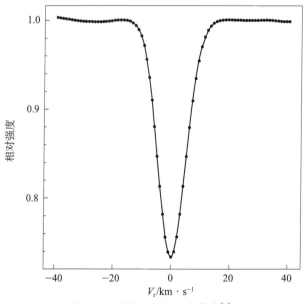

图 6　飞马座 51b 的速度曲线[9]

　　飞马座 51 和太阳类似，不过其行星却与太阳系的行星有很大不同。飞马座 51b（图 7）的质量大于或者等于 47% 的木星质量，但距离其中心恒星非常近，仅为 0.0527 天文单位，而太阳系里最内层的行星水星离太阳也有 0.4 天文单位。由于距离主星很近，飞马座 51b 的温度很高，估计高达 1300 K（合 1000 多℃），质量也相当大，类似太阳系中的木星，因此后来这类行星被称为"热木星"。

　　热木星的发现出乎很多天文学家的意料。因为在太阳系中，靠近太阳的行星（如水星、金星、地球和火星）都是质量较小的岩石行星，而木星、土星等气态巨行星出现在离太阳较远的地方。为什么太阳系行星这样分布？一种可能的解释是，在距离太阳较近、温度较高的地方，原始的星云中能够留存下来的只有稀少且不易挥发的成

图 7　飞马座 51b 的艺术想象图

资料来源：ESO/M. Kornmesser/Nick Risinger

分，从而形成质量较小的岩石行星。而在距离太阳较远的地方，一些易挥发的成分（如水等）在低温下也能凝聚成液体或固体，形成一个核心，之后吸引轨道上的气体形成质量较大的气态巨行星。因此，很多人一开始不相信会在距离恒星这么近的地方发现大质量行星。热木星发现后，林潮等提出热木星是先在距离恒星较远处形成，然后通过与气体盘的相互作用迁移到恒星附近。热木星的形成机制仍然是活跃的研究课题[10]。

除了径向速度法外，另一种促成大量系外行星发现的方法是凌星法。我们可以监视大量恒星，当一颗行星经过其前方时，会遮蔽一部分恒星而导致恒星的亮度降低，直到掩星结束时亮度再恢复原样。法国的"对流旋转与行星凌星"卫星（CoRoT）、美国的开普勒卫星、凌日外行星勘测卫星（Transiting Exoplanet Survey Satellite，TESS）进行了凌星观测。除了凌星法外，还有微引力透镜（行星作为引力透镜，使恒星亮度变强）、直接成像、精确天体位置测量等方法。截至 2020 年 9 月，已有 4330 颗系外行星被发现并得到证实，其中许多系统有不只一颗行星被发现。

这些观测大大拓展了人类的视野。在太阳系周边的恒星中，存在着多种多样的行星系统。其行星公转周期从几小时到几年；大小从小于地球到地球的几十倍大；有的是岩石类型，有的则是气态巨行星，见图 8。其中许多行星位于所谓"宜居带"①，且大小也接近地球，因此完全可能具备生命存在的条件（图 9）。了解这些不同的行星世界，我们才能看清地球与其它行星的相同和不同之处，从而更好地了解地球的地位。

———————————

①　离中心恒星的距离不远不近，使其温度恰好允许液态水的存在。

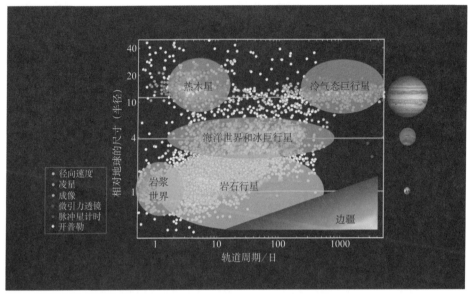

图 8　已发现的不同类型的系外行星族群

资料来源：https：//astrobiology.nasa.gov/news/kepler-has-taught-us-that-rocky-planets-are-common

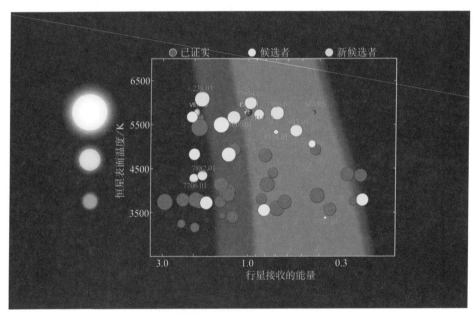

图 9　开普勒宜居带区行星（截至 2017 年 6 月）

绿色为宜居带，这在一定程度上取决于中心恒星的表面温度。带左面的行星温度太高，右边则太低

资料来源：https：//www.nasa.gov/image-feature/ames/kepler/kepler-habitable-zone-planets

三、总　结

　　皮布尔斯在物理宇宙学的理论发展中起了主要作用，马约尔和奎洛兹则首次观测到环绕类似太阳的恒星转动的行星。他们的研究方向有很大不同，把他们组合在一起授奖似乎略显奇怪。不过，诺贝尔奖的颁发受到很多条件的约束，而候选者有时也有各种争议，这可能导致了2019年物理学奖由不同方向研究者构成的获奖组合。但无疑的是，他们在人类对宇宙的探索中都做出了巨大贡献。

参考文献

［1］Smeenk C. American institute of physics oral history,OH 25507,interview with Jim Peebles on A-pril 4-5,2002. https：//www. aip. org/history-programs/niels-bohr-library/oral-histories/25507-1［2020-12-11］.

［2］Peebles P J E. Seeing cosmology grow. Annual Review of Astronomy and Astrophysics,2012,50：1.

［3］ESA. Planck image gallery. https：//www. cosmos. esa. int/web/planck/picture-gallery［2020-10-10］.

［4］Large Scale Structure of The Universe. Alison L. Coil. https：//ned. ipac. caltech. edu/level5/March12/Coil/Coil1. html［2020-10-10］.

［5］SDSS. Astronomers map a record-breaking 1. 2 million galaxies to study the properties of dark energy. https：//www. sdss. org/press-releases/astronomers-map-a-record-breaking-1-2-million-galaxies-to-study-the-properties-of-dark-energy/［2020-10-12］.

［6］Queloz D,Mayor M. From CORALIE to HARPS,the way towards 1 ms-1 precision doppler meas-urements. The Messinger,2001,9：105.

［7］Mayor M,Queloz D. ,From 51 Peg to Earth-type planets,New Astronomy Review,2012,56：19-24.

［8］DeVorkin D H. American institute of physics oral history,OH 33561,interview with David Latham on October 8th,2006. https：//www. aip. org/history-programs/niels-bohr-library/oral-histories/33561［2020-12-11］.

［9］Mayor M M,Queloz D. A Jupiter-mass companion to a solar-type star. Nature,1995,378：355-359（1995）.

［10］Dawson R I,Johnson J A. Origins of hot Jupiters. Annual Review of Astronomy and Astrophysics,2018,56：175.

Understanding of the Evolution of the Universe and Earth's Place in the Cosmos
——Commentary on the 2019 Nobel Prize in Physics

Chen Xuelei

The 2019 Nobel Physics Prize was awarded to P. J. E. Peebles of Princeton University for his contribution to theoretical discoveries in physical cosmology, and Michel Mayor and Didier Queloz of Geneva University for discovering a planet around a Sun-like star. This article reviews their works.

5.2　锂离子电池技术

——2019 年诺贝尔化学奖评述

索鎏敏　李　泓

（中国科学院物理研究所，中国科学院大学）

一、诺贝尔化学奖与锂离子电池

1973 年，时任美国埃克斯石油公司科学家的斯坦利·惠廷厄姆（Stanley Whittingham，图 1）经过一系列细致研究证明了一种硫-钛-硫堆垛的层状结构金属硫化物（TiS₂）可以在层间实现锂的电化学可逆储存，并以此为基础构建了一个金属锂二次可充电池原型[2,3]。此后，具有层状结构的其他化合物被陆续发现并报道。并且，以此为正极、金属锂为负极的金属锂二次电池开始尝试商业化。惠廷厄姆教授的贡献在于其首次发现插层储锂化合物 TiS₂，并据以构建了金属锂二次电池原型。由于他的开创性工作启发了后人基于层状结构寻找嵌入式储锂正极材料。

1980 年，牛津大学无机化学系教授的约翰·古迪纳夫（John B. Goodenough，图 1）提出用一种含锂的过渡金属氧化物来替代不含锂的金属硫化物作为锂电池正极，可同时具有更高的电压和化学稳定性。经过大量的研究和探索，他最终找到了具有层状结构的钴酸锂正极（LiCoO₂，放电电压为 3.7V，空气中稳定)[4]。古迪纳夫教授提出的首个含锂嵌入式过渡金属氧化物钴酸锂，为日后实现摇椅式锂离子电池的概念提供了实用化的正极。

随后在 1983 年，日本旭化成化学公司的科学家吉野彰（Akira Yoshino，图 1）教授提出采用钴酸锂为正极、聚乙炔为负极的锂二次电池原型。但是，由于聚乙炔的密度和容量较低且化学稳定性不好，吉野彰教授开始寻找更多的碳基材料。在这个探索过程中，吉野彰教授发现了一个非常有趣的现象，即某些具有特殊晶体结构的碳材料（气相沉积生长的碳纳米线）可以避免共嵌入且具有更高的容量。此后延续这个研究思路最终找到了石油焦负极，并以此搭配钴酸锂正极构建出世界上第一块锂离子电池原型[5]。在随后的几年间，吉野彰教授与索尼公司的科学家吉尾西（Yoshio Nishi）

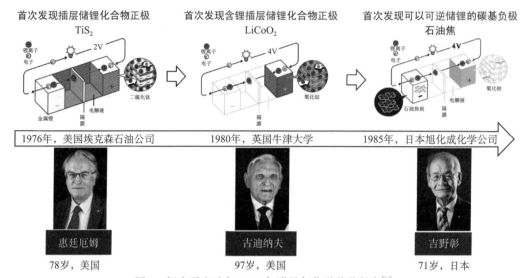

图1　锂离子电池与2019年诺贝尔化学奖获得者[1]

团队合作致力于开发商业化的锂离子电池，最终首批商业化的锂离子电池于1991年在索尼公司问世（正极为钴酸锂，负极为石油焦，电解液为$LiPF_6$-PC），锂离子电池就此诞生[6]。日本化学家吉野彰教授的贡献在于首次在有机液体电解液中实现了碳材料（石油焦）电化学可逆性，并且以此为基础与索尼公司的科学家合作开发了世界上第一个商业化的锂离子电池。

二、锂离子电池过往的成就

从锂离子电池诞生之日起，锂离子电池凭借其自身具有的优势（高输出电压、高容量和稳定的嵌入式材料结构）迅速获得产业界和科研界的高度关注。锂离子电池相关新材料不断涌现，关键装备和生产制造技术飞速发展，锂离子电池的能量密度不断攀升，性价比持续提高。从1991年索尼公司生产的第一批能量密度相对较低的商业化锂离子电池（质量能量密度为80 W·h/kg，体积能量密度为200 W·h/L），到现在先进的高能量密度锂离子电池（质量能量密度300 W·h/kg或体积能量密度720 W·h/L），在30年时间里，质量能量密度和体积能量密度提升了近4倍。这在人类科技发展史上无疑是一个非凡的成就［图2（a）］。以锂电池电动车动力电池系统价格为例，根据彭博财经社报道，2010年锂电池包的价格为8145元/（kW·h）。以此为参考，假设一辆纯电动车的动力系统为50 kW·h，而电动汽车的动力电池成本总价在40万元以上，则无疑为汽车电动化应用构筑了很高的壁垒。令人惊喜的是，在随后近 10 年间，锂离子动力电池的成本以平均 18% 的幅度逐年下降，到 2019 年 12 月，锂离子动力电池的最新统计价格已降到 1106 元/（kW·h），降幅高达 86%，而价格大幅下降也从另一个方面反映出锂电池技术所取得的巨大进步 ［图 2（b）］。

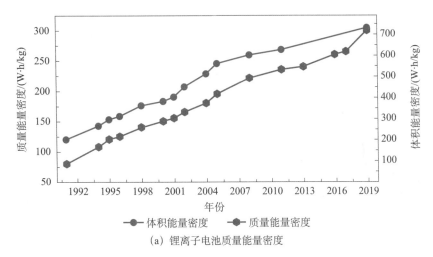

（a）锂离子电池质量能量密度

（b）价格历史趋势变化

图 2　锂离子电池能量密度和价格历史趋势变化

价格数据来源于彭博财经社公开数据

三、锂离子电池的未来

如图 3（a）所示，在 3C 电子产品领域，锂离子电池几乎占据了包括消费类电子产品、电动车等在内的大部分重要市场，而在电动车交通工具方面，锂离子电池主导的动力电池市场不断扩大。当前，锂离子电池在电动汽车应用领域已经处于主导地位。未来，随着锂离子电池成本持续下降和性能不断提升，电动汽车的性价比有望在2024年超越燃油汽车，从而实现汽车的全面电动化。除此之外，近几年电动交通工具开始不再局限于总系统能量需求相对较小的新能源电动车（1~100 kW·h），而开始向系统能量在兆瓦·时级以上的电动船舶和电动轨道交通扩张。尽管电动船舶和电动轨道交通在经济性方面目前并无明显优势，但其在节能减排、绿色环保方面的优势突出，因此某些特殊领域和地域也开始有了商业示范。近些年，电动飞机方面也开始有了初步尝试。但是，由于飞机这种交通工具对自重的要求极高，因此目前的锂电池能量密度还远远无法满足商用客机需求。交通工具的全面电动化无疑将是锂离子电池的巨大机遇，但同时也是对锂离子电池的巨大挑战，因此在现有基础上如何在保持其他性能不降低的条件下实现能量密度的大幅提高，将是未来决定锂离子电池在动力电池领域发展的决定性因素。

锂离子电池除了在电动交通工具方面具有广阔的应用前景和巨大的市场外，未来随着我国能源转型的不断深入，希望实现能源供给安全可控、能源生产清洁低碳和能源消费高效环保的目标。我国将持续提高非化石可再生能源在我国一次能源总量中的占比，预计到2035年，可再生能源将突破我国一次能源总量的35%。可再生能源中

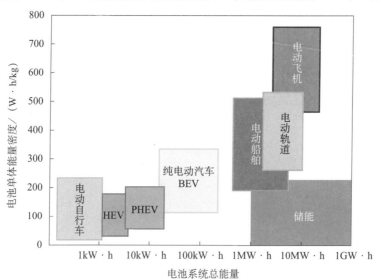

(a) 不同应用场景对锂离子电池能量密度和系统规模的需求

图3　不同应用场景对锂离子电池能量密度和系统规模的需求，
以及锂离子电池在大规模储能领域的应用前景

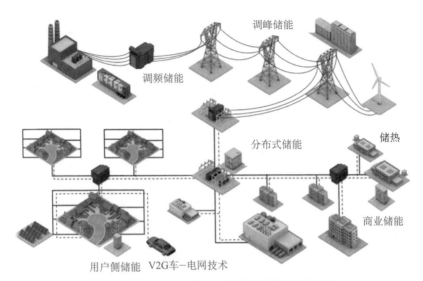

调峰储能

调频储能

分布式储能

储热

商业储能

用户侧储能　V2G车-电网技术

（b）锂离子电池在大规模储能领域的应用前景

图 3　不同应用场景对锂离子电池能量密度和系统规模的需求，
以及锂离子电池在大规模储能领域的应用前景（续）

图（a）中 HEV 和 PHEV 分别指混合动力汽车和插电式混合动力汽车

资料来源：国际可再生能源署（IRENA）研究报告：Electricity storage and renewables：costs and market to 2030

主要依托的风能和太阳能属于间歇式能源，需要高比例的储能装置与之搭配使用。从目前看，未来锂离子电池将会在大规模储能方面，尤其是促进可再生能源消纳和分布式储能方面，起到关键支撑作用；在调节电网频率和调峰方面，锂离子电池也将起到重要作用，逐步降低我国对火力发电的依赖；此外，锂离子电池储能技术在用户侧储能可以实现更好的供需平衡调节。预计未来 15 年，全球将会在规模储能领域孕育出一个 100 亿瓦时级的锂离子电池市场。届时，借助先进的 5G 技术、AI 和大数据及区块链技术在能源方面的促进作用，我国将初步形成先进的智能电网，电动车将逐步从现有的无序充电到有序充电再到智能充电 V2G，从而实现电动车与规模储能高效互动互补的新型能源供给模式［图 3（b）］。

参考文献

［1］索鎏敏,李泓. 锂离子电池过往与未来. 物理,2020,49(1):17-23.

［2］Whittingham M S. Electrical energy storage and intercalation chemistry. Science,1976,192(4244)：1126-1127.

［3］Whittingham M S,Gamble F R. The lithium intercalates of the transition metal dichalcogenides.

Materials Research Bulletin,1975,10(5):363-371.

［4］ Mizushima K,Jones P C,Wiseman P J,et al. Li$_x$CoO$_2$(0<x<1):a new cathode material for batteries of high energy density. Materials Research Bulletin,1980,15(6):783-789.

［5］ Yoshino A. The birth of the lithium-ion battery. Angewandte Chemie,2012,51(24):5798-5800.

［6］ Winter M,Barnett B,Xu K. Before Li ion batteries. Chemical Reviews,2018,118(23):11433-11456.

Lithium Ion Batteries
——Commentary on the 2019 Nobel Prize in Chemistry

Suo Liumin,Li Hong

On October 9, 2019, the Nobel Prize in Chemistry is awarded to three scientists,including Prof. John B. Goodenough from the University of Texas at Austin, USA, Prof. M. Stanley Whittingham from the State University of New York at Binghamton, USA, and Prof. Akira Yoshino from Japan, for the development of lithium-ion batteries. It represents that lithium-ion batteries have been widely and highly recognized for its vast achievement in human society. In this article,we review their representative works and their contributions to Li-ion batteries,the achievement of Li-ion batteries in past decades,and further anticipate the new opportunities and challenges lithium-ion batteries would have in the future.

5.3　细胞低氧感知与响应
——2019 年诺贝尔生理学或医学奖评述

叶　盛

（北京航空航天大学医工交叉创新研究院，
北京航空航天大学大数据精准医疗高精尖创新中心）

2019 年诺贝尔生理学或医学奖颁发给美国科学家小威廉·凯林（William G. Kaelin Jr.）、英国科学家彼得·拉特克里夫爵士（Sir Peter J. Ratcliffe），以及另一位来自美国的科学家格雷格·塞门扎（Gregg L. Semenza），以奖励他们在细胞低氧感知与适应的相关研究中所做的开创性贡献（图 1）。

小威廉·凯林　　　　　　彼得·拉特克里夫爵士　　　　　格雷格·塞门扎

图 1　2019 年诺贝尔生理学或医学奖获得者

一、氧气与地球生命

地球上的动物需要氧气才能维持生命。动物生命的共同特征之一，就是充分利用氧气参与的氧化作用，通过对葡萄糖等有机分子的氧化来释放能量。这一可控氧化过程的能量输出效率较高，远远优于不依赖氧的酵解作用或植物的光合作用，因此氧气参与的氧化作用可以为动物生命复杂的生理活动提供足够的能量。

由于氧的不可或缺性，使得动物细胞必须具备对供氧水平的感知能力，并能够在供氧不足时做出及时而恰当的响应，从而维持细胞机能的正常运转。例如，剧烈运动中人们的呼吸频率和心率同时提高，就是为了向人体全身的细胞更加高效地传输氧气，从而达到临时提高供氧水平的目的。与此同时，人们的身体还会分泌一些特定的激素，从不同的途径来提高供氧水平，其中之一就是促红细胞生成素（erythropoietin，EPO）。

然而，细胞是如何感知到低氧环境的呢？又是如何将这种感知信号转化为 EPO 等激素的高水平表达的？2019 年度诺贝尔生理学或医学奖的 3 位得主通过自己的研究工作找到了这些问题的答案。

二、细胞低氧响应的关键——低氧诱导因子

2019 年诺贝尔生理学或医学奖的获得者之一——塞门扎最初进行的是再生障碍性贫血病的研究。在这种疾病的研究中，有的科学家发现了 EPO 的存在，并证实这种激素能够促进身体合成更多的红细胞[1]。塞门扎也对 EPO 进行了研究，结果发现人源 EPO 基因的上下游均有能够调控该基因的调控元件，特别是转录增强子[2]。这些调控元件的存在说明，细胞内应该存在某种转录因子蛋白能够与之结合，从而调控 EPO 基因的转录水平，达到"开关"基因的目的。

1991 年，塞门扎等发现贫血小鼠的肝脏细胞核提取物中含有某种调控因子蛋白，其能够与 EPO 基因的转录增强子相结合[3]。由于贫血症会导致供氧不足，所以这种调控因子蛋白应该是贫血导致的低氧诱发的。他们通过实验进一步证实，单纯的低氧条件即会导致这种调控因子迅速增多。因此，塞门扎等将这种调控因子蛋白命名为"低氧诱导因子"。在此后的几年间，塞门扎的研究组成功鉴定得到了主要的低氧诱导因子蛋白 HIF-1[4]，并证实它是由 HIF-1α 和 HIF-1β 两个不同亚基构成的[5]。塞门扎的一系列工作为整个低氧感知领域的进一步研究奠定了基础，正式开启了在分子水平上研究细胞低氧问题的新时代。

三、细胞低氧感知的探测器——HIF-1 的修饰与降解

在组成 HIF-1 的两个亚基中，HIF-1β 其实参与了细胞内的多个调控过程，但是

并不能独自拨动细胞低氧响应的开关。很快就有研究组发现，环境低氧与否并不会影响细胞中 HIF-1β 的水平，但是富氧环境会令 HIF-1α 变得极不稳定，而低氧环境则能迅速稳定 HIF-1α，使其快速积累[6]。进一步的研究发现，在富氧条件下，细胞一直在通过泛素依赖的降解途径来降解 HIF-1α[7]。

当 HIF-1α 的问题悬而未决时，一部分研究者把目光投向了一种名为"冯·希佩尔-林道病"（von Hippel-Lindau disease，VHL）的罕见遗传病。这种疾病的致病基因被命名为"VHL 基因"，其突变会导致血管母细胞瘤，引发类似低氧状态的一些问题。2019 年诺贝尔生理学或医学奖的得主之一——凯林在研究中发现，VHL 类似低氧的症状可以通过引入无突变的正常 VHL 蛋白来缓解[8]。该奖的另一位得主——拉特克里夫爵士则进一步证明，VHL 蛋白的确能够与 HIF-1 蛋白结合，并加快其泛素化降解[9]。然而，VHL 又与低氧有什么关系呢？

2001 年，凯林和拉特克里夫爵士的团队同时在《自然》上发表论文，阐述了细胞感知低氧的原理[10,11]。他们均发现，HIF-1α 的特定位置接受了羟基化修饰之后才能与 VHL 结合，完成泛素化，进而被降解。当细胞处于低氧环境时，没有充足的自由氧用以进行羟基化修饰，于是 HIF-1α 就不会被 VHL 泛素化，也就不会降解了。

至此，细胞对低氧环境的感知与响应机制就已经基本清晰了。正常富氧情况下，细胞一直在生产 HIF-1α 和 HIF-1β。但是由于后者在细胞中还有其他的功能，所以并不会受到有无氧气的影响。而 HIF-1α 会持续发生依赖于氧的羟基化修饰，从而被 VHL 蛋白识别，并介导泛素化的发生。此后，泛素化的 HIF-1α 迅速被蛋白酶体降解，不会与 HIF-1β 结合并进入细胞核内。

当细胞遭遇低氧环境时，没有足够的氧来完成 HIF-1α 的羟基化。未经羟基化的 HIF-1α 不会被 VHL 可靠识别并泛素化，也就不会被降解。当其与 HIF-1β 结合后，就能进入细胞核内，开启或增强 EPO 等一系列基因的表达，令细胞对低氧做出响应（图 2）。

四、细胞低氧与疾病健康

2019 年诺贝尔生理学或医学奖颁给细胞低氧领域的有关研究成果，一方面体现了细胞低氧研究在人类认识自身氧代谢与调节方面的重要性，另一方面也是由于细胞低氧问题与多种人类疾病有紧密的联系。

与细胞低氧问题关系最为密切的疾病就是贫血症。贫血症往往表现为血红细胞的匮乏，进而导致机体细胞无法获得充足的氧供给，进入低氧状态。实际上，细胞低氧的早期研究就与贫血症有关，其核心正是 EPO。随着相关研究的深入开展，重组人源

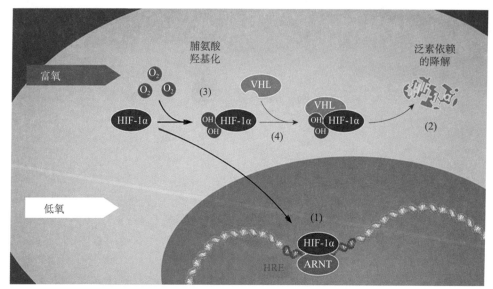

图 2　细胞低氧状态下，HIF-1α 无法发生羟基化，就不会被降解，
因而能够进入细胞核调控一系列基因的转录表达

EPO 也已经成为一种对部分贫血症具有显著治疗效果的注射药物。除此之外，也有小分子药物能够达到同样的效果，通过抑制 HIF-1α 的羟基化，起到低氧的同等刺激效应。

另一种与细胞低氧问题有关系的疾病是脑卒中。细胞低氧会提高一系列激素的表达水平，从而对人体产生全局性影响，因此身体局部的低氧刺激可能导致身体整体对低氧的耐受力提高。2001 年，塞门扎撰文指出，HIF-1 在各种缺血性心脑血管疾病的预防中扮演着重要角色[12]。因此，通过手臂等肌肉组织的缺血预适应训练，有可能提高心、脑等部位的血管强健程度，从而降低脑卒中等疾病的发病风险。

此外，细胞低氧问题还与癌症有紧密的联系。在肿瘤内部，由于癌细胞不受控的快速分裂增殖，加之缺乏血管，因而会陷入低氧环境中。地高辛（Digoxin）等 HIF-1 的抑制剂药物在临床应用中表现出抑制部分种类肿瘤生长的效果。未来，细胞低氧感知与响应通路上的蛋白质仍将是癌症等疾病的诊疗研究中关注的重点之一，有可能诞生新的抗癌药物，特别是在癌症转移的抑制方面大有可为。

大多数生物学研究关注的是细胞在正常状态下的生命机理，但是人类基因组中有相当一部分基因的功能是对各种异常状态做出适当的响应，从而使生命得以延续。细胞低氧感知与响应恰恰是这方面的例证。它不仅与疾病有关，更与人们在高耗氧状态下的运动机能、在高海拔地区的长期生活、在太空和深海等极端环境下的生存等问题有深刻的联系。对于这一领域的深入探索仍将是未来生命科学研究工作的重要方向。

参考文献

[1] Miyake T, Kung C K, Goldwasser E. Purification of human erythropoietin. The Journal of Biological Chemistry, 1977, 252(15): 5558-5564.

[2] Semenza G L, Dureza R C, Traystman M D, et al. Human erythropoietin gene expression in transgenic mice: multiple transcription initiation sites and *cis*-acting regulatory elements. Molecular and Cellular Biology, 1990, 10(3): 930-938.

[3] Semenza G L, Nejfelt M K, Chi S M, et al. Hypoxia-inducible nuclear factors bind to an enhancer element located 3' to the human erythropoietin gene. Proceedings of the National Academy of Sciences of the United States of America, 1991, 88(13): 5680-5684.

[4] Semenza G L, Koury S T, Nejfelt M K, et al. Cell-type-specific and hypoxia-inducible expression of the human erythropoietin gene in transgenic mice. Proceedings of the National Academy of Sciences of the United States of America, 1991, 88(19): 8725-8729.

[5] Semenza G L, Wang G L. A nuclear factor induced by hypoxia via de novo protein synthesis binds to the human erythropoietin gene enhancer at a site required for transcriptional activation. Molecular and Cellular Biology, 1992, 12(12): 5447-5454.

[6] Huang L E, Arany Z, Livingston D M, et al. Activation of hypoxia-inducible transcription factor depends primarily upon redox-sensitive stabilization of its alpha subunit. The Journal of Biological Chemistry, 1996, 271(50): 32253-32259.

[7] Huang L E, Gu J, Schau M, et al. Regulation of hypoxia-inducible factor 1α is mediated by an O_2-dependent degradation domain via the ubiquitin-proteasome pathway. Proceedings of the National Academy of Sciences of the United States of America, 1998, 95(14): 7987-7992.

[8] Iliopoulos O, Levy A P, Jiang C, et al. Negative regulation of hypoxia-inducible genes by the von Hippel-Lindau protein. Proceedings of the National Academy of Sciences of the United States of America, 1996, 93(20): 10595-10599.

[9] Maxwell P H, Wiesener M S, Chang G W, et al. The tumour suppressor protein VHL targets hypoxia-inducible factors for oxygen-dependent proteolysis. Nature 1999, 399(6733): 271-275.

[10] Ivan M, Kondo K, Yang H, et al. HIF-α targeted for VHL-mediated destruction by proline hydroxylation: implications for O_2 sensing. Science, 2001, 292(5516): 464-468.

[11] Jaakkola P, Mole D R, Tian Y M, et al. Targeting of HIF-α to the von Hippel-Lindau ubiquitylation complex by O_2-regulated prolyl hydroxylation. Science, 2001, 292(5516): 468-472.

[12] Semenza G L. Hypoxia-inducible factor 1: oxygen homeostasis and disease pathophysiology. Trends in Molecular Medicine, 2001, 7(8): 345-350.

Cellular Sensing of and Responding to Hypoxia

——Commentary on the 2019 Nobel Prize in Physiology or Medicine

Ye Sheng

The Nobel Prize in Physiology or Medicine 2019 was awarded jointly to William G. Kaelin Jr, Sir Peter J. Ratcliffe and Gregg L. Semenza for their discoveries of how cells sense and adapt to oxygen availability. They discovered that cells employ the hydroxylation of HIF-1α, a subunit of transcription factor HIF-1, to sense the cellular oxygen level, and that, consequently, the unhydroxylated HIF-1α under hypoxic conditions will be rapidly accumulated and enter the nucleus to regulate the transcription of over one thousand genes. Hypoxic response is tightly related to a number of human diseases, including anemia, polycythemia, cardiovascular disease, stroke, and cancer. In this commentary, the history of the discovery of cellular hypoxic response pathway is briefly reviewed, as well as human diseases involved.

5.4　2019 年沃尔夫数学奖获奖者简介

王海霞

（中国科学院科技战略咨询研究院）

　　沃尔夫奖于 1976 年由德国出生的犹太人发明家卡多·沃尔夫（Ricardo Wolf）在以色列设立，目的是促进全世界科学和艺术的发展，造福于人类。该奖项由沃尔夫基金会管理，最初设有数学、物理、化学、医学和农业 5 个奖项，1981 年增设了艺术类奖项。沃尔夫奖于 1978 年首次颁发，通常每年颁发一次，每个领域的奖金金额为 10 万美元。由于诺贝尔奖中没有设立数学奖，而菲尔兹奖只授予 40 岁以下的年轻数学家，唯有沃尔夫数学奖在全世界范围内以获奖者在数学领域的终身成就来评定，因此沃尔夫数学奖堪称数学领域的诺贝尔奖[1]。

　　2019 年 1 月 16 日，2019 年沃尔夫数学奖授予两位概率论学者——法国巴黎第十一大学的让·弗朗索瓦·勒·加尔（Jean François Le Gall）教授[2]和美国芝加哥大学的格雷戈里·劳勒（Gregory Lawler）教授[3]（图 1）。

让·弗朗索瓦·勒·加尔　　　　格雷戈里·劳勒

图 1　2019 年沃尔夫数学奖获得者

一、加尔教授获奖工作简介

　　加尔对随机过程理论做出了深远而卓越的贡献。他对布朗运动精细性质的研究解决了许多难题,如多次访问集的刻画及其邻域(布朗香肠)的体积的性质。加尔在分支过程理论研究方面取得了突破性进展,并在许多应用中得到体现。特别是,他引进了布朗蛇的概念并对其性质进行研究,彻底改变了超过程理论——超过程是马尔可夫过程的推广,可以看作一团演化的粒子云,其中的粒子处于湮灭和分裂状态。然后,他使用其中一些工具在二维量子引力的数学理解方面取得了惊人突破。加尔证明了均匀平面地图(uniform planar maps)收敛于一种典范的具有随机度量的对象(布朗地图),并证明了几乎必然它具有 Hausdorff 维数 4 并且同胚于二维球面。

二、劳勒教授获奖工作简介

劳勒为概率论的发展做出了开创性的贡献。关于布朗运动的性质,他得到一些重要成果,如覆盖时间、相交指数和各种子集的维数。在研究随机曲线时,劳勒引入了一个现已成为经典的模型——去圈随机游走(loop-erased random walk,LERW),并建立了该模型的许多性质。虽然该模型定义简单,但它基本而重要,并被证明与均匀支撑树(uniform spanning trees)和二聚体密铺(dimer tilings)有关。这项工作为奥德·施拉姆(Oded Schramm)引入 SLE 曲线之后的许多重大突破奠定了基础。劳勒、施拉姆和温德琳·沃纳(Wendelin Werner)计算了布朗相交指数,证明了曼德布罗特(Mandelbrot)猜想,即布朗边界具有 Hausdorff 维数 4/3,并证明了去圈随机游走具有共形不变的尺度极限。这些结果反过来为劳勒和其他人进一步取得激动人心的进展奠定了基础。

参考文献

[1] 张先恩. 国际科学技术奖概况. 北京:科学出版社,2009.

[2] Wolf Foundation. Jean Francois Le Gall,Wolf Prize Laureate in Mathematics 2019. https://wolf-fund. org. il/2019/01/22/jean-francois-le-gall[2020-07-10].

[3] Wolf Foundation. Gregory Lawler,Wolf Prize Laureate in Mathematics 2019. https://wolffund. org. il/2019/01/22/gregory-lawler[2020-07-10].

Introduction to the 2019 Wolf Prize in Mathematics

Wang Haixia

On January 16, 2019, the Prize Committee for Mathematics has unanimously decided that the 2019 Wolf Prize be awarded to two probability scholars: Professor Jean Francois le Gall from the Université Paris-Sud, France and Professor Gregory Lawler from the University of Chicago. Jean-François Le Gall has made several deep and elegant contributions to the theory of stochastic processes. Gregory Lawler has made trailblazing contributions to the development of probability theory.

5.5 2019 年泰勒环境成就奖获奖者简介

廖 琴

（中国科学院西北生态环境资源研究院）

泰勒环境成就奖由美国人约翰·泰勒（John Tyler）和爱丽丝·泰勒（Alice Tyler）夫妇于 1973 年设立，是最早的国际顶级环境奖项之一。该奖项旨在表彰为保护和改善世界环境做出杰出贡献的个人和团体。泰勒环境成就奖是环境科学、能源、医学领域的国际性奖项，每年由执行委员会选出获奖者，并由美国南加利福尼亚大学颁发，获奖者可以获得 20 万美元奖金和金质奖章[1]。首位获得该奖的中国科学家是刘东生院士（2002 年）。

2019 年泰勒环境成就奖授予了两位气候科学家——美国宾夕法尼亚州立大学的迈克尔·曼（Michael E. Mann）博士和美国国家大气研究中心的沃伦·华盛顿（Warren M. Washington）博士（图 1）。这两位杰出的气候科学家是开创性的科学调查和全球变化分析方法的先驱。并且，他们积极宣传和推动有关气候变化的公共话语及政策，并激励公民参与采取行动保护地球和人类。

迈克尔·曼　　　　　　　沃伦·华盛顿

图 1　2019 年泰勒环境成就奖获得者

一、曼获奖工作简介

曼是全球气候研究专家之一，曾入选世界最具影响力人物 50 人。他是宾夕法尼亚州立大学气象与大气科学系的杰出教授，也是宾夕法尼亚州立大学地球系统科学中心的主任。

曼率先运用统计技术，利用冰芯、树木年轮、湖泊沉积物和其他标记物等"代用指标"（proxy data），重建过去千年来的全球温度变化过程。通过追溯数百年前的地球温度变化，他用图形的方式表明，自 20 世纪以来全球的温度上升是历史上前所未有的异常现象。这张被称为"曲棍球曲线"[2]的图形（图 2）提供了人类活动影响气候变化的明确科学证据。曼是联合国政府间气候变化专门委员会（Intergovernmental Panel on Climate Change，IPCC）第三次科学评估报告（2001 年）的撰稿人，共同领导了"观察到的气候变异与变化"一章，"曲棍球曲线"图出现在该章中。他所工作的联合国政府间气候变化专门委员会获得了 2007 年的诺贝尔和平奖。

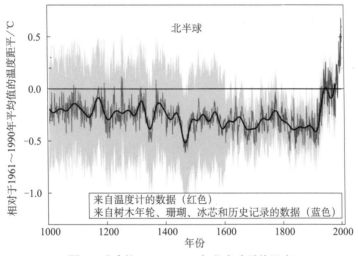

图 2　重建的 1000～1998 年北半球平均温度

曼坚定不移地向公众宣传气候变化的影响。除了发表的 200 多份同行评议的出版物，他还撰写了 4 本书及大量专栏文章和评论。他是气候变化网站 RealClimate. org 的联合创始人，2017 年，他获得 Climate One 颁发的斯蒂芬·施耐德（Stephen H. Schneider）杰出气候科学传播奖。2018 年，他获得美国科学促进会颁发的公众参与科学奖和美国地球物理联盟颁发的气候传播奖。

二、华盛顿获奖工作简介

华盛顿是国际公认的气候模型、气候变化研究和大气科学研究领域的专家。他曾任美国气象学会主席，目前是美国国家大气研究中心的杰出学者，专注于气候变化和全球动力学研究。

华盛顿率先开发并广泛使用的气候模型对提高人们对气候变化的理解产生了巨大影响。他利用物理定律、气候模型让人们能够研究天气模式、探索大尺度的气候变化过程和规律，并以惊人的准确性预测了长期气候和天气变化的可能趋势。他创建的更精确和更全面的气候计算机模型的方法仍然是目前人们使用方法的基础。华盛顿将新的发现要素纳入他的模型，以达到最高的精确度，如海冰、海洋、地表水文学和植被等关键要素已成为现在气候计算机模型必不可少的模拟条件。

华盛顿是近 100 个理事会和委员会的成员，包括国家海洋和大气咨询委员会、国家科学委员会、国家海洋与大气管理局科学咨询委员会等，曾在气候、计算机模型和大气科学方面为美国州政府和联邦政府、连续六任总统、研究人员和科学家及大学提供建议。他获得了奥巴马总统于 2010 年颁发的国家科学奖章，他所工作的联合国政府间气候变化专门委员会获得 2007 年度的诺贝尔和平奖。华盛顿撰写了两本书及 150 多篇论文，其中一本书被世界同行称为"名副其实的气候建模之书"。

参考文献

[1] Tyler Prize. 2019 Tyler Laureates. https://tylerprize. org/laureates/past-laureates/2019-tyler-laureates/♯mann[2020-11-22].

[2] Mann, M E, Bradley R S. Northern Hemisphere temperatures during the past millennium: Inferences, uncertainties, and limitations, Geophysical Research Letters, 1999, 26, 759-762.

Introduction to the 2019 Tyler Laureates

Liao Qin

The 2019 Tyler Prize for Environmental Achievement was awarded to two climate scientists: Dr. Michael E. Mann from the Pennsylvania State University and Dr. Warren M. Washington from the National Center for Atmospheric Research, United States.

5.6　2019 年度图灵奖获奖者简介

王立娜

（中国科学院成都文献情报中心）

1966 年，国际计算机学会（Association for Computing Machinery，ACM）设立了 A. M. 图灵奖（A. M. Turing Award，简称图灵奖）。图灵奖是为纪念英国数学家和计算机科学家阿兰·麦席森·图灵（Alan Mathison Turing）而命名的，用于表彰在计算机领域具有持久重要贡献的研究人员。图灵奖是计算机领域最负盛名的奖项，通常被称为"诺贝尔计算奖"，奖金为 100 万美元，由美国谷歌公司提供资金支持[1]。每年的图灵奖一般于次年 3 月下旬颁发。1966～2019 年共有 73 名获奖者，涉及编译原理、程序设计语言、计算复杂性理论、AI、密码学、数据库等数十个计算机研究领域。

2020 年 3 月 18 日，ACM 正式宣布将 2019 年度图灵奖荣誉授予皮克斯（Pixar）动画工作室联合创始人、计算机图形学专家帕特里克·汉拉汉（Patrick M. Hanrahan）和艾德文·卡特姆（Edwin E. Catmull）（图 1），以表彰他们对三维计算机图形学的贡献，以及这些技术对电影制作和其他计算机生成图像（CGI）应用的革命性影响[2]。

帕特里克·汉拉汉　　　　艾德文·卡特姆

图 1　2019 年度图灵奖获得者

一、帕特里克·汉拉汉教授获奖工作简介

汉拉汉是美国斯坦福大学计算机图形实验室的教授、美国国家工程学院院士、美国艺术与科学学院院士、ACM 会员，曾于 2003 年获得 ACM 计算机图形学顶级年会 SIGGRAPH 史蒂文·安森·库恩斯（Steven A. Coons）奖。作为首席设计师，汉拉汉与卡特姆及其他皮克斯团队成员开发了 RenderMan 渲染器系统。该系统允许用逼真的材料属性和光照来渲染曲面形状，可以将光线反射行为从几何形状中分离出来，并计算形状上各点的颜色、透明度和纹理，还结合了 Z 缓冲技术和细分曲面技术。汉拉汉还开发了体积渲染技术，使 CGI 艺术家可以渲染三维数据集（如一团烟雾）；他与马克·勒沃伊（Marc Levoy）教授联合开发了一种光场渲染方法，可以在没有深度信息或特征匹配的情况下，从任意点生成新视图，给观众带来一种在场景中穿越的感觉；开发了一种使用表面下散射来描绘皮肤和头发的技术，以及使用蒙特卡罗光线追踪来渲染复杂的光照效果；后续又将 RenderMan 着色语言扩展到图形处理器（graphics processing unit，GPU）上，开发的 GPU 编程语言推动了着色语言商业软件的发展，彻底改变了视频游戏的编程方式。

二、卡特姆获奖工作简介

卡特姆是皮克斯动画工作室的联合创始人，也是皮克斯动画工作室和沃尔特·迪斯尼动画工作室的前总裁，负责计算机图形、视频编辑、视频游戏和数字音频领域的开发，曾于 1993 年获得 ACM SIGGRAPH Steven a. Coons 奖，2006 年又获得美国电气和电子工程师协会约翰·冯诺依曼奖（IEEE John von Neumann Medal）。卡特姆发明了显示曲面的开创性技术——Z 缓冲和纹理映射。Z 缓冲技术在计算机图形学中根据深度坐标进行图像绘制，纹理映射将二维表面纹理映射到三维物体上；后续又开发了通过粗糙多边形网格来表示光滑表面的新方法，与吉姆·克拉克（Jim Clark）合作开发了 Catmull-Clark 细分曲面，在制作真实图形和消除"锯齿"方面发挥了重要作用。

参考文献

[1] Association for Computing Machinery. A. M. Turing Award. https://amturing. acm. org/[2020-11-27].

[2] Association for Computing Machinery. Pioneers of modern computer graphics recognized with ACM A. M. Turing Award. https://awards. acm. org/about/2019-turing[2020-11-27].

Introduction to the 2019 A. M. Turing Award

Wang Lina

On March 18, 2019, ACM named Patrick M. (Pat) Hanrahan and Edwin E. (Ed) Catmull recipients of the 2019 ACM A. M. Turing Award. They had made the major and fundamental contributions to 3-D computer graphics, and the revolutionary impact of these techniques on computer-generated imagery(CGI)in film-making and other applications is very significant.

5.7 2019 年度国家最高科学技术奖及自然科学奖简介

王海霞

（中国科学院科技战略咨询研究院）

2020 年 1 月 10 日，中共中央、国务院在北京隆重举行国家科学技术奖励大会。中共中央总书记、国家主席、中央军委主席习近平向获得 2019 年度国家最高科学技术奖的中国工程院院士、原中国船舶重工集团公司第七一九研究所黄旭华，中国科学院院士、中国科学院大气物理研究所曾庆存颁发奖章、证书（图 1）。

黄旭华　　　　　　曾庆存
图 1　2019 年度国家最高科学技术奖获奖人

一、2019 年度国家最高科学技术奖获奖人概况

2019 年度国家最高科学技术奖获奖人概况如下[1]。

1. 黄旭华

黄旭华，男，1926 年 3 月出生于广东省汕尾市，1949 年毕业于上海交通大学造船专业，毕业后一直从事核潜艇研究工作，中国船舶重工集团公司第七一九研究所原名誉所长。1994 年当选为中国工程院院士。

黄旭华毕生致力于我国核潜艇事业的开拓与发展，是我国核潜艇事业的先驱者和奠基人之一，先后担任我国第一代核潜艇工程副总设计师和总设计师，成功研制了我国第一代核潜艇，为我国海基核力量实现从无到有的历史性跨越做出了卓越的贡献。

2. 曾庆存

曾庆存，男，1935 年 5 月出生于广东省阳江市。1956 年毕业于北京大学物理系，1961 年在苏联科学院应用地球物理研究所获副博士学位。先后在中国科学院的地球物理研究所和大气物理研究所工作，曾任中国科学院大气物理研究所所长，中国气象学会、中国工业与应用数学学会理事长。1980 年当选中国科学院学部委员①。

曾庆存是国际著名大气科学家、国际数值天气预报奠基人之一，为现代大气科学和气象事业的两大标志——数值天气预报和气象卫星遥感做出了开创性贡献。

二、2019 年度国家自然科学奖概况

2019 年度的国家自然科学奖共授予 46 个项目。具体获奖项目及其完成人情况如表 1 所示[2]。

表 1　2019 年度国家自然科学奖获奖项目

序号	编号	项目名称	主要完成人	提名单位（专家）
一等奖（1 项）				
1	Z-103-1-01	高效手性螺环催化剂的发现	周其林（南开大学） 谢建华（南开大学） 朱守非（南开大学） 王立新（南开大学）	丁奎岭 冯小明 陈　军
二等奖（45 项）				
1	Z-101-2-01	随机控制与非线性滤波的数学理论	汤善健（复旦大学）	彭实戈
2	Z-101-2-02	几类偏微分方程高效算法研究	黄云清（湘潭大学）	江　松
3	Z-101-2-03	Pinkall-Sterling 猜想和超曲面几何的研究	李海中（清华大学）	教育部

---

① 1993 年 10 月后，中国科学院学部委员改称中国科学院院士。

续表

序号	编号	项目名称	主要完成人	提名单位（专家）
4	Z-102-2-01	拓扑量子材料制备与量子特性的实验研究	贾金锋（上海交通大学） 钱　冬（上海交通大学） 刘灿华（上海交通大学） 高春雷（上海交通大学） 管丹丹（上海交通大学）	教育部
5	Z-102-2-02	超构表面对电磁波的调控	周　磊（复旦大学） 孙树林（复旦大学） 何　琼（复旦大学） 郝加明（复旦大学） 肖诗逸（复旦大学）	上海市
6	Z-102-2-03	铁基超导电子结构与磁相互作用的理论研究	卢仲毅（中国人民大学） 向　涛（中国科学院物理研究所） 马锋杰（中国科学院理论物理研究所） 闫循旺（中国科学院理论物理研究所） 高　淼（中国人民大学）	谢心澄 孙昌璞 陈仙辉
7	Z-102-2-04	CALYPSO晶体结构预测方法与应用	马琰铭（吉林大学） 王彦超（吉林大学） 吕　健（吉林大学） 刘寒雨（吉林大学） 王　晖（吉林大学）	教育部
8	Z-103-2-01	电化学表面增强拉曼光谱学研究	田中群（厦门大学） 任　斌（厦门大学） 李剑锋（厦门大学） 吴德印（厦门大学） 刘国坤（厦门大学）	万立骏 姚建年 徐红星
9	Z-103-2-02	石墨烯的可控生长及其性能调控	刘云圻（中国科学院化学研究所） 于　贵（中国科学院化学研究所） 武　斌（中国科学院化学研究所） 魏大程（中国科学院化学研究所） 陈建毅（中国科学院化学研究所）	北京市
10	Z-103-2-03	氧化氟烷基化反应	卿凤翎（中国科学院上海有机化学研究所） 储玲玲（中国科学院上海有机化学研究所） 陈　超（中国科学院上海有机化学研究所） 蒋信义（中国科学院上海有机化学研究所） 吴欣悦（中国科学院上海有机化学研究所）	上海市

续表

序号	编号	项目名称	主要完成人	提名单位（专家）
11	Z-103-2-04	功能染料稳定性强化原理与应用基础研究	朱为宏（华东理工大学） 郭志前（华东理工大学） 吴永真（华东理工大学） 解永树（华东理工大学） 赵春常（华东理工大学）	上海市
12	Z-103-2-05	固体催化剂结构缺陷调控方法和机理研究	巩金龙（天津大学） 马新宾（天津大学） 邹吉军（天津大学） 李兰冬（南开大学） 王　拓（天津大学）	谢在库
13	Z-104-2-01	碰撞型斑岩铜矿成矿理论	侯增谦（中国地质科学院地质研究所） 杨志明（中国地质科学院地质研究所） 高永丰（河北地质大学） 郑远川［中国地质大学（北京）］ 张洪瑞（中国地质科学院地质研究所）	毛景文 徐义刚 张宏福
14	Z-104-2-02	燃烧废气中氮氧化物催化净化基础研究	贺　泓（中国科学院生态环境研究中心） 余运波（中国科学院生态环境研究中心） 单文坡（中国科学院生态环境研究中心） 刘福东（中国科学院生态环境研究中心） 徐文青（中国科学院生态环境研究中心）	曲久辉 陶　澍 朱利中
15	Z-104-2-03	地表水热关键参数热红外遥感反演理论与方法	李召良（中国科学院地理科学与资源研究所） 唐伯惠（中国科学院地理科学与资源研究所） 唐荣林（中国科学院地理科学与资源研究所） 周成虎（中国科学院地理科学与资源研究所） 吴　骅（中国科学院地理科学与资源研究所）	农业农村部
16	Z-104-2-04	大气复合污染条件下新粒子生成与二次气溶胶增长机制	胡　敏（北京大学） 吴志军（北京大学） 何凌燕（北京大学深圳研究生院） 郭　松（北京大学） 黄晓锋（北京大学深圳研究生院）	教育部

序号	编号	项目名称	主要完成人	提名单位（专家）
17	Z-104-2-05	复杂地质过程的激光微区同位素研究	杨进辉（中国科学院地质与地球物理研究所） 杨岳衡（中国科学院地质与地球物理研究所） 谢烈文（中国科学院地质与地球物理研究所） 吴福元（中国科学院地质与地球物理研究所）	中国科学院
18	Z-105-2-01	大熊猫适应性演化与濒危机制研究	魏辅文（中国科学院动物研究所） 聂永刚（中国科学院动物研究所） 胡义波（中国科学院动物研究所） 吴 琦（中国科学院动物研究所） 詹祥江（中国科学院动物研究所）	周 琪 桂建芳 陈晔光
19	Z-105-2-02	组蛋白甲基化和小RNA调控植物生长发育和转座子活性的机制研究	曹晓风（中国科学院遗传与发育生物学研究所） 刘春艳（中国科学院遗传与发育生物学研究所） 宋显伟（中国科学院遗传与发育生物学研究所） 陆发隆（中国科学院遗传与发育生物学研究所） 刘 斌（中国科学院遗传与发育生物学研究所）	李家洋 韩 斌 林鸿宣
20	Z-105-2-03	多细胞生物细胞自噬分子机制及与神经退行性疾病的关系	张 宏（中国科学院生物物理研究所） 赵 燕（中国科学院生物物理研究所） 田 烨（北京生命科学研究所） 赵红玉（北京生命科学研究所） 李思慧（中国科学院生物物理研究所）	中国科学院
21	Z-105-2-04	动物流感病毒跨种感染人及传播能力研究	陈化兰（中国农业科学院哈尔滨兽医研究所） 施建忠（中国农业科学院哈尔滨兽医研究所） 邓国华（中国农业科学院哈尔滨兽医研究所） 杨焕良（中国农业科学院哈尔滨兽医研究所） 李雁冰（中国农业科学院哈尔滨兽医研究所）	黑龙江省

续表

序号	编号	项目名称	主要完成人	提名单位（专家）
22	Z-105-2-05	基于连锁不平衡及长单倍型分析的精神疾病关键基因精细定位研究	师咏勇（上海交通大学） 贺　林（上海交通大学） 李志强（上海交通大学） 贺　光（上海交通大学） 赵欣之（上海交通大学）	上海市
23	Z-106-2-01	数种新发自然疫源性疾病的发现与溯源研究	曹务春（中国人民解放军军事科学院军事医学研究院） 江佳富（中国人民解放军军事科学院军事医学研究院） 贾　娜（中国人民解放军军事科学院军事医学研究院） 方立群（中国人民解放军军事科学院军事医学研究院） 黎　浩（中国人民解放军军事科学院军事医学研究院）	邬堂春 李　松 汪　海
24	Z-106-2-02	抑郁症发病新机理及抗抑郁新靶点的研究	高天明（南方医科大学） 朱东亚（南京医科大学） 曹　鹏（中国科学院生物物理研究所） 朱心红（南方医科大学） 曹　雄（南方医科大学）	张　旭 叶玉如 陆　林
25	Z-106-2-03	炎症巨噬细胞的活化、调控及效应机制	周荣斌（中国科学技术大学） 江　维（中国科学技术大学） 彭　慧（中国科学技术大学） 王夏琼（中国科学技术大学） 田志刚（中国科学技术大学）	张学敏
26	Z-106-2-04	乙肝病毒变异和免疫遗传在肝细胞癌发生发展中的新机制	曹广文（中国人民解放军第二军医大学） 殷建华（中国人民解放军第二军医大学） 蒋德科（复旦大学） 屠　红（上海市肿瘤研究所） 余　龙（复旦大学）	钦伦秀 杨　晓 王陇德
27	Z-107-2-01	互联网视频流的高通量计算理论与方法	张勇东（中国科学院计算技术研究所） 颜成钢（中国科学院计算技术研究所） 谢洪涛（中国科学院计算技术研究所） 唐金辉（南京理工大学） 唐　胜（中国科学院计算技术研究所）	中国电子学会
28	Z-107-2-02	高功率微波击穿机理及抑制方法	常　超（西北核技术研究所） 陈昌华（西北核技术研究所） 陈怀璧（清华大学） 唐传祥（清华大学） 刘国治（西北核技术研究所）	中央军委科学技术委员会

续表

序号	编号	项目名称	主要完成人	提名单位（专家）
29	Z-107-2-03	时延系统的鲁棒控制理论与方法	徐胜元（南京理工大学） 张保勇（南京理工大学） 马 倩（南京理工大学） 林 参（香港大学） 张正强（曲阜师范大学）	教育部
30	Z-107-2-04	多模图像结构化稀疏表示与融合理论方法研究	李树涛（湖南大学） 方乐缘（湖南大学） 康旭东（湖南大学） 杨 斌（湖南大学）	湖南省
31	Z-107-2-05	动态系统运行安全性评估理论与方法	周东华（清华大学） 胡昌华（中国人民解放军火箭军工程大学） 司小胜（中国人民解放军火箭军工程大学） 徐正国（清华大学） 李 钢（清华大学）	教育部
32	Z-107-2-06	神经网络的若干关键基础理论研究	章 毅（四川大学） 周激流（四川大学） 吕建成（电子科技大学） 张 蕾（电子科技大学） 彭德中（电子科技大学）	四川省
33	Z-107-2-07	生产全流程多目标动态优化决策与控制一体化理论及应用	柴天佑（东北大学） 唐立新（东北大学） 刘腾飞（东北大学） 杨光红（东北大学） 王良勇（东北大学）	教育部
34	Z-108-2-01	磁性纳米材料构筑与多功能调控	侯仰龙（北京大学） 高 松（北京大学） 余 靓（北京大学） 马 丁（北京大学） 杨 策（北京大学）	教育部
35	Z-108-2-02	高性能纳米线储能材料与器件的制备科学和输运调控机制	麦立强（武汉理工大学） 徐 林（武汉理工大学） 赵云龙（武汉理工大学） 何 亮（武汉理工大学） 牛朝江（武汉理工大学）	张清杰 赵进才 黄云辉

续表

序号	编号	项目名称	主要完成人	提名单位（专家）
36	Z-108-2-03	低维半导体材料的能带结构与光子特性调控	潘安练（湖南大学） 邹炳锁（湖南大学） 段曦东（湖南大学） 李洪来（湖南大学） 庄秀娟（湖南大学）	湖南省
37	Z-108-2-04	动力学新模式的发现及在塑性非晶合金材料研发中的应用	白海洋（中国科学院物理研究所） 闻　平（中国科学院物理研究所） 孙保安（中国科学院物理研究所） 柳延辉（中国科学院物理研究所） 汪卫华（中国科学院物理研究所）	中国科学院
38	Z-108-2-05	不易成炭高分子材料的高效凝聚相阻燃体系构建及其作用机制	王玉忠（四川大学） 赵海波（四川大学） 邓　聪（四川大学） 胡小平（四川大学） 邵珠宝（四川大学）	教育部
39	Z-108-2-06	低维氧化物半导体同质/异质界面构建与应用基础研究	刘益春（东北师范大学） 徐海阳（东北师范大学） 张昕彤（东北师范大学） 邵长路（东北师范大学） 王中强（东北师范大学）	吉林省
40	Z-108-2-07	碳纳米管复合纤维锂离子电池	彭慧胜（复旦大学） 王永刚（复旦大学） 任　婧（复旦大学） 孙雪梅（复旦大学） 陈培宁（复旦大学）	杨玉良 杨　柏 樊春海
41	Z-109-2-01	海洋天然气水合物分解演化理论与调控方法	宋永臣（大连理工大学） 樊栓狮（华南理工大学） 赵佳飞（大连理工大学） 杨明军（大连理工大学） 孔宪京（大连理工大学）	谈和平 郭烈锦 樊建人
42	Z-109-2-02	特种焊接冶金机理与组织性能调控	冯吉才（哈尔滨工业大学） 曹　健（哈尔滨工业大学） 何　鹏（哈尔滨工业大学） 张洪涛（哈尔滨工业大学） 林铁松（哈尔滨工业大学）	工业和信息化部
43	Z-109-2-03	基于全寿命周期的钢管混凝土结构损伤机理与分析理论	韩林海（清华大学） 杨有福（福州大学） 杨　华（哈尔滨工业大学） 李　威（清华大学）	中国土木工程学会

续表

序号	编号	项目名称	主要完成人	提名单位（专家）
44	Z-110-2-01	复杂约束下结构优化设计理论与方法研究	郭　旭（大连理工大学） 程耿东（大连理工大学） 阎　军（大连理工大学） 张维声（大连理工大学）	中国力学学会
45	Z-110-2-02	软材料与生物软组织的表面失稳力学研究	冯西桥（清华大学） 曹艳平（清华大学） 李　博（清华大学） 王建山（清华大学） 黄世清（清华大学）	教育部

注：按照现行国家科学技术奖学科分类代码，101 代表数学学科组、102 代表物理与天文学学科组、103 代表化学学科组、104 代表地球科学学科组、105 代表生物学学科组、106 代表基础医学学科组、107 代表信息科学学科组、108 代表材料科学学科组、109 代表工程技术科学学科组、110 代表力学学科组。

参考文献

[1] 2019 年度国家科学技术奖励大会. 2019 年度国家最高科学技术奖获奖人. http://www. most. gov. cn/ztzl/gjkxjsjldh/jldh2019/[2020-10-08].
[2] 2019 年度国家科学技术奖励大会. 2019 年度国家自然科学奖获奖项目目录. http://www. most. gov. cn/ztzl/gjkxjsjldh/jldh2019/jldh19jlgg/202001/t20200103_150914. htm[2020-10-08].

Introduction to the 2019 State Preeminent Science and Technology Award and the State Natural Science Award

Wang Haixia

The 2019 National Top Science and Technology Award of China was awarded to two distinguished academicians，Prof. Huang Xuhua and Prof. Zeng Qingcun，for their outstanding achievements in their respective fields. Prof. Huang is one of the pioneers and founders of Chinese nuclear submarine industry. As an internationally renowned atmospheric scientist，Prof. Cheng is one of the founders of international numerical weather prediction. The 2019 National Natural Science Awards of China has been conferred on 46 projects.

5.8　2019年未来科学大奖获奖者简介

裴瑞敏

（中国科学院科技战略咨询研究院）

　　未来科学大奖设立于2016年，是由科学家、企业家群体共同发起的民间科学奖项。未来科学大奖关注原创性的基础科学研究，奖励在大中华区做出杰出科技成果的科学家（不限国籍）。奖项以定向邀约方式提名，并由优秀科学家组成的科学委员会进行专业评审，秉持公正、公平、公信的原则，保持评奖的独立性。未来科学大奖目前设置生命科学奖、物质科学奖和数学与计算机科学奖三大奖项，单项奖金为100万美金。

　　2019年9月7日，未来科学大奖科学委员会在北京公布2019年度获奖名单[1]。邵峰因其发现人体细胞内对病原菌内毒素脂多糖（lipopolysaccharide，LPS）炎症反应的受体和执行蛋白的贡献而摘得未来科学大奖生命科学奖；王贻芳、陆锦标因其在实验发现第三种中微子振荡模式，为超出标准模型的新物理研究，特别是解释宇宙中物质与反物质不对称性提供了可能的贡献而获得未来科学大奖物质科学奖；王小云在密码学中具有开创性贡献，其创新性密码分析方法揭示了被广泛使用的密码哈希函数的弱点，促成了新一代密码哈希函数标准，她因为这个成就荣膺未来科学大奖数学与计算机科学奖。

一、未来科学大奖生命科学奖

　　未来科学大奖生命科学奖获奖人邵峰（图1）发现了人体细胞内对病原菌内毒素LPS炎症反应的受体和执行蛋白。

　　人类与体内的细菌长期共存。大多数细菌能够与人体和平共处，帮助人们消化食物，甚至抵抗其他有害病原菌。机体的免疫系统如何区别有益细菌和有害细菌，从而有效地发起免疫反应，是生物学研究的重要问题。过去10年来，邵峰博士实验室对这个问题提供了系统回答。他们发现了几种特异识别侵入细菌的细胞浆型式识别分子，揭示了宿主细胞炎症反应中区别致病菌和非致病菌的分子机理。其中最重要的成果是，发现炎症蛋白水解酶caspase-4和caspase-5是细胞内识别内毒素LPS（革兰氏

图1　2019年度未来科学大奖生命科学奖获奖人邵峰

阴性菌细胞壁的脂多糖）的受体。细菌侵入宿主细胞可以直接与炎症 caspase-4/caspase-5 结合来激活细胞激素和焦亡模式的细胞死亡，促进细胞激素释放到血液，引起抗细菌的炎症反应。另外，邵峰实验室和 Vishva M. Dixit 实验室同时发现了 gasdermin 蛋白家族中的 gasdermin D 是炎症 caspase 的底物和细胞焦亡的执行者。基于焦亡模式的细胞死亡在宿主天然免疫的重要性，邵峰的发现为探索病原菌感染及相关疾病的预防和治疗提供了新的途径。

二、未来科学大奖物质科学奖

未来科学大奖物质科学奖获奖人王贻芳、陆锦标（图 2）在实验中发现第三种中微子振荡模式，为超出标准模型的新物理研究，特别是解释宇宙中物质与反物质不对称性，提供了可能。

王贻芳　　　　　　　　　　　陆锦标

图2　2019年度未来科学大奖物质科学奖获奖人王贻芳和陆锦标

王贻芳和陆锦标领导的大亚湾中微子实验合作组在中国广东大亚湾核电站附近首

次发现了一种新的电子中微子振荡模式，精确地测量了它们由于振荡现象而引起的消失概率。这种振荡模式的实验确立表明了中微子有可能破坏宇称与正反粒子联合对称性（CP）。物理学家普遍认为，新型 CP 破坏的存在是解释观测宇宙中物质远多于反物质及物质世界形成的必要条件。

中微子是一种在核衰变与核反应中释放的一种具有极其微弱相互作用的基本粒子。21 世纪初，日本与加拿大的科学家发现已知三种中微子之间的两种相互转化现象（或振荡），标志着中微子具有不为零的质量与存在超出当前粒子物理标准模型的相互作用，因而获得 2015 年度的诺贝尔物理学奖。但是，理论上存在的中微子第三种振荡却更加有趣，因为它预示着中微子振荡具有 CP 破坏的性质。但在 21 世纪的前10 年，物理学家认为第三种振荡可能非常微弱，甚至不存在。尽管如此，中国、法国、韩国、美国的粒子物理实验家都提出了实验方案，开展了一场高水平的科学竞赛。

王贻芳和陆锦标发现，高功率的中国大亚湾核电站作为反电子中微子源并配合周边的山脉作为地下实验室的屏蔽，是世界上最佳的实验场所。他们组织并领导合作组开展了一系列创新，包括设计和研制全同的探测器模块来消除系统误差、发展化学上极其稳定的钆掺杂有机液态闪烁体、高灵敏度的宇宙线甄别探测系统，使得大亚湾中微子实验具有世界最高灵敏度。2012 年 3 月，王贻芳和陆锦标代表大亚湾国际合作组宣布首次探测到中微子的第三种振荡模式。1 个月后，韩国的 RENO 实验证实了这个发现。

第三种中微子振荡的确立为未来的中微子实验研究指明了方向。新一代的国际中微子实验，包括测量三种中微子的质量顺序及中微子 CP 破坏的实验计划，都是根据大亚湾实验的结果设计的。王贻芳和陆锦标的实验发现将对未来粒子物理的发展产生深远的影响。

三、未来科学大奖数学与计算机科学奖

未来科学大奖数学与计算机科学奖获奖人王小云（图 3）在密码学中有开创性贡献。她的创新性密码分析方法揭示了被广泛使用的密码哈希函数的弱点，促成了新一代密码哈希函数标准。

密码哈希函数是大多数密码应用及系统的核心，如实现数据完整性验证及认证、数字签名、安全套接层（secure socket layer，SSL）、信息完整性、区块链等。密码哈希函数是一种将任意长度输入散列成固定长度摘要的一种函数，其重要属性是要在当前的计算能力下很难找到"碰撞"，也就是两个不同的输入散列到同一摘要。如果能

图3　2019年度未来科学大奖数学与计算机科学奖获奖人王小云

够很容易地找到哈希函数的碰撞，就意味着这个哈希函数是不安全的，那些使用它的应用程序也将被视为不安全的。

王小云教授提出了一系列针对密码哈希函数的强大密码分析方法——特别模差分比特分析法。她的方法攻破了多个以前被普遍认为是安全的密码哈希函数标准，并变革了如何分析和设计新一代密码哈希函数标准。2004年，王小云教授提出了模差分比特分析法，并演示了如何找到 MD5 密码哈希函数的真实碰撞。对于密码领域，这是一个意外的结果，因为 MD5 是应用非常广的密码哈希函数，在众多密码学家的10多年的攻击中没有发现碰撞。2005年，王小云教授和她的合作者扩展了这种分析方法，攻击了其他几个著名的散列函数，如 MD4、RIPEMD 和 HAVAL-128。同年，她和她的合作者发现的另一种方法能够在 2^{69} 次操作内找到另外一个应用非常广的密码哈希函数 SHA-1 的碰撞。后来，在王小云的另一篇论文中，她们进一步将操作减到在 2^{63} 次。2005年时，由于成本太高，不能对 SHA-1 运行实际攻击。12年后，其他学者根据王小云教授的方法在谷歌云上成功地运行了实际攻击，找到了 SHA-1 的真实碰撞。

王小云教授的工作导致工业界几乎所有软件系统中 MD5 和 SHA-1 哈希函数的逐步淘汰。她的工作推动并帮助了新一代密码哈希函数标准的设计，包括 SHA-3、BLAKE2 和 SM3。王教授主持了中国国家标准密码哈希函数 SM3 的设计。自2010年发布以来，SM3 已经被中国软件产品广泛使用。

四、未来科学大奖获奖名单

截至2019年年底，未来科学大奖共向16位科学家颁发奖项。2016~2018年的获奖名单如表1所示。

表 1 2016～2018 年未来科学大奖获奖名单

年份（届次）	奖项	获奖人	获奖原因
2016（第一届）	生命科学奖	卢煜明	表彰他基于孕妇外周血中存在胎儿 DNA 的发现，在无创产前胎儿基因检查方面做出的开拓性贡献
	物质科学奖	薛其坤	表彰他在利用分子束外延技术发现量子反常霍尔效应和单层铁硒超导等新奇量子效应方面做出的开拓性工作
2017（第二届）	生命科学奖	施一公	表彰他在解析真核信使 RNA 剪接体这一关键复合物的结构，揭示活性部分及分子层面机理的重大贡献
	物质科学奖	潘建伟	表彰他在量子光学技术方面的创造性贡献，使基于量子密钥分发的安全通信成为现实可能
	数学与计算机科学奖	许晨阳	表彰他在双有理代数几何上做出的极其深刻的贡献
2018（第三届）	生命科学奖	李家洋	表彰他以水稻株型和淀粉合成的分子机制设计培育高产优质水稻的开创性研究
		袁隆平	表彰他通过杂种优势显著提高水稻产量和抗逆性的开创性贡献
		张启发	表彰他通过水稻基因组学及杂种优势和杂种不育性分子机制的研究提高水稻产量的重大贡献
	物质科学奖	马大为 周其林 冯小明	表彰他们在发明新催化剂和新反应方面的创造性贡献，为合成有机分子，特别是药物分子提供了新途径
	数学与计算机科学奖	林本坚	表彰他开拓浸润式微影系统方法，持续扩展纳米级集成电路制造，将摩尔定律延伸多代

注：本表为作者根据 http：//www.futureprize.org/cn/laureates/list.html?listBy＝year 整理。

参考文献

[1] 未来科学大奖网站. 2019 未来科学大奖获奖名单公布：邵峰、王贻芳、陆锦标、王小云获奖. http://www.futureprize.org/cn/nav/detail/748.html[2020-09-08].

Introduction to the 2019 Future Science Prize Laureates

Pei Ruimin

The four winners of 2019 were announced by Future Science Prize Committee in Beijing on September 7，2019. The Prize in life sciences is awarded to Prof. Feng Shao for his seminal discoveries of cytosolic LPS receptors and downstream effectors in inflammatory responses to pathogenic bacteria". The Prize in physical sciences is awarded to Prof. Yifang Wang and Prof. Kam-Biu Luk for the experimental discovery of a new type of neutrino oscillations, which opens the door for new physics beyond the Standard Model of particle physics, particularly for new CP violation which could be the key to understanding the matter-antimatter asymmetry in the universe. The Prize in mathematics and computer science is awarded to Prof. Xiaoyun Wang for her seminal contributions to cryptography by innovating cryptanalysis methods to reveal weaknesses of widely used hash functions, which have enabled new generation of cryptographic hash function standards.

第六章

中国科学发展概况

A Brief of Science Development in China

6.1　面向世界科技强国
推动新时代基础研究高质量发展

李　哲　崔春宇　陈志辉　任家荣

（科技部基础研究司）

基础研究是整个科学体系的源头，是所有技术问题的总机关。党中央、国务院高度重视基础研究，习近平总书记多次强调基础研究的重要性。科技部坚决落实习近平总书记重要指示批示精神和党中央、国务院的重大决策部署，深化改革，创新管理，大力加强基础研究，不断推动基础研究工作开创新局面。

一、推动基础研究各项重大任务落实落地

1. 完善基础研究政策体系

2018 年，国务院印发《关于全面加强基础科学研究的若干意见》（国发〔2018〕4号，简称国发 4 号文），对新时代加强我国基础研究做出全面部署。为落实国发 4 号文，科技部会同有关部门制定出台《加强"从 0 到 1"基础研究工作方案》，推动解决我国基础研究缺少原创成果的问题；会同教育部研究形成《共同推进高校加强"从 0 到 1"基础研究行动方案》，推动高校加强基础研究；会同有关部门制定《新形势下加强基础研究若干重点举措》，优化基础研究布局，完善基础研究体制机制和环境建设。初步形成新时期加强基础研究的"1＋N"政策体系，为推进我国基础研究高质量发展、提升原始创新能力奠定了政策基础。

2. 加强基础研究顶层设计和战略研究

开展国家中长期科技发展规划基础研究及能力建设专题战略研究，研判国内外基础研究发展态势，形成加强基础研究的新思路和新举措，强化基础研究系统布局和前瞻谋划，支撑 2021～2035 年国家中长期规划及"十四五"国家基础研究发展规划编制。开展第六次国家技术预测，做好前沿交叉领域技术预测工作。

3. 持续强化基础研究项目系统部署

面向世界科学前沿和国家重大战略需求，在关系国计民生、长远发展的领域强化基础研究和应用基础研究系统部署。在国家重点研发计划中设立战略性前瞻性重大科学问题领域，先后启动实施干细胞及转化研究、量子调控与量子信息、纳米科技、蛋白质机器与生命过程调控、全球变化及应对、大科学装置前沿研究、合成生物学、发育编程及其代谢调节、变革性技术关键科学问题等9个基础研究重点专项，同时，组织实施国家磁约束核聚变能发展研究专项和国家质量基础的共性技术研究与应用重点专项，并在全链条一体化重点专项中加强基础研究和应用基础研究任务部署。2016～2019年，国家重点研发计划立项项目中基础研究类项目占比约为27%，涉及国拨经费约为220亿元。

落实中央决策部署，加快推动量子通信与量子计算机、脑科学与类脑研究等2个科技创新2030—重大项目启动实施。2019年年底，国务院常务会审议通过2个重大项目实施方案。

4. 加大对数学等基础学科倾斜支持

科技部会同相关部门先后印发《加强数学科学研究工作方案》《国家应用数学中心组建方案》（试行），支持北京、上海等13个地方建设首批国家应用数学中心，聚焦国家重大科技任务、重大工程、区域及企业发展重大需求中的数学问题，推进数学与工程应用、产业化对接融通。通过国家重点研发计划部署支持集成电路设计、DNA存储、数控机床等领域的应用数学研究，以及朗兰兹纲领、随机分析等重大前沿基础数学研究。

5. 不断推动国家科技创新基地建设发展

科技部依托高校、科研院所、企业等共建设了521个国家重点实验室。为进一步提升国家重点实验室原始创新和支撑引领经济社会高质量发展的能力，按中央决策部署，科技部开展重组国家重点实验室体系工作，研究提出《重组国家重点实验室体系方案》，构建基础研究、应用基础研究、前沿技术研究融通发展的国家重点实验室新体系。

优化调整国家科技资源共享服务平台，形成20个国家科学数据中心、30个国家生物种质与实验材料资源库。研究制定国家科技资源共享服务平台建设运行发展方案（2019～2025年）。

推动国家野外科学观测研究站建设发展，将原有的105个国家野外站优化调整为

98 个，发布《国家野外科学观测研究站建设发展方案（2019—2025）》。

6. 积极促进科技资源开放共享

科技部会同相关部门积极推动落实《关于国家重大科研基础设施和大型科研仪器向社会开放的意见》，陆续发布《国家重大科研基础设施和大型科研仪器开放共享管理办法》《国家科技资源共享服务平台管理办法》《促进国家重点实验室与国防科技重点实验室、军工和军队重大试验设施与国家重大科技基础设施的资源共享管理办法》，建设重大科研基础设施与大型科研仪器国家网络管理平台，联合财政部开展开放共享评价考核和后补助工作，会同财政部印发《中央级新购大型科研仪器设备查重评议管理办法》并开展新购大型科研仪器设备查重评议。落实《科学数据管理办法》，印发《科技计划项目科学数据汇交工作方案（试行）》，推进国家科技计划产生的科学数据向国家科技资源共享服务平台汇交。

7. 营造有利于基础研究发展的创新环境

科技部推动国家科技计划"放管服"改革，赋予科研人员更大科研自主权，简化项目管理流程，完善科研经费管理机制，推进经费使用"包干制"改革试点。持续深化评价制度改革，推动《关于深化项目评审、人才评价和机构评估改革的若干意见》《关于分类推进人才评价机制改革的指导意见》等文件落实落地，会同财政部印发《破除科技评价中"唯论文"不良导向的若干措施（试行）》，积极开展清理"四唯"专项行动。大力弘扬科学家精神，制定《关于弘扬科学家精神加强作风和学风建设的意见》，营造心无旁骛、脚踏实地奋斗的良好环境，支持更多科技人员特别是青年人才勇闯科研"无人区"。

二、新时期基础研究整体水平显著提升

在党中央的坚强领导下，在全体科技工作者的共同努力下，新时期我国基础研究的整体水平显著提高，国际影响力日益提升，支撑引领经济社会发展的作用不断增强，已进入从量的积累向质的飞跃、从点的突破向系统能力提升的关键阶段。

1. 基础研究经费投入持续增长

基础研究经费投入从 2011 年的 411.8 亿元增到 2019 年的 1335.6 亿元，年均增幅 15.8%。2019 年，基础研究经费占 R&D 经费的比重为 6.03%，延续了 2014 年以来稳步回升的态势，达到历史最高水平。

2. 学科发展呈现良好态势

各学科领域国际科技论文数量与被引用次数均持续增长。2019年，材料科学、化学、工程技术等3个领域的论文被引用次数排名世界第1位，农业科学、生物与生物化学、计算机科学、环境与生态学、地学、数学、药学与毒物学、物理学、植物学与动物学等9个学科领域论文被引次数排名世界第2位。

3. 基础研究人才队伍不断壮大

基础研究人员全时当量2018年达到30.5万人年，较2011年增长50%以上。科睿唯安公布的"全球2019年高被引科学家"，我国有735人次入选，首次取代英国居世界第2位。涌现出一批高水平研究团队，如赵忠贤高温超导团队、陈和生散裂中子源团队、潘建伟量子信息团队、薛其坤拓扑绝缘量子态团队、蒲慕明神经科学团队、骆清铭脑成像团队、周琪干细胞团队、邓宏魁干细胞团队、李家洋水稻分子遗传团队等。

4. 重大科研基础设施建设不断加强

重大科研基础设施规模持续增长，覆盖领域不断拓展，布局更加合理，涵盖包括物理学、地球科学、生物学、材料科学、力学和水利工程等20多个一级学科，涉及时间标准发布、遥感、粒子物理与核物理、天文、同步辐射、海洋、能源和国家安全等众多领域。目前已布局建设55个国家重大科技基础设施，在科技创新和经济发展中发挥了引领作用。

5. 科技资源开放共享水平显著提高

建成科研设施与仪器国家网络管理平台并上线运行，至2019年年底，全国4000家单位的10.2万台（套）大型科研仪器和82个重大科研基础设施纳入国家网络管理平台统一对外开放。2019年，科技部会同财政部等相关部门完成25个部门344家单位的4.2万台仪器开放共享评价考核和后补助工作，取得良好的社会反响。

6. 基础研究国际化水平不断提升

我国科学家在国际热核聚变实验堆（International Thermonuclear Experimental Reactor，ITER）、平方公里射电阵（Square Kilometre Array，SKA）、大型强子对撞机（Large Hadron Collider，LHC）等重大国际科学研究计划中的参与度不断加深，发挥的作用日益突出。一批科学家在国际学术组织和学术期刊担任重要职务。

7. 重大原创成果加速涌现

我国基础研究原创成果正处于从"点"的突破到"线"和"面"的爆发的重要时期。首次观测到非常规新型手性费米子；首次观测到三维量子霍尔效应；发现手性螺环催化剂，将手性分子的合成效率提至新高度；实现体外培养人类成体肝脏细胞功能长期维持；成功解析非洲猪瘟病毒三维结构及组装机制；基于体细胞核移植技术成功克隆出猕猴；首次构建出小鼠-大鼠异源杂合二倍体胚胎干细胞；实现原子级石墨烯可控折叠；开发出世界首款异构融合类脑计算芯片"天机芯"；在青藏高原发现丹尼索瓦人化石等。

一批应用基础研究成果竞相涌现，基础研究支撑和引领经济社会发展的作用不断增强。纳米孪晶金属结构的发现将有效提高金属材料的强度和可塑性；煤基合成气一步法高效生产低碳烯烃，成功完成大型工业化中试试验，顺利推进产业化进程；干细胞治疗脊髓损伤、人口出生缺陷无损基因筛查等已经成功实现临床应用；禽流感、埃博拉、寨卡等病毒的分子机制和传播机理的破解为全球相关重大传染病防控提供了重要支撑。

三、全面加强基础研究的主要考虑

当前，我国基础研究发展面临的国内外环境发生了深刻、复杂变化，经济全球化遭遇逆流，科技创新合作中的风险挑战显著增加，我国进入高质量发展阶段，经济发展、社会进步、人民健康和国家安全等领域对基础研究不断提出新的需求。在新形势下，科技部将会同有关部门，以习近平新时代中国特色社会主义思想为指导，面向世界科技前沿、面向经济主战场、面向国家重大需求、面向人民生命健康，以服务国家重大战略和支撑引领高质量发展为主线，建长板、补短板，全面加强基础研究，大幅提升原始创新能力，为创新型国家和世界科技强国建设提供强大支撑。

1. 加强顶层设计和系统谋划

面向未来 15 年科学前沿发展趋势及国家重大需求，在 2021～2035 年国家中长期科技发展规划中加强基础研究系统布局。编制"十四五"国家基础研究专项规划，结合当前形势需求，提出未来 5 年的总体思路、目标要求、重点任务和政策举措。

2. 强化基础研究系统部署

全面布局各学科领域，对数学、物理、化学、生物等基础学科给予更多倾斜，鼓励跨学科研究，促进多学科交叉融合，注重培育新兴学科，支持边缘学科、冷门学科和薄弱学科发展。瞄准科学前沿，在物态调控、合成生物学、干细胞、生物大分子与微生物组、发育编程、地球系统与全球变化、催化科学、引力波、纳米前沿等关系长远发展的领域强化前瞻部署，抢占科技制高点。面向国家重大需求，在工业软件、高性能计算、先进结构与复合材料、微纳电子、智慧农业、重大传染病防治等领域强化应用基础研究，推动关键核心技术突破。加快推进量子通信与量子计算机、脑科学与类脑研究等科技创新2030—重大项目启动实施。

3. 建立符合科学规律的基础研究管理模式

完善基础研究任务形成机制，组织行业部门、企业、战略研究机构和科学家共同凝练国家安全、经济社会发展与生产一线的重大科学问题。建立原创项目专门立项通道，创新项目遴选机制。改进基础研究项目实施管理，进一步简化项目申报和过程管理，减少项目实施周期内的评估检查。加快推进基础研究项目经费使用"包干制"改革。

4. 完善国家科技创新基地体系

根据中央决策部署，重组国家重点实验室体系，构建布局合理、治理有效、创新能力强，基础研究、应用基础研究、前沿技术研究融通发展的国家重点实验室新体系。建立国家重点实验室提出和牵头组织承担国家重大科研任务的机制。推进国家科技资源共享服务平台建设，建设一批国家科学数据中心和国家科技资源库（馆）。完善国家野外科学观测研究站布局，择优遴选一批具有区域代表性、基础条件优势明显、科学研究队伍优秀的部门或地方野外站建设国家野外站。

5. 建立有利于原始创新的评价制度

完善以创新质量和学术贡献为核心的分类评价体系，坚决破除"四唯"倾向，推行代表作评价制度，探索长周期评价和国际同行评价。对基础研究项目的评价，重点评价新发现、新原理、新方法的原创性和科学价值。对应用基础研究项目的评价，重点评价解决经济社会发展和国家安全重大需求中关键科学问题的效能和应用价值。

6. 强化对基础研究的长期稳定支持

完善基础研究投入机制，加大对重点基础研究项目、重点团队和科研基地的长期稳定支持。对在重大原创性突破过程中急需解决的关键问题实行滚动立项，适当延长资助周期。充分发挥中央高校、中央级科研事业单位基本科研业务费的作用，支持高校、科研院所围绕国家重大需求加强自主科研布局，稳定支持一批青年科研团队开展长期深入研究。

7. 推动企业加强基础研究

积极吸纳企业参与国家科技计划重大基础研究任务凝练，支持企业牵头组织实施有明确应用前景的基础研究项目；鼓励企业与高校、科研院所开展利益共享、风险共担的实质性合作，共建各类研发机构；支持行业领军企业、转制科研院所牵头或参与建设产学研联合共建国家重点实验室；发挥国家自然科学基金企业联合基金的平台作用，引导企业投入基础研究；研究引导企业加大基础研究投入的税收优惠政策。

8. 推动科技资源开放共享

加强国家科技资源共享服务平台建设，做好科技资源公益性、基础性服务；持续开展中央级高校和科研院所重大科研基础设施与大型科研仪器开放共享评价考核，推动科研设施与仪器更好地为科技创新和社会服务；完善科学数据资源汇集管理和开放共享服务政策与机制，形成一批基础性、战略性、国际领先的国家科学数据资源库，提升科学数据全生命周期安全有效管理与高效服务能力。

9. 提高基础研究国际化水平

深化政府间科技合作，完善与"创新大国"和"关键小国"的基础研究合作机制；积极参与并探索牵头发起国际大科学计划和大科学工程；聚焦基础前沿领域，加快布局建设一批"一带一路"联合实验室；加大国家科技计划开放力度，推动外籍科学家参与国家科技计划顶层设计和项目管理，吸引国际高端人才来华开展联合研究；积极拓展基础研究人才国际交流合作渠道。

Towards to the World's Science and Technology Powers, Promoting the High-Quality Development of Basic Research in New Era

Li Zhe ,Cui Chunyu ,Chen Zhihui ,Ren Jiarong

In 2019, the Ministry of Science and Technology (MOST) fully implemented the spirit of the important address and instructions given by General Secretary Xi Jinping and important decisions and deployments of the Chinese Party Central Committee and the State Council. It has improved the policy system of basic research, strengthened top-down design and strategic studies of basic research, continuously enhanced the systematic deployment of basic research projects, pumped more resources into basic science such as math, promoted the construction and development of the national scientific and technological innovation bases, fostered the innovative environment favorable to basic research, and continuously promoted basic research work to open up new prospects. The overall level of basic research has improved significantly in the new era. Basic research is playing an increasingly significant role in supporting and leading the development of economic society. It has entered the key phase in which it is moving from quantitative accumulation to qualitative leap, from a breakthrough in one area to its systematic capability improvement.

6.2　2019 年度国家自然科学基金项目申请与资助情况综述^①

郝红全　郑知敏　李志兰　刘益宏　于　璇
雷　蓉　王　岩　车成卫　王长锐
（国家自然科学基金委员会计划局）

2019 年，国家自然科学基金委员会（简称"自然科学基金委"）以习近平新时代中国特色社会主义思想为指导，深入贯彻党的十九大和十九届二中、三中、四中全会精神，按照《国务院关于全面加强基础科学研究的若干意见》《关于深化项目评审、人才评价、机构评估改革的意见》《关于进一步弘扬科学家精神加强作风和学风建设的意见》等文件的要求和部署，聚焦"明确资助方向、完善评审机制、优化学科布局"三大改革任务，扎实推进改革试点，进一步加强规范管理，不断改进项目评审，按计划完成了全年各类国家自然科学基金（简称"科学基金"）项目的申请、受理、评审和资助工作。

一、项目申请与受理情况

2019 年，科学基金项目申请量继续大幅增加，全年共接收各类项目申请 250 630 项，比 2018 年增加 11.22%。其中，在项目申请集中接收的 3 月 1～20 日，共接收 2364 个依托单位提交的 16 类项目申请 240 711 项，同比增加 25 844 项，增幅为 12.03%。经初步审查，2019 年全年接收的项目申请中，共受理 246 308 项、不予受理 4322 项，不予受理占接收项目申请总数的 1.72%。在不予受理的项目申请中，申请代码或研究领域选择错误，不属于本学科项目指南资助范畴，未按要求提供证明材料、推荐信、导师同意函、知情同意函、伦理委员会证明等是 3 个主要的不予受理原因。

根据《国家自然科学基金条例》（以下简称《条例》）的要求，共受理复审申请 589 项。经审查，维持原不予受理决定的有 479 项；认为原不予受理决定有误、重新

---

① 本文已经发表于《中国科学基金》2020 年第 34 卷第 1 期的 46～49 页，此次略有修改。

送审的有 110 项，占全部不予受理项目的 2.55%。自然科学基金委在项目申请阶段按照《贯彻落实习近平总书记在两院院士大会上重要讲话精神开展减轻科研人员负担专项行动方案》要求，进一步减轻申请人和依托单位管理人员的负担。一是将青年科学基金项目纳入无纸化申请范围，深入推进项目无纸化申请工作。二是进一步简化项目申请材料要求。例如，申请国家杰出青年科学基金项目和创新研究群体项目时，不需要再提供学术委员会或专家组推荐意见；在站博士后人员作为申请人申请面上项目、青年科学基金项目和地区科学基金项目时，不需要再提供依托单位承诺函；进一步简化申请书和计划书中的预算编制要求，取消劳务费预算明细表等。通过上述措施，进一步深化了科学基金"放管服"改革，提高了科学基金服务广大科研人员和依托单位的能力和质量。

二、项目评审情况

2019 年，科学基金项目评审工作严格按照《条例》、各类项目管理办法和有关规定的要求进行，评审工作总体呈现以下特点。

一是试点分类评审工作取得初步成效。2019 年，自然科学基金委选择重点项目和部分学科面上项目试点开展基于四类科学问题属性的分类评审工作。各科学部按照新时期科学基金资助导向要求，完成了对 22 763 项面上项目申请和 3 725 项重点项目申请的评审工作。

二是落实代表作评价制度，避免项目评审中的"唯论文、唯职称、唯学历、唯奖项"倾向。将申请人和主要参与者简历中所列的代表性论著数目上限由 10 篇减少为 5篇，论著之外的代表性研究成果和学术奖励数目由原来的不设上限改为设置上限为 10项，进一步引导评审专家关注和评价申请人、主要参与者的标志性学术贡献。

三是全面实施公正性承诺制度。2019 年年初，自然科学基金委发布《关于各方严肃履行承诺营造风清气正评审环境的公开信》，强化实施四方承诺制度，努力营造公平公正、风清气正的评审环境。

三、项目资助情况

经过评审和审批程序，自然科学基金委 2019 年共批准资助项目 45 281 项，直接费用为 2 877 970.51 万元。

1. 四类科学问题属性分类评审项目资助情况

2019 年，自然科学基金委按照新时期科学基金资助导向，选择重点项目和部分学科的面上项目试点开展基于四类科学问题属性的分类评审工作。四类科学问题属性分别为：鼓励探索、突出原创，聚焦前沿、独辟蹊径，需求牵引、突破瓶颈，共性导向、交叉融通。自然科学基金委组织专家按照不同科学问题属性项目的评审要点，在17个试点学科的面上项目申请中遴选出4358个项目予以资助，在全部重点项目申请中遴选出743个项目予以资助。

从试点工作开展情况来看，基于四类科学问题属性的分类评审，有利于申请人更加深入地思考研究工作的特征和针对性，同时也可以使评审专家更精准地遴选创新性项目。但是，试点工作还存在部分申请人和评审专家对四类科学问题属性内涵的理解和把握不够准确、认识不够一致的问题。下一步，自然科学基金委将按照科学基金升级版改革方案部署，通过提供典型案例、制作宣讲视频等多种方式，进一步做好四类科学问题属性的宣讲工作，使广大申请人和评审专家更加准确地理解新时期科学基金资助导向。

2. 稳定支持前沿探索，促进基础研究可持续发展

稳定对面上项目、青年科学基金项目和地区科学基金项目的支持力度，资助研究人员自主选题开展自由探索，推动学科均衡、协调和可持续发展，为我国基础研究繁荣发展夯实知识和人才储备。2019年，科学基金共资助面上项目18 995项，直接费用为1 112 699万元；资助青年科学基金项目17 966项，直接费用为420 795万元；培养和扶植地区科学基金资助范围的科学技术人员，稳定和凝聚了一批优秀人才，资助地区科学基金项目2 960项，直接费用为110 486万元。

3. 面向科学前沿和国家重大需求，强化前瞻部署

科学基金强化支持科研人员针对已有较好基础的研究方向或学科生长点开展深入、系统的创新性研究，力争在若干前沿领域取得突破。

2019年，科学基金资助重点项目743项，直接费用为221 840万元。资助项数比2018年增加42项，增幅为5.99%；平均资助强度为298.57万元/项，比2018年增加1.88%。2019年，科学基金资助重大项目46项（课题200项），平均资助强度为1926.01万元/项，共资助直接费用88 596.36万元。新启动了4个重大研究计划，分别为"团簇构造、功能及多级演化""战略性关键金属超常富集成矿动力学""功能基元序构的高性能材料基础研究"和"后摩尔时代新器件基础研究"。2019年，29个重大研究计划共资助项目526项，资助直接费用100 150.46万元。

聚焦国家重大需求中的核心科学问题及科学前沿，资助国内相关领域最具优势和影响力的研究团队开展创新研究，努力建设具有重要国际影响力的学术高地。2019

年，自然科学基金委批准资助"非线性力学的多尺度问题研究"等13个基础科学中心项目，每个项目资助的直接费用为8000万元（管理科学部为6000万元），合计资助直接费用102 000万元。

面向科学前沿和国家需求，科学基金以科学目标为导向，资助科研人员开展原创性科研仪器或核心部件的研制工作，为科学研究提供先进的工具和手段。2019年，科学基金资助国家重大科研仪器研制项目（自由申请）82项，直接费用58 350.68万元；资助国家重大科研仪器研制项目（部门推荐）3项，直接费用19 990.08万元。

4. 优化人才资助体系，扩大优秀人才支持规模

2019年，科学基金进一步优化人才资助体系，优化调整创新研究群体项目的资助管理模式，在资助强度保持不变的情况下，创新研究群体项目资助期限由6年缩短为5年，并取消在研项目和新批准项目的延续资助。自2019年起，科学基金不再设立海外及港澳学者合作研究基金两年期资助项目；自2020年起，科学基金不再设立海外及港澳学者合作研究基金延续资助项目。

2019年，根据当前基础研究人才的规模和总体水平，科学基金在保证项目遴选质量的前提下，扩大对创新研究群体项目和优秀青年科学基金项目的资助规模。

2019年，科学基金资助创新研究群体项目45项，比2018年增加7项，直接费用44 580万元；资助优秀青年科学基金项目600项，比2018年增加200项，直接费用74 740万元。

经报请国务院同意，国家杰出青年科学基金的资助规模由原来的每年200项增至每年300项。2019年，科学基金资助国家杰出青年科学基金项目296项，资助经费116 120万元。

为加强对香港、澳门特别行政区优秀科研人员的支持，2019年，科学基金首次面向香港、澳门特别行政区的8家依托单位的科研人员试点开放优秀青年科学基金项目（港澳）申请，资助优秀青年科学基金项目（港澳）25项，直接费用3250万元。

5. 引导多元投入，促进政产学研用协同创新

2019年，自然科学基金委开启联合基金资助新模式，区域创新发展联合基金和企业创新发展联合基金开始实施。新时期联合基金旨在引导与整合政府、行业、企业及个人等社会资源投入基础研究，吸引和集聚全国优势科研力量，围绕区域、行业、企业的紧迫需求，聚焦关键领域中的核心科学问题、新兴前沿交叉领域中的重大科学问题开展前瞻性基础研究，培养科学与技术人才，逐步建立基础研究多元投入机制，促进区域创新体系建设，推动产业及重要领域自主创新能力的提升。

新时期，联合基金得到了地方政府、企业和行业部门的高度关注和大力支持。截至目前，四川、湖南、安徽、吉林、广东、浙江、湖北、青海、辽宁、宁夏、黑龙江、西藏、广西、北京、重庆、河北共计 16 个省（自治区、直辖市）加入了区域创新发展联合基金，计划在协议期内投入经费 49.80 亿元，自然科学基金委匹配 16.60 亿元，合计投入经费 66.40 亿元；中国石油化工股份有限公司、中国海洋石油集团有限公司、中国电子科技集团有限公司、中国航天科技集团公司、中国广东核电集团有限公司等 5 家企业加入企业创新发展联合基金，计划协议期内投入经费 10.94 亿元，自然科学基金委匹配约 2.74 亿元，合计投入经费约 13.68 亿元。并且，自然科学基金委也在稳步扩大与行业部门的联合资助工作，先后与中国工程物理研究院、中国民用航空局、水利部和中国长江三峡集团有限公司、中国通用技术研究院等部门达成合作意向。新时期，4 个行业联合基金共投入经费 11.50 亿元，其中行业部门投入 8.00 亿元，自然科学基金委匹配 3.50 亿元。

连同正在实施的其他联合基金，2019 年，自然科学基金委有 27 个联合基金实施，共接收申请 5729 项，资助联合基金项目 925 项，直接费用约 18.51 亿元。

6. 优化资金管理

2019 年，自然科学基金委进一步简化申请书和计划书中的预算编制要求，取消了劳务费预算明细表。在预算说明中，自然科学基金委只要求对各项支出的主要用途和测算理由及合作研究外拨资金、单价 10 万元以上的设备费等内容进行必要说明。

对于 60 家试点依托单位，2019 年获批准的优秀青年科学基金项目、创新研究群体项目和海外及港澳学者合作研究基金延续资助项目，资助经费试点采用新的结构。其中：①优秀青年科学基金项目的直接费用为 120 万元、间接费用为 30 万元；②创新研究群体项目的直接费用为 1000 万元、间接费用为 200 万元（数学、管理领域的直接费用为 670 万元、间接费用为 170 万元）；③海外及港澳学者合作研究基金延续资助项目的直接费用为 160 万元、间接费用为 40 万元。

为落实 2019 年政府工作报告中提出的"开展项目经费使用'包干制'改革试点，不设科目比例限制，由科研团队自主决定使用"[1] 的要求，自然科学基金委、科技部和财政部印发《关于在国家杰出青年科学基金中试点项目经费使用"包干制"的通知》。通知要求，国家杰出青年科学基金项目试点经费使用"包干制"，项目经费不再分为直接费用和间接费用；实行项目负责人承诺制，项目负责人承诺尊重科研规律，弘扬科学家精神，遵守科研伦理道德和作风学风诚信要求；承诺项目经费全部用于与本项目研究工作相关的支出，不截留、挪用、侵占，不用于与科学研究无关的支出。项目申请人提交申请书和获批项目负责人提交计划书时均无需编制项目预算。

四、2020年工作展望

2020年是推进科学基金改革发展的关键之年。自然科学基金委将重点推进以下工作：深入推进基于四类科学问题属性的分类申请与评审，遴选符合新时期科学基金资助导向的创新性项目；启动实施原创探索计划，引导和激励科研人员投身原创性基础研究工作；推进人才资助体系升级计划，优化科学基金人才资助体系；试点开展申请代码调整，优化科学基金学科布局；持续优化项目管理，减轻依托单位科学基金管理人员和科研人员负担；进一步拓展基础研究多元投入，扩大联合基金资助规模；持续优化经费管理，调整部分项目类型的经费资助结构，做好国家杰出青年科学基金项目试点经费使用"包干制"政策落实工作；试点开展"负责任、讲信誉、计贡献"评审机制，提高评审工作质量；实施科学基金学风建设行动计划，营造良好学术生态等。

自然科学基金委将认真学习领会习近平总书记关于科技创新和基础研究的重要论述精神，深入落实党中央、国务院重大决策部署，按照科学基金升级版改革方案要求，系统实施科学基金改革，不断优化科学基金项目评审、资助和管理工作，努力建设理念先进、制度规范、公正高效的新时代科学基金体系，推动我国基础研究高质量发展，为建设世界科技强国奠定坚实基础。

参考文献

[1] 国务院总理李克强. 政府工作报告——2019年3月5日在第十三届全国人民代表大会第二次会议上. http://www.gov.cn/premier/2019-03/16/content_5374314.htm[2019-11-10].

Proposal Application and Funding of NSFC in 2019：An Overview

Hao Hongquan，Zheng Zhimin，Li Zhilan，Liu Yihong，Yu Xuan，
Lei Rong，Wang Yan，Che Chengwei，Wang Changrui

This article gives a summary of proposal applications，peer review and funding of National Natural Science Fund in 2019. In 2019，the total amount of direct cost is about 28. 78 billion Yuan，and funding statistics for various kinds of projects are listed.

6.3　中国科学五年产出评估（2015～2019 年）

——基于 WoS 数据库论文的统计分析

翟琰琦[1]　刘小慧[1,2]　岳　婷[1,2]　廖　宇[1,2]　杨立英[1]

（1. 中国科学院文献情报中心；

2. 中国科学院大学经济与管理学院图书情报与档案管理系）

基础研究是科学之本、技术之源，是科技进步的先导，是自主创新的源泉[1]。近年来，中国在世界科技舞台上发展迅速，科研规模和科研效率不断达到新的高度。一方面，诺贝尔奖等国际奖项的获得作为里程碑事件，不断彰显出中国科研成果质量得到国际同行的进一步认可；另一方面，中国在重大国际事件上也做出了突出贡献。以此次全球抗"疫"、科技攻关战"疫"应对"新冠"病毒为例，新冠疫情发生后，我国科研人员快速响应，短短几天内完成了病原体分离、基因测序等工作，这正是近年来我国基础研究厚积薄发的见证，同时也通过中国力量告诉世界，人类同疾病较量最有力的武器就是科学技术。

基础研究的成果多以学术论文的形式发布和传播，本文采用定量分析的方法，以学术论文为分析依据，用量化的方式见证中国科学的发展历程，并揭示发展中存在的问题，以期为中国科研决策层全面把握国家科研实力、前瞻制定和部署学科发展规划提供参考。

一、数据来源与方法

本文中的定量分析数据来自科睿唯安公司（Clarivate Analytics）的 Web of Science 数据库中的科学引文索引（Science Citation Index，SCI）数据，选取国际上科研体量最大的 9 个国家（美国、英国、德国、日本、印度、加拿大、意大利、法国和澳大利亚）与中国进行对比，解读中国科学的发展态势。本文的数据统计口径如下：文献类型为论文（article）和评述（review）；中国论文包含香港、澳门地区的论文；统计时间窗为 2010～2019 年；数据收集时间为 2020 年 9 月 28 日。

二、整体态势

1. 产出规模

科研规模是支撑国家科学技术进步的基础，论文数量可以从产出角度反映科学研究的规模。

从论文产出规模来看，自2010年以来，中国的论文数量呈现爆发式增长的态势，年均增长率[①]高达15.3%，远超美国、英国、德国、日本4国的2%～5%，在世界科学舞台上表现突出。2010年，中国产出的SCI论文数约为13.9万篇；同期，美国产出的SCI论文数约为34.4万篇；美国产出的SCI论文数约是中国产出的SCI论文数的2.5倍，中国、美国两国的差距明显。2019年，中国产出的SCI论文数首次超过美国产出的SCI论文数，达到49.9万篇。从美国、中国产出的SCI论文数量10年的发展态势来看，美国的研究规模保持领先地位，而中国增长迅速，实现了从逐步缩小差距到最终的超越（图1）。

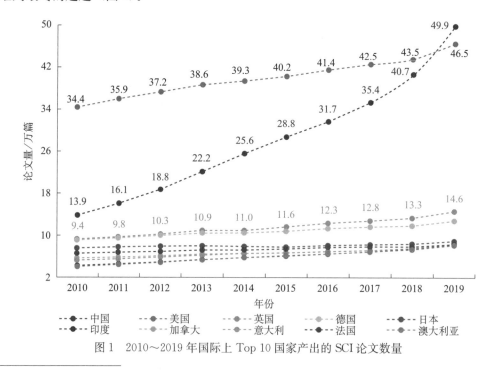

图1　2010～2019年国际上Top 10国家产出的SCI论文数量

---

① 年均增长率指复合年均增长率。

　　除了从产出的论文数量进行测度，国家的科研规模也可以从本国产出的论文数量在世界论文总量中的相对份额进行度量。前者可以反映一个国家科研活动的绝对规模，而后者则可以描述这个国家在全球总体研究规模发生变化背景下的相对研究规模。例如，在全面评估中国科研成果数量快速增长的同时，既要认清中国绝对科研规模不断扩大的事实，也要考虑 Web of Science 数据库收录论文总量逐年增加这一背景。为了消除数据库论文总量增长对国家论文总量变化的影响，本文引入论文世界份额指标以测度中国的相对研究规模。

　　从产出 SCI 论文的世界份额来看，中国产出 SCI 论文数量的世界份额从 2010～2014 的 14.2% 增长到 2015～2019 年的 22.0%，增加了 7.8 个百分点；同期，美国产出 SCI 论文数量的世界份额则由 27.3% 降至 25.3%，减少了 2 个百分点；2015～2019 年间，中国、美国产出 SCI 论文数量的世界份额差距缩到 3.3 个百分点，中国的快速崛起已对美国产生了可见的影响。其余 Top 10 国家产出 SCI 论文数量的世界份额保持在 3%～8%，且前后两个 5 年期 SCI 论文数量的世界份额变化不大（图 2）。

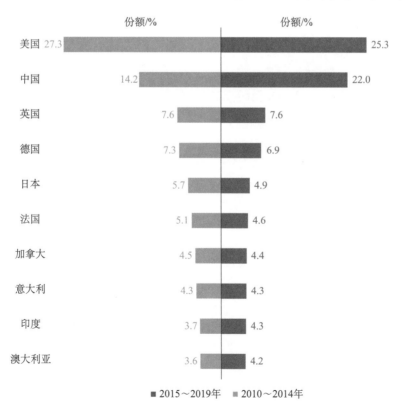

图 2　2010～2014、2015～2019 年 Top 10 国家产出 SCI 论文数量的世界份额

2. 学术影响

论文的被引频次反映出论文发表之后受同行关注的程度，是测度成果学术影响力的基础数据。国家的被引频次指标从国家整体发文的角度来描述国家的学术影响力，但受产出规模的影响较大。篇均引文指标（总被引频次/总论文数）是对产出规模归一化处理之后的影响力指标。学科规范化的引文影响力（category normalized citation impact，CNCI）指标是科睿唯安公司提供的学科归一化后的篇均引文指标，即研究对象的论文平均被引次数与相同学科、相同年份、相同类型论文平均被引次数的比值。该指标旨在对不同学科引用规律的差异进行标准化处理。CNCI 值≥1，表示论文的影响力达到或超过了世界平均水平。

从 CNCI 指标得分来看，中国的 CNCI 得分由 2010～2014 年的 1.03 升到 2015～2019 年的 1.15，略高于日本（0.95）和印度（0.88），且高于世界基线。这表明，中国产出的论文影响力已经超过了世界平均水平。而其他 Top 10 国家（日本、印度除外）的 CNCI 得分始终高于 1.2，一直保持世界领先的学术影响力水平。日本和印度的 CNCI 得分则一直低于世界平均水平。从两个 5 年期的变化来看，除美国的 CNCI 得分有所下降以外，其他国家的 CNCI 得分均有所上升，其中中国的上升幅度最大（0.12）。综上所述，中国在后一个 5 年期虽然进步明显，但与科技强国仍然存在差距，因此，中国的科学研究在产出规模扩张的同时，需要进一步关注学术质量的提升（图 3）。

3. 重要成果

从科学研究发展规律来看，关键突破往往取决于为数不多的重要成果的推动。一般情况下，绝大多数重要成果在发表后都能获得较高的同行关注度，得到较多的引用。因此，被引频次可以在一定程度上反映成果的重要性。本文将被引频次居于前 1% 的论文视为高被引论文，并以此为依据揭示中国重要成果的产出能力的表现。

在高被引论文产出方面，中国取得了新的突破。2015～2019 年，中国的高被引论文数量达到 2.5 万篇，仅低于美国（3.8 万篇）。中国、美国的高被引论文数量差距由 2010～2014 年的 1∶3.5 降到 2015～2019 年的 1∶1.5，中国进一步缩小了与排名世界第一的美国之间的差距。其余 Top 10 国家的高被引论文数量相对较少，约为 0.2 万～1.5 万篇，且前后两个 5 年期变化不大（图 4）。

高被引论文数量反映了重要成果产出的绝对规模，高被引论文数量占本国论文总数的份额，即高被引论文的本国份额，可以揭示其产出效率。国家的产出效率越高，说明该国用相对较少的论文产出了相对较多的高被引论文。本文中高被引论文的遴选

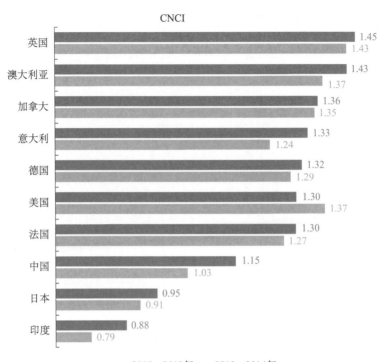

图 3 2010～2019 年 Top 10 国家的 CNCI 得分

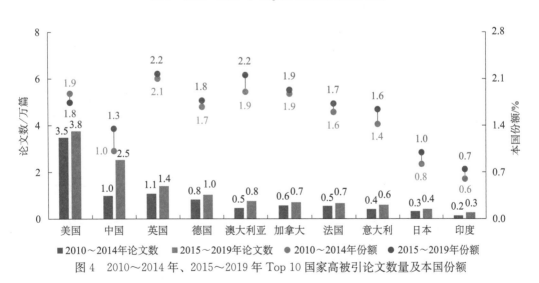

图 4 2010～2014 年、2015～2019 年 Top 10 国家高被引论文数量及本国份额

阈值为 1.0%，因此 1% 可视为世界平均水平或基准线。

从产出效率来看，前后两个 5 年期相比，中国高被引论文的本国份额由 1.0% 上升到 1.3%，表明中国的高被引论文产出效率逐步提升。其他 Top 10 国家（日本、印度除外）的高被引论文份额在 1.4% ～ 2.2%，与这些国家相比，中国仍存在一定差距。

三、学科布局

中国基础研究整体发展态势表明，无论是科研规模还是影响力，中国均表现出快速推进的发展势头，学科作为国家科学体系的基本组成单元，其竞争力决定了国家整体科研竞争力水平。本文将分析视角落在学科层面上，揭示中国各学科的发展现状。

1. 产出能力

2019 年，中国 SCI 论文产出数量最多的 3 个学科是工程技术、医学和化学，论文数量分别为 8.3 万篇、8.3 万篇和 7.2 万篇。美国 SCI 论文产出数量最多的 3 个学科是医学、生物学和工程技术，论文数量分别为 17.0 万篇、6.5 万篇和 3.1 万篇。与美国相比，中国的 SCI 论文产出能力（尤其在医学领域）相差甚远，相应的 SCI 论文数量仅为美国的 48.8%（表 1）。

表 1　2015～2019 年中国、美国各学科的 SCI 论文数量　　　单位：万篇

学科	中国					美国				
	2015 年	2016 年	2017 年	2018 年	2019 年	2015 年	2016 年	2017 年	2018 年	2019 年
工程技术	3.5	4.1	5.0	6.3	8.3	2.3	2.4	2.6	2.8	3.1
医学	5.2	5.6	6.2	6.9	8.3	14.7	15.0	15.4	15.8	17.0
化学	5.1	5.4	5.6	6.3	7.2	2.7	2.8	2.8	2.8	2.9
生物学	3.8	4.3	4.6	4.8	6.0	6.3	6.5	6.4	6.3	6.5
材料科学	3.3	3.5	4.2	4.9	6.0	1.4	1.5	1.7	1.7	1.8
物理学	2.6	2.7	2.8	3.1	3.4	2.2	2.2	2.2	2.1	2.1
环境/生态学	0.9	1.2	1.3	1.8	2.5	1.4	1.5	1.6	1.7	1.9
地球科学	1.0	1.1	1.3	1.6	1.9	1.4	1.4	1.5	1.5	1.6
计算机科学	1.0	1.2	1.3	1.6	1.9	0.8	0.8	0.9	0.9	0.9
农业科学	0.6	0.7	1.0	1.0	1.3	0.7	0.7	0.8	0.8	0.9
数学	0.9	0.9	1.0	1.1	1.3	0.9	1.0	1.0	1.0	1.1
空间科学	0.2	0.2	0.2	0.2	0.3	0.7	0.7	0.7	0.7	0.8

在整体研究规模迅速扩张的背景下，中国 12 个学科的 SCI 论文产出数量均有不

同程度的增长。其中，环境/生态学、工程技术和农业科学是中国 SCI 论文产出数量
增长最快的 3 个学科，论文年均增长率均高于 20%。与世界平均增长率相比，中国各
学科 SCI 论文产出数量的增长率远超世界平均水平；美国大部分学科（空间科学除
外）的 SCI 论文产出数量的增长率均低于世界平均增长率，尤其是在物理学领域在
2019 年相较于 2015 年呈现负增长的态势（图 5）。

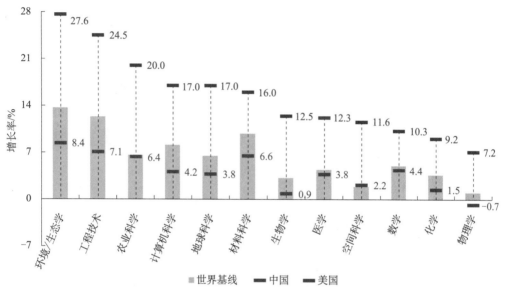

图 5　2015～2019 年中国、美国 SCI 论文产出数量年均增长率

2. 学术影响

篇均引文可以反映论文的平均影响力。为了对比不同学科的影响力，要考虑学科
间篇均引文得分的量纲差异，因此，本文采用 CNCI 得分来揭示 Top 10 国家各学科
的影响力（图 6）。

从各学科的学术影响力来看，中国在 2015～2019 年学术影响力最高的 3 个学
科是数学、农业科学和计算机科学，其余学科的学术影响力（除空间科学和医学略
低于世界平均水平）也高于世界平均水平。相对而言，英国、德国、加拿大、法
国、意大利和澳大利亚的空间科学、医学的学术影响力遥遥领先；中国各学科的学
术影响力的分布与之呈现互补的态势。美国、英国、澳大利亚和加拿大各学科的学
术影响力得分显著高于世界平均水平，日本和印度的大多数学科的学术影响力低于
世界平均水平。

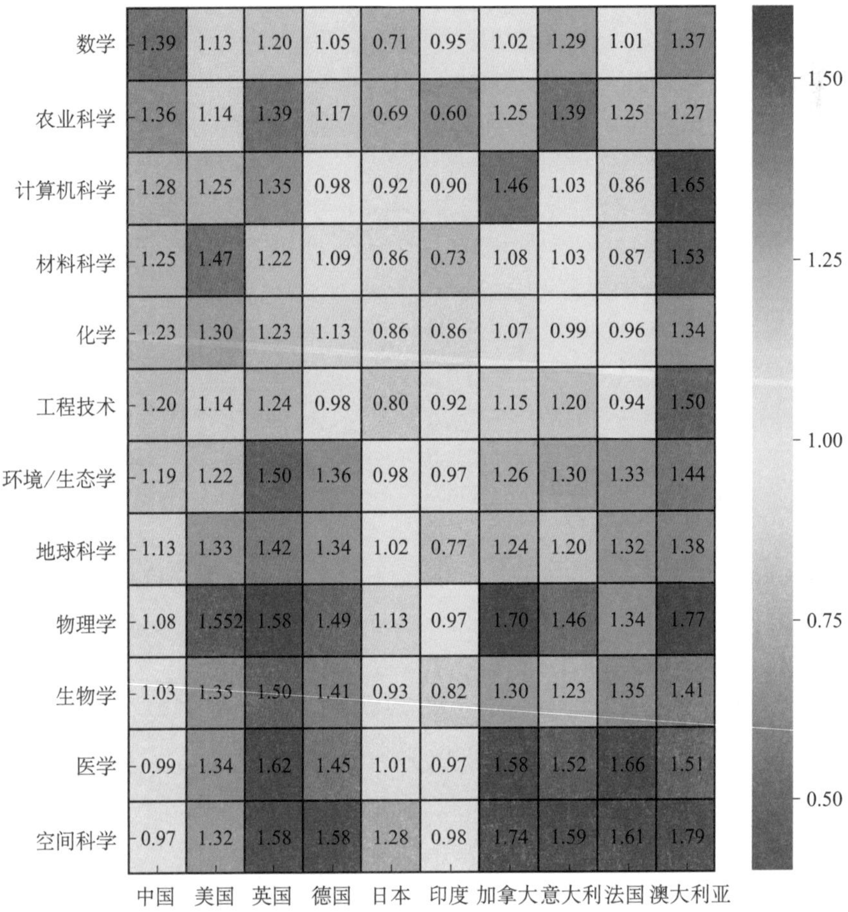

	中国	美国	英国	德国	日本	印度	加拿大	意大利	法国	澳大利亚
数学	1.39	1.13	1.20	1.05	0.71	0.95	1.02	1.29	1.01	1.37
农业科学	1.36	1.14	1.39	1.17	0.69	0.60	1.25	1.39	1.25	1.27
计算机科学	1.28	1.25	1.35	0.98	0.92	0.90	1.46	1.03	0.86	1.65
材料科学	1.25	1.47	1.22	1.09	0.86	0.73	1.08	1.03	0.87	1.53
化学	1.23	1.30	1.23	1.13	0.86	0.86	1.07	0.99	0.96	1.34
工程技术	1.20	1.14	1.24	0.98	0.80	0.92	1.15	1.20	0.94	1.50
环境/生态学	1.19	1.22	1.50	1.36	0.98	0.97	1.26	1.30	1.33	1.44
地球科学	1.13	1.33	1.42	1.34	1.02	0.77	1.24	1.20	1.32	1.38
物理学	1.08	1.552	1.58	1.49	1.13	0.97	1.70	1.46	1.34	1.77
生物学	1.03	1.35	1.50	1.41	0.93	0.82	1.30	1.23	1.35	1.41
医学	0.99	1.34	1.62	1.45	1.01	0.97	1.58	1.52	1.66	1.51
空间科学	0.97	1.32	1.58	1.58	1.28	0.98	1.74	1.59	1.61	1.79

图 6　2015～2019 年 Top 10 国家各学科的 CNCI 得分

3. 学科结构

学科结构指以各学科为组成单元的科学体系构成。健康、合理的学科结构是科学家自由探索和自主创新的重要保障，也是增强国家科研竞争力的前提和基础。

在文献计量学研究中，国家的学科结构指各学科在国家整个学科体系中以配额或比例组合形成的分布格局。本文使用各学科 SCI 论文数量的世界份额作为统计指标，分析中国学科结构的演变。已有的文献计量研究结论表明，科技发展水平不同，国家的学科结构特征也不同。因此，本文引入韩国、巴西，与中国、印度一起作为新兴科技国家的样例，与 Top 10 其余国家进行对比，揭示不同科技发展水平国家的学科结构差异。

图 7 用雷达图汇总展示了 Top 10 国家和韩国、巴西等国家 SCI 论文数量的世界份额。

从图 7 中可以看出，新兴科技国家的学科布局各具特色。中国、韩国、印度等新兴科技国家在材料科学、工程技术、化学和计算机科学等工程类学科中的论文数量份额较高。这说明，工程类学科是上述国家的相对优势学科。例如，在 2015～2019 年，中国这些学科的论文数量份额均超过了 30，远远高于我国其他学科的数量份额；同时期，巴西则在农业科学等学科的数量份额较高，超过巴西其他学科，说明巴西的农业

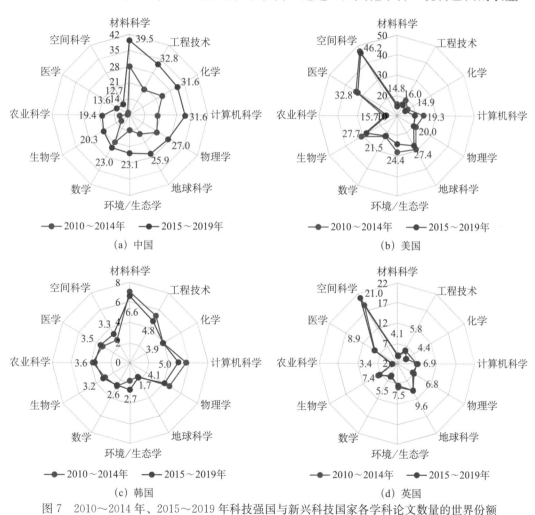

图 7　2010～2014 年、2015～2019 年科技强国与新兴科技国家各学科论文数量的世界份额

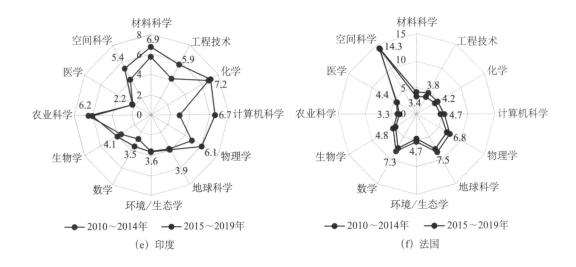

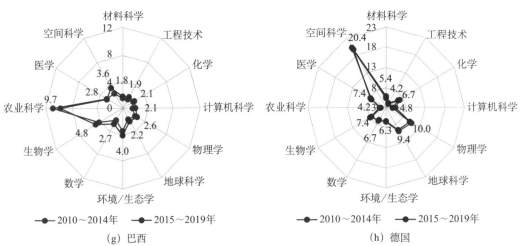

图 7   2010~2014 年、2015~2019 年科技强国与新兴科技国家各学科论文数量的世界份额（续）

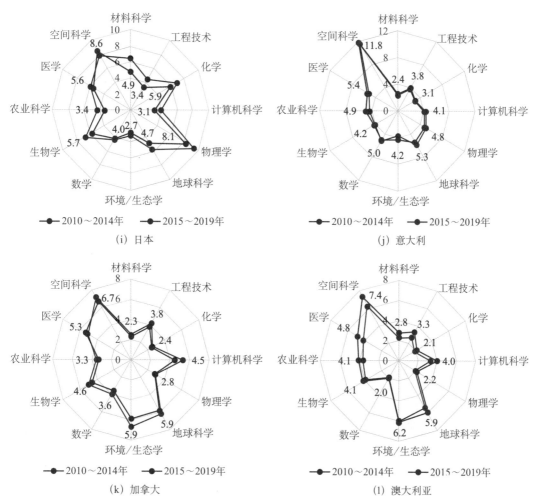

图 7　2010～2014 年、2015～2019 年科技强国与新兴科技国家各学科论文数量的世界份额（续）

相关学科较强。相比 2010～2014 年，2015～2019 年中国各学科都有很大发展，而其他国家（尤其是巴西）的增长速度相对较慢。

　　科技强国的学科布局呈现较高的同质性，即与人类生存息息相关的空间科学、医学、生命科学、地学和环境等学科在学科布局中的优势突出。以美国为例，美国的空间科学论文数量份额超过了 46，医学相关学科的论文数量份额超过了 30，生物学、地球科学和环境/生态学的论文数量份额为 24～31。

　　上述定量数据分析显示，科技强国的学科布局具有较高的相似度，新兴科技国家的学科布局存在较大差异，科技强国与新兴科技国家之间的学科布局显著不同。这说明，学科布局与科技发展水平存在某种关联。产生这种关联的内因可能与在不同科学发展阶段各学科间的依存关系不同有关。例如，生命科学领域中很多技术的提升以物质科学研究为基础，两者的依存关系因科学发展阶段不同而不同。

学科布局的形成受多种因素影响，而各国又有不同的国情和科学基础。因此，很难给出不同的学科布局孰优孰劣的评判标准。但是，分析不同科技发展水平国家学科布局的差异及原因，对于调整、优化我国学科布局是一个重要的参考依据。

4. 结论

经过近 10 年的发展，中国的基础研究取得了长足进步。整体层面上，中国 SCI 论文的数量大幅增长。2019 年，中国 SCI 论文的数量首超美国 SCI 论文的数量，实现了科研竞争力提升的规模积累；学术成果质量稳步提升，超过世界平均水平。学科层面上，大多数学科发展迅速，年均增长率[1]达 10% 以上；学科结构布局基本稳定，工程类学科优势凸显。

作为世界科技领域的后发国家，中国仍处于科研规模迅速扩张的发展阶段，学术影响力相对滞后。这表明，中国科研竞争力水平的提升在很大程度上是以科研规模增长为基础的。对于中国这样的科研大国而言，科研规模建设固然是向科研强国转型的基础和前提，但科研规模的扩张终将受到科技资源"增长极限"的制约[2]，唯有提升科研成果的影响力，加快核心关键技术攻关，才能实现"可持续增长"。同时，就科研强国而言，学科结构的多样化和均衡化有助于学科体系内部的知识交流和融汇，当前中国各学科发展参差不齐，会制约学科之间的交叉融合，进而影响国家科研竞争力水平的提升。因此要适时调整和优化学科结构，补齐短板，促进各学科交叉融合，实现共同发展。

参考文献

[1] 白春礼. 为基础研究的繁荣发展作出新贡献. 科学通报,2020,65(27):1-2.
[2] 杨立英,周秋菊,岳婷. 中国科学:增长的极限与生命科学的进步——2011 年 SCI 论文统计分析. 科学观察,2012,7(002):41-70.

Evaluation of Scientific Research in China 2015-2019: Statistics and Analysis of WoS Publications

Zhai Yanqi, Liu Xiaohui, Yue Ting, Liao Yu, Yang Liying

Based on the Web of Science database, this study analyzes the performance of Chinese scientific research between 2015 and 2019 using bibliometrics methods and indicators. We find that the number of Chinese publications shows an explosive growth, ranking the first in the world for the first time in 2019. For China, it also makes a significant progress in academic impact and high-quality output. Publications for each discipline also show a steady growth during 2015-2019, and the academic impact of most disciplines is higher than the world average. The discipline structure of China is basically stable, and percentage of publications of material sciences and discipline related engineering shows prominent advantages.

第七章

中国科学发展建议

Suggestions on Science Development in China

7.1　克服"系统失灵"，全面构建面向 2050 年的国家创新体系

中国科学院学部咨询课题组[①]

通过对集成电路、航空发动机、智能汽车、高速铁路和医疗装备 5 个代表性产业领域的深入研究发现，突破关键核心技术瓶颈、推动战略性新兴产业发展，需要在基础研究支撑、技术突破创新和产业生态完善上同时发力、同步推进。关键核心技术和高科技产业的竞争，本质上是国家创新体系的竞争。要赢得主动、获得先机，我们必须痛下决心，对创新体系进行面向未来的系统性改革，着力解决"系统失灵"问题，不断提升创新体系的整体效能，全面构建面向 2050 年的国家创新体系。

一、新工业革命是重构国家创新体系的重要窗口期

国家创新体系的整体效能是未来技术和产业竞争决胜的关键。近 100 年来，美国在全球竞争中保持持续竞争力，得益于不断打造创新体系的综合优势，其优势突出表现在：①激励创新创业的企业家精神和社会土壤。②相对成熟的市场经济体制和良好的营商环境。③雄厚的科学基础与产学研紧密结合的机制。④多元文化的移民环境与全球人才虹吸效应。⑤充分尊重知识产权和高度保护中小企业创新的竞争环境。⑥不断推进前沿技术发展的军民融合体系。⑦广泛的国际合作和全球影响力。

历史经验表明，工业革命发生时，一批关键核心技术的突破，往往推动一个或若干个新的主导产业迅速发展；同时，也伴随着创新方式和创新体系的变革，为后发国家通过提高创新体系整体效能实现赶超提供了重大机遇。以智能化为重要特征的第四次工业革命，融合信息、智能制造、生命、材料等众多科技，会带来未来 100 年人类社会的重大变革，导致全球产业竞争格局的重新调整，也为重构国家创新体系提供了重要的窗口期。

当前，美国加紧在关键核心技术上对我国的封锁，目的不仅是要维护当前竞争中

[①]　咨询课题组组长为清华大学校长、中国科学院院士邱勇。

的领先优势，更是要掌控新一轮工业革命的主导权。我国要抓住新一轮工业革命的历史机遇，实现跨越发展，充分利用这一重要窗口期构造更有竞争力的创新体系，在全局上、长远上解决创新能力不足、整体效能不高的问题。

二、深刻认识我国创新体系存在的"系统失灵"问题

改革开放以来，我国科技创新取得长足进步，在一些战略性产业和科技领域实现了跨越发展。但从总体上来看，创新体系中各要素之间还缺乏应有的互动、联系，要素之间存在不同程度的错配现象，"系统失灵"问题严重制约我国整体创新能力的提升。

1. 顶层设计和整体布局

在顶层设计和整体布局上，缺乏制度化的决策咨询机制，没有有效解决条块分割、各自为政的问题。宏观决策和重大投入缺乏多方参与、充分论证的制度化决策咨询机制，重大决策容易受到带有本位利益的部门意见及存在认识片面性的专家建议的影响。不同政府部门设立的科研机构繁多、职能重叠、体系复杂、管理不畅，条块分割、机构重叠的问题没有从根本上得到解决。上述弊端在一定条件下被固化乃至被放大，创新资源重复配置、科研力量分散加剧了科研碎片化和低水平竞争。

2. 科技攻关和重大项目组织管理

在科技攻关和重大项目组织管理上，缺乏明确的责任机制，适应市场机制的管理模式亟待完善。在组织方式上，申请项目"拼队伍"、执行整合不力、配套不到位的现象依然存在。在管理方式上，申报从严，验收从宽，缺乏明确的责任机制，管理责任和服务保障不到位，专业化、精细化程度不高。缺乏与市场机制相适应的多样化的科研组织模式，政府推动、市场牵引、利益共享、风险共担的新机制亟待完善。

3. 产学研协同创新

在产学研协同创新上，合作模式落后，缺乏协同创新的长效机制。产学研合作长期局限在技术转移和短期合作项目上，政府对大学、科研机构的科技成果转化寄予厚望，企业对大学、科研机构的研究成果有依赖心理，企业主导的协同创新体系尚未建立，缺乏协同创新的长效机制，产学研的合作深度不够，合作低端化。

4. 基础研究投入和支撑引领

在基础研究投入和支撑引领上，企业的投入不足，大学、科研机构的支撑和引领

作用不够。企业在基础研究方面的投入严重不足，研究能力不强，不能及时、有效地吸收基础研究的成果。美国发布的《科学与工程指标 2020》提到，2017 年美国基础研究的投入中，企业投入占 28.8%，且 87.2% 的基础研究由企业自己执行。我国还没有针对基础研究经费来源的统计数据。《中国科技统计年鉴 2018》提到，从我国基础研究的经费支出看，2017 年我国企业基础研究经费的支出仅占 3.0%。大学、科研机构的基础研究支撑、引领关键核心技术攻关和产业发展的意识薄弱，作用不明显。政府支持的一些推动产业转型升级的国家重大科技专项，如集成电路、航空发动机等，在布局上没有形成基础研究、应用研究、综合集成和应用推广的有机结合。

5. 激励创新的制度环境

在激励创新的制度环境上，知识产权的侵权成本低，而维权成本高，严重制约了创新动力和创新活力。长期以来，我国对知识产权保护的认识不足，知识产权保护执行不力，侵权成本低，维权举证难，严重影响了创新创业的积极性。知识产权交易市场发育不良，一些有重要市场潜力和发展前景的技术专利的价值实现难，导致企业投入基础研究、应用基础研究的动力不足，中小型科技企业成长的市场环境亟待改善。

6. 人才培养与人力资源配置

在人才培养与人力资源配置上，人才培养与新兴产业发展的需求脱节，人才储备不够，吸引全球优秀创新人才的能力亟待提高。大学学科建设、人才培养与科技创新和产业发展的需求存在脱节的情况，学科结构的调整缓慢，不能对发展需求做出快速反应和超前布局，新兴科技领域和新兴产业人才储备不足。国内人才无序竞争现象比较突出。现行学科评价、人才评价的正向激励作用不足，大量高水平人才转行到高收入行业或外流到国外。在人才全球流动的情况下，我国人才落户、住房、子女教育、医疗保险等配套政策仍不够完善，吸引全球优秀人才的能力亟待加强。

三、解决"系统失灵"、提高创新体系整体效能的政策建议

1. 建议 1：充分发挥国家科技咨询委员会作用，加快完善国家科技创新体系的顶层设计

建立多方参与、充分论证的顶层决策咨询机制。充分发挥由学术界、产业界等高水平专家构成的国家科技咨询委员会的重要作用，委员会直接向国家最高领导和最高决策机构负责，从国家层面统揽我国科技创新的发展形势和问题，就加快推进科技创

新体制改革、前瞻部署重大科技创新提供具有独立性、专业性的决策建议。

要从以下几个方面加强国家科技创新体系的顶层设计：①加快推进科研机构改革，理顺国家科研体系，解决科研机构设置重复、职能重叠的问题。②在国家部委机构调整的基础上，加强科技资源的统筹协调和科技创新政策的协同，解决政出多门、条块分割的问题；③在已经出台多项改进科技创新激励和评价政策的情况下，探讨既有政策效能不足的根源，从根本上解决科技创新生态深层次的体制和机制问题。

2. 建议2：完善重大项目组织管理模式，明确责任机制，健全适应市场机制的创新管理模式

加强国家重大科技专项的预研，针对性地设计与国家重大科技专项技术特点适应的组织管理模式。从核心关键技术出发合理设置项目管理层级，通盘协调分头攻关与集成整合的关系，项目实施期限应按技术攻关的需要确定，不受限于5年或10年科技发展规划。在项目组织管理上，明确责任落实和追责机制，明确各参与方的行政责任与技术责任，设立专职的项目总负责人并赋予其合理的人、财、物支配权，同时建立真正的第三方动态评估机制。健全适应市场机制的创新管理模式，形成企业主导重大技术攻关的协同创新机制，在国家重大科技专项中设立关键技术突破后提升技术产品综合性能的配套计划，加快技术成果的市场应用。

3. 建议3：建立和健全产学研协同创新、深度合作的体制机制

拓展产学研合作的深度，以产业需求为导向，推进从基础研究到技术开发的多层次合作，实现产学研合作从科学探索、技术突破到产业应用的全线贯通。加强社会创新合作网络建设，培育科技中介服务社会组织，完善产学研合作的长效机制，引导和鼓励企业与大学、科研机构建立长期合作关系。大学和科研机构要协助企业完善创新体系、提升研发实力，企业要引导和支撑大学不断完善学科结构和人才培养体系。搭建持续合作平台，在关键核心技术领域和新兴产业方向上形成产学研合作突破重大技术瓶颈、协同加强关键核心技术超前预研的机制。

4. 建议4：完善基础研究有效引领和支撑攻克关键核心技术的激励政策和人才培养模式

通过政策引导，鼓励企业和地方政府加大基础研究投入力度。在企业研发投入实行加计扣除优惠政策的基础上，进一步对企业在基础研究和关键核心技术研发上的投入制定税收抵扣政策。例如，美国对基础研究、能源研究及产学研合作有关的外包研究费用都给予更特殊的优惠政策。改变大学和科研机构的科研评价体系，在学科评估

和"双一流"建设评价中，把科研成果的实质性贡献，特别是支撑攻克关键核心技术的贡献，作为重要的评价和考核指标。同时引导和鼓励高校及时根据技术、产业变革趋势设立新的专业方向，形成快速响应新技术变革的学科布局和人才培养模式，强化新兴科技、产业领域的人才供给和人才储备。

5. 建议 5：强化知识产权保护体系，为中小型科技企业成长提供良好环境

普华永道会计师事务所于 2014 年公布的一份美国专利诉讼研究报告表明，1995～2013 年美国专利侵权判赔平均数额为 550 万美元[1]。2013 年中南财经政法大学知识产权研究中心的相关研究显示，2008～2013 年，我国专利侵权法定赔偿额平均只有 8 万元人民币。我国要大幅度提升故意侵权行为的惩罚性赔偿标准，同时加大执法力度，提高处罚时效。要根据新兴科技和新兴产业发展扩大和调整新兴技术知识产权的保护范围，如 AI 和通信技术的算法等。

减少审理层级、简化审理程序，对关系国家竞争力和关键产业发展的重大技术，要加快专利审查速度，完善审查特殊通道，建立知识产权海外维权快速援助机制。针对我国知识产权市场规模不大、供需脱节、交易风险大、专业服务弱等问题，加快建设新型知识产权交易中心，完善知识产权专业化运用机制、知识产权许可与交易政策，支持引导战略性新兴产业知识产权联盟的规范化运营。在严格知识产权保护的基础上，形成科技企业技术水平不断提升、产品市场规模不断扩大的应用生态，为中小型科技企业成长和国际级科技领军企业发展提供良好环境。

6. 建议 6：全面推进技术创新国际合作，促进以吸引全球优秀

创新人才为重心的新一轮对外开放提升了对外开放合作的层次，把对外开放合作的重心转移到科技合作和人才交流上。改变对外开放合作形式比较单一、合作对象不够多样的局面。充分发挥企业、大学、科技社团、民间团体等机构开展国际合作的优势和作用。加速形成平等化、多边化、差异化的国际合作伙伴网络。在积极开展与美国科技合作的同时，加强与日本、韩国、新加坡、欧洲各国的合作关系，建立和参与多国合作的网络体系。建立适应国际环境新变化的全球人才战略，设立各种计划、提供各种优惠条件吸引人才，逐渐转变到创造全球优秀人才来去自由便捷、工作舒心无忧的创新平台和制度环境上。进一步下放自主权，鼓励各省（自治区、直辖市）针对外籍高层次人才建立相应的"优才计划"。扩大外籍人才签证发放范围，简化出入境手续，放宽签证有效期限，放宽部分外籍专家参保缴费年龄限制，从住房、医疗保险、子女教育等方面提供环境支持和制度保障，让全球优秀人才更好地融入我国的创新体系中。

上述 6 个方面的"系统失灵"问题和相关建议,不仅需要各方面的政策和体制机制跟进调整,更需要我国尽快启动研究面向 2050 年建成世界科技强国和中国特色社会主义现代化强国的国家创新体系构建问题,并将之作为要长期研究和解决的重要问题。

参考文献

[1] 普华永道. 2014 年美国专利诉讼研究:案件数量跳跃式攀长而损害赔偿额持续性下降. http://www. nipso. cn/onews. asp?id=26254[2019-03-25].

Overcoming "System Failure" and Constructing the National Innovation System for 2050

Consultative Group of CAS Academic Division

Significant progress has been made in China's scientific and technological innovation since the reform and opening-up. However, overall, there exists the problem of "system failure" in China's national innovation system. Hence, this paper puts forward six suggestions: ① to give full play to the role of the national advisory committee of scientific and technological innovation and speed up efforts to improve the national top-down design of scientific and technological innovation system; ② to improve the organizational and management mode of key projects, establish clear responsibility system, and complete the innovative management mode that adapts to the market mechanism; ③ to establish and complete the system and mechanism for collaborative innovation based on the production-education-research-model and in-depth cooperation; ④ to improve basic research to effectively lead and support incentive policies finding solutions to major technical difficulties and exploring talent cultivation mode; ⑤ to strengthen the intellectual property protection system to provide a favorable environment for small and medium-sized scientific and technological enterprises; and ⑥ to promote the international cooperation for technological innovation and enhance the new round of opening-up that stresses the recruitment of excellent and innovative talented people worldwide.

7.2 发展营养牵引型农作物，提高我国农产品营养品质

中国科学院学部咨询课题组[①]

党的十九大报告提出实施健康中国战略，"要完善国民健康政策，为人民群众提供全方位全周期健康服务"[1]。随着我国经济快速发展，粮食连年增产，人民健康状况明显改善，但与营养相关的慢性疾病高发，成为新的更高层次的健康问题。近年来，人们对食物的需求已由"吃得饱"转变为"吃得好、吃得安全、吃得健康"。然而，由于农作物生产长期"重产轻质"，农产品营养品质未能适应需求的转变。因此，迫切需要发展营养牵引型农业，设立农业发展的中长期"营养"目标，加强基础研究，尽快建立农作物营养品质性状检测、鉴定、评价的标准体系，推进品种改良，提高我国农产品的营养品质。

一、应从农产品源头保障人民营养健康

随着经济快速发展，人民生活水平不断提高，我国居民的营养健康问题也日渐凸显。营养不足、不均、过剩等因素导致的慢性疾病增多、负担加重的情况在西南地区和西北地区尤为突出。调查显示，贵州省青少年的身高、体重均低于全国平均水平，缺铁性贫血发病率较高，维生素 A、维生素 D 的亚临床缺乏比例较高；黔西经济发展滞后地区居民高血压与糖尿病患者的人数逐年增加；新疆青少年缺铁性贫血的发病率高达 20%，维生素 A、维生素 D 的缺乏率高达 27%～30%，超重率和肥胖率均超过全国平均水平。同时，我国居民的饮食习惯、营养需求和健康意识存在明显的地域差异。例如，贵州经济发展滞后地区居民的动物油脂摄入量高，奶制品和水产品的摄入量较少；新疆少数民族地区的居民喜好高盐、高油的食物，蔬菜摄入量偏少，食管癌、大肠癌等高发；长三角、珠三角等经济发达地区的居民更愿意为富含营养的食物多付费，"绿色食品""有机食品"的产品消费意愿强烈，农产品进口量逐年上升。

[①] 咨询课题组组长为中国科学院院士、中国科学院分子植物科学卓越创新中心研究员陈晓亚。

近年来，国际社会开始探索从食物源头解决营养问题的途径，将"营养"作为农业发展的重要方向，倡议发展"营养驱动型农业""营养敏感型农业""营养强化型农业"等，以实现联合国"终止饥饿、保障粮食安全，提高营养，促进农业可持续发展"的可持续发展目标[2]。我国《"健康中国2030"规划纲要》提出，要制定实施国民营养计划，深入开展食物（农产品、食品）营养功能评价研究，不断满足人民群众营养健康的需求；《国民营养计划（2017—2030年）》要求将营养融入所有健康政策，发展食物营养健康产业，加大力度推进营养型优质食用农产品生产；《中国食物与营养发展纲要（2014—2020年）》也指出，未来5～15年食物与国民营养发展的方向和目标是"保障食物有效供给、促进营养均衡发展"，"着力推动食物与营养发展方式转变"。

因此，调研分析我国农产品供给存在的问题和挑战，研究探讨提高农产品营养品质、满足人民营养健康需求的思路和策略，具有十分重要的意义。

二、"重产轻质"影响农产品营养品质提高

我国的粮食生产已经实现产量"十连增"，为经济社会发展奠定了坚实基础。然而，我国的农作物生产依然存在生产方式粗放、种植结构不合理等问题，难以满足居民的消费需求和营养需求。第一，粮食生产存在"供用失衡"的结构性问题。例如，2015年，我国小麦产量是国内消费量的108.8%，尽管近年来情况有所好转，但供给仍然大于需求；大豆的产量则严重不足，85%以上的油用大豆依赖进口。第二，农作物种植与加工需求不相适应，部分作物品种不能满足农产品原料"专用化供给"要求。例如，我国专用小麦的年需求量在1000万吨左右，而当前的年产量不足一半，且质量难以保证；河南省的普通小麦粉滞销，而专用粉却供不应求。第三，高品质农产品供给明显不足，"优供紧缺"问题突出。优质、专用农产品生产基地少、产量低、质量不稳定。例如，优质蛋白玉米的种植少，难以满足饲用需求；品牌优质大米的产量少、价格高，市场紧俏。第四，营养更佳的农产品开发和推广力度不足。例如，荞麦、藜麦等特色经济作物的综合开发力度不够，高叶酸玉米等营养强化产品的推广不易。

长期以来，我国的农业生产主要是解决"吃饱饭"的问题，作物育种以不断提高产量为主要目标，农业政策、基础研究、技术开发、标准制定都紧密围绕高产目标，忽视了营养品质。并且，营养品质的评价体系尚未建立、作物生产和农产品经营管理方式粗放等因素，严重制约了农产品营养品质的提高。

第一，农作物营养品质提高一直是世界性难题，我国尚缺乏系统性研发。作物育

种研究在产量性状方面的大量投入，为我国扩大农业生产规模、提高产量发挥了重要作用。营养品质是多基因控制的复杂性状，由于基础研究薄弱，我国尚未系统性开展以"兼顾数量性状、生态品质和环境友好，改良质量性状，提高营养品质和加工品质"为目标的科学研究和技术开发，关系营养的功能基因解析、基因表达调控、代谢网络构建、复杂性状耦合、种质资源优化、作物形态建成、环境互作等基础科学问题有待解决。

第二，以解决温饱问题为目标的农作物生产技术体系和标准体系还未及时调整。调查发现，水稻新品种苦于没有营养评价技术及标准，难以实施"优质优价"的收购政策；大量特色农产品营养品质"道不清、说不明"，影响地方优势产业发展。小麦生产品质不能满足专用粉的加工需求；宜机收的玉米种质资源、营养与水分高效利用的绿色玉米品种以及特用型和功能型新品种特别缺乏；花生种植的方式粗放，缺乏标准和规范，病虫害引发的次生食品安全问题严重。此外，市场化不足也影响优质农产品供给。例如，东北地区的农业生产过分依赖补贴性政策，产品市场化程度低，优质农产品可持续供给能力较弱。

第三，科学、合理、系统的农产品营养品质标准体系尚未建立。农产品营养价值评价、加工营养控制、营养检测和鉴定等系列标准缺乏，难以有效引导和牵引科研与生产，满足农业发展和居民营养需求。

第四，"以质定价"的市场化机制还未真正建立。在科学认知不足和指导标准缺乏的情况下，新型农业技术服务还不成熟，现代化农业经营和服务体系还有待完善，加之农业优惠等政策的不稳定，很大程度上影响了我国农产品营养品质的提高。

三、推进营养牵引型农作物是新时代农业发展的重要抓手

发展营养牵引型农作物，培育优质营养新品种，改善市场供给，促进农产品供给向更加注重"营养"需求的方向转变，既能够从源头保障我国居民的营养供给，也是促进我国农业提质增效、推进供给侧结构性改革、促进农业和农村经济与社会发展的重要抓手。

为此，提出以下建议：

1. 发展绿色农业，突出营养需求

在国家绿色农业发展战略下，设立农业发展的中长期"营养"目标，制定营养牵引型农作物的科技发展路线，系统布局相关科学问题研究和核心技术攻关，调整项目组织形式及配套的科研、产业、教育培训等政策和措施，为营养牵引型农作物的发展

提供保障。

2. 加强基础研究，建立标准体系

尽快设立营养牵引型农作物重大研发专项，开展种质资源创新、代谢调控、农产品加工、人体营养等多学科联合攻关；加快研究作物营养性状的遗传基础、代谢基础，建立植物代谢成分高通量分析平台，为营养型农产品创制提供支撑与服务。建立农作物营养品质检测评价技术中心，构建基于创新研究的优质营养农作物种植、优质营养农产品开发，以及农产品营养品质检测评价的技术体系和标准体系；开发农产品营养标签体系，建立作物营养成分、基因资源及组学信息可溯源的一体化信息库。

3. 研发核心技术，培育优质品种

鼓励并加快新兴技术在农作物育种中的应用，挖掘高营养品质的遗传资源，培育优质营养作物新品种，如高叶酸玉米等营养强化型作物、高抗性淀粉水稻等营养功能型作物、高蛋白大豆等市场急缺型作物、藜麦等营养平衡型作物。同时，制定优质营养农作物品种审定和认定标准、市场准入标准、摄入标准及膳食指南；提高种子企业的科技水平和培育优质品种的积极性，建立国际领先的营养作物育种技术平台，推广和示范营养牵引型作物新品种和新技术，因地制宜指导优质营养作物品种的区域化布局和专用化种植。

4. 推进市场改革，强调科普教育

在保证粮食安全的基础上，以需求为导向，以市场为杠杆，改革供应体系与价格体系，加速"优质优价"市场机制的建立；发展"互联网＋农业""订单农业""农业PPP"等新模式、新产业；将"营养"融入育种、栽培、加工等各个环节，在全技术链、全价值链和全产业链强化营养健康理念；利用多种传播方式和渠道，促进优质营养农产品知识信息的广泛、高效和精准普及；积极主动践行科学的"营养观"，通过细致、有序的传播和引导，有效遏制"伪养生""假科普"乱象。

参考文献

[1] 习近平. 决胜全面建成小康社会 夺取新时代中国特色社会主义伟大胜利——在中国共产党第十九次全国代表大会上的报告. http://www.12371.cn/2017/10/27/ARTI15091036565743 13.shtml[2020-12-09].
[2] 联合国可持续发展目标. https://sdgs.un.org/zh/goals/goal2[2020-12-09].

Developing Nutritious Crops, Improving the Nutrition Quality of Farm Products in China

Consultative Group of CAS Academic Division

With the rapid development of China's economy, people's living standards have been improved continuously and their health conditions have been enhanced remarkably. Meanwhile, high incidence of chronic diseases due to different forms of malnutrition has become a new health problem. As China has long paid more attention to quantity rather than quality in crop production, the nutrition quality of crops fails to adapt to the changes of people's needs. It is a matter of significance concerning agricultural production and people's health to improve the nutrition quality of farm products and safeguard the supply of nutrition from the source. This report discusses the challenges facing China's crop cultivation and the supply of quality farm products, the opportunities and solutions, and proposes the "Nutrition-Traction Agriculture" recommendations of thinking and measures to meet the increasing needs of nutrition and health.

7.3 改革海洋科技体制建设海洋强国的建议

中国科学院学部咨询课题组[①]

实施海洋强国战略，维护国家海洋权益，推动海洋经济持续健康发展素来是各海洋发达国家的基本国策。经济全球化和全球气候变化促进了新一轮国际海洋资源与空间的激烈竞争，同时也引发了国际社会对全球海洋治理的共同关注。

党的十八大做出重大部署，提出"关心海洋、认识海洋、经略海洋"，"推动我国海洋强国建设"[1]；党的十九大进一步明确"加快建设海洋强国"[2]重要目标，海洋科技发展迈入前所未有的战略机遇期。近年来，我国海洋科技的整体水平虽然提升很快，但海洋科技领域的高端人才和领军人才缺乏，海洋科技的国际影响力与知名度不高，在国际上仍然缺乏综合竞争实力。究其根本原因，是不合理的海洋科技体制严重束缚了海洋科技水平的创新提升。我国海洋科技要实现后发优势、取得快速高效发展、建成海洋强国，需要在海洋科技体制上采取一些必要的改革措施。正如习近平总书记在 2016 年两院院士大会上所强调的，要深化体制机制改革、破除制约创新的制度障碍。

一、中国海洋科技体制存在不足

海洋科技体制是实现海洋强国建设的重要保障。我国的海洋科技体制没有充分尊重海洋科学的特性，总体上仍然存在整体布局同质化严重、科学与技术发展脱节、科研评估系统不完善、科技支撑相对薄弱、经费投入相对不足等问题，客观上严重束缚了海洋科技的创新活力，因此有必要从海洋科学发展规律的角度，系统、深入地认识海洋科技体制存在的核心问题。

涉海科研机构的使命分工不明确、同质化严重，人才及资源配置严重浪费。我国现有 189 个涉海科研机构，分属教育系统、中国科学院、各部委（自然资源部、生态环境部、农业农村部等）三大类。这些涉海科研机构的使命范畴均较宽泛、研究内容交叉重复，加之人员考核标准几乎雷同，同质化发展严重。涉海科研机构的规模相比

---

① 咨询课题组组长为中国科学院院士、自然资源部第二海洋研究所研究员苏纪兰。

国际上均较为庞大，而各主管部门下拨的科研经费不足，皆需从相同的多个渠道竞争科研经费，助长了同质化发展。这些因素最终导致科技人才及资源配置严重浪费，产出效率不高、创新不足。

海洋高新观测仪器和先进实验设备的研发能力严重落后，阻碍了创新实践。由于海洋环境特殊，海洋科学研究高度依赖于高新观测仪器和先进实验设备，因此自主研制海洋仪器设备的技术能力是海洋强国战略的重要一环。由于长期对海洋技术发展的重视程度不足，当前我国的海洋观测仪器和实验设备几乎全部依赖进口，而海洋科学创新的需求也否定了所谓的"购买国产仪器设备"保护政策。国际实践经验表明，海洋科学人员与技术人员的紧密合作，是发展高新海洋观测仪器和技术设备研制能力的必要条件，而我国至今没有形成针对海洋技术从业人员有效的激励机制和管理体制，未能建立高水平的海洋技术队伍，不能满足有效激发科学与技术应有的"互联互促"效应的内在需求，也不能支撑海洋高新技术研发企业的发展。

此外，海洋发达国家已充分发挥多学科交叉平台及海洋科学研究数据信息共享平台的功效，大力促进了海洋科技的发展，而我国至今仍亟待建设相关平台。

缺少"以使命为核心"的考核指标体系，束缚了个人创新能力的发挥。在当前我国的评估体系中，业务主管部门尚未对其下属涉海科研机构建立围绕其使命的考核评估机制，不能科学、客观地评价其实质贡献。各个科研机构一方面未能从其国家使命的角度规划布局人才队伍建设和发展，另一方面也尚未采纳国际通行的"同行评议"原则，以如实评估其科技人员的成就。多数科研机构仍然采用以论文数量、质量（期刊级别、JCE 分区等）、经费资助、学术奖励、人才头衔等指标进行简单评估。不恰当的评估体系不能促进科研机构聚焦使命主业主责，迈向国际前沿，也束缚了个人创新能力的发挥。

海洋环境特殊，经费需求多，科技经费投入不足抑制了创新的发展。我国海洋科研经费的投入虽然绝对数量逐年增加，但与实际的经费需求相比却始终不足。以国家自然科学基金对海洋科学领域的投入为例，在 2002～2017 年间，国家自然科学基金对海洋科学领域的投入占国家自然科学基金委员会每年度的科技支出的平均比重的1.4% 左右。由于海洋环境特殊，观测、实验经费均很高，因此这个比重是偏低的。相比之下，同时期美国国家自然科学基金资助海洋学科的总直接费用占其科研总经费的平均比重则高达 5% 以上。我国涉海科研经费的不足抑制了机构的创新发展，也不利于高端人才的培养。

在涉海科技经费相对远远不足的情况下，还存在重复投入和投入不均衡的问题。由于涉海科研部门的同质化发展，热点议题的研究大同小异，不同资助部门也往往重复资助相似研究。诸此种种，也造成了科研经费严重浪费。此外，由于申报科研项目管理存在漏洞，致使有些科研工作者的累积工作时间（本职及不同渠道所得项目中个人任务）有时远远超出 12 个月。重复资助的经费格局和不真实的工作强度分布最终必然导致资源的浪费，致使个人的创新能力得不到良好的发挥。

二、中国海洋科技体制改革的政策建议

全面深化海洋科技体制改革应该立足于促进我国海洋科学事业的长期可持续发展，宜从以下几个具体方面着手。

1. 全面梳理海洋科技发展战略，优化总体布局

（1）准确定位各涉海科研机构的使命，配以合理的科研资助体系。参照国际经验，建议明确区分教育系统、部委研究所、中国科学院等涉海科研机构的使命：教育系统的使命是人才培育，在此基础上主要开展创新的自由探索型海洋科学研究；部委研究所的使命为目标具体的任务，围绕此开展相应的科学研究、技术发展、调查及长期监测数据的获取，任务由部委明确并下拨经费，如自然资源部所属的海洋研究所，宜以服务于海洋生态环境安全保障和海洋资源权益评估等为主；中国科学院的涉海研究所则服务于国家海洋战略利益、实施目标具体明确的重大海洋科技计划为使命，任务由国家明确并下拨经费。

（2）建立不同层次、相对独立的科研中心，协同实现海洋强国战略。海洋领域具有地域的内涵，因此海洋学科的覆盖面很广，陆地上有的学科海洋中都可以有。因此，国家海洋实验室的建立不能面面求全，必须以服务于国家海洋战略利益、目标具体明确的重大海洋科技计划为使命来深化建设。而在上述建议的教育系统、部委研究所、中国科学院研究所各自不同使命的分工框架下，现有的涉海国家重点实验室模式应该保留，并加强重点实验室之间及与国家海洋实验室的相互交流，形成体系。

2. 建立以使命、任务为核心的同行评议考核体系，推行分类评价

坚持以使命为导向原则，对涉海科研机构开展分类考核评价，有效引导其聚焦自身的使命定位和发展方向。各个涉海科研机构对其海洋科技人员的考核，也应该坚持以其任务和目标为导向原则实施分类评价。建立以国际通行的"同行评议"为原则的评价体系，引导科研人才健康成长。正确评价海洋技术人员的业绩，坚持以其完成科技任务质量为重要考评原则。

3. 打破部门壁垒，统筹协调建立促进海洋科技发展的科技平台

吸收国际管理经验，建设服务于海洋科技发展的共享平台，推进海洋科学数据共享、海洋科研大型设施共用，提升海洋科学研究与技术开发的协同发展。为避免有限科研资源的重复投入、提高科研经费的使用效益，可以建立全国统一（跨部门）的海洋设施和信息管理共享平台，用于有效管理项目、统筹协调船时、共享科学数据、共用重大设备平台等任务。

4. 大幅度提高我国海洋科技领域的经费投入比例

充分考虑海洋环境的特殊性，实质性增加海洋科技经费投入总量和比例的绝对值。根据涉海科研机构的不同使命，有针对性地对科研机构和科技人员优化资源配置、改进科研资助体系，促进中国海洋科技可持续地快速、高水平发展。

5. 设立国家海洋科技战略委员会，以保障海洋强国的建设

比照海洋发达国家的做法，在国家战略发展层面成立"国家海洋科技战略委员会"，协调国家在海洋经济可持续发展、生态环境安全保障、资源权益维护等重大领域的需求，规划海洋科学和技术发展的总体布局，指导各主管部门、资助部门开展海洋科技活动，从战略高度探索符合海洋科学规律的科研资助方式和机制，提升我国海洋科技的综合竞争力，早日建成海洋强国。

参考文献

[1] 习近平 . 进一步关心海洋认识海洋经略海洋 推动海洋强国建设不断取得新成就 . http://politics. people. com. cn/n/2013/0731/c70731-22399503. html[2013-07-31].

[2] 习近平 . 决胜全面建成小康社会 夺取新时代中国特色社会主义伟大胜利——在中国共产党第十九次全国代表大会上的报告 . http://www. 12371. cn/2017/10/27/ARTI1509103656574313. shtml[2020-12-09].

Policy Recommendations on Institutional Reform of Ocean Science and Technology Towards a Maritime Power

Ocean Policy Study Group, Academic Division, CAS

In recent years the overall level of China's ocean science and technology has advanced notably. However, internationally China still lags behind in comprehensive competitiveness because of the lack of high-end talented people and leading experts in ocean science and technology. The basic cause for this stems from the unreasonable institutional policies governing the ocean science and technology system that have severely constrained the innovation potential of the scientists and engineers. In order to build our country into a maritime power, this Study Group recommends the followings: ① to comprehensively review the overall strategy of China in its development of ocean science and technology and to optimize mission assignment for research institutions accordingly; ② to institute evaluation systems centered around mission and task with "peer review" as the principle for performance evaluation; ③ to establish a national center for ocean data and information, as well as centers for major ocean equipment and facilities, serving the needs of the ocean science and technology communities in China; ④ to significantly increase investment in ocean science and technology and to modify the research funding systems in support of the mission of various institutions; ⑤ to establish a "national panel on ocean science and technology" which regularly provides policy recommendations to the government on the development of ocean science and technology.

7.4　加强我国普通实验室生物安全规范化管理

中国科学院学部咨询课题组^①

实验室生物安全是生物安全乃至国家安全的重要组成部分。长期以来，高等级生物和医学实验室（P3 级、P4 级）由于其实验对象的危险性强、传播风险大，生物安全管理受到各国各部门的高度重视，并处于严格监管之下。而普通实验室（P2 级及以下），即"操作一般对人、动物或者环境不构成严重危害，传播风险有限，实验室感染后很少引起严重疾病，并且具备有效治疗和预防措施的生物因子（包括微生物与生物活性物质）"的低防护等级实验室，由于其传播风险和危险性相对较低，在生物安全管理上尚未受到足够重视甚至被忽视。我国的普通实验室处于快速发展时期，数量庞大、涉及面广且多分布于人群密集地区，实验室内的生物因子污染与传播机会远超高等级实验室，其潜在的生物安全风险巨大，迫切需要规范管理。

一、普通实验室生物安全管理的重要性与必要性

我国的生物学实验室约有 4 万个，其中开展高致病性病原研究的高等级实验室不到 100 个，其他绝大部分是普通实验室。普通实验室的研究涉及多种生物材料，在实验前的准备与材料预处理、实验中的操作及实验后的废弃物处理等各环节都存在潜在的生物安全问题。

调研发现，因溢出、飞溅和锐器伤害等导致的实验室内部操作人员获得性感染中，82% 发生在普通实验室。这与普通实验室的管理忽视与漏洞，导致生物因子暴露的概率增高密切相关。

更关键的是，实验室废弃物的违规排放会给实验室外部的人群和生态环境带来不可预计的危害。以生物实验中常用的质粒为例。研究证明，转基因操作的质粒具有迁移和繁殖潜力，会导致基因水平转移和基因污染。据《2006 年上海生物废弃物处理调研报告》估计，当时上海有 1000 多个生物实验室，每个实验室每年向环境中排放数

①　咨询课题组组长为中国科学院院士、中国科学院分子细胞科学卓越创新中心（生物化学与细胞生物学研究所）研究员、上海营养与健康研究所所长李林。

公斤废弃的 DNA、RNA 片段及 PCR 产品，给环境带来严重的基因污染等危害。

我国科学研究事业的快速发展对普通实验室生物安全管理提出了新的需求。基础生物学领域年发表论文量由 2009 年的 12 000 多篇增长到 2018 年的 60 000 多篇[①]，研究方法与技术的多样化带来生物因子基因变异加速。例如，基因修饰技术的广泛应用，导致其危害性更加不确定。我国普通实验室的生物安全管理已经远远落后于科研的发展步伐。例如，国家标准《实验室生物安全通用要求》自 2008 年发布后迄今未再更新，亟需与时俱进、持续完善。

二、我国普通实验室生物安全管理存在的系列问题

经过十几年的发展，我国实验室生物安全管理制度已经初步建立，但在具体管理实践中仍然普遍存在以下问题。

1. 国家相关法规与标准的针对性和适用性不强

我国《实验室生物安全通用要求》等相关国家标准在基础内容、管理理念上与国际基本一致，但在普通实验室生物安全管理上仍相对落后，主要体现在生物安全类国家标准均为强制性标准，但以高等级实验室为主要管理对象。针对普通实验室，或要求从严于高等级生物安全标准，造成实施困难；或要求为原则性的纲要条款，缺乏操作与技术细节；还有部分要求分散在不同法规与标准中，且缺乏相关权威性实验操作指南等配套资料，难以指导实践。

2. 风险评估、监督管理和问责机制缺失

国家生物安全相关规定在普通实验室管理中未能得到有效实施。调研发现，只有37% 的普通实验室开展过风险评估，仅 45% 的机构制定了生物安全应急预案。50% 的受调研机构未将生物安全纳入机构安全体系，未建立生物安全管理部门或设立专职岗位，无法监督生物安全相关规定实施，缺乏实施后的问责机制。同时，普通实验室缺少必要的运行管理经费保障。71% 的实验室人员虽然知道我国出台了相关规定但对具体内容并不了解。

此外，在实验室废弃物处理方面，生物安全管理相关要求与国家、地方的垃圾处理管理法规并未衔接好。

---

① 检索自 Web of Science 数据库，检索日期为 2019-02-20，数据库更新日期为 2019-02-19。

3. 生物安全管理能力不足

我国相关规定对生物安全管理人员的具体技能和专业能力，以及对生物安全管理岗位职责缺乏具体明确的要求。普通实验室的生物安全管理人员缺乏周期性与系统性的专业培训，注重理论培训而缺乏对实际操作的培训和对操作能力的考核，直接参与废弃物处理的人员更是缺乏培训。生物安全专业人员的缺乏，导致我国普通实验室生物安全管理能力不足。

4. 安全教育与文化氛围缺乏

我国普通实验室普遍缺少足够的安全意识。操作人员的风险意识不强、不遵守安全操作细节和垃圾分类不严格等是常见现象。

这与我国科技人员的教育背景密切相关。学校课程体系中对生物安全教育、实验操作等综合科学素养的培育未给予足够重视，社会上也缺乏生物安全的常识与意识。

三、加强我国普通实验室生物安全管理的建议

针对上述问题，借鉴国际成功经验，提出如下建议。

1. 安全立法——完善生物安全法律法规体系

借鉴国际上生物安全立法的先进经验，国家层面加快推进普通实验室生物安全相关立法，使我国普通实验室的生物安全工作有法可依。同时，持续、周期性地更新已有标准与规定，使其符合新时期科技发展对实验室生物安全管理实践要求；增加操作指南（如个人防护操作、意外事故应对、风险评估要点等）等配套资料，提高其可实施性。

在机构层面，应将生物安全纳入机构安全管理体系，建立专职部门或设立专职岗位，建立机构与实验室生物安全分层管理机制。涉及生物因子的实验室应该按要求设立专职生物安全岗位，开展风险评估，并根据评估结果采取有效防护措施。

2. 安全管理——加强监管，健全责任体系

借鉴美国国立卫生研究院的做法，国家资助与考核科研项目、重要科研平台时应该考虑生物安全因素。国家在对机构（包括国家重点实验室等）进行评估时应该将生物安全作为评估指标之一；保障实验室生物安全相关平台有专项运行经费；建立实验室生物安全的国家相关部门、机构、实验室的分级问责机制。

加强机构层面的实施与监督。正确认识和把握生物安全管理的特点。各个机构应该制定内部生物安全规章实施细则，并做好周期性的更新和补充，保障其在实施中的适用性；生物安全部门定期实施风险评估，检查实验室的生物安全规章遵守情况，将生物安全作为实验室和生物安全管理人员的重要考核指标之一。此外，实验室的废弃物处理应该严格执行生物垃圾处理要求，并与地方垃圾处理机构明确分工与责任。

3. 能力建设——建立规范的职业培训体系

国家相关部门出台对生物安全管理专业人员能力的具体要求，包括生物安全风险识别与突发事件处理、生物安全操作与管理等详细内容，并建立专业资质评定与考核机制。大学设置生物安全专业，以培养相关的安全管理人才。

各个机构定期对研究生和在职人员开展理论与实践操作多层次培训教育，严格执行上岗前的操作培训与考核等。培训方式多样化，可以"线上、线下"的形式相结合。在现场操作方面，可以针对不同的主题（如锐器处理、实验垃圾分类处理等），组织全国重要专业机构录制系列操作影片，方便学习。

4. 安全文化——培育安全意识和生物安全人文大环境

生物安全体系建立及有效运转，需要以社会具有良好的安全文化氛围和优秀的科学素养为基础。这些离不开国民教育和科普工作。通过提高全民的生物安全意识，规范日常普通实验室管理，从而保障实验室的日常生物安全，即使面对生物安全突发事故，也能够实现有序处理，减少社会恐慌。

居安思危、防患未然是实现中国梦的必要保障。从国家的长远安全战略出发，在我国教育体系中设置从中小学到大学乃至研究生阶段的生物安全教育内容，同时通过举办生物安全月等活动提高研究生、科研人员及公众的生物安全意识。在这样的安全教育体制下，保障国家的长治久安。

综上，本文建议：通过安全立法、安全管理、能力建设和安全文化等方面的完善与培育，建设符合我国实际情况的普通实验室生物安全管理体系，强化对现实和潜在的生物安全风险防范，切实保障人民健康和国家生态环境安全。

Enhancing the Standardized Management of Biosafety for the Common Labs in China

Consultative Project Group of CAS Academic Division

This paper reviews the prominent problems in biosafety for the common labs in China and gives the following suggestions: ① to speed up formulation of the laws on biosafety and biosecurity, and to update related regulations and standards continuously and regularly; ② to strengthen implementation and supervision of related regulations and standards, and to establish the tiered responsibility system at the department level, institution level and lab level; ③ to enhance the capability of biosafety management and build a standardized professional training system; ④ to cultivate safety awareness and foster a humanistic environment for biosafety, and to integrate biosafety-related content into national education.

附　　录

Appendix

附录一　2019 年中国与世界十大科技进展

一、2019 年中国十大科技进展

1. "嫦娥四号"实现人类探测器首次月背软着陆

2019 年 1 月 3 日,"嫦娥四号"首次成功着陆在月球背面的艾特肯盆地冯·卡门撞击坑,在"鹊桥号"中继星的支持下,"嫦娥四号"与"玉兔二号"分别开展了就位探测和巡视勘察。"嫦娥四号"在月球背面的工作时长已超过 300 天,远超设计寿命;"玉兔二号"克服各项障碍,行驶里程也已超过 300 米,实现了"双三百"的突破。

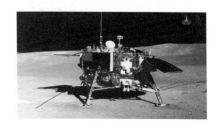

科研团队重构了"嫦娥四号"月球背面下降轨迹,对着陆点进行了精确定位;获取了着陆区形貌、构造、成分等地质信息,发现以橄榄石和低钙辉石等矿物组分为主的岩石,并对其来源做出初步判断,对揭示艾特肯盆地地质演化乃至月壳早期演化历史、月球深部物质结构及形成机理等问题具有重要价值。

2. 我国天文学家发现迄今最大恒星级黑洞

2019 年 11 月 28 日,《自然》发布了中国科学院国家天文台刘继峰、张昊彤研究团队的一项重大发现。

依托我国自主研制的国家重大科技基础设施郭守敬望远镜(Large Sky Area Multi-Object Fiber Spectroscopy Telescope, LAMOST),研究团队发现了一个迄今质量最大的恒星级黑洞,并提供了一种利用 LAMOST 巡天优势寻找黑洞的新方法。这个 70 倍太阳质量的黑洞远超理论预言的质量上限,颠覆了人们对恒星级黑洞形成的认知,有望推动恒星演化和黑洞形成理论的革新。

据悉，研究团队的下一步工作将实施"黑洞猎手"计划，未来5年预计发现并测量近百个黑洞。

3. 我国科学家首次观测到三维量子霍尔效应

霍尔效应描述了当磁场加载到金属和半导体上时，电力与磁力之间的一种相互关系。近140年来，国际科学界相继发现了霍尔效应和量子霍尔效应。

中国科学技术大学乔振华课题组与南方科技大学张立源课题组等合作，首次在毫米级碲化锆块体单晶体材料中观测到三维量子霍尔效应的明确证据，并指出该效应可能是由磁场下相互作用产生的电荷密度波诱导的。该成果2019年5月9日在线发表于《自然》。

据悉，自从1980年发现量子霍尔效应后，学界把注意力集中在二维体系。这次发现的三维量子霍尔效应，补全了霍尔效应家族的一个重要拼图。

4. 我国科学家研制出新型类脑计算芯片

历经多年努力，我国科学家研制成功面向人工通用智能的新型类脑计算芯片——"天机芯"芯片，而且成功在无人驾驶自行车上进行了实验。

清华大学类脑计算研究中心教授施路平团队的相关论文2019年8月1日在《自然》以封面文章的形式发表。

据悉，"天机芯"第一代、第二代产品分别于2015年、2017年研制成功。经过不断改进设计，目前的第二代"天机芯"具有高速、高性能、低功耗的特点。未来"天机芯"的发展方向，是为人工通用智能的研究提供高能效、高速、灵活的计算平台，还可用于多种应用开发，促进人工通用智能研究。

5. 世界首台百万千瓦水电机组核心部件完工交付

由东方电气集团东方电机有限公司研发制造的白鹤滩水电站首台百万千瓦水轮发

电机组的转轮，于 2019 年 1 月 12 日在电站工地的转轮厂房正式完工，并较原计划提前交付。这将有力确保白鹤滩水电站在 2021 年如期实现首台机组投产发电的目标。

据悉，百万千瓦水电机组是当今世界上单机容量最大机组，也是中国水电向世界水电"无人区"发起的冲刺。整个机组中最为核心、研制难度最大的部件就是转轮，堪称机组的"心脏"。转轮总重达 353 吨，经过了 24 道工序，由 100 余名东电工匠耗时 12 个月"精雕细琢"完成。而整个百万千瓦机组的设计研发历时 10 年之久。

6. "太极一号"在轨测试成功

我国首颗空间引力波探测技术实验卫星第一阶段在轨测试任务顺利完成。

2019 年 9 月 20 日，该卫星被命名为"太极一号"。中国科学院科研团队不到 1 年完成了"太极一号"的研制任务。

第一阶段在轨测试结果表明，激光干涉仪位移测量精度达到百皮米量级，约为一个原子的大小；引力参考传感器测量精度达到重力加速度的百亿分之一，相当于一只蚂蚁推动"太极一号"卫星产生的加速度；微推进器推力分辨率达到亚微牛量级，约为一粒芝麻重量的万分之一。我国空间引力波探测迈出奠基性的第一步。

7. 自然界中约 24% 的材料可能具有拓扑结构

2019 年 2 月 28 日，来自中国科学院物理研究所、南京大学和美国普林斯顿大学的 3 个研究组分别在《自然》发布了最新的相关研究成果。

他们的研究表明，数千种已知材料都可能具有拓扑性质，即自然界中大约 24% 的材料可能具有拓扑结构。拓扑描述的是几何图形或空间在连续改变形状后还能保

持不变的性质。

当"拓扑"这一数学概念被引入物理学领域后，一方面推动了基础物理学研究的发展，另一方面也促使大量新颖拓扑材料出现。

8. 我国科学家解析"奇葩"光合物种硅藻捕光新机制

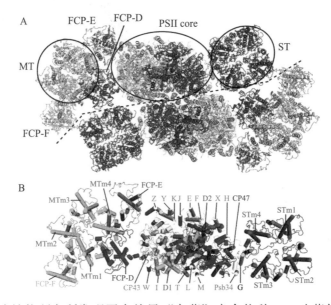

中国科学院植物研究所发现了自然界"奇葩"光合物种——硅藻如何利用其独特结构高效地捕获、利用光能。

2019 年 2 月 8 日，《科学》以长文形式在线发表了这一成果。

基于该研究，科学家未来有望设计出可以高效"捕光"的新型作物。

中国科学院植物研究所沈建仁和匡廷云研究团队解析了硅藻主要捕光天线蛋白高分辨率结构。这是硅藻首个光合膜蛋白结构解析研究工作，为研究硅藻的光能捕获、利用和光保护机制提供了重要的结构基础。

9. 我国自主研发全数字 PET/CT 装备进入市场

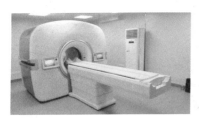

华中科技大学教授谢庆国团队发明的全数字 PET/CT，已于 2019 年 5 月 31 日通过国家药品监督管理局注册审批，获得市场准入和对外销售资质。

该成果意味着，国产全数字 PET 打破国际技术垄断，我国高端医疗仪器开发取得了重大突破。

PET 是正电子发射断层成像的简称，是继超声、CT 和核磁共振之后的尖端医学影像技术，在恶性肿瘤、神经系统疾病、心血管疾病等重大疾病早期诊断、疗效评估、病理研究等方面，具有极大应用价值。

10. 研究发现 16 万年前丹尼索瓦人下颌骨化石

我国研究人员 2019 年 5 月 2 日在《自然》发表文章，称在海拔 3280 米的青藏高原东北部甘肃省夏河县白石崖溶洞发现的一件化石经鉴定为丹尼索瓦人下颌骨。该成果将青藏高原史前人类最早的活动时间由距今 4 万年推至距今 16 万年。

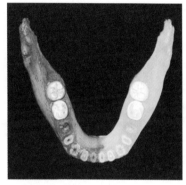

由中国科学院青藏高原研究所陈发虎院士、兰州大学资源环境学院副教授张东菊和德国马普学会进化人类学研究所教授 Jean-Jacques Hublin 等带领的研究团队，对化石发现地及其周边地区进行了近十年的系统考古调查，发现了大批可能与该化石共存的文化遗存，为深入研究丹尼索瓦人的文化内涵、行为特征和高海拔环境适应策略等提供了关键信息。

二、2019 年世界十大科技进展

1. 人类首次"看到"黑洞

数百名科研人员参与合作的"事件视界望远镜"项目于 2019 年 4 月 10 日在全球多地同时召开新闻发布会，发布他们拍到的第一张黑洞照片。

照片的"主角"是室女座超巨椭圆星系 M87 中心的超大质量黑洞，其质量是太阳的 65 亿倍，距离地球大约 5500 万光年。

照片展示了一个中心为黑色的明亮环状结构，看上去有点像甜甜圈，其黑色部分是黑洞投下的"阴影"，明亮部分是绕黑洞高速旋转的吸积盘。

2. DNA 显微镜研制成功

美国霍华德-休斯医学研究所和布罗德研究所共同开发出"DNA 显微镜"。这是

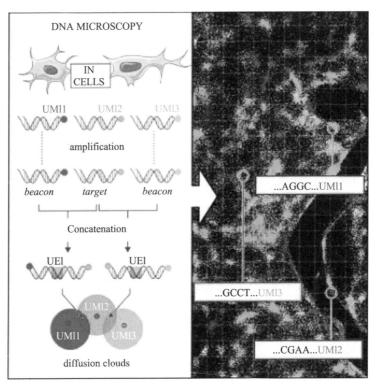

一种全新的细胞可视化技术，利用化学手段获取细胞内部信息，绘制的图像反映出细胞内生物分子的基因序列和相对位置的情况。

该项研究发表在 2019 年 6 月 20 日出版的《细胞》上。

据悉，DNA 显微镜可以做一些光学显微镜做不到的事情。例如，光学显微镜往往无法区分 DNA 存在差异的细胞（如免疫细胞），而通过识别能够攻击肿瘤的免疫细胞，DNA 显微镜可以帮助改善某些癌症的治疗。

3. "隼鸟 2 号" 首次降落小行星 "龙宫" 并采样

日本宇宙航空研究开发机构于 2019 年 2 月 22 日表示，根据接收到的数据判断，日本当地时间 7 时 48 分（北京时间 6 时 48 分），小行星探测器 "隼鸟 2 号" 成功降落在小行星 "龙宫" 上并采集样本，经短暂停留后再次升空。

据悉，"隼鸟 2 号" 于 2014 年 12 月从日本鹿儿岛县种子岛宇宙中心发射升空，经过约 3 年半的太空之旅，2018 年 6 月 27 日抵达小行星"龙宫"附近。它在"龙宫"附近逗留约 1 年半，2020 年底返回地球。

4. 谷歌公司的研究人员宣布成功演示"量子优势"

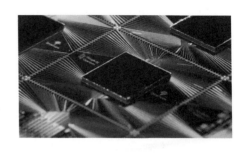

"量子优势"被用于描述量子计算机发展的关键节点，指量子计算机能解决传统计算机在合理时间范围内无法解决的一些特殊问题。

要实现这一目标需要克服很多挑战，在产生较大计算空间的同时保证较低错误率，以及设计一种传统计算机难以处理但量子计算机可以轻松完成的基准测试。

谷歌公司的研究人员领衔的团队于 2019 年 10 月 23 日在英国《自然》期刊发表论文称已成功演示了"量子优势"，让量子系统花费约 200 秒完成了传统超级计算机用几天才能完成的任务。

5. 科学家合成世界首个含 18 个碳原子的纯碳环

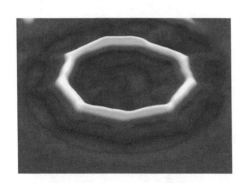

2019 年 8 月 15 日，《科学》发表了牛津大学化学系与 IBM 苏黎世研究实验室合作的一项成果，他们合成了世界上第一个完全由碳原子构成的环状分子——C18。其中的 18 个碳原子通过交替的单键和叁键连接而成。早期研究发现，C18 环分子具有半导体特性，这意味着类似的碳直链结构可能成为分子级别的电子元件。

研究团队下一步将对得到的 C18 分子继续进行包括稳定性在内的基础性质研究。

6. 新型人造 DNA 结构信息密度可加倍

DNA 中存储的遗传代码由 4 种核苷酸组成，以 4 个不同字母表示。美国研究人员最新合成出一种由 8 个字母组成的新型 DNA 结构，信息存储密度加倍，未来有望应用于合成生物等领域。

美国应用分子进化基金会史蒂文·本纳领导的科研团队 2019 年 2 月在《科学》上发表文章说，他们合成的新型 DNA 分子系统与天然 DNA 最大的不同是，前者拥有 8 个而非 4 个生命信息组分。

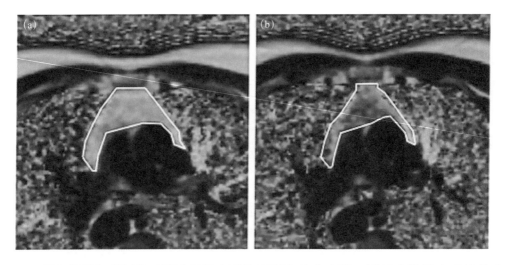

新型 DNA 结构除了包含腺嘌呤等 4 种天然核苷酸，还包含另外 4 种结构相似的人造信息单元，它们共同构成了双螺旋结构，能够存储和传递信息。

7. 人体生理年龄首次成功逆转

一项在美国加利福尼亚州进行的小型临床研究首次表明，逆转人体的表观遗传生物钟是可能的。表观遗传生物钟可用来测量一个人的生理年龄。

在为期 1 年的时间里，9 名健康志愿者服用了 3 种常见药物——生长激素和两种糖尿病药物。通过分析人体基因组的标记，研究人员发现，这些受试者的平均生理年龄减少了 2.5 岁。

与此同时，这些受试者的免疫系统也显示出恢复活力的迹象。该研究结果于 2019 年 9 月 5 日发表在《老化细胞》（*Aging Cell*）上。

8. 艾滋病治疗奇迹再现 "伦敦病人" 或被治愈

据英国《自然》期刊 2019 年 3 月 5 日发表的一篇论文，一名被称为 "伦敦病人" 的艾滋病患者，经干细胞移植治疗后，已 18 个月未检测到艾滋病病毒。

他可能成为继 "柏林病人" 之后第二个被治愈的艾滋病人。但是，专家们谨慎地认为疗效尚需持续监测。为治疗癌症，这两位患者分别接受了放疗和化疗，这可能也有助于消灭他们体内的艾滋病病毒。不过，放疗和化疗均会产生副作用。

与 "柏林病人" 接受全身放疗相比， "伦敦病人" 接受了相对温和的化疗。研究人员认为， "伦敦病人" 的经验可能更好推广。

9. 科学家培养新型大肠杆菌能以二氧化碳为食

2019 年 11 月 28 日，以色列魏茨曼科学研究所的科学家们改造了一种通常以单糖为食的细菌，使其可以像植物一样通过吸收二氧化碳构建细胞。相关成果发表于《细胞》。

据悉，研究人员向大肠杆菌基因中添加了一种转化二氧化碳的酶，并去除了用于代谢糖的其他酶，最终成功改变了它们赖以生存的 "食物" 来源。为了证明其真的不需要糖来维

持生存，科学家们把这些细菌在实验室里放了 200 天。当再次对这些细菌进行研究时，研究人员发现它们已经成功地 "进化" 了，而且能够在不需要糖的情况下生长。

10. 全球首支埃博拉疫苗获欧盟批准上市

2019 年 11 月 12 日，欧洲监管机构批准了一种疫苗，这种疫苗已经帮助控制了埃博拉病毒的致命暴发——这是针对埃博拉病毒免疫接种的首次审查通过。埃博拉病毒是一种烈性传染病病毒，主要通过体液传播，可引发致命性出血热。

此前，医学研究人员已投入大量精力进行埃博拉疫苗的研发，但大多停留在临床试验阶段，而 Ervebo 成为首支正式获批用于人体的埃博拉疫苗。默沙东公司也向美国食品药品监督管理局递交了申请，该疫苗有望于 2020 年第一季度在美国获批上市。

附录二 2019 年中国科学院、中国工程院新当选院士名单

一、2019 年新当选中国科学院院士名单
（共 64 人，分学部按姓氏拼音排序）

数学物理学部（11 人）

序号	姓名	年龄	专业	工作单位
1	常 进	52	天文	中国科学院紫金山天文台
2	常 凯	54	半导体物理	中国科学院半导体研究所
3	方 忠	48	凝聚态物理	中国科学院物理研究所
4	高原宁	56	粒子物理	北京大学
5	林海青	60	凝聚态物理、计算物理	北京计算科学研究中心
6	陆夕云	56	流体力学	中国科学技术大学
7	孙斌勇	42	基础数学	中国科学院数学与系统科学研究院
8	汤 超	60	物理生物学	北京大学
9	叶向东	56	基础数学	中国科学技术大学
10	张继平	60	基础数学	北京大学
11	赵红卫	53	加速器物理	中国科学院近代物理研究所

化学部（10 人）

序号	姓名	年龄	专业	工作单位
1	陈学思	59	高分子化学与物理	中国科学院长春应用化学研究所
2	樊春海	45	分析化学	上海交通大学
3	李景虹	51	分析化学	清华大学
4	马大为	55	有机化学	中国科学院上海有机化学研究所
5	施剑林	55	无机化学	中国科学院上海硅酸盐研究所
6	吴骊珠（女）	51	有机化学	中国科学院理化技术研究所
7	徐春明	54	化学工程	中国石油大学（北京）

续表

序号	姓名	年龄	专业	工作单位
8	杨金龙	53	物理化学	中国科学技术大学
9	俞书宏	51	无机化学	中国科学技术大学
10	张锦	49	物理化学	北京大学

生命科学和医学学部（10人）

序号	姓名	年龄	专业	工作单位
1	陈子江（女）	59	生殖医学	山东大学
2	董晨	51	免疫学	清华大学
3	郝小江	67	植物化学	中国科学院昆明植物研究所
4	骆清铭	53	生物影像学	海南大学、华中科技大学
5	马兰（女）	60	神经生理和药理学	复旦大学
6	钱前	57	作物种质资源	中国水稻研究所
7	宋尔卫	49	肿瘤学	中山大学
8	仝小林	63	中医内科学	中国中医科学院
9	王松灵	56	口腔医学	首都医科大学
10	谢道昕	56	植物生理学	清华大学

地学部（11人）

序号	姓名	年龄	专业	工作单位
1	成秋明	59	数学地质、矿产普查与勘探	中国地质大学（北京）
2	戴永久	54	大气科学	中山大学
3	李献华	57	同位素年代学和地球化学	中国科学院地质与地球物理研究所
4	彭建兵	66	工程地质与灾害地质	长安大学
5	孙和平	63	地球物理学、大地测量学	中国科学院测量与地球物理研究所
6	王赤	52	空间物理和空间天气	中国科学院国家空间科学中心
7	王焰新	55	水文地质学	中国地质大学（武汉）
8	肖文交	51	沉积大地构造学	中国科学院新疆生态与地理研究所
9	于贵瑞	59	环境生态学	中国科学院地理科学与资源研究所
10	赵国春	57	前寒武纪地质和超大陆演化	香港大学、西北大学
11	朱永官	51	环境土壤学	中国科学院城市环境研究所

信息技术科学部（7人）

序号	姓名	年龄	专业	工作单位
1	崔铁军	53	电磁场与微波技术	东南大学
2	段广仁	57	控制理论与应用	哈尔滨工业大学
3	冯登国	54	通信与信息安全	北京信息科学技术研究院
4	江风益	55	半导体光电材料与器件	南昌大学
5	王怀民	57	分布计算	中国人民解放军国防科技大学
6	王金龙	56	短波通信	中国人民解放军陆军工程大学
7	相里斌	52	光学	中国科学院光电研究院

技术科学部（15人）

序号	姓名	年龄	专业	工作单位
1	段进	58	城乡规划学	东南大学
2	贾振元	55	机械制造及其自动化	大连理工大学
3	李东旭（女）	62	航天器结构与设计	中国人民解放军国防科技大学
4	毛明	56	坦克装甲车辆总体技术	中国兵器工业集团第二〇一研究所
5	蒙大桥	61	核材料与工艺技术	中国工程物理研究院
6	彭练矛	56	材料物理	北京大学
7	王秋良	53	强电磁工程与技术	中国科学院电工研究所
8	吴宜灿	54	核能中子物理与应用技术	中国科学院合肥物质科学研究院
9	叶志镇	64	无机光电材料	浙江大学
10	张跃	60	无机非金属材料	北京科技大学
11	赵天寿	58	能源科学	香港科技大学
12	赵阳升	63	矿业工程	太原理工大学
13	郑泉水	58	固体力学	清华大学
14	朱美芳（女）	53	材料学	东华大学
15	祝学军（女）	56	导弹与高超声速飞行器设计理论与工程	中国航天科技集团有限公司第一研究院

二、2019 年新当选中国工程院院士名单
（共 75 人，分学部按姓名拼音排序）

机械与运载工程学部（10 人）

姓名	出生年月	工作单位
曹喜滨	1963 年 02 月	哈尔滨工业大学
单忠德	1970 年 01 月	机械科学研究总院集团有限公司
邵新宇	1968 年 11 月	华中科技大学
向锦武	1964 年 02 月	北京航空航天大学
项昌乐	1963 年 04 月	北京理工大学
肖龙旭	1962 年 06 月	中国人民解放军火箭军研究院
徐　青	1960 年 10 月	中国船舶重工集团有限公司第七○一研究所
严新平	1959 年 07 月	武汉理工大学
杨树兴	1962 年 11 月	中国兵器工业第二○三研究所
朱广生	1963 年 01 月	中国航天科技集团有限公司第一研究院

信息与电子工程学部（9 人）

姓名	出生年月	工作单位
罗先刚	1970 年 12 月	中国科学院光电技术研究所
苏东林（女）	1960 年 03 月	北京航空航天大学
孙凝晖	1968 年 03 月	中国科学院计算技术研究所
王耀南	1957 年 11 月	湖南大学
魏毅寅	1962 年 09 月	中国航天科工集团有限公司
吴汉明	1952 年 06 月	芯创智（北京）微电子有限公司
姚富强	1957 年 05 月	中国人民解放军国防科技大学
张　平	1959 年 04 月	北京邮电大学
郑纬民	1946 年 03 月	清华大学

化工、冶金与材料工程学部（9 人）

姓名	出生年月	工作单位
柴立元	1966 年 09 月	中南大学
董绍明	1962 年 10 月	中国科学院上海硅酸盐研究所
宫声凯	1956 年 07 月	北京航空航天大学
李贺军	1957 年 12 月	西北工业大学
刘正东	1966 年 10 月	中国钢研科技集团有限公司

姓名	出生年月	工作单位
彭 寿	1960 年 08 月	中建材蚌埠玻璃工业设计研究院有限公司
任其龙	1959 年 01 月	浙江大学
涂善东	1961 年 11 月	华东理工大学
张平祥	1965 年 03 月	西北有色金属研究院

能源与矿业工程学部（9 人）

姓名	出生年月	工作单位
郭旭升	1965 年 04 月	中国石油化工股份有限公司勘探分公司
黄 震	1960 年 08 月	上海交通大学
李 宁	1958 年 07 月	中国石油天然气股份有限公司勘探开发研究院
林 君	1954 年 07 月	吉林大学
罗 琦	1967 年 10 月	中国核动力研究设计院
舒印彪	1958 年 07 月	中国华能集团有限公司
王运敏	1955 年 10 月	中钢集团马鞍山矿山研究院有限公司
杨春和	1962 年 01 月	中国科学院武汉岩土力学研究所
赵振堂	1961 年 05 月	中国科学院上海高等研究院

土木、水利与建筑工程学部（8 人）

姓名	出生年月	工作单位
陈 军	1956 年 10 月	国家基础地理信息中心
冯夏庭	1964 年 09 月	东北大学
李术才	1965 年 12 月	山东大学
吕西林	1955 年 01 月	同济大学
马 军	1962 年 07 月	哈尔滨工业大学
徐 建	1958 年 08 月	中国机械工业集团有限公司
张喜刚	1962 年 03 月	中国交通建设股份有限公司
庄惟敏	1962 年 10 月	清华大学

环境与轻纺工程学部（7 人）

姓名	出生年月	工作单位
陈 卫	1966 年 05 月	江南大学
陈文兴	1964 年 12 月	浙江理工大学
任发政	1962 年 08 月	中国农业大学
任洪强	1964 年 05 月	南京大学
王 桥	1957 年 08 月	生态环境部卫星环境应用中心

姓名	出生年月	工作单位
徐祖信（女）	1956 年 04 月	同济大学
张小曳	1963 年 06 月	中国气象科学研究院

农业学部（7 人）

姓名	出生年月	工作单位
胡培松	1964 年 05 月	中国水稻研究所
李培武	1961 年 11 月	中国农业科学院油料作物研究所
刘少军	1962 年 07 月	湖南师范大学
刘仲华	1965 年 03 月	湖南农业大学
姚 斌	1967 年 10 月	中国农业科学院饲料研究所
张佳宝	1957 年 09 月	中国科学院南京土壤研究所
张 涌	1956 年 03 月	西北农林科技大学

医药卫生学部（10 人）

姓名	出生年月	工作单位
陈 薇（女）	1966 年 02 月	中国人民解放军军事科学院军事医学研究院
李校堃	1964 年 02 月	温州医科大学
刘 良	1957 年 07 月	澳门科技大学
尚 红（女）	1960 年 10 月	中国医科大学
沈洪兵	1964 年 05 月	南京医科大学
田 伟	1959 年 02 月	北京积水潭医院
王军志	1955 年 09 月	中国食品药品检定研究院
王 俊	1963 年 11 月	北京大学人民医院
王 琦	1943 年 02 月	北京中医药大学
张 学	1964 年 07 月	哈尔滨医科大学

工程管理学部（6 人）

姓名	出生年月	工作单位
曹建国	1963 年 08 月	中国航空发动机集团有限公司
董尔丹	1959 年 03 月	北京大学第三医院
李贤玉（女）	1965 年 04 月	中国人民解放军火箭军研究院
孙丽丽（女）	1961 年 09 月	中国石化工程建设有限公司
唐立新	1966 年 08 月	东北大学
王 坚	1962 年 10 月	阿里巴巴（中国）有限公司

附录三 2019 年香山科学会议学术讨论会一览表

序号	会次	会议主题	执行主席			会议日期
1	Y4	青藏高原构造地貌研究前沿科学问题	聂军胜	田云涛	王先彦	1 月 10～11 日
			张会平			
2	644	深时数字地球：全球古地理重建与深时大数据	成秋明	侯增谦	沈树忠	2 月 27～28 日
			Roland Oberhänsli			
			王成善	周成虎		
3	645	后基因组时代与肿瘤转化医学	程书钧	于金明	董家鸿	3 月 1 日
			江 涛			
4	646	绿色生态与化学化工	韩布兴	何鸣元	刘海超	3 月 28～29 日
			谢在库	张锁江		
5	647	衰老与神经退变的生物学基础及临床干预	刘德培	申 勇	袁钧瑛	4 月 3～4 日
			张 旭			
6	648	信息隐藏与人工智能	郭云彪	黄继武	尤新刚	4 月 11～12 日
			赵险峰	赵 耀	周琳娜	
7	649	中国空间引力波探测计划及国际协作联盟	蔡荣根	胡文瑞	吴岳良	4 月 17～18 日
			叶朝辉	张元仲		
8	650	未病状态测量与辨识的科学问题，前沿技术和核心装备	陈东义	王 磊	张伯礼	4 月 24～25 日
			张启明			
9	651	行星科学与深空探测	林杨挺	秦礼萍	肖 龙	5 月 7～8 日
			邹永廖			
10	652	印太交汇区全球海洋生物多样性中心形成和演变机制及其资源环境效应	陈宜瑜	戴民汉	王 凡	5 月 9～10 日
			吴立新			
11	653	三极天基观测的前沿关键问题	包为民	陈 泓	程 晓	5 月 16～17 日
			吴立新	徐冠华	姚檀栋	
12	S47	基因组标签计划（GTP）	李 林	王红阳	徐国良	5 月 23 日
13	S48	大脑关键网络调控与损伤代偿机制	段树民	郭爱克	刘德培	5 月 28～29 日
			强伯勤	赵继宗		
14	S49	循证科学的形成发展与学科交融	丛 斌	李幼平	商洪才	5 月 30～31 日
			王 辰	王永炎		
15	S50	本草物质科学研究设施及应用	陈凯先	黄璐琦	梁鑫淼	6 月 11～12 日
			杨胜利	张伯礼	赵国屏	
16	654	氧化还原平衡与重大疾病防诊治新策略	陈 畅	贺福初	刘珊林	6 月 18～19 日
			钱旭红	王红阳		
17	655	基于生态幅的作物养分供应限与高质量农业发展	金 涌	许秀成	张洪杰	6 月 20～21 日
			赵玉芬			

序号	会次	会议主题	执行主席			会议日期
18	656	慢性乙肝功能性治愈	李兰娟　王福生　闻玉梅 袁正宏　庄　辉			6月27～28日
19	S51	灵长类细胞解码计划	陈润生　季维智　谢晓亮 张　旭　周　琪			7月27～28日
20	657	环境中耐药细菌及耐药基因的传播与控制	陈君石　江桂斌　李向东 沈建忠　要茂盛　张　彤			8月20～21日
21	658	阿秒光源前沿科学与应用	常增虎　王恩哥　魏志义 赵　卫			8月21～22日
22	S52	变革性技术关键科学问题前沿和热点	郭东明　郭　雷			8月29～31日
23	659	亚太地区水文循环与全球变化：从过去到未来	安芷生　丁一汇　吴国雄 吴立新　周卫健			9月10～11日
24	660	近视防控的关键科学问题，前沿技术和核心政策问题	陈润生　瞿　佳　李　玲 杨焕明　杨雄里			9月19～20日
25	S53	矿业领域颠覆性技术	黄小卫　李　卫　毛景文 彭苏萍　苏义脑　朱日祥			9月25～26日
26	661	老年心血管病诊疗困境与探索	陈润生　葛均波　黎　建 汪道文　张　运　周玉杰			10月9～10日
27	662	组织再生修复难点和突破点：通过创新材料与生物医学工程构建和改善再生微环境	曹雪涛　付小兵　顾晓松 丽纳·比齐奥斯 尼古拉斯·佩帕斯 威廉姆·瓦格纳			10月10～11日
28	663	功能pi一体系分子材料前沿与创新	李玉良　田　禾　张德清 朱道本			10月15～16日
29	S54	中国长寿命路面关键科学问题及技术前沿	黄　卫　沙爱民　孙立军 唐伯明　王旭东　郑健龙			10月17～18日
30	664	放射生物学关键科学问题与多组织器官损伤救治前沿技术	蔡建明　柴之芳　吴李君 周平坤			10月23～24日
31	S55	青少年科学思想启迪与科研实践	傅小兰　黄　力　朱邦芬			10月30～31日
32	665	磁外科学机遇与挑战	董家鸿　刘昌胜　吕　毅 沈保根			11月12～13日
33	666	基于浮空平台的南极科学实验	蔡　榕　顾逸东　万卫星			11月20～21日
34	667	数据科学与计算智能	程学旗　华云生　李国杰 梅　宏　姚期智			11月22～23日
35	668	工业氧化	段　雪　龚流柱　何鸣元 麻生明　宗保宁			11月26～27日
36	669	功能农业关键科学问题与发展战略	孙鸿烈　印遇龙　赵其国 周成虎　尹雪斌			11月28～29日
37	670	中药经典名方研发的策略	张伯礼　刘　良　梁鑫淼 唐健元			12月4～5日

序号	会次	会议主题	执行主席	会议日期
38	671	先进制造科学与技术发展战略	陈学东　丁　汉　郭东明 林忠钦　雒建斌　钱　锋	12月10~11日
39	S56	老年运动医学中的关键科学问题及意义	刘德培　余家阔　钟世镇	12月20~21日
40	672	材料科技发展战略研究	曹健林　干　勇　黄伯云 谢建新	12月21~22日
41	S57	生物技术与信息技术交叉融合	李德毅　欧阳颀　张　旭 张学敏	12月23~24日

附录四　2019 年中国科学院学部
"科学与技术前沿论坛"一览表

序号	会次	会议主题	执行主席	举办时间
1	90	新时期半导体科学技术发展	李树深	1 月 25～26 日
2	91	控制科学与技术	包为民	4 月 9～10 日
3	92	非晶合金材料	汪卫华	5 月 6～7 日
4	93	透明海洋	吴立新　方精云	7 月 4～5 日
5	94	光学与光子学	龚旗煌	7 月 21 日
6	95	寒区旱区工程与环境	赖远明	7 月 27～28 日
7	96	PGT 与基因编辑	黄荷凤	8 月 31 日～9 月 1 日
8	97	聚焦精准催化的烃科学与技术前沿	谢在库　包信和　丁奎岭　何鸣元	9 月 11～12 日
9	98	花岗岩成因与成矿机制发展战略研究	陈骏	10 月 16～17 日
10	99	抗生素及抗性基因污染研究	赵进才	11 月 7 日
11	100	语言智能技术未来发展及应用	李启虎	11 月 15 日
12	101	金属化学生物学	郭子健　赵宇亮	11 月 16～18 日
13	102	心血管疾病防治	陈义汉	11 月 27～28 日
14	103	区块链技术与应用	郑志明　王小云	12 月 7 日～8 日
15	104	二维材料	成会明　刘忠范	12 月 27～28 日